필요충분한 수학유형서

중등수학 2-1

거인의 어깨가 필요할 때

만약 내가 멀리 보았다면, 그것은 거인들의 어깨 위에 서 있었기 때문입니다.
If I have seen farther, it is by standing on the shoulders of giants.

오래전부터 인용되어 온 이 경구는, 성취는 혼자서 이룬 것이 아니라
많은 앞선 노력을 바탕으로 한 결과물이라는 의미를 담고 있습니다.
과학적으로 큰 성취를 이룬 뉴턴(Newton, I.; 1642~1727)도
과학적 공로에 관해 언쟁을 벌이며 경쟁자에게 보낸 편지에
이 문장을 인용하여 자신보다 앞서 과학적 발견을 이룬 과학자들의
도움을 많이 받았음을 고백하였다고 합니다.

수학은 어렵고, 잘하기까지 오랜 시간이 걸립니다.
그렇기에 수학을 공부할 때도 거인의 어깨가 필요합니다.

<각 GAK>은 여러분이 오를 수 있는 거인의 어깨가 되어
여러분의 수학 공부 여정을 함께 하겠습니다.
<각 GAK>의 어깨 위에서 여러분이 원하는
수학적 성취를 이루길 진심으로 기원합니다.

Structure
구성과 특장

개념 익히고,

❶ 교과서에서 다루는 기본 개념을 충실히 반영하여 반드시 알아야 할 개념들을 빠짐없이 수록하였습니다.

❷ 개념마다 기본적인 문제를 제시하여 개념을 바르게 이해하였는지 점검할 수 있도록 하였습니다.

기출 & 변형하면 …

수학 시험지를 철저하게 분석하여 빼어난 문제를 선별하고 적확한 유형으로 구성하였습니다.
왼쪽에는 기출 문제를 난이도 순으로 배치하고 오른쪽에는 왼쪽 문제의 변형 유사 문제를 배치하여 ❸ 가로로 익히고 ❹ 세로로 반복하는 학습을 할 수 있습니다.
유형마다 시험에서 자주 다뤄지는 문제는 *____로 표시해 두었습니다. 또한 서술형으로 자주 출제되는 문제는 서술형 으로 표시해 두었습니다.

실력 완성!

총정리 학습!
B Step에서 공부했던 유형에 대하여 점검할 수 있도록 구성하였으며, B Step에서 제시한 문항보다 다소 어려운 문항을 단원별로 2~3 문항씩 수록하였습니다.

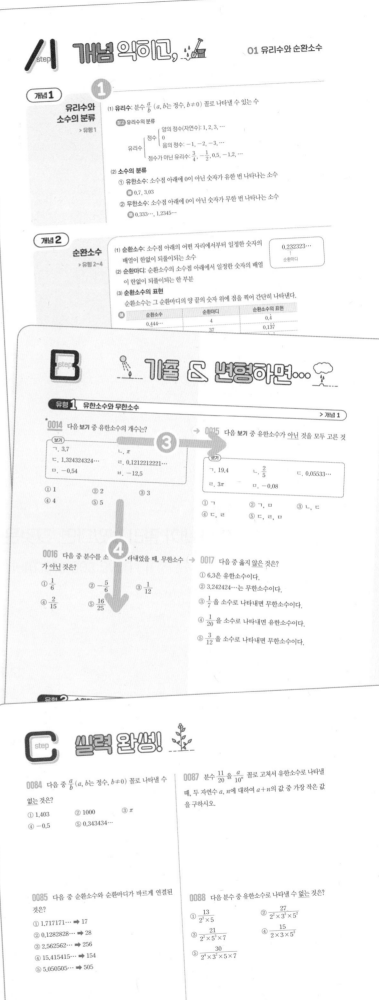

A step 개념 익히고, 01 유리수와 순환소수

개념 1
유리수와 소수의 분류
▸유형 1

(1) 유리수: 분수 $\frac{a}{b}$ (a, b는 정수, $b \neq 0$) 꼴로 나타낼 수 있는 수

유리수의 분류

유리수 $\begin{cases} \text{정수} \begin{cases} \text{양의 정수(자연수): } 1, 2, 3, \cdots \\ 0 \\ \text{음의 정수: } -1, -2, -3, \cdots \end{cases} \\ \text{정수가 아닌 유리수: } \frac{3}{4}, -\frac{1}{2}, 0.5, -1.2, \cdots \end{cases}$

(2) 소수의 분류
① 유한소수: 소수점 아래에 0이 아닌 숫자가 유한 번 나타나는 소수
  ⓔ 0.7, 3.03
② 무한소수: 소수점 아래에 0이 아닌 숫자가 무한 번 나타나는 소수
  ⓔ 0.333⋯, 1.2345⋯

개념 2
순환소수
▸유형 2~4

(1) 순환소수: 소수점 아래의 어떤 자리에서부터 일정한 숫자의 배열이 한없이 되풀이되는 수
  0.232323⋯
  순환마디

(2) 순환마디: 순환소수의 소수점 아래에 일정한 숫자의 배열이 한없이 되풀이되는 한 부분

(3) 순환소수의 표현
순환소수는 그 순환마디의 양 끝의 숫자 위에 점을 찍어 간단히 나타낸다.

순환소수	순환마디	순환소수의 표현
0.444⋯	4	0.4̇
	37	0.1̇3̇7̇

B step 기출 & 변형하면…

유형 1 유한소수와 무한소수 ▸개념 1

0014 다음 보기 중 유한소수의 개수는?

보기
ㄱ. 3.7   ㄴ. π
ㄷ. 1.324324324⋯   ㄹ. 0.1212212221⋯
ㅁ. -0.54 ㅂ. -12.5

① 1   ② 2   ③ 3
④ 4   ⑤ 5

0015 다음 보기 중 유한소수가 아닌 것을 모두 고른 것

보기
ㄱ. 19.4   ㄴ. $\frac{2}{5}$ ㄷ. 0.05533⋯
ㄹ. 3π ㅁ. -0.08

① ㄱ   ② ㄱ, ㅁ   ③ ㄴ, ㄷ
④ ㄷ, ㄹ   ⑤ ㄷ, ㄹ, ㅁ

0016 다음 중 분수를 소 ___ 나타내었을 때, 무한소수 가 아닌 것은?

① $\frac{1}{6}$ ② $-\frac{5}{6}$ ③ $\frac{1}{12}$
④ $\frac{2}{15}$ ⑤ $\frac{16}{25}$

0017 다음 중 옳지 않은 것은?

① 6.3은 유한소수이다.
② 3.242424⋯는 무한소수이다.
③ $\frac{1}{7}$ 을 소수로 나타내면 무한소수이다.
④ $\frac{1}{20}$ 을 소수로 나타내면 유한소수이다.
⑤ $\frac{3}{12}$ 을 소수로 나타내면 무한소수이다.

C step 실력 완성!

0084 다음 중 $\frac{a}{b}$ (a, b는 정수, $b \neq 0$) 꼴로 나타낼 수 없는 것은?

① 1.403   ② 1000   ③ π
④ -0.5 ⑤ 0.343434⋯

0085 다음 중 순환소수와 순환마디가 바르게 연결된 것은?

① 1.717171⋯ ➡ 17
② 0.1282828⋯ ➡ 28
③ 2.562562⋯ ➡ 256
④ 15.415415⋯ ➡ 154
⑤ 5.050505⋯ ➡ 505

0087 분수 $\frac{11}{20}$ 을 $\frac{a}{10^n}$ 꼴로 고쳐서 유한소수로 나타낼 때, 두 자연수 a, n에 대하여 $a+n$의 값 중 가장 작은 값을 구하시오.

0088 다음 분수 중 유한소수로 나타낼 수 없는 것은?

① $\frac{13}{2^2 \times 5}$ ② $\frac{27}{2^2 \times 3^2 \times 5^2}$
③ $\frac{21}{2^2 \times 5^3 \times 7}$ ④ $\frac{15}{2 \times 3 \times 5^2}$
⑤ $\frac{30}{2^4 \times 3^2 \times 5 \times 7}$

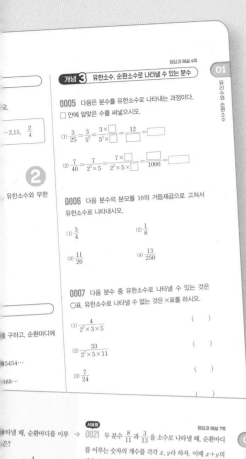

개념 3 유한소수, 순환소수로 나타낼 수 있는 분수

0005 다음은 분수를 유한소수로 나타내는 과정이다.
□ 안에 알맞은 수를 써넣으시오.

(1) $\frac{3}{25} = \frac{3}{5^2} = \frac{3 \times \square}{5^2 \times \square} = \frac{12}{\square} = \square$

(2) $\frac{7}{40} = \frac{7}{2^3 \times \square} = \frac{7 \times \square}{2^3 \times 5 \times \square} = \frac{\square}{1000} = \square$

0006 다음 분수의 분모를 10의 거듭제곱으로 고쳐서 유한소수로 나타내시오.

(1) $\frac{3}{4}$ (2) $\frac{1}{8}$

(3) $\frac{11}{20}$ (4) $\frac{13}{250}$

0007 다음 분수 중 유한소수로 나타낼 수 있는 것은 ○표, 유한소수로 나타낼 수 없는 것은 ×표를 하시오.

(1) $\frac{4}{2^2 \times 3 \times 5}$ ( )

(2) $\frac{33}{2^2 \times 5 \times 11}$ ( )

(3) $\frac{7}{24}$ ( )

서술형

0021 두 분수 $\frac{8}{11}$ 과 $\frac{3}{13}$ 을 소수로 나타낼 때, 순환마디를 이루는 숫자의 개수를 각각 x, y라 하자. 이때 $x+y$의 값을 구하시오.

> 개념 2

0023 다음 중 순환소수의 표현이 옳지 <u>않은</u> 것은?

① $0.7222\cdots = 0.7\dot{2}$

② $3.838383\cdots = 3.\dot{8}\dot{3}$

③ $1.0090909\cdots = 1.0\dot{0}\dot{9}$

④ $0.101101\cdots = 0.\dot{1}0\dot{1}1$

⑤ $2.1254254\cdots = 2.1\dot{2}5\dot{4}$

0093 축구에서 골키퍼의 방어율은

$$\frac{(\text{골키퍼의 방어 횟수})}{(\text{상대 팀의 유효슈팅 횟수})}$$

로 나타낸다. 어떤 골키퍼의 방어율이 순환소수로 나타내어지고 상대 팀의 유효슈팅 횟수가 18회일 때, 다음 중 이 골키퍼의 방어 횟수가 될 수 <u>없는</u> 것은?

① 7회   ② 8회   ③ 9회

④ 10회   ⑤ 11회

0094 $x = 1.01\dot{8}$일 때, $1000x - nx$의 값이 정수가 되도록 하는 가장 작은 자연수 n의 값을 구하시오.

정답과 해설

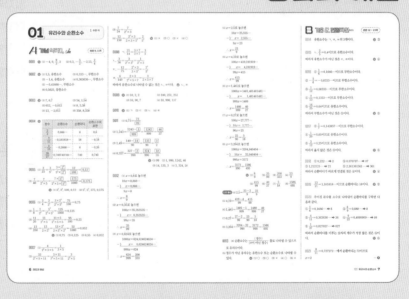

출제 의도에 충실하고 꼼꼼한 해설입니다. 논리적으로 쉽게 설명하였으며, 다각적 사고력 향상을 위하여 **다른 풀이** 를 제시하였습니다. 문제 해결에 필요한 보충 내용을 **참고** 로 제시하여 해설의 이해를 도왔습니다.

차례 Contents

Study plan
학습계획표

*DAY별로 학습 성취도를 체크해 보세요. 성취 정도가 △, ×이면 반드시 한번 더 복습합니다.

*복습할 문항 번호를 메모해 두고 2회독 할 때 중점적으로 점검합니다.

	학습일		문항 번호	성취도	복습 문항
1주	1일차	/	0001~0035	○ △ ×	
	2일차	/	0036~0071	○ △ ×	
	3일차	/	0072~0103	○ △ ×	
	4일차	/	0104~0131	○ △ ×	
	5일차	/	0132~0167	○ △ ×	
	6일차	/	0168~0195	○ △ ×	
	7일차	/	0196~0236	○ △ ×	
2주	8일차	/	0237~0268	○ △ ×	
	9일차	/	0269~0305	○ △ ×	
	10일차	/	0306~0341	○ △ ×	
	11일차	/	0342~0361	○ △ ×	
	12일차	/	0362~0391	○ △ ×	
	13일차	/	0392~0425	○ △ ×	
	14일차	/	0426~0445	○ △ ×	
3주	15일차	/	0446~0482	○ △ ×	
	16일차	/	0483~0516	○ △ ×	
	17일차	/	0517~0538	○ △ ×	
	18일차	/	0539~0567	○ △ ×	
	19일차	/	0568~0597	○ △ ×	
	20일차	/	0598~0617	○ △ ×	
	21일차	/	0618~0664	○ △ ×	
4주	22일차	/	0665~0702	○ △ ×	
	23일차	/	0703~0741	○ △ ×	
	24일차	/	0742~0771	○ △ ×	
	25일차	/	0772~0791	○ △ ×	
	26일차	/	0792~0827	○ △ ×	
	27일차	/	0828~0861	○ △ ×	
	28일차	/	0862~0889	○ △ ×	

수와 식

개념 1

유리수와 소수의 분류

> 유형 1

(1) **유리수**: 분수 $\dfrac{a}{b}$ (a, b는 정수, $b \neq 0$) 꼴로 나타낼 수 있는 수

참고 유리수의 분류

$$\text{유리수} \begin{cases} \text{정수} \begin{cases} \text{양의 정수(자연수): } 1, 2, 3, \cdots \\ 0 \\ \text{음의 정수: } -1, -2, -3, \cdots \end{cases} \\ \text{정수가 아닌 유리수: } \dfrac{3}{4}, -\dfrac{1}{2}, 0.5, -1.2, \cdots \end{cases}$$

(2) **소수의 분류**

① **유한소수**: 소수점 아래에 0이 아닌 숫자가 유한 번 나타나는 소수

예 0.7, 3.03

② **무한소수**: 소수점 아래에 0이 아닌 숫자가 무한 번 나타나는 소수

예 0.333…, 1.2345…

개념 2

순환소수

> 유형 2~4

(1) **순환소수**: 소수점 아래의 어떤 자리에서부터 일정한 숫자의 배열이 한없이 되풀이되는 소수

(2) **순환마디**: 순환소수의 소수점 아래에서 일정한 숫자의 배열이 한없이 되풀이되는 한 부분

$$0.232323\cdots$$
$$\uparrow$$
$$\text{순환마디}$$

(3) **순환소수의 표현**

순환소수는 그 순환마디의 양 끝의 숫자 위에 점을 찍어 간단히 나타낸다.

예 순환소수	순환마디	순환소수의 표현
0.444…	4	$0.\dot{4}$
0.1373737…	37	$0.1\dot{3}\dot{7}$
1.321321321…	321	$1.\dot{3}2\dot{1}$

개념 3

유한소수, 순환소수로 나타낼 수 있는 분수

> 유형 5~9

(1) **유한소수로 나타낼 수 있는 분수**

정수가 아닌 분수를 기약분수로 나타내었을 때, 분모의 소인수가 2 또는 5뿐이면 이 분수는 유한소수로 나타낼 수 있다.

예 $\dfrac{3}{20} = \dfrac{3}{2^2 \times 5} = \dfrac{3 \times 5}{2^2 \times 5 \times 5} = \dfrac{15}{2^2 \times 5^2} = \dfrac{15}{100} = 0.15$

➡ 분모의 소인수가 2와 5뿐이므로 유한소수로 나타낼 수 있다.

(2) **순환소수로 나타낼 수 있는 분수**

정수가 아닌 분수를 기약분수로 나타내었을 때, 분모에 2 또는 5 이외의 소인수가 있으면 이 분수는 순환소수로 나타낼 수 있다.

예 $\dfrac{7}{30} = \dfrac{7}{2 \times 3 \times 5} = 0.2333\cdots = 0.2\dot{3}$

➡ 분모의 소인수 중에서 2와 5 이외의 소인수 3이 있으므로 순환소수로 나타낼 수 있다.

개념 1 유리수와 소수의 분류

0001 다음 수를 아래에서 모두 고르시오.

$$-4, \quad 0.3, \quad 0, \quad \frac{9}{3}, \quad -\frac{5}{2}, \quad 2, \quad -2.15, \quad \frac{2}{4}$$

(1) 정수

(2) 정수가 아닌 유리수

0002 다음 분수를 소수로 나타내고, 유한소수와 무한소수로 구분하시오.

(1) $\frac{3}{2}$ (2) $\frac{1}{3}$

(3) $-\frac{7}{5}$ (4) $\frac{4}{11}$

(5) $-\frac{5}{12}$ (6) $\frac{9}{16}$

개념 2 순환소수

0003 다음 순환소수의 순환마디를 구하고, 순환마디에 점을 찍어 간단히 나타내시오.

(1) $0.777\cdots$ (2) $1.545454\cdots$

(3) $-0.012012012\cdots$ (4) $5.3888\cdots$

(5) $-2.0131313\cdots$ (6) $8.358358358\cdots$

0004 다음 표를 완성하시오.

분수	순환소수	순환마디	순환소수의 표현
$\frac{2}{3}$			
$-\frac{2}{11}$			
$-\frac{4}{15}$			
$\frac{20}{27}$			

개념 3 유한소수, 순환소수로 나타낼 수 있는 분수

0005 다음은 분수를 유한소수로 나타내는 과정이다. □ 안에 알맞은 수를 써넣으시오.

(1) $\dfrac{3}{25} = \dfrac{3}{5^2} = \dfrac{3 \times \square}{5^2 \times \square} = \dfrac{12}{\square} = \square$

(2) $\dfrac{7}{40} = \dfrac{7}{2^3 \times 5} = \dfrac{7 \times \square}{2^3 \times 5 \times \square} = \dfrac{\square}{1000} = \square$

0006 다음 분수의 분모를 10의 거듭제곱으로 고쳐서 유한소수로 나타내시오.

(1) $\dfrac{3}{4}$ (2) $\dfrac{1}{8}$

(3) $\dfrac{11}{20}$ (4) $\dfrac{13}{250}$

0007 다음 분수 중 유한소수로 나타낼 수 있는 것은 ○표, 유한소수로 나타낼 수 없는 것은 ×표를 하시오.

(1) $\dfrac{4}{2^2 \times 3 \times 5}$ ( )

(2) $\dfrac{33}{2^2 \times 5 \times 11}$ ( )

(3) $\dfrac{7}{24}$ ( )

(4) $\dfrac{12}{150}$ ( )

0008 다음 보기 중 유한소수로 나타낼 수 <u>없는</u> 것을 모두 고르시오.

보기
ㄱ. $\dfrac{21}{14}$ ㄴ. $\dfrac{3}{36}$ ㄷ. $-\dfrac{12}{75}$ ㄹ. $\dfrac{6}{140}$

개념 4

순환소수를 분수로 나타내기

> 유형 10~16

순환소수는 다음과 같은 방법으로 분수로 나타낼 수 있다.

방법 1 10의 거듭제곱 이용하기

❶ 순환소수를 x로 놓는다.

❷ 양변에 10의 거듭제곱 (10, 100, 1000, ⋯)을 곱하여 주어진 순환소수와 소수점 아래의 부분이 같아지도록 만든다.

❸ 두 식을 변끼리 빼서 x의 값을 구한다.

예 순환소수 $0.\dot{4}\dot{5}$를 분수로 나타내어 보자.

❶ $0.\dot{4}\dot{5}$를 x로 놓으면

$x = 0.454545\cdots$ ······ ㉠

❷ ㉠의 양변에 100을 곱하면

$100x = 45.4545\cdots$ ······ ㉡

❸ ㉡ − ㉠을 하면

$99x = 45$ ∴ $x = \dfrac{45}{99} = \dfrac{5}{11}$

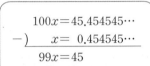

$$\begin{array}{r} 100x = 45.454545\cdots \\ -)\quad x = \ \ 0.454545\cdots \\ \hline 99x = 45 \end{array}$$

방법 2 공식 이용하기

❶ 분모에는 순환마디를 이루는 숫자의 개수만큼 9를 쓰고, 그 뒤에 소수점 아래 순환마디에 포함되지 않는 숫자의 개수만큼 0을 쓴다.

❷ 분자에는 전체의 수에서 순환하지 않는 부분의 수를 뺀다.

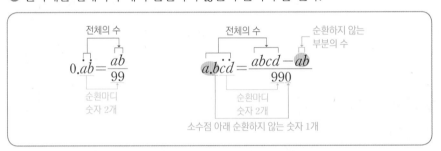

참고 a, b, c가 0 또는 한 자리 자연수일 때

$$0.\dot{a} = \frac{a}{9},\ \ 0.\dot{a}b\dot{c} = \frac{abc}{999},\ \ 0.a\dot{b} = \frac{ab-a}{90},\ \ 0.a\dot{b}\dot{c} = \frac{abc-ab}{900}$$

예 순환소수 $4.3\dot{2}\dot{1}$을 분수로 나타내어 보자.

❶ 순환마디를 이루는 숫자가 2개, 소수점 아래 순환마디에 포함되지 않는 숫자가 1개이므로 분모는 990

❷ 분자는 (전체의 수) − (순환하지 않는 부분의 수) = 4321 − 43 = 4278

∴ $4.3\dot{2}\dot{1} = \dfrac{4278}{990} = \dfrac{713}{165}$

개념 5

유리수와 소수의 관계

> 유형 17

(1) 정수가 아닌 유리수는 유한소수 또는 순환소수로 나타낼 수 있다.

(2) 유한소수와 순환소수는 모두 유리수이다.

소수 ┌ 유한소수 ─────────────── ┐ 유리수
　　 └ 무한소수 ┌ 순환소수 ─────── ┘
　　　　　　　　└ 순환소수가 아닌 무한소수 − 유리수가 아니다.

10 I. 수와 식

개념 4 순환소수를 분수로 나타내기

0009 다음은 순환소수를 기약분수로 나타내는 과정이다. □ 안에 알맞은 수를 써넣으시오.

(1) $x=0.\dot{2}$

$$\boxed{}x=2.222\cdots$$
$$-)\quad x=0.222\cdots$$
$$9x=\boxed{}$$
$$\therefore x=\frac{\boxed{}}{9}$$

(2) $x=2.\dot{5}\dot{3}$

$$\boxed{}x=253.535353\cdots$$
$$-)\quad x=2.535353\cdots$$
$$99x=\boxed{}$$
$$\therefore x=\frac{\boxed{}}{99}$$

(3) $x=0.1\dot{5}$

$$100x=15.555\cdots$$
$$-)\boxed{}x=1.555\cdots$$
$$\boxed{}x=14$$
$$\therefore x=\frac{\boxed{}}{45}$$

(4) $x=0.4\dot{1}\dot{5}$

$$1000x=415.151515\cdots$$
$$-)\boxed{}x=4.151515\cdots$$
$$\boxed{}x=411$$
$$\therefore x=\frac{\boxed{}}{330}$$

0010 다음 순환소수를 분수로 나타내려고 할 때 이용할 수 있는 가장 편리한 식을 **보기**에서 고르시오.

보기
ㄱ. $10x-x$　　　　ㄴ. $100x-x$
ㄷ. $100x-10x$　　ㄹ. $1000x-10x$

(1) $x=6.\dot{1}$ 　　　　　(2) $x=0.4\dot{3}$

(3) $x=1.\dot{0}\dot{3}$ 　　　　(4) $x=0.5\dot{1}\dot{2}$

0011 다음은 순환소수를 기약분수로 나타내는 과정이다. □ 안에 알맞은 수를 써넣으시오.

(1) $0.\dot{7}\dot{3}=\dfrac{73}{\boxed{}}$

(2) $1.\dot{2}4\dot{3}=\dfrac{1243-\boxed{}}{\boxed{}}=\dfrac{\boxed{}}{999}=\dfrac{\boxed{}}{37}$

(3) $1.4\dot{9}=\dfrac{149-\boxed{}}{90}=\dfrac{\boxed{}}{90}=\dfrac{\boxed{}}{2}$

(4) $0.3\dot{2}\dot{7}=\dfrac{327-\boxed{}}{990}=\dfrac{\boxed{}}{990}=\dfrac{\boxed{}}{55}$

0012 다음 순환소수를 기약분수로 나타내시오.

(1) $0.\dot{8}$ 　　　　　(2) $0.\dot{3}\dot{5}$

(3) $0.6\dot{2}\dot{4}$ 　　　　(4) $2.\dot{5}$

(5) $4.\dot{1}\dot{9}$ 　　　　(6) $1.4\dot{8}\dot{1}$

(7) $0.2\dot{7}$ 　　　　(8) $3.2\dot{0}\dot{4}$

개념 5 유리수와 소수의 관계

0013 다음 중 옳은 것은 ○표, 옳지 않은 것은 ×표를 하시오.

(1) 모든 유한소수는 분수로 나타낼 수 있다. 　(　)

(2) 모든 유한소수는 유리수이다. 　(　)

(3) 모든 무한소수는 순환소수이다. 　(　)

(4) 모든 순환소수는 유리수이다. 　(　)

(5) 정수가 아닌 유리수는 모두 유한소수로 나타낼 수 있다.
　(　)

B step. 기출 & 변형하면···

유형 **1** 유한소수와 무한소수 > 개념 1

0014 다음 **보기** 중 유한소수의 개수는?

보기

ㄱ. 3.7   ㄴ. π

ㄷ. 1.324324324···   ㄹ. 0.1212212221···

ㅁ. -0.54 ㅂ. -12.5

① 1   ② 2   ③ 3
④ 4   ⑤ 5

→ **0015** 다음 **보기** 중 유한소수가 아닌 것을 모두 고른 것은?

보기

ㄱ. 19.4   ㄴ. $\frac{2}{5}$ ㄷ. 0.05533···

ㄹ. 3π ㅁ. -0.08

① ㄱ   ② ㄱ, ㅁ   ③ ㄴ, ㄷ
④ ㄷ, ㄹ   ⑤ ㄷ, ㄹ, ㅁ

0016 다음 중 분수를 소수로 나타내었을 때, 무한소수가 아닌 것은?

① $\frac{1}{6}$ ② $-\frac{5}{6}$ ③ $\frac{1}{12}$

④ $\frac{2}{15}$ ⑤ $\frac{16}{25}$

→ **0017** 다음 중 옳지 않은 것은?

① 6.3은 유한소수이다.

② 3.242424···는 무한소수이다.

③ $\frac{1}{7}$을 소수로 나타내면 무한소수이다.

④ $\frac{1}{20}$을 소수로 나타내면 유한소수이다.

⑤ $\frac{3}{12}$을 소수로 나타내면 무한소수이다.

유형 **2** 순환마디 > 개념 2

0018 다음 중 순환마디가 바르게 연결된 것은?

① 0.222··· ➡ 22   ② 0.070707··· ➡ 70
③ 1.212121··· ➡ 12   ④ 3.5141414··· ➡ 14
⑤ 2.361361361··· ➡ 613

→ **0019** 분수 $\frac{13}{11}$을 소수로 나타낼 때, 순환마디는?

① 11   ② 18   ③ 81
④ 118   ⑤ 181

0020 다음 분수를 소수로 나타낼 때, 순환마디를 이루는 숫자의 개수가 가장 많은 것은?

① $\dfrac{1}{6}$ 　　② $\dfrac{8}{9}$ 　　③ $\dfrac{4}{11}$

④ $\dfrac{9}{22}$ 　　⑤ $\dfrac{1}{37}$

서술형

0021 두 분수 $\dfrac{8}{11}$ 과 $\dfrac{3}{13}$ 을 소수로 나타낼 때, 순환마디를 이루는 숫자의 개수를 각각 x, y라 하자. 이때 $x+y$의 값을 구하시오.

유형 **3** 　순환소수의 표현　　　　　　　　　> 개념 **2**

0022 다음 중 순환소수의 표현이 옳은 것을 모두 고르면? (정답 2개)

① $0.202020\cdots=0.\dot{2}\dot{0}$
② $1.9888\cdots=1.9\dot{8}$
③ $5.4242424\cdots=5.4\dot{2}\dot{4}$
④ $0.327327327\cdots=0.\dot{3}2\dot{7}$
⑤ $2.5013013013\cdots=2.5\dot{0}1\dot{3}$

0023 다음 중 순환소수의 표현이 옳지 <u>않은</u> 것은?

① $0.7222\cdots=0.7\dot{2}$
② $3.838383\cdots=3.\dot{8}\dot{3}$
③ $1.0090909\cdots=1.0\dot{0}\dot{9}$
④ $0.101101\cdots=0.\dot{1}01\dot{1}$
⑤ $2.1254254\cdots=2.1\dot{2}5\dot{4}$

0024 다음 중 옳지 <u>않은</u> 것은?

① $\dfrac{7}{3}=2.\dot{3}$ 　　② $\dfrac{4}{9}=0.\dot{4}$

③ $\dfrac{11}{12}=0.91\dot{6}$ 　　④ $\dfrac{10}{33}=0.\dot{3}0\dot{3}$

⑤ $\dfrac{2}{45}=0.0\dot{4}$

0025 분수 $\dfrac{7}{12}$ 을 순환소수로 나타내면?

① $0.5\dot{8}$ 　　② $0.\dot{5}\dot{8}$ 　　③ $0.58\dot{3}$

④ $0.5\dot{8}\dot{3}$ 　　⑤ $0.5\dot{8}3$

0026 다음 중 순환소수의 소수점 아래 20번째 자리의 숫자를 나타낸 것으로 옳지 <u>않은</u> 것은?

① $0.\dot{3}$ ➡ 3   ② $0.4\dot{1}$ ➡ 1   ③ $0.\dot{3}0\dot{2}$ ➡ 0

④ $2.5\dot{3}\dot{2}$ ➡ 2   ⑤ $1.8\dot{9}\dot{4}$ ➡ 4

0027 순환소수 $0.5\dot{1}\dot{7}$의 소수점 아래 35번째 자리의 숫자를 a, 소수점 아래 70번째 자리의 숫자를 b라 할 때, $a+b$의 값을 구하시오.

*__0028__ 분수 $\dfrac{12}{37}$를 소수로 나타낼 때, 소수점 아래 40번째 자리의 숫자를 구하시오.

0029 분수 $\dfrac{29}{111}$를 소수로 나타낼 때, 소수점 아래 100번째 자리의 숫자를 a, 소수점 아래 111번째 자리의 숫자를 b라 하자. 이때 a^2+b^2의 값을 구하시오.

0030 분수 $\dfrac{7}{44}$을 소수로 나타낼 때, 소수점 아래 첫 번째 자리의 숫자부터 소수점 아래 100번째 자리의 숫자까지의 합을 구하시오.

0031 분수 $\dfrac{2}{13}$를 소수로 나타낼 때, 소수점 아래 n번째 자리의 숫자를 a_n이라 하자. 이때 $a_1+a_2+a_3+\cdots+a_{12}$의 값은?

① 51   ② 52   ③ 53

④ 54   ⑤ 55

유형 5 10의 거듭제곱을 이용하여 분수를 소수로 나타내기 > 개념 3

0032 다음은 분수 $\dfrac{27}{60}$ 을 유한소수로 나타내는 과정이다. □ 안에 알맞은 수로 옳지 <u>않은</u> 것은?

$$\frac{27}{60}=\frac{9}{2^{①}\times 5}=\frac{9\times\boxed{②}}{2^2\times 5\times\boxed{③}}=\frac{\boxed{④}}{100}=\boxed{⑤}$$

① 2   ② 5   ③ 5^2
④ 45   ⑤ 0.45

0033 다음은 분수 $\dfrac{12}{75}$ 를 유한소수로 나타내는 과정이다. 이때 $a+b+c+d$의 값은?

$$\frac{12}{75}=\frac{a}{5^2}=\frac{a\times b}{5^2\times b}=\frac{c}{100}=d$$

① 20.16   ② 24.08   ③ 24.16
④ 32.08   ⑤ 32.16

0034 분수 $\dfrac{19}{200}$ 를 유한소수로 나타내기 위하여 $\dfrac{n}{10^m}$ 꼴로 고쳤을 때, 자연수 m, n에 대하여 $m+n$의 값 중 가장 작은 값을 구하시오.

서술형

0035 분수 $\dfrac{3}{80}$ 을 $\dfrac{a}{10^n}$ 꼴로 고쳐서 유한소수로 나타낼 때, 두 자연수 a, n에 대하여 $a+n$의 값 중 가장 작은 값을 구하시오.

0036 다음 분수 중 유한소수로 나타낼 수 <u>없는</u> 것은?

① $\dfrac{6}{2 \times 3 \times 5^2}$ ② $\dfrac{18}{2^2 \times 3^2}$ ③ $\dfrac{45}{2^2 \times 3^2 \times 5}$

④ $\dfrac{55}{2^2 \times 3^2 \times 11}$ ⑤ $\dfrac{63}{2^2 \times 5^2 \times 7}$

0037 다음 분수 중 유한소수로 나타낼 수 있는 것을 모두 고르면? (정답 2개)

① $\dfrac{4}{3}$ ② $\dfrac{1}{14}$ ③ $\dfrac{9}{24}$

④ $\dfrac{21}{35}$ ⑤ $\dfrac{8}{60}$

0038 분수 $\dfrac{1}{15}, \dfrac{2}{15}, \dfrac{3}{15}, \cdots, \dfrac{14}{15}$ 를 소수로 나타낼 때, 유한소수로 나타낼 수 있는 분수의 개수를 구하시오.

0039 두 분수 $\dfrac{1}{90}$ 과 $\dfrac{19}{90}$ 사이에 있는 분수 중 분모가 90이고 유한소수로 나타낼 수 있는 분수를 모두 구하시오.

0040 분수 $\dfrac{a}{350}$ 를 소수로 나타내면 유한소수가 되고, 기약분수로 나타내면 $\dfrac{11}{b}$ 이 된다. a가 100 이하의 자연수일 때, $a-b$의 값을 구하시오.

서술형

0041 분수 $\dfrac{a}{120}$ 를 소수로 나타내면 유한소수가 되고, 기약분수로 나타내면 $\dfrac{7}{b}$ 이 된다. a가 $40 \leq a \leq 50$인 자연수일 때, $a+b$의 값을 구하시오.

0042 두 분수 $\dfrac{3}{42}$과 $\dfrac{7}{210}$에 각각 a를 곱하면 두 분수를 모두 유한소수로 나타낼 수 있다고 한다. 이때 a의 값이 될 수 있는 가장 작은 자연수를 구하시오.

→ **0043** 정수가 아닌 유리수 $\dfrac{4}{90} \times A$, $\dfrac{15}{132} \times A$를 소수로 나타내었더니 모두 유한소수가 되었다. 이때 A의 값 중 가장 큰 세 자리 자연수는?

① 887 　　② 889 　　③ 891

④ 893 　　⑤ 895

유형 8 　분수에 자연수를 곱하여 유한소수 만들기 　　　　　> 개념 3

0044 분수 $\dfrac{15}{1050} \times a$를 소수로 나타내면 유한소수가 될 때, a의 값이 될 수 있는 가장 작은 두 자리 자연수는?

① 10 　　② 12 　　③ 14

④ 16 　　⑤ 18

→ **0045** 다음 조건을 모두 만족시키는 자연수 A 중 가장 작은 수를 구하시오.

> ㈎ A는 2와 3의 공배수이다.
> ㈏ 분수 $\dfrac{A}{2^3 \times 3^2 \times 5 \times 7}$를 소수로 나타내면 유한소수가 된다.

0046 분수 $\dfrac{28}{40 \times a}$을 소수로 나타내면 유한소수가 될 때, 다음 중 a의 값이 될 수 <u>없는</u> 것은?

① 5 　　② 7 　　③ 14

④ 35 　　⑤ 42

→ **0047** 분수 $\dfrac{33}{20 \times a}$을 소수로 나타내면 유한소수가 된다. a가 $20 < a < 30$인 자연수일 때, 모든 a의 값의 합을 구하시오.

0048 분수 $\dfrac{a}{180}$를 소수로 나타내면 순환소수가 될 때, 다음 중 a의 값이 될 수 있는 것은?

① 9   ② 27   ③ 36

④ 39   ⑤ 45

→ **0049** 분수 $\dfrac{14}{a}$를 소수로 나타내면 순환소수가 될 때, 다음 중 a의 값이 될 수 <u>없는</u> 것은?

① 12   ② 18   ③ 21

④ 24   ⑤ 35

0050 분수 $\dfrac{21}{5^2 \times a}$을 소수로 나타내었을 때, 순환소수가 되게 하는 가장 작은 자연수 a의 값을 구하시오.

→ **0051** 분수 $\dfrac{6}{2^3 \times 5^2 \times a}$을 소수로 나타내면 순환소수가 될 때, a의 값이 될 수 있는 모든 한 자리 자연수의 합을 구하시오.

0052 다음은 순환소수 $2.1\dot{4}\dot{2}$를 분수로 나타내는 과정이다. □ 안에 알맞은 수로 옳지 <u>않은</u> 것은?

> $2.1\dot{4}\dot{2}$를 x로 놓으면 $x=2.14242\cdots$ ······ ㉠
>
> ㉠의 양변에 ①을 곱하면
>
> ①$x=2142.4242\cdots$ ······ ㉡
>
> ㉠의 양변에 ②를 곱하면
>
> ②$x=21.4242\cdots$ ······ ㉢
>
> ㉡-㉢을 하면
>
> ③$x=$④ ∴ $x=$⑤

① 1000   ② 10   ③ 900

④ 2121   ⑤ $\dfrac{707}{330}$

→ **0053** 다음은 순환소수 $1.2\dot{3}$을 분수로 나타내는 과정이다. ㈎~㈐에 들어갈 알맞은 수를 각각 구하시오.

> $1.2\dot{3}$을 x로 놓으면 $x=1.2333\cdots$ ······ ㉠
>
> ㉠의 양변에 ㈎을 곱하면
>
> ㈎$x=123.333\cdots$ ······ ㉡
>
> ㉠의 양변에 ㈏을 곱하면
>
> ㈏$x=12.333\cdots$ ······ ㉢
>
> ㉡-㉢을 하면 ㈐$x=$㈑ ∴ $x=$㈒

0054 다음 중 순환소수 $x=12.4272727\cdots$에 대한 설명으로 옳지 <u>않은</u> 것은?

① $12.4\dot{2}\dot{7}$로 나타낸다.

② 순환마디는 27이다.

③ $x=12.4+0.0\dot{2}\dot{7}$

④ $1000x-10x=12303$

⑤ 분수로 나타내면 $x=\dfrac{1357}{111}$

0055 순환소수 x를 분수로 나타낼 때 이용할 수 있는 가장 편리한 식이 바르게 짝 지어진 것만을 **보기**에서 모두 고르시오.

> **보기**
> ㄱ. $x=3.\dot{7}$ ➡ $10x-x$
> ㄴ. $x=1.3\dot{1}\dot{2}$ ➡ $100x-x$
> ㄷ. $x=2.5\dot{7}\dot{2}$ ➡ $1000x-10x$

유형 11 순환소수를 분수로 나타내기 [2]: 공식 이용   **> 개념 4**

0056 다음 중 순환소수를 분수로 나타내는 과정으로 옳은 것을 모두 고르면? (정답 2개)

① $2.\dot{6}=\dfrac{26}{9}$

② $1.3\dot{2}=\dfrac{132-13}{90}$

③ $3.0\dot{4}=\dfrac{304-3}{90}$

④ $1.2\dot{7}\dot{6}=\dfrac{1276-12}{990}$

⑤ $3.\dot{1}7\dot{8}=\dfrac{3178-3}{900}$

0057 다음 중 순환소수를 분수로 나타낸 것으로 옳지 <u>않은</u> 것은?

① $0.\dot{3}\dot{5}=\dfrac{35}{99}$

② $0.4\dot{7}=\dfrac{43}{90}$

③ $1.\dot{6}=\dfrac{16}{9}$

④ $0.\dot{2}5\dot{9}=\dfrac{7}{27}$

⑤ $2.3\dot{0}\dot{2}=\dfrac{2279}{990}$

0058 분수 $\dfrac{a}{18}$를 순환소수로 나타내면 $3.2\dot{7}$일 때, 자연수 a의 값은?

① 56   ② 57   ③ 58

④ 59   ⑤ 60

서술형

0059 순환소수 $0.\dot{2}\dot{7}$의 역수를 a, 순환소수 $1.4\dot{6}$의 역수를 b라 할 때, ab의 값을 구하시오.

0060 다음 중 두 수의 대소 관계가 옳지 <u>않은</u> 것은?

① $5.\dot{1}>5.1$

② $\dfrac{13}{11}<1.1\dot{8}$

③ $0.\dot{4}=0.\dot{4}\dot{0}$

④ $1.\dot{1}\dot{2}<1.1\dot{2}$

⑤ $0.3\dot{2}\dot{4}<0.\dot{3}2\dot{4}$

→ **0061** 다음 중 가장 큰 수는?

① 0.364 ② $0.36\dot{4}$ ③ $0.3\dot{6}\dot{4}$

④ $\dfrac{18}{55}$ ⑤ $\dfrac{364}{999}$

0062 부등식 $\dfrac{1}{5}<0.\dot{a}<\dfrac{1}{4}$ 을 만족시키는 한 자리 자연수 a의 값은?

① 1 ② 2 ③ 3
④ 4 ⑤ 5

→ **0063** 다음 중 부등식 $\dfrac{1}{3}\le 0.0\dot{x}\times 6<\dfrac{5}{6}$ 를 만족시키는 한 자리 자연수 x의 값이 될 수 <u>없는</u> 것은?

① 4 ② 5 ③ 6
④ 7 ⑤ 8

0064 $a=5.\dot{6}$, $b=0.\dot{1}\dot{8}$일 때, ab의 값은?

① $1.02\dot{8}$ ② $1.0\dot{3}$ ③ $1.0\dot{3}$
④ 1.08 ⑤ $1.0\dot{8}$

→ **0065** $a=3.\dot{7}\dot{5}$, $b=6.\dot{8}$일 때, $\dfrac{a}{b}$의 값은?

① 0.54 ② 0.545 ③ $0.\dot{5}\dot{4}$
④ $0.5\dot{4}$ ⑤ $0.5\dot{4}\dot{5}$

0066 $1.\dot{5}$보다 $0.\dot{7}$만큼 큰 수를 순환소수로 나타내시오.

→ **0067** $1.\dot{3}$보다 $0.1\dot{2}$만큼 작은 수를 순환소수로 나타내면?

① $1.2\dot{1}$ ② $1.\dot{2}\dot{1}$ ③ $1.3\dot{1}$
④ $1.\dot{3}\dot{1}$ ⑤ $1.4\dot{5}$

유형 14 순환소수를 포함한 방정식의 풀이 > 개념 4

*0068 $\dfrac{7}{11}=x+0.\dot{3}\dot{1}$일 때, x의 값을 순환소수로 나타내면?

① $0.\dot{3}$ ② $0.3\dot{2}$ ③ $0.\dot{3}\dot{2}$
④ $0.3\dot{2}\dot{4}$ ⑤ $0.\dot{3}2\dot{4}$

→ **0069** $0.5\dot{6}=A-0.\dot{4}$일 때, A의 값을 순환소수로 나타내면?

① $1.\dot{1}$ ② $1.0\dot{1}$ ③ $1.\dot{0}\dot{1}$
④ $1.0\dot{0}\dot{1}$ ⑤ $1.00\dot{1}$

0070 $0.4\dot{7}\dot{1}=A\times0.0\dot{0}\dot{1}$일 때, A의 값은?

① 463 ② 465 ③ 467
④ 469 ⑤ 471

→ **서술형**
0071 순환소수 $1.\dot{7}\dot{0}$에 어떤 수 a를 곱하였더니 $18.\dot{7}$이 되었다. 이때 a의 값을 구하시오.

유형 15 순환소수에 적당한 수를 곱한 경우 > 개념 4

0072 순환소수 $0.\dot{4}\dot{2}$에 a를 곱한 결과가 자연수일 때, 두 자리 자연수 a의 개수를 구하시오.

0073 순환소수 $2.\dot{4}\dot{5}$에 자연수 x를 곱하여 어떤 자연수의 제곱이 되도록 하려고 한다. x의 값 중 가장 작은 세 자리 자연수를 구하시오.

★**0074** 순환소수 $0.3\dot{5}\dot{4}$에 어떤 자연수를 곱하여 유한소수가 되도록 할 때, 곱해야 하는 가장 작은 자연수는?

① 3 ② 9 ③ 11
④ 21 ⑤ 22

0075 순환소수 $0.5\dot{6}$에 어떤 자연수 x를 곱하면 유한소수가 된다. 다음 중 x의 값이 될 수 있는 것을 모두 고르면? (정답 2개)

① 3 ② 4 ③ 5
④ 6 ⑤ 7

유형 16 바르게 계산한 값 구하기 > 개념 4

★**0076** 어떤 기약분수를 순환소수로 나타내는데 유라는 분모를 잘못 보아 $0.\dot{2}\dot{1}$로 나타내었고, 지민이는 분자를 잘못 보아 $0.4\dot{3}$으로 나타내었다. 처음 기약분수를 순환소수로 바르게 나타내시오.

0077 어떤 기약분수를 순환소수로 나타내는데 지훈이는 분모를 잘못 보아 $0.\dot{4}8\dot{1}$로 나타내었고, 태형이는 분자를 잘못 보아 $1.0\dot{5}$로 나타내었다. 처음 기약분수를 순환소수로 나타내시오.

0078 기약분수 $\dfrac{a}{999}$ 를 순환소수로 나타내는데 분모를 잘못 보아서 $0.68\dot{3}$으로 나타내었다. 처음 기약분수를 순환소수로 바르게 나타내시오. (단, a는 자연수)

→ **0079** 기약분수 $\dfrac{a}{990}$ 를 순환소수로 나타내는데 분모를 잘못 보아서 $0.5\dot{8}$로 나타내었다. 처음 기약분수를 순환소수로 바르게 나타내시오. (단, a는 자연수)

0080 어떤 자연수에 $2.\dot{3}$을 곱해야 할 것을 잘못하여 2.3을 곱하였더니 그 계산 결과가 정답보다 $0.1\dot{6}$만큼 작아졌다. 이때 어떤 자연수를 구하시오.

→ 서술형

0081 어떤 수 x에 $0.2\dot{3}$을 곱해야 할 것을 잘못하여 $0.2\dot{3}$을 곱하였더니 그 계산 결과가 정답보다 $0.0\dot{5}$만큼 커졌다. 이때 x의 값을 구하시오.

유형 17 유리수와 소수의 관계   **> 개념 5**

0082 다음 중 옳은 것을 모두 고르면? (정답 2개)

① 모든 유한소수는 유리수이다.
② 모든 순환소수는 유한소수이다.
③ 모든 소수는 분수로 나타낼 수 있다.
④ 모든 유리수는 유한소수로 나타낼 수 있다.
⑤ 무한소수 중에는 유리수가 아닌 것도 있다.

→ **0083** 다음 **보기** 중 옳은 것을 모두 고른 것은?

보기
ㄱ. 모든 기약분수는 유한소수로 나타낼 수 있다.
ㄴ. 순환소수 중에는 유리수가 아닌 것도 있다.
ㄷ. 모든 순환소수는 $\dfrac{(정수)}{(0이 \ 아닌 \ 정수)}$ 꼴로 나타낼 수 있다.
ㄹ. 기약분수의 분모의 소인수가 2 또는 5뿐이면 유한소수로 나타낼 수 있다.

① ㄱ   ② ㄷ   ③ ㄱ, ㄹ
④ ㄴ, ㄷ   ⑤ ㄷ, ㄹ

0084 다음 중 $\dfrac{a}{b}$ (a, b는 정수, $b \neq 0$) 꼴로 나타낼 수 없는 것은?

① 1.403
② 1000
③ π
④ -0.5
⑤ 0.343434⋯

0085 다음 중 순환소수와 순환마디가 바르게 연결된 것은?

① 1.717171⋯ ➡ 17
② 0.1282828⋯ ➡ 28
③ 2.562562⋯ ➡ 256
④ 15.415415⋯ ➡ 154
⑤ 5.050505⋯ ➡ 505

0086 다음 중 옳지 않은 것은?

① 3.878787은 유한소수이다.
② $1.\overset{\cdot}{2}4\overset{\cdot}{6}$의 순환마디는 246이다.
③ 2.53777⋯은 $2.53\overset{\cdot}{7}$로 나타낼 수 있다.
④ $\dfrac{4}{6}$를 소수로 나타내면 순환소수이다.
⑤ $\dfrac{21}{84}$을 소수로 나타내면 무한소수이다.

0087 분수 $\dfrac{11}{20}$을 $\dfrac{a}{10^n}$ 꼴로 고쳐서 유한소수로 나타낼 때, 두 자연수 a, n에 대하여 $a+n$의 값 중 가장 작은 값을 구하시오.

0088 다음 분수 중 유한소수로 나타낼 수 없는 것은?

① $\dfrac{13}{2^2 \times 5}$
② $\dfrac{27}{2^2 \times 3^2 \times 5^2}$
③ $\dfrac{21}{2^2 \times 5^3 \times 7}$
④ $\dfrac{15}{2 \times 3 \times 5^2}$
⑤ $\dfrac{30}{2^4 \times 3^2 \times 5 \times 7}$

0089 수직선에서 0과 1을 나타내는 두 점 사이의 거리를 12등분하면 11개의 점이 생기는데 각 점이 나타내는 수를 작은 것부터 차례대로 a_1, a_2, a_3, ⋯, a_{11}이라 하자. 이 중 유한소수로 나타낼 수 있는 것의 개수를 구하시오.

0090 $\dfrac{3}{660} \times A$가 다음 조건을 모두 만족시킬 때, 가장 작은 자연수 A의 값을 구하시오.

> (가) A는 3의 배수이다.
> (나) $\dfrac{3}{660} \times A$를 소수로 나타내면 유한소수가 된다.

0091 분수 $\dfrac{a}{270}$를 소수로 나타내면 유한소수가 되고, 이 분수를 기약분수로 나타내면 $\dfrac{3}{b}$이 된다. a가 두 자리 자연수일 때, $a-b$의 값을 구하시오.

0092 두 분수 $\dfrac{13}{42}$과 $\dfrac{47}{60}$에 어떤 자연수 a를 각각 곱하면 두 분수가 모두 유한소수가 된다고 한다. 이때 a의 값이 될 수 있는 가장 작은 자연수를 구하시오.

0093 축구에서 골키퍼의 방어율은

$$\dfrac{(\text{골키퍼의 방어 횟수})}{(\text{상대 팀의 유효슈팅 횟수})}$$

로 나타낸다. 어떤 골키퍼의 방어율이 순환소수로 나타내어지고 상대 팀의 유효슈팅 횟수가 18회일 때, 다음 중 이 골키퍼의 방어 횟수가 될 수 없는 것은?

① 7회 ② 8회 ③ 9회
④ 10회 ⑤ 11회

0094 $x=1.01\dot{8}$일 때, $1000x-nx$의 값이 정수가 되도록 하는 가장 작은 자연수 n의 값을 구하시오.

0095 $3-x=0.\dot{6}$, $\dfrac{11}{30}=y+0.1\dot{4}$일 때, $x+y$의 값을 순환소수로 나타내시오.

0096 순환소수 $1.\dot{8}\dot{1}$에 자연수 A를 곱하여 어떤 자연수의 제곱이 되도록 할 때, 가장 작은 자연수 A의 값을 구하시오.

0097 어떤 양수에 0.3을 곱해야 할 것을 $0.\dot{3}$으로 잘못 보고 계산하였더니 그 계산 결과가 정답보다 0.4만큼 커졌다. 이때 어떤 양수를 구하시오.

0098 다음은 어떤 기약분수를 소수로 나타내고 성우와 유하가 나눈 대화이다. 대화를 읽고 처음 기약분수를 순환소수로 나타내시오.

> 성우: 나는 분모를 잘못 보아 $0.3\dot{7}\dot{2}$가 나왔어.
> 유하: 나는 분자를 잘못 보아 $0.3\dot{8}\dot{7}$이 나왔어.

0099 다음 보기 중 옳은 것을 모두 고르시오.

보기
ㄱ. 모든 순환소수는 유리수이다.
ㄴ. 순환소수가 아닌 무한소수는 유리수이다.
ㄷ. 유한소수는 분모가 10의 거듭제곱인 분수로 나타낼 수 있다.
ㄹ. 기약분수에서 분모가 소수이면 무한소수로만 나타낼 수 있다.

0100 $2+\dfrac{3}{10}+\dfrac{3}{10^2}+\dfrac{3}{10^3}+\cdots=\dfrac{a}{b}$일 때, $a+b$의 값을 구하시오. (단, a와 b는 서로소)

0101 다음 조건을 모두 만족시키는 분수 x의 개수를 구하시오.

> (가) x의 분모는 48이고 분자는 자연수이다.
> (나) x는 순환소수이다.
> (다) x는 $\dfrac{1}{12}$보다 크고 $\dfrac{1}{4}$보다 작다.

서술형 _____

0102 분수 $\dfrac{3}{7}$을 소수로 나타낼 때, 소수점 아래 25번째 자리의 숫자를 a, 소수점 아래 50번째 자리의 숫자를 b라 하자. 이때 $0.\dot{a}\dot{b}+0.\dot{b}\dot{a}$의 값을 기약분수로 나타내시오.

0103 분수 $\dfrac{x}{30}$를 소수로 나타내면 유한소수가 되고, $0.5\dot{9}<\dfrac{x}{30}<0.\dot{8}$일 때, 자연수 x의 값을 모두 구하시오.

개념1

지수법칙 1

> 유형 1, 3~8

(1) 거듭제곱의 곱셈

m, n이 자연수일 때

$a^m \times a^n = a^{m+n}$ ← 지수끼리 더한다.

예 $a^2 \times a^3 = (a \times a) \times (a \times a \times a) = a \times a \times a \times a \times a = a^5$ ➡ $a^2 \times a^3 = a^{2+3} = a^5$ (지수의 합)

(2) 거듭제곱의 거듭제곱

m, n이 자연수일 때

$(a^m)^n = a^{mn}$ ← 지수끼리 곱한다.

예 $(a^2)^3 = a^2 \times a^2 \times a^2 = a^{2+2+2} = a^6$ ➡ $(a^2)^3 = a^{2 \times 3} = a^6$ (지수의 곱)

주의 다음과 같이 계산하지 않도록 주의한다.

① $a^m \times b^n \neq a^{m+n}$　　　　② $a^m + a^n \neq a^{m+n}$
③ $a^m \times a^n \neq a^{mn}$　　　　④ $(a^m)^n \neq a^{m^n}$

개념2

지수법칙 2

> 유형 2~3, 5~8

(1) 거듭제곱의 나눗셈

$a \neq 0$이고 m, n이 자연수일 때

① $m > n$이면 $a^m \div a^n = a^{m-n}$

② $m = n$이면 $a^m \div a^n = 1$

③ $m < n$이면 $a^m \div a^n = \dfrac{1}{a^{n-m}}$

예 ① $a^5 \div a^2 = \dfrac{a^5}{a^2} = \dfrac{a \times a \times a \times a \times a}{a \times a} = a \times a \times a = a^3$ ➡ $a^5 \div a^2 = a^{5-2} = a^3$ (지수의 차)

② $a^2 \div a^2 = \dfrac{a^2}{a^2} = \dfrac{a \times a}{a \times a} = 1$ ➡ $a^2 \div a^2 = 1$

③ $a^2 \div a^5 = \dfrac{a^2}{a^5} = \dfrac{a \times a}{a \times a \times a \times a \times a} = \dfrac{1}{a \times a \times a} = \dfrac{1}{a^3}$ ➡ $a^2 \div a^5 = \dfrac{1}{a^{5-2}} = \dfrac{1}{a^3}$ (지수의 차)

주의 다음과 같이 계산하지 않도록 주의한다.

① $a^m \div a^n \neq a^{m \div n}$　　　　② $a^m \div a^m \neq 0$

(2) 곱과 몫의 거듭제곱

m이 자연수일 때

① $(ab)^m = a^m b^m$

② $\left(\dfrac{a}{b}\right)^m = \dfrac{a^m}{b^m}$ (단, $b \neq 0$)

예 ① $(ab)^2 = ab \times ab = (a \times a) \times (b \times b) = a^2 b^2$ ➡ $(ab)^2 = a^2 b^2$ (지수의 분배)

② $\left(\dfrac{a}{b}\right)^2 = \dfrac{a}{b} \times \dfrac{a}{b} = \dfrac{a \times a}{b \times b} = \dfrac{a^2}{b^2}$ ➡ $\left(\dfrac{a}{b}\right)^2 = \dfrac{a^2}{b^2}$

개념1 지수법칙 ①

0104 다음 식을 간단히 하시오.

(1) $x^3 \times x^2$

(2) $5^2 \times 5^6$

(3) $y^2 \times y^4 \times y^3$

(4) $3^2 \times 3^7 \times 3^3$

(5) $a^2 \times b^3 \times a \times b^4$

0105 다음 식을 간단히 하시오.

(1) $(x^3)^4$

(2) $(3^4)^2$

(3) $(y^2)^3 \times (y^5)^2$

(4) $(-x)^4 \times (-x)^5$

(5) $(a^5)^3 \times (a^4)^2 \times (a^3)^3$

0106 다음 □ 안에 알맞은 수를 써넣으시오.

(1) $x^2 \times x^\square = x^5$

(2) $a^\square \times a^4 \times a^3 = a^{11}$

(3) $(y^4)^\square = y^{20}$

(4) $(b^\square)^3 = b^{21}$

(5) $x^\square \times (x^5)^3 = x^{24}$

개념2 지수법칙 ②

0107 다음 식을 간단히 하시오.

(1) $x^5 \div x^3$

(2) $2^{10} \div 2^2$

(3) $a^6 \div a^6$

(4) $b^4 \div b^7$

(5) $x^6 \div x \div x^2$

0108 다음 식을 간단히 하시오.

(1) $(x^3 y^4)^2$

(2) $(-2a^4)^2$

(3) $\left(\dfrac{x^3}{5}\right)^4$

(4) $\left(-\dfrac{a^4}{b^2}\right)^3$

0109 다음 □ 안에 알맞은 수를 써넣으시오.

(1) $x^8 \div x^\square = x^3$

(2) $a^4 \div a^\square = \dfrac{1}{a}$

(3) $(x^\square y^3)^5 = x^{10} y^\square$

(4) $\left(\dfrac{a^\square}{b^6}\right)^4 = \dfrac{a^{16}}{b^\square}$

02 단항식의 계산

단항식의 곱셈

> 유형 9

단항식의 곱셈은 다음과 같은 방법으로 계산한다.
① 계수는 계수끼리, 문자는 문자끼리 곱한다.
② 같은 문자끼리의 곱셈은 지수법칙을 이용하여 간단히 한다.

예
$$
\begin{aligned}
3xy^3 \times (-4x^2y) &= 3 \times x \times y^3 \times (-4) \times x^2 \times y \\
&= 3 \times (-4) \times (x \times x^2 \times y^3 \times y) \\
&= -12x^3y^4
\end{aligned}
$$

교환법칙
계수는 계수끼리, 문자는 문자끼리 계산한다.

참고 수는 문자 앞에, 문자는 알파벳 순서대로 쓴다.

개념 4

단항식의 나눗셈

> 유형 10

단항식의 나눗셈은 다음과 같은 방법으로 계산한다.

방법 1 분수 꼴로 바꾸어 계산한다.

$$ A \div B = \frac{A}{B} $$

예 $6x^3 \div (-2x) = \dfrac{6x^3}{-2x} = -3x^2$

방법 2 역수를 이용하여 나눗셈을 곱셈으로 바꾸어 계산한다.

곱셈으로
$$ A \div B = A \times \frac{1}{B} = \frac{A}{B} $$
역수로

예
$$
\begin{aligned}
6x^3 \div (-2x) &= 6x^3 \times \left(-\frac{1}{2x}\right) \\
&= \left\{6 \times \left(-\frac{1}{2}\right)\right\} \times \left(x^3 \times \frac{1}{x}\right) \\
&= -3x^2
\end{aligned}
$$

개념 5

단항식의 곱셈과 나눗셈의 혼합 계산

> 유형 11~14

단항식의 곱셈과 나눗셈이 혼합된 식은 다음과 같은 순서로 계산한다.
❶ 괄호가 있으면 지수법칙을 이용하여 괄호를 먼저 푼다.
❷ 나눗셈은 분수 꼴 또는 역수를 이용하여 곱셈으로 바꾼다.
❸ 부호를 결정한 후 계수는 계수끼리, 문자는 문자끼리 계산한다.

예
$$
\begin{aligned}
4x^2y^3 \div 2xy^2 \times (-2xy)^2 &= 4x^2y^3 \div 2xy^2 \times 4x^2y^2 \\
&= 4x^2y^3 \times \frac{1}{2xy^2} \times 4x^2y^2 \\
&= 8x^3y^3
\end{aligned}
$$

지수법칙을 이용하여 괄호를 푼다.
나눗셈은 역수를 이용하여 곱셈으로 바꾼다.
계수는 계수끼리, 문자는 문자끼리 계산한다.

개념 3 단항식의 곱셈

0110 다음 식을 간단히 하시오.

(1) $3x^2 \times 2y$

(2) $-2a^3 \times 4b^2$

(3) $5xy^2 \times 3x^4y^3$

(4) $4a^3b^2 \times (-3a^2b)$

(5) $2xy^2 \times (-3x^3y) \times 5x^4y^2$

0111 다음 식을 간단히 하시오.

(1) $5a^3b \times (-2a^2b^3)^3$

(2) $(xy^3)^2 \times \left(\dfrac{x^4}{y}\right)^3$

(3) $\left(\dfrac{3}{ab}\right)^2 \times \left(-\dfrac{2b}{a}\right)^3$

(4) $\left(\dfrac{2y}{x}\right)^2 \times (-5x^2y) \times (xy)^3$

개념 4 단항식의 나눗셈

0112 다음 식을 간단히 하시오.

(1) $-8a^3b^2 \div 4ab^2$

(2) $6x^3y^2 \div \dfrac{1}{3x^2y}$

(3) $\dfrac{3}{2}a \div \left(-\dfrac{3}{4ab}\right)$

(4) $5x^2y \div \dfrac{x^2}{4y}$

(5) $15x^4y \div 3xy \div 5x^2$

0113 다음 식을 간단히 하시오.

(1) $(-3x^4y^5)^2 \div (xy^3)^2$

(2) $\left(-\dfrac{4a}{b}\right)^2 \div (a^3b^2)^2$

(3) $(x^3y)^2 \div \left(-\dfrac{2x^4}{y}\right)^3$

(4) $(-4a^3b)^2 \div (ab)^3 \div \dfrac{8}{a^2b}$

개념 5 단항식의 곱셈과 나눗셈의 혼합 계산

0114 다음 식을 간단히 하시오.

(1) $12x^2 \div 4x^3 \times 3x^2$

(2) $4ab^2 \times 3a^3 \div 6a^2b$

(3) $9x^3y \times (-2xy^2) \div 3x^3y$

(4) $-6a^5b^3 \div a^3b^5 \times \left(-\dfrac{a^2b}{2}\right)$

(5) $3x^3y \times 2x^4y^2 \div (-2y)^2$

0115 다음 식을 간단히 하시오.

(1) $(-4a^2)^3 \div (-8a^4) \times a^5$

(2) $2x^2 \times 5y \div (-2x^2y^3)^2$

(3) $9a^4b \div \left(-\dfrac{3}{b}\right)^4 \times (6ab^2)^2$

(4) $\dfrac{x^2}{y} \times (-xy^2)^5 \div \left(\dfrac{xy}{5}\right)^2$

유형 **1** 지수법칙 Ⅰ   > 개념 1

0116 $a^2 \times a^5 \times b^3 \times a \times b^2 \times b^6$을 간단히 하면?

① $a^6 b^{12}$ ② $a^7 b^{11}$ ③ $a^8 b^{11}$

④ $a^8 b^{12}$ ⑤ $a^{11} b^{12}$

→ **0117** $2 \times 3 \times 4 \times 5 \times 6 = 2^a \times 3^b \times 5^c$일 때, 자연수 a, b, c에 대하여 $a+b-c$의 값을 구하시오.

0118 $(a^2)^4 \times (a^\square)^5 = a^{23}$일 때, □ 안에 알맞은 수는?

① 2   ② 3   ③ 4

④ 5   ⑤ 6

→ **0119** 다음 □ 안에 알맞은 세 수의 합을 구하시오.

> (개) $(a^2)^\square = a^{10}$
> (내) $(a^3)^2 \times a = a^\square$
> (대) $(a^5)^2 \times (a^\square)^3 = a^{25}$

0120 $(a^2)^3 \times (b^4)^2 \times a^5 \times (b^2)^4$을 간단히 하면?

① $a^{10} b^{12}$ ② $a^{10} b^{16}$ ③ $a^{11} b^{12}$

④ $a^{11} b^{16}$ ⑤ $a^{12} b^{16}$

→ **0121** $(x^4)^a \times (y^2)^6 \times y^3 = x^{20} y^b$일 때, 자연수 a, b에 대하여 $a+b$의 값을 구하시오.

유형 2 지수법칙 ②　　　　　> 개념 2

0122 다음 중 옳은 것을 모두 고르면? (정답 2개)

① $a^6 \div a^2 = a^3$　　　　② $a^5 \div a^5 = a$

③ $a \div a^2 = \dfrac{1}{a}$　　　　④ $a^3 \div a^2 \div a^3 = \dfrac{1}{a^2}$

⑤ $(a^4)^3 \div (a^3)^4 = 0$

0123 다음 중 □ 안에 들어갈 수가 가장 큰 것은?

① $a^8 \div a^5 = a^\square$　　　　② $(a^3)^3 \div a \div a^2 = a^\square$

③ $a^6 \div a^{13} = \dfrac{1}{a^\square}$　　　　④ $a^9 \div (a^4 \div a^3) = a^\square$

⑤ $(a^2)^5 \div a^2 \div (a^3)^2 = a^\square$

0124 $(Ax^B y^4 z)^3 = -27x^{15} y^C z^D$일 때, 정수 A와 자연수 B, C, D에 대하여 $A+B+C+D$의 값은?

① 13　　　② 15　　　③ 17

④ 19　　　⑤ 21

0125 $108^4 = (2^x \times 3^3)^4 = 2^y \times 3^{12}$일 때, 자연수 x, y에 대하여 $x+y$의 값을 구하시오.

0126 $\left(\dfrac{x^a}{2y^2}\right)^4 = \dfrac{x^{16}}{by^c}$일 때, 자연수 a, b, c에 대하여 $a+b-c$의 값을 구하시오.

서술형

0127 $\left(\dfrac{x^A y^2}{Bz}\right)^3 = -\dfrac{x^{18} y^C}{8z^D}$일 때, 정수 B와 자연수 A, C, D에 대하여 $A+B+C+D$의 값을 구하시오.

0128 다음 **보기** 중 옳은 것을 모두 고르시오.

<보기>

ㄱ. $x^3 \times x^4 \times x^2 = x^9$ ㄴ. $a^{12} \div a^4 = a^3$

ㄷ. $(-x^3 y^4)^2 = -x^6 y^8$ ㄹ. $\left(\dfrac{2a^3}{b^2}\right)^5 = \dfrac{10a^{15}}{b^{10}}$

ㅁ. $3^5 \div 3^2 \div 3^2 = 3$ ㅂ. $\left(-\dfrac{xz^3}{y^2}\right)^4 = \dfrac{xz^{12}}{y^8}$

0129 다음 중 □ 안에 알맞은 수가 나머지 넷과 다른 하나는?

① $x^4 \div x^{\square} = x^2$ ② $a^7 \div (a^3)^3 = \dfrac{1}{a^{\square}}$

③ $\left(\dfrac{a}{b^{\square}}\right)^4 = \dfrac{a^4}{b^{12}}$ ④ $(-x^4 y^3)^{\square} = x^8 y^6$

⑤ $x^{\square} \div x^3 \times (x^2)^2 = x^3$

0130 다음 중 ○ 안에 알맞은 부등호가 나머지 넷과 다른 하나는? (단, a, b, x, y는 자연수)

① $a^3 \times a^2 \times a^2 \bigcirc (a^3)^2$

② $x \times x^2 \times x^3 \bigcirc (-x)^2 \times x^2$

③ $(a^4)^2 \times a^3 \bigcirc (a^2)^4 \times a^4$

④ $(-y)^2 \times y^3 \bigcirc (-y)^3 \times y^2$

⑤ $(a^2)^3 \times a \times b^2 \bigcirc a^4 \times (-a)^2 \times (-b)^2$

0131 다음 세 수 A, B, C의 대소 관계를 부등호를 사용하여 나타내시오. (단, a는 자연수)

$A = (a^5)^2 \times a$

$B = (-a^5)^2 \times a^2$

$C = a^5 \times (-a)^2$

유형 5 지수법칙의 응용 [1]: 밑이 같아지도록 변형하기   **> 개념 1, 2**

0132 $27^{x+1}=3^{11-x}$일 때, 자연수 x의 값은?

① 1   ② 2   ③ 3

④ 4   ⑤ 5

→ **0133** $2^{\square}\div 8^2=32^3$일 때, □ 안에 알맞은 수는?

① 18   ② 19   ③ 20

④ 21   ⑤ 22

0134 $5^{2x}\times 125^3\div 5^2=5^{11}$일 때, 자연수 x의 값은?

① 1   ② 2   ③ 3

④ 4   ⑤ 5

→ **서술형**
0135 $4^{x+2}\times 8^{x+1}=16^3$일 때, 자연수 x의 값을 구하시오.

0136 $\dfrac{4^3+4^3+4^3+4^3}{8^2+8^2}$ 을 간단히 하면?

① 2   ② 4   ③ 8

④ 16   ⑤ 32

→ **0137** 다음을 간단히 하시오.

$$\frac{5^2+5^2+5^2+5^2+5^2}{9^2+9^2+9^2}\times\frac{3^2+3^2+3^2}{25^2}$$

유형 6 지수법칙의 응용 (2): 문자를 사용하여 나타내기
> 개념 1, 2

★ **0138** $5^3=A$라 할 때, 25^{12}을 A를 사용하여 나타내면?

① A^6 ② A^7 ③ A^8 ④ A^9 ⑤ A^{10}

→ **0139** $2^3=A$, $3^6=B$라 할 때, $4^5\times27^4$을 A, B를 사용하여 나타내면?

① A^3B^2 ② A^4B^2 ③ $2A^3B^2$ ④ $3A^3B^2$ ⑤ $6A^3B^2$

유형 7 지수법칙의 응용 (3): 지수가 미지수인 수의 덧셈식
> 개념 1, 2

★ **0140** $3^{x+1}+3^x=36$일 때, 자연수 x의 값은?

① 1 ② 2 ③ 3 ④ 4 ⑤ 5

→ **0141** $2^{x+2}+2^{x+1}+2^x=56$일 때, 자연수 x의 값은?

① 1 ② 2 ③ 3 ④ 4 ⑤ 5

0142 $5^{x+2}+2\times5^{x+1}+5^x=180$일 때, 자연수 x의 값은?

① 1 ② 2 ③ 3 ④ 4 ⑤ 5

→ **0143** $4^{2x}(4^x+4^x+4^x)=192$일 때, 자연수 x의 값을 구하시오.

유형 8 자릿수 구하기 > 개념 1, 2

0144 $(2^5)^3$의 일의 자리의 숫자는?

① 2 　　② 4 　　③ 6

④ 8 　　⑤ 0

→ **0145** $2^7 \times 5^8$은 몇 자리 자연수인가?

① 6자리 　　② 7자리 　　③ 8자리

④ 9자리 　　⑤ 10자리

0146 $4^8 \times 5^{18}$이 n자리 자연수이고, 각 자리의 숫자의 합이 a일 때, $n+a$의 값을 구하시오.

→ **0147** $3 \times 4^6 \times 5^{10} \times 7$이 n자리 자연수일 때, n의 값을 구하시오.

0148 $\dfrac{4^5 \times 15^7}{18^2}$이 m자리 자연수이고, 각 자리의 숫자의 합이 n일 때, $m+n$의 값은?

① 16 　　② 17 　　③ 18

④ 19 　　⑤ 20

→ 서술형

0149 다음 조건을 만족시키는 자연수 a, n에 대하여 $a+n$의 값을 구하시오.

(가) $2^a \times 4^{3a-1} = 2^5$

(나) $\dfrac{6^8 \times 5^{12}}{15^8}$은 n자리 자연수이다.

0150 다음 중 옳지 <u>않은</u> 것은?

① $6a \times (-2b) = -12ab$

② $(3a)^2 \times 2a = 18a^3$

③ $-10x^2 \times \dfrac{y}{5x} = -2xy$

④ $4xy \times \left(-\dfrac{3}{2}x\right)^2 = -9x^3y$

⑤ $(-3x)^3 \times (xy^2)^2 = -27x^5y^4$

0151 다음 중 옳은 것을 모두 고르면? (정답 2개)

① $-14xy \times \dfrac{3}{7x} = -\dfrac{6y}{x^2}$

② $-8a^2b^3 \times \left(-\dfrac{5}{4}ab\right) = 10a^3b^4$

③ $(2xy)^2 \times 3x^2y = 6x^4y^3$

④ $(4xy)^2 \times \left(-\dfrac{y}{2x}\right)^3 = -2xy^5$

⑤ $-5x^3y \times 2xy \times (-6xy^2) = 60x^5y^4$

0152 $\left(-\dfrac{4a^3b}{5}\right)^2 \times \left(\dfrac{5a}{2}\right)^3$ 을 간단히 하시오.

0153 $(2x^2y)^3 \times (-3xy^2)^2 \times (-x^3y^2)$ 을 간단히 하면?

① $-72x^{10}y^9$ ② $-72x^{11}y^9$ ③ $-72x^{11}y^{10}$

④ $72x^{10}y^9$ ⑤ $72x^{11}y^9$

0154 $(-3x^2y^3)^3 \times (-2xy)^4 \times \left(\dfrac{1}{6}x^2y\right)^2 = Ax^By^C$일 때, 정수 A와 자연수 B, C에 대하여 $A+B+C$의 값은?

① 17   ② 18   ③ 19

④ 20   ⑤ 21

0155 $Ax^4y^3 \times (-2xy)^B = -24x^7y^C$일 때, 자연수 A, B, C에 대하여 $A+B-C$의 값을 구하시오.

유형 10 단항식의 나눗셈 > 개념 4

0156 $(9a^3b^4)^2 \div (-3a^3b^2)^3$을 간단히 하시오.

0157 두 식 A, B가 다음과 같을 때, $A \div B$를 간단히 하시오.

$$A = (-7a^2b)^2 \div \frac{14a^2}{b}$$
$$B = 14ab^2 \div (-3a^3b)^2$$

*0158 $-6x^3y^2 \div 2x^5y^3 \div \left(-\frac{1}{3}x^2y\right)$를 간단히 하면?

① $-\dfrac{9}{x^4y^2}$ ② $-\dfrac{1}{x^4y^2}$ ③ $\dfrac{1}{x^4y^2}$

④ $\dfrac{9}{x^4y^2}$ ⑤ $\dfrac{9}{x^4y}$

0159 $(2a^3b)^4 \div \left(\dfrac{a}{3b}\right)^2 \div \left(-\dfrac{2a^2}{b}\right)^3$을 간단히 하시오.

0160 $12x^6y^4 \div (-2xy^2)^3 \div 3xy^5 = \dfrac{x^A}{By^C}$일 때, 자연수 A, C와 정수 B에 대하여 $A+B+C$의 값은?

① 7   ② 10   ③ 13

④ 16   ⑤ 19

서술형

0161 $(9x^2y^3)^a \div (3x^2y^b)^3 = \dfrac{3}{x^cy^6}$일 때, 자연수 a, b, c에 대하여 $a+b-c$의 값을 구하시오.

0162 다음 중 옳은 것을 모두 고르면? (정답 2개)

① $(-4a)^2 \times \dfrac{3}{8}a^3 = -6a^5$

② $9ab^2 \div 3a^2b^3 = \dfrac{3}{ab}$

③ $3x^4y^5 \div (-xy) \div 15x^2y^5 = -\dfrac{xy}{5}$

④ $-8a^2b \times 2b \div \dfrac{4a^2}{b} = -4b^3$

⑤ $\left(-\dfrac{6}{x}\right)^2 \div 12x^4y \times (x^3y^2)^2 = 3y^4$

→ **0163** 다음 중 옳지 <u>않은</u> 것은?

① $ab^2 \times 3a^3 \div 2ab = \dfrac{3}{2}a^3b$

② $-4ab^2 \times 6a^2 \div (2ab)^3 = -\dfrac{3}{b}$

③ $(-a^2b)^3 \times \left(\dfrac{a^2}{b}\right)^3 \div (-3ab) = -\dfrac{a^{11}}{3b}$

④ $\dfrac{1}{3}a^2b \div \dfrac{2}{9}ab^3 \times (-4ab^2)^2 = 24a^3b^2$

⑤ $-8a^4b^3 \div \left(-\dfrac{1}{2}ab\right)^4 \times ab^2 = -128ab$

0164 $(-x^3y^2)^3 \div \left(-\dfrac{2x}{y}\right)^3 \times \left(-\dfrac{4y}{x^5}\right)^2$ 을 간단히 하면?

① $-\dfrac{2y^{11}}{x^4}$ ② $-\dfrac{y^{11}}{x^4}$ ③ $\dfrac{2y^{11}}{x^4}$

④ $\dfrac{2y^{12}}{x^4}$ ⑤ $\dfrac{4y^{11}}{x^4}$

→ **0165** $(-x^2y)^2 \times (xy)^3 \div \left(-\dfrac{2x}{y}\right)^4$ 을 간단히 하면?

① $-\dfrac{x^3y^9}{16}$ ② $-\dfrac{x^3y^9}{8}$ ③ $\dfrac{x^3y^9}{8}$

④ $\dfrac{x^3y^9}{16}$ ⑤ $\dfrac{x^{11}y}{16}$

0166 $(-3x^3y)^3 \div 6xy^4 \times 2x^6y^2 = Ax^By^C$일 때, 상수 A, B, C에 대하여 $A+B+C$의 값을 구하시오.

→ **0167** $(3x^6y^2)^A \div (-6x^By^2)^2 \times 4xy^2 = Cx^5y^4$일 때, 자연수 A, B, C에 대하여 $A+B+C$의 값은?

① 7   ② 10   ③ 13

④ 16   ⑤ 19

유형 12 □ 안에 알맞은 식 구하기 > 개념 5

0168 $(6x^3y)^2 \div \boxed{} \times (-2x^5y^4) = -9x^3y^2$일 때, □ 안에 알맞은 식은?

① $8x^7y^4$　　② $8x^8y^4$　　③ $8x^8y^5$

④ $16x^8y^4$　　⑤ $16x^9y^5$

➡ **0169** 다음 □ 안에 알맞은 식을 구하시오.

$$(-3x^3y^2)^2 \div (-2xy^2)^3 \div \boxed{} = 9x^6y^3$$

0170 어떤 식에 $-\dfrac{3}{xy^2}$을 곱했더니 $6xy$가 되었다. 어떤 식을 구하면?

① $-18x^2y^3$　　② $-3x^2y^3$　　③ $-2x^2y^3$

④ $2x^2y^3$　　⑤ $18x^2y^3$

➡ **0171** $\left(-\dfrac{2xy^3}{z^2}\right)^2$을 $(3xy^2z)^2$으로 나누고, 어떤 식을 곱하였더니 $-3x^3y^3z$가 되었다. 어떤 식을 구하시오.

0172 다음은 앞의 두 칸의 식의 곱을 계산하여 바로 다음 칸에 적는 규칙으로 칸을 채운 것이다. $A \times D$를 계산하면?

A	B	$-x^2$	$-2x^2y$	C	D

① $-8x^6y^2$　　② $-4x^6y^2$　　③ $-2x^8y$

④ $2x^8y$　　⑤ $8x^8y^2$

➡ **0173** 다음 그림에서 □ 안의 식은 바로 아래의 두 식을 곱한 결과이다. 이때 A에 알맞은 식을 구하시오.

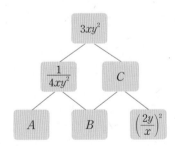

유형 13 바르게 계산한 식 구하기 > 개념 5

0174 어떤 식에 $3x^4y^3$을 곱해야 할 것을 잘못하여 나누었더니 $-4x^2y$가 되었다. 이때 바르게 계산한 결과를 구하시오.

→ **0175** $-12x^3y^3$에 어떤 식 A를 곱해야 할 것을 잘못하여 나누었더니 $\left(\dfrac{3y}{2x^2}\right)^2$이 되었다. 바르게 계산한 결과를 구하시오.

유형 14 도형에서의 활용 > 개념 5

0176 오른쪽 그림과 같이 밑면의 반지름의 길이가 $3a^2b^3$, 높이가 $\dfrac{4a^3}{b}$인 원기둥의 부피를 구하시오.

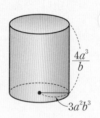

→ **0177** 오른쪽 그림과 같이 밑면의 반지름의 길이가 $\dfrac{2b}{a}$이고 높이가 $3a^2b$인 원뿔의 부피를 구하시오.

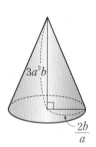

0178 오른쪽 그림과 같이 직육면체의 밑면은 한 변의 길이가 $4x^2y$인 정사각형이다. 이 직육면체의 부피가 $48x^5y^4$일 때, 이 직육면체의 높이는?

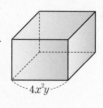

① $3xy$ ② $3xy^2$ ③ $3x^2y$

④ $3x^2y^2$ ⑤ $12x^3y^3$

→ 서술형
0179 오른쪽 그림과 같이 밑면의 지름의 길이가 $8x^2$인 원뿔의 부피가 $16\pi x^5y$일 때, 이 원뿔의 높이를 구하시오.

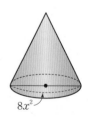

0180 자연수 x, y에 대하여 $x+y=4$이고 $a=2^x$, $b=2^y$일 때, ab의 값은?

① 4   ② 8   ③ 16

④ 32   ⑤ 64

0181 $\{(2^5)^3\}^2=2^x$, $3^5+3^5+3^5=3^y$, $5^2\times5^2\times5^2=5^z$일 때, 자연수 x, y, z에 대하여 $x+y+z$의 값을 구하시오.

0182 다음 표는 컴퓨터에서 정보의 저장 단위와 용량 사이의 관계를 나타낸 것이다. 용량이 2 TB인 저장매체에 32 GB인 자료를 최대 몇 개까지 저장할 수 있는지 구하시오.

단위	1 Byte	1 KB	1 MB	1 GB	1 TB
용량	2^3 Bit	2^{10} Byte	2^{10} KB	2^{10} MB	2^{10} GB

0183 $(a^xb^yc^z)^w=a^{16}b^{32}c^{24}$을 만족시키는 가장 큰 자연수 w에 대하여 $x+y+z-w$의 값을 구하시오.

(단, x, y, z는 자연수)

0184 $2^{2x}\times\dfrac{1}{8^3}=32$일 때, 자연수 x의 값은?

① 6   ② 7   ③ 8

④ 9   ⑤ 10

0185 다음을 간단히 하시오.

$$2+2+2^2+2^3+2^4+2^5+\cdots+2^{20}$$

0186 두께가 $\frac{1}{3}$ mm인 직사각형 모양의 종이를 반으로 접기를 50번 반복하여 접었을 때, 종이의 두께는?

① $\left(\frac{1}{3}\right)^{50}$ mm   ② $\frac{2^{25}}{3}$ mm   ③ $\frac{2^{50}}{3}$ mm

④ $\left(\frac{2}{3}\right)^{50}$ mm   ⑤ $\left\{\left(\frac{1}{3}\right)^{50} \times 2\right\}$ mm

0187 $2^x \times 5^8 \times 11$이 10자리 자연수가 되도록 하는 모든 자연수 x의 값의 합은?

① 30   ② 32   ③ 34

④ 36   ⑤ 38

0188 다음 중 옳지 <u>않은</u> 것은?

① $(2xy)^3 \div 4x^3y^4 = \frac{2}{y}$

② $-3a^3b \times (2a^2b)^2 = -12a^7b^3$

③ $12x^5 \times (-6x^4) \div (-3x^3)^2 = -8x^3$

④ $ab^3 \div 15a^4b^6 \times (-5a^2b^3)^2 = \frac{1}{3}ab^3$

⑤ $(-3x^2y^2)^4 \div \left(-\frac{3}{2}xy^2\right)^3 \div (-2x^3y^2) = 12x^2$

0189 $(-2xy^3)^A \div 6x^By^5 \times 9x^6y^3 = -Cx^3y^7$일 때, 자연수 A, B, C에 대하여 $A+B-C$의 값은?

① -6 ② -3 ③ 3

④ 6   ⑤ 9

0190 다음 그림에서 □ 안의 식은 바로 위의 사각형의 양 옆에 있는 식의 곱을 나타낸 것일 때, B에 알맞은 식은?

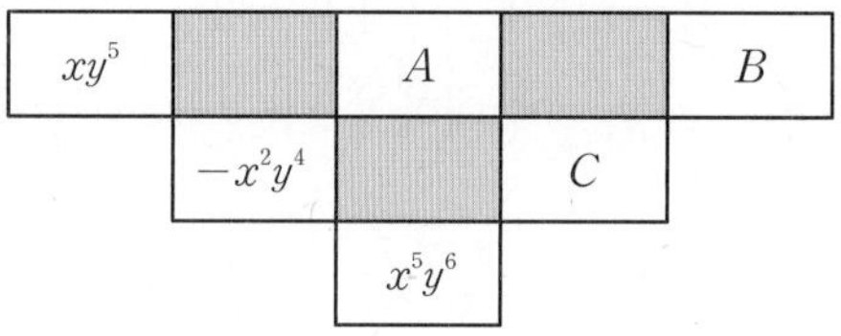

xy^5		A		B
	$-x^2y^4$		C	
		x^5y^6		

① $-x^3$ ② $-x^2y^3$ ③ $-x^2y^2$

④ xy^3 ⑤ x^2y^3

0191 어떤 식을 $12a^3b^2$으로 나누어야 하는데 잘못하여 곱하였더니 $-36a^{10}b^6$이 되었을 때, 바르게 계산한 결과를 구하시오.

0192 정삼각형을 다음 규칙에 따라 작은 정삼각형으로 나눌 때, 10번째 실행 후 남은 삼각형의 개수는 5번째 실행 후 남은 삼각형의 개수의 몇 배인지 구하시오.

❶ 정삼각형의 세 변의 중점을 연결하는 선분으로 만들어진 작은 정삼각형을 제거한다.
❷ 남은 정삼각형에 대해서도 각각 ❶을 실행한다.
❸ ❷를 반복 실행한다.

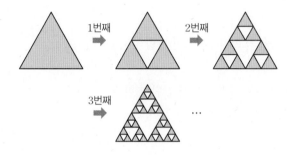

0193 다음 식을 간단히 하면? (단, n은 자연수)

$$(-1)^{n+1}a^n b^{n+1} \div (-1)^n a^{n+1} b^n$$

① -1 ② $-\dfrac{b}{a}$ ③ $-a$

④ $-b$ ⑤ $\dfrac{b}{a}$

서술형

0194 다음 두 식을 만족시키는 자연수 x, y에 대하여 $x+y$의 값을 구하시오.

$$\frac{54^{10}}{36^5}=3^x, \qquad \frac{8^4+8^4+8^4+8^4}{2^5+2^5+2^5+2^5}=2^y$$

0195 두 식 a, b에 대하여 $*$, $\star$를 $a*b=ab$, $a \star b = a^2 \div b$로 약속하자. 이때 $A*2x^3=-2x^5 y^3$, $6xy \star B = 3x^2 y$를 만족시키는 두 식 A, B에 대하여 $A \div B$를 간단히 하시오.

개념 1

다항식의 덧셈과 뺄셈

> 유형 1~4, 8, 10

(1) **다항식의 덧셈과 뺄셈**

❶ 분배법칙을 이용하여 괄호를 푼다.

   이때 괄호 앞에 뺄셈이 있는 경우 분배법칙에 의하여 부호가 모두 바뀐다.

❷ 동류항끼리 모아서 간단히 한다.

(2) **이차식**

다항식을 이루고 있는 각 항의 차수 중 최고 차수가 2인 다항식

$$3x^2 + 2x - 1$$
$$\underset{\text{차수: }2}{\uparrow}$$

(3) **이차식의 덧셈과 뺄셈**

분배법칙을 이용하여 괄호를 풀고, 동류항끼리 모아서 간단히 한다.

이때 차수가 높은 항부터 낮은 항의 순서로 정리한다.

개념 2

(단항식)×(다항식)의 계산

> 유형 5, 7~10

(1) **(단항식)×(다항식), (다항식)×(단항식)의 계산**

분배법칙을 이용하여 단항식을 다항식의 각 항에 곱하여 계산한다.

(2) **전개와 전개식**

① **전개**: 분배법칙을 이용하여 단항식과 다항식의 곱을 하나의 다항식으로 나타내는 것

② **전개식**: 전개하여 얻은 다항식

예 $\underbrace{2x}_{\text{단항식}}\underbrace{(3x - y + 4)}_{\text{다항식}} = \underbrace{2x \times 3x - 2x \times y + 2x \times 4}_{\text{전개}} = \underbrace{6x^2 - 2xy + 8x}_{\text{전개식}}$

개념 3

(다항식)÷(단항식)의 계산

> 유형 6~10

다항식과 단항식의 나눗셈은 다음과 같은 방법으로 계산한다.

방법 1 분수 꼴로 나타내기

분수 꼴로 바꾸어 분자의 각 항을 분모로 나눈다.

$$(A+B) \div C = \frac{A+B}{C}$$
$$= \frac{A}{C} + \frac{B}{C}$$

예 $(6xy + 3y^2) \div 3y = \dfrac{6xy + 3y^2}{3y}$
$$= \frac{6xy}{3y} + \frac{3y^2}{3y}$$
$$= 2x + y$$

방법 2 역수의 곱으로 나타내기

단항식의 역수를 이용하여 곱셈으로 바꾸고 분배법칙을 이용한다.

$$(A+B) \div C = (A+B) \times \frac{1}{C}$$
$$= A \times \frac{1}{C} + B \times \frac{1}{C}$$

예 $(6xy + 3y^2) \div 3y$
$$= (6xy + 3y^2) \times \frac{1}{3y}$$
$$= 6xy \times \frac{1}{3y} + 3y^2 \times \frac{1}{3y} = 2x + y$$

개념 4

식의 대입

> 유형 11~12

주어진 식의 문자 대신 그 문자를 나타내는 다른 식을 대입하여 주어진 식을 다른 문자의 식으로 나타낼 수 있다.

개념 1 다항식의 덧셈과 뺄셈

0196 다음 식을 간단히 하시오.

(1) $(a+4b)+(3a+2b)$

(2) $(-2x+3y)-(-5x-y)$

(3) $(3a+b-4)+(2a+3b)$

(4) $(4x+2y-3)-(x-2y+2)$

0197 다음 식을 간단히 하시오.

(1) $(a^2+2a-3)+(4a^2+3a-1)$

(2) $(-2x^2+x+2)-(-x^2-5x+1)$

0198 다음 식을 간단히 하시오.

(1) $-2x+\{4x+3y-(x-2y)\}$

(2) $3a-[2a+\{3a+b-(4a+5b)\}]$

개념 2 (단항식)×(다항식)의 계산

0199 다음 식을 간단히 하시오.

(1) $x(4x+3)$

(2) $(2a-b)\times(-3b)$

(3) $-2x(2x-y+3)$

(4) $(-a+2b-5)\times(-3a)$

0200 다음 식을 간단히 하시오.

(1) $a(2a-1)+3a(-a+1)$

(2) $2x(3x+y)-(x+y)\times(-y)$

개념 3 (다항식)÷(단항식)의 계산

0201 다음 식을 간단히 하시오.

(1) $(6a^2-10a)\div2a$

(2) $(18x^2y-6xy)\div(-3xy)$

(3) $(2a^2-3a)\div\dfrac{1}{3}a$

(4) $(x^2y-2xy^2)\div\left(-\dfrac{1}{2}xy\right)$

0202 다음 식을 간단히 하시오.

(1) $\dfrac{9a^2+6a}{3a}-\dfrac{8a^2b-6ab}{2ab}$

(2) $(2x^2-4x)\div2x+(12xy-6y)\div(-3y)$

개념 4 식의 대입

0203 $a=2b-5$일 때, 다음 식을 b에 대한 식으로 나타내시오.

(1) $-a+4b$

(2) $2a-6b+3$

0204 $x-y=1$일 때, 다음 식을 x에 대한 식으로 나타내시오.

(1) $2x+y+3$

(2) $3x-5y+7$

유형 1 다항식의 덧셈과 뺄셈   **> 개념 1**

0205 $(6a+2b-5)-(-4a-b+4)$를 간단히 하면?

① $2a+b-1$ ② $2a+3b+1$

③ $10a+b-1$ ④ $10a+b-9$

⑤ $10a+3b-9$

0206 $\left(\dfrac{1}{2}a+\dfrac{1}{6}b-1\right)-\left(\dfrac{1}{3}a-\dfrac{1}{2}b-1\right)$을 간단히 하면?

① $\dfrac{1}{6}a+\dfrac{1}{3}b$ ② $\dfrac{1}{6}a+\dfrac{1}{2}b$

③ $\dfrac{1}{6}a+\dfrac{2}{3}b$ ④ $\dfrac{1}{3}a+\dfrac{2}{3}b$

⑤ $\dfrac{1}{6}a+\dfrac{2}{3}b-2$

0207 $3(2x+y-4)-(3x-2y+3)$을 간단히 하였을 때, x의 계수와 상수항의 합은?

① -12 ② -10 ③ -8

④ -6 ⑤ -4

서술형
0208 $\left(\dfrac{1}{3}x+\dfrac{3}{4}y\right)-\left(\dfrac{5}{6}x-\dfrac{1}{2}y\right)=ax+by$일 때, 상수 a, b에 대하여 ab의 값을 구하시오.

0209 $\dfrac{3x-y}{2}-\dfrac{2x-5y}{3}-\dfrac{1}{6}y$를 간단히 하시오.

0210 $\dfrac{2x-3y}{6}+\dfrac{3x+2y}{4}-\dfrac{5x-7y}{12}$를 간단히 하시오.

유형 2 이차식의 덧셈과 뺄셈 > 개념 1

0211 $(2x^2+5x-3)-(-3x^2-x+4)=ax^2+bx+c$
일 때, 상수 a, b, c에 대하여 $a+b+c$의 값은?

① 1 ② 2 ③ 3
④ 4 ⑤ 5

0212 $(x^2+4x-2)-6\left(\dfrac{2}{3}x^2-\dfrac{1}{2}x-1\right)$을 간단히 하였을 때, x^2의 계수와 상수항의 합을 구하시오.

유형 3 여러 가지 괄호가 있는 식의 계산 > 개념 1

0213 $2a-[3b-\{5a-(8a-b+1)\}]$을 간단히 하면?

① $-a-2b-1$ ② $-a-3b+1$
③ $-a+2b-1$ ④ $-4a+b-1$
⑤ $a-2b-1$

0214 $5x-[4x-2y-\{2x+3y-(7x+y)\}]$
$\qquad =ax+by$
일 때, 상수 a, b에 대하여 $a+b$의 값은?

① -2 ② -1 ③ 0
④ 1 ⑤ 2

0215 $3x^2-[4x+x^2-\{2x^2+3x-(-5x+4x^2)\}]$을 간단히 하면?

① $-4x$ ② x^2+4x ③ $2x^2$
④ $4x$ ⑤ $4x^2$

0216 다음 식을 간단히 하시오.

$$2x^2-[4x+x^2-\{x-5x^2-(7x^2-6x)\}]$$

0217 어떤 식에 $3x-2$를 더해야 할 것을 잘못하여 빼었더니 $2x^2-4x+5$가 되었다. 이때 바르게 계산한 식을 구하시오.

→ **0218** $4x^2-5x+2$에 다항식 A를 더하면 $-2x^2+3x-1$이고, $-3x^2+2x+5$에서 다항식 B를 빼면 $8x+3$일 때, $2A-B$를 간단히 하시오.

0219 다음 □ 안에 알맞은 식을 구하시오.

$$5x^2-\{x-2x^2-(\boxed{}+3x^2)\}+1=9x^2+4x+4$$

→ **0220** $4x^2-\{\boxed{}-(x^2-2x)+x\}+2=3x^2-6x+5$ 일 때, □ 안에 알맞은 식을 구하시오.

0221 $5a(3a-2b+6)-3a(-4b-a)$를 간단히 하면?

① $3a^2-7ab+30a$ ② $6a^2-10ab+30a$

③ $18a^2-2ab+30a$ ④ $18a^2+2ab+30a$

⑤ $27a^2-7ab+30a$

→ **0222** $\left(4x^2-6x+\dfrac{1}{3}\right)\times\dfrac{1}{2}x$를 전개하였을 때, x^2의 계수와 x의 계수의 곱을 구하시오.

0223 $-3x(x^2-2x+3)=ax^3+bx^2+cx$일 때, 상수 a, b, c에 대하여 $a+b-c$의 값을 구하시오.

0224 $\dfrac{1}{3}x(4x-1)-\dfrac{3}{2}x(x-3)-(-3x^2+4x-5)$ 를 간단히 하면 ax^2+bx+c일 때, 상수 a, b, c에 대하여 $a+b+c$의 값을 구하시오.

유형 6 (다항식)÷(단항식)의 계산 > 개념 3

0225 $\dfrac{-4a^4b^3-12a^3b^2+6a^2b}{2a^2b}$ 를 간단히 하면?

① $-2a^2b-6ab+3$
② $-2a^2b^2-6ab-3$
③ $-2a^3b^2-6a^2b+3$
④ $-2a^2b^2-6ab+3$
⑤ $-2a^2b^2-6ab^2-3$

0226 $(16x^2y^3-8x^2y)\div\dfrac{4}{5}x^2y$ 를 간단히 하면?

① $20y^2-10$
② $20y^2-10x$
③ $20y^2+10x$
④ $20xy^2-10y$
⑤ $20xy^2-10x$

0227 $(-15x^3+10x^2y)\div\left(-\dfrac{5}{2}x^2\right)=ax+by$일 때, 상수 a, b에 대하여 $a+b$의 값은?

① 1
② 2
③ 3
④ 4
⑤ 5

서술형

0228 $A=(27x^2-12xy)\div 3x$, $B=(21xy^2-14x^2y)\div\dfrac{7}{2}xy$일 때, $A-B$를 간단히 하시오.

0229 $\boxed{} \times \left(-\dfrac{x}{3y}\right) = x^2y^2 - 2x^2y + 3x$ 일 때, $\square$ 안에 알맞은 식은?

① $-3xy^3 - 6xy^2 - 9y$ ② $-3xy^3 + 6xy^2 - 9y$

③ $-3xy^3 + 2xy^2 - 9y$ ④ $-3xy^3 + xy - 9y$

⑤ $3xy^3 - 6xy^2 + 9y$

0230 다항식 A를 $3x$로 나눈 결과가 $\dfrac{4}{3}xy - x - \dfrac{5}{6}y$일 때, 다항식 A를 구하시오.

0231 다항식 A에 $5x - 3$을 더한 후 $-2x$를 곱한 결과가 $8x^2 + 6xy - 18x$일 때, 다항식 A를 구하시오.

0232 다음 $\square$ 안에 알맞은 식을 구하시오.

$$\{\boxed{} + (2x - 1)\} \times (-3y) = 6y^2 + 9xy - 18y$$

0233 다음 중 옳지 <u>않은</u> 것은?

① $a - \{4a - (a - 5b)\} = -2a - 5b$

② $-x(x - 3y - 2) = -x^2 + 3xy + 2x$

③ $a(3a - 2) - (3a + 1) \times (-a)^2 = -3a^3 + 2a^2 - 2a$

④ $3x(-x + y) - (4x^2y - 12xy^2) \div y = -7x^2 + 15xy$

⑤ $(4a - 6a^2) \div 2a - (5a^2 - 3a) \div (-a) = 2a + 5$

0234 $(2a + 5b) \times (2a)^2 + (-3a^3b + 11a^2b^2) \div (-b)$ 를 간단히 하시오.

서술형

0235 $\frac{3}{2}x(8x-4y)-\left(\frac{5}{3}x^2y-20xy\right)\div\left(-\frac{5}{6}y\right)$ 를

간단히 한 식에서 x^2의 계수를 a, xy의 계수를 b라 할 때, $a-b$의 값을 구하시오.

0236 $(a^3-\boxed{}+2ab)\div\dfrac{a}{2}=10a^2-2b$일 때,

$\boxed{}$ 안에 알맞은 식을 구하시오.

유형 ⑨ 다항식과 단항식의 곱셈과 나눗셈의 도형에서의 활용 　　> 개념 **2, 3**

★0237 오른쪽 그림과 같이 밑면인 원의 반지름의 길이가 $2a$, 높이가 $2a+b$인 원기둥의 부피를 구하시오.

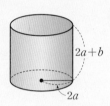

0238 오른쪽 그림과 같은 전개도로 만든 직육면체의 겉넓이를 구하시오.

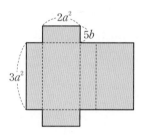

0239 오른쪽 그림과 같은 직육면체 모양의 상자의 부피가 $10ab^2-15b$일 때, 이 상자의 높이는?

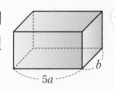

① $2b-\dfrac{3}{a}$ 　　② $2b+\dfrac{2}{a}$ 　　③ $3b-\dfrac{2}{a}$

④ $2ab-\dfrac{2}{a}$ 　　⑤ $2ab-\dfrac{3}{a}$

서술형

0240 오른쪽 그림과 같이 $\angle B=90°$, $\overline{BC}=3x$인 직각삼각형 ABC를 변 AB를 회전축으로 하여 1회전 시킬 때 생기는 입체도형의 부피가 $12\pi x^3+18\pi x^2y$일 때, 이 입체도형의 높이를 구하시오.

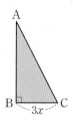

0241 $x=5$, $y=-3$일 때, $(15x^2y-18xy^2)\div 3xy$의 값은?

① 37   ② 39   ③ 41

④ 43   ⑤ 45

0242 $x=-2$, $y=1$일 때, $x-3y+2-x(5x+1)$의 값은?

① -25 ② -21 ③ -19

④ -15 ⑤ -11

0243 $x=-2$, $y=3$일 때,

$\dfrac{10x^3+5x^2y}{5x}-\dfrac{4xy^2-6y^2}{2y}$의 값을 구하시오.

0244 $x=5$, $y=-\dfrac{1}{3}$일 때,

$\dfrac{8x^2y-12xy^2}{4xy}-(-6xy+9y^2)\times\dfrac{1}{3y}$의 값은?

① 20   ② 22   ③ 24

④ 26   ⑤ 28

유형 11 식의 대입 > 개념 4

0245 $b=-3a+1$에 대하여 $a-2b+7$을 a에 대한 식으로 나타내었을 때, a의 계수는?

① -1 ② 1 ③ 3

④ 5 ⑤ 7

0246 $y=2x-3$일 때, $3x-2(x-2y)$를 x에 대한 식으로 나타내시오.

0247 $A=2x-y$, $B=3x+2y$일 때, $3A-\{A-(2A+B)\}$를 x, y에 대한 식으로 나타내면?

① $5x-6y$ ② $7x$ ③ $9x-y$

④ $11x-2y$ ⑤ $11x+2y$

서술형

0248 $A=\dfrac{3x-y+3}{2}$, $B=\dfrac{x+2y-2}{3}$일 때, $6B-\{A-3(A-3B)\}$를 x, y에 대한 식으로 나타내시오.

03 다항식의 계산

유형 **12** 등식의 변형   **> 개념 4**

0249 $2x+4y=3x-3y$일 때,
$3(x+5y)-(4x-2y)$를 y에 대한 식으로 나타내면?

① $8y$ ② $10y$ ③ $12y$

④ $14y$ ⑤ $16y$

0250 $3x+2y=4$일 때,
$2x+4y-[x+5y-\{y-(3x-2y)\}]$를 x에 대한 식으로 나타내시오.

0251 $a:b=3:2$일 때, $5a-3b+1$을 a에 대한 식으로 나타내시오.

0252 $(x+1):y=2:5$일 때, $4x-2y+5$를 x에 대한 식으로 나타내시오.

서술형
0253 $\dfrac{1}{x}+\dfrac{1}{y}=3$일 때, $\dfrac{5(x+y)-3xy}{2(x+y)}$의 값을 구하시오.

0254 $\dfrac{1}{3a}-\dfrac{1}{3b}=2$일 때, $\dfrac{a-7ab-b}{a+4ab-b}$의 값을 구하시오.

0255 다음 표에서 가로 방향으로는 두 칸의 식을 더한 결과를 마지막 칸에, 세로 방향으로는 위의 칸의 식에서 아래 칸의 식을 뺀 결과를 마지막 칸에 적을 때, A에 알맞은 식을 구하시오.

$3a-b$	$-a-2b+4$	
$-a+5b+2$	$2a-3b$	
$4a-6b-2$		A

0256 다음 등식을 만족시키는 상수 a, b, c에 대하여 $a+b+c$의 값을 구하시오.

$$\frac{x^2-x-4}{3}-\frac{2x^2-4x+2}{5}=ax^2+bx+c$$

0257 $3x-y-[x-\{4x-2y-(x+y+1)\}]$을 간단히 하면 $ax+by+c$일 때, 상수 a, b, c에 대하여 $a+b+c$의 값을 구하시오.

0258 $-2x(x-3y+1)-x(1+y-3x)$를 간단히 하시오.

0259 어떤 식을 $-\frac{1}{2}ab$로 나누어야 할 것을 잘못하여 곱했더니 $-2a^3b^2+a^2b^3-3a^2b^2$이 되었다. 이때 바르게 계산한 식을 구하시오.

0260 다음 중 옳지 <u>않은</u> 것은?

① $2a(a+1)=2a^2+2a$

② $-3a(ab-a+2b)=-3a^2b+3a^2-6ab$

③ $(x^2-3xy-6x)\div\left(-\frac{3}{4}x\right)=-\frac{4}{3}x+4y+8$

④ $2(-x+y)-(3x^2y-12xy^2)\div 3xy=-3x+6y$

⑤ $-x(2y-3)+(4x^3y-12x^2y)\div(-2x)^2=-xy$

0261 $4x\left(\dfrac{x}{2}+2\right)-\{3xy^3-2y(xy^2-4x^2)\}\div xy$를 간단히 하면 ax^2+by^2일 때, 상수 a, b에 대하여 $a+b$의 값을 구하시오.

0263 $5(x^2y+ax^2-x)-3x(xy+x-a)+2x^2$을 간단히 하면 x^2의 계수가 14일 때, x의 계수는?

(단, a는 상수)

① 2   ② 3   ③ 4

④ 5   ⑤ 6

0264 다음 그림과 같은 전개도로 만든 정육면체에서 마주 보는 면에 적힌 두 식의 곱이 모두 같을 때, 두 식 A, B에 대하여 $A+B$를 간단히 하시오.

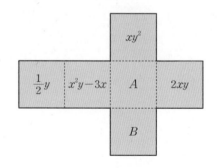

0262 $x=-\dfrac{1}{5}$, $y=-\dfrac{3}{2}$ 일 때,

$(3x^2y-5xy^2)\div x-\dfrac{3}{2}y(12x-10y)$의 값을 구하시오.

0265 오른쪽 그림은 큰 직육면체 위에 부피가 $18x^3+9x^2$인 작은 직육면체를 올려놓은 것이다. 큰 직육면체와 작은 직육면체의 높이의 합이 $4x+1$일 때, 큰 직육면체의 부피를 구하시오.

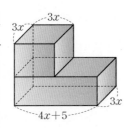

0266 0이 아닌 세 수 a, b, c에 대하여
$a:b=3:2$, $b:c=3:4$일 때,
$\dfrac{a(ab+bc)+b(bc+ca)+c(ca+ab)}{abc}$의 값은?

① $\dfrac{23}{4}$ ② $\dfrac{47}{8}$ ③ 6

④ $\dfrac{49}{8}$ ⑤ $\dfrac{25}{4}$

서술형

0267 $4x^2-3x+5$에서 어떤 식을 빼어야 할 것을 잘못하여 어떤 식에서 $4x^2-3x+5$를 빼었더니 $-3x^2+2x-1$이 되었다. 바르게 계산한 식을 구하시오.

0268 다음 그림과 같이 밑면의 반지름의 길이가 ab인 원기둥과 원뿔이 있다. 원기둥의 부피가 $4\pi a^3b^2+\pi a^2b^3$, 원뿔의 부피가 $2\pi a^3b^2-3\pi a^2b^3$일 때, 두 입체도형의 높이의 합을 구하시오.

부등식과 방정식

개념 1

부등식의 뜻과 표현

> 유형 1

(1) 부등식

부등호 $>$, $<$, $\geq$, $\leq$를 사용하여 수 또는 식의 대소 관계를 나타낸 식

$$\boxed{\underbrace{x+2}_{\text{좌변}} > \underbrace{3}_{\text{우변}}}$$
$$\underbrace{}_{\text{양변}}$$

(2) 부등식의 표현

$a>b$	$a<b$	$a\geq b$	$a\leq b$
a는 b보다 크다. a는 b 초과이다.	a는 b보다 작다. a는 b 미만이다.	a는 b보다 크거나 같다. a는 b보다 작지 않다. a는 b 이상이다.	a는 b보다 작거나 같다. a는 b보다 크지 않다. a는 b 이하이다.

개념 2

부등식의 해

> 유형 2

(1) 부등식의 참, 거짓

부등식에서 미지수에 어떤 수를 대입하였을 때, 좌변과 우변의 값의 대소 관계가

① 주어진 부등호의 방향과 일치하면 ➡ 참

② 주어진 부등호의 방향과 일치하지 않으면 ➡ 거짓

(2) 부등식의 해: 부등식을 참이 되게 하는 미지수의 값

(3) 부등식을 푼다: 부등식의 해를 모두 구하는 것

예 x의 값이 -1, 0, 1일 때, 부등식 $2x-1<1$을 풀어 보자.

x	좌변의 값	대소 비교	우변의 값	참, 거짓
-1	$2\times(-1)-1=-3$	$<$	1	참
0	$2\times 0-1=-1$	$<$	1	참
1	$2\times 1-1=1$	$=$	1	거짓

따라서 주어진 부등식의 해는 -1, 0이다.

개념 3

부등식의 성질

> 유형 3~4

(1) 부등식의 양변에 같은 수를 더하거나 양변에서 같은 수를 빼도 부등호의 방향은 바뀌지 않는다.

➡ $a>b$이면 $a+c>b+c$, $a-c>b-c$

(2) 부등식의 양변에 같은 양수를 곱하거나 양변을 같은 양수로 나누어도 부등호의 방향은 바뀌지 않는다.

➡ $a>b$, $c>0$이면 $ac>bc$, $\dfrac{a}{c}>\dfrac{b}{c}$

(3) 부등식의 양변에 같은 음수를 곱하거나 양변을 같은 음수로 나누면 부등호의 방향이 바뀐다.

➡ $a>b$, $c<0$이면 $ac<bc$, $\dfrac{a}{c}<\dfrac{b}{c}$

개념 1 부등식의 뜻과 표현

0269 다음 중 부등식인 것은 ○표, 부등식이 아닌 것은 ×표를 하시오.

(1) $4x=2$ (   )   (2) $7+3>0$ (   )

(3) $x-2\leq8$ (   )   (4) $5x+2y-6$ (   )

0270 다음 문장을 부등식으로 나타내시오.

(1) x에 5를 더하면 7 미만이다.

(2) x의 2배는 15보다 작지 않다.

(3) 한 개에 800원인 과자 x개의 값은 5000원 이하이다.

(4) 무게가 1 kg인 바구니에 2 kg짜리 물건 x개를 담아 전체 무게를 재었더니 10 kg을 초과했다.

개념 2 부등식의 해

0271 다음 보기 중 $x=1$일 때, 참인 부등식을 모두 고르시오.

보기
ㄱ. $3x+1\leq1$ ㄴ. $x+3<6$
ㄷ. $4x-2\geq2$ ㄹ. $x-5>0$

0272 x의 값이 -2, -1, 0, 1, 2일 때, 다음 부등식의 해를 모두 구하시오.

(1) $x+3<4$

(2) $2x-1\geq3$

(3) $7-4x\leq5$

개념 3 부등식의 성질

0273 $a<b$일 때, 다음 ○ 안에 알맞은 부등호를 써넣으시오.

(1) $a+3$ ○ $b+3$

(2) $a+(-3)$ ○ $b+(-3)$

(3) $a-5$ ○ $b-5$

(4) $a-(-5)$ ○ $b-(-5)$

0274 $a>b$일 때, 다음 ○ 안에 알맞은 부등호를 써넣으시오.

(1) $\dfrac{3}{2}a$ ○ $\dfrac{3}{2}b$

(2) $-4a$ ○ $-4b$

(3) $a\div5$ ○ $b\div5$

(4) $a\div\left(-\dfrac{1}{7}\right)$ ○ $b\div\left(-\dfrac{1}{7}\right)$

0275 다음 ○ 안에 알맞은 부등호를 써넣으시오.

(1) $a+2>b+2$이면 a ○ b

(2) $a-5<b-5$이면 a ○ b

(3) $3a\geq3b$이면 a ○ b

(4) $a\div(-8)\leq b\div(-8)$이면 a ○ b

개념 4

일차부등식의 풀이

> 유형 5~6, 8~12

(1) **일차부등식**

부등식의 성질을 이용하여 정리하였을 때,

$(x$에 대한 일차식$)>0$, $(x$에 대한 일차식$)<0$,

$(x$에 대한 일차식$)\geq0$, $(x$에 대한 일차식$)\leq0$

의 네 가지 중 어느 하나의 꼴로 나타나는 부등식을 x에 대한 **일차부등식**이라고 한다.

📖 ① $3x-2\geq3$에서 3을 좌변으로 이항하면 $3x-2-3\geq0$

   ∴ $3x-5\geq0$ ➡ 일차부등식이다.

② $2-x<3-x$에서 3, $-x$를 모두 좌변으로 이항하면 $2-x-3+x<0$

   ∴ $-1<0$ ➡ 일차부등식이 아니다.

(2) **일차부등식의 풀이**

❶ 미지수 x를 포함한 항은 좌변으로, 상수항은 우변으로 이항한다.

❷ 양변을 정리하여 $ax>b$, $ax<b$, $ax\geq b$, $ax\leq b$ (a, b는 상수, $a\neq0$) 중 어느 하나의 꼴로 나타낸다.

❸ 양변을 x의 계수 a로 나누어

   $x>(수)$, $x<(수)$, $x\geq(수)$, $x\leq(수)$

   중 어느 하나의 꼴로 나타낸다. 이때 a가 음수이면 부등호의 방향은 바뀐다.

📖 $2x-1>3$에서 -1을 우변으로 이항하면 $2x>3+1$

   양변을 정리하면 $2x>4$

   양변을 2로 나누면 $x>2$

(3) **일차부등식의 해를 수직선 위에 나타내기**

일차부등식의 해를 수직선 위에 나타내면 다음과 같다.

$x>a$	$x<a$	$x\geq a$	$x\leq a$

개념 5

복잡한 일차부등식의 풀이

> 유형 7~12

(1) **괄호가 있는 일차부등식**

분배법칙을 이용하여 괄호를 풀고 동류항끼리 정리한 후 푼다.

📖 $2(x-1)<x-1$에서 괄호를 풀면 $2x-2<x-1$

   양변을 정리하여 해를 구하면 $x<1$

(2) **계수가 소수인 일차부등식**

양변에 10의 거듭제곱을 곱하여 계수를 모두 정수로 고쳐서 푼다.

📖 $0.2x-1\geq0.4$의 양변에 10을 곱하면 $2x-10\geq4$

   양변을 정리하여 해를 구하면 $x\geq7$

(3) **계수가 분수인 일차부등식**

양변에 분모의 최소공배수를 곱하여 계수를 모두 정수로 고쳐서 푼다.

📖 $\dfrac{1}{2}x-\dfrac{1}{3}<\dfrac{1}{6}x$의 양변에 분모의 최소공배수 6을 곱하면 $3x-2<x$

   양변을 정리하여 해를 구하면 $x<1$

개념 **4** 일차부등식의 풀이

0276 다음 중 일차부등식인 것은 ○표, 일차부등식이 아닌 것은 ×표를 하시오.

(1) $4x < 2 - x$ ( )

(2) $x + 6 \geq x^2$ ( )

(3) $3x + 2 > x$ ( )

(4) $x - 8 \leq 5 + x$ ( )

0277 다음 일차부등식의 해를 오른쪽 수직선 위에 나타내시오.

(1) $x > 4$

(2) $x \leq -6$

(3) $x \geq 2$

0278 다음 일차부등식을 풀고, 그 해를 오른쪽 수직선 위에 나타내시오.

(1) $x + 7 < 6$

(2) $3x - 2 > 1$

(3) $5 - x \geq 3$

(4) $4 - 2x \leq 2x + 4$

개념 **5** 복잡한 일차부등식의 풀이

0279 다음 일차부등식을 푸시오.

(1) $4(x-2) > 3x$

(2) $3x + 6 \leq -(x+2)$

(3) $1 - 2(x+5) < 4x + 9$

(4) $3(x-2) \geq 2(7-x)$

0280 다음 일차부등식을 푸시오.

(1) $0.5x > 0.2x + 1.2$

(2) $0.6 - 0.5x \leq 0.3x - 1$

(3) $0.3x < 0.01x - 0.58$

(4) $0.02x + 0.1 \geq 0.15x - 0.03$

0281 다음 일차부등식을 푸시오.

(1) $\dfrac{2x+1}{5} < 3$

(2) $\dfrac{1}{3}x - \dfrac{1}{4}x \leq -1$

(3) $\dfrac{3x-7}{5} > \dfrac{1}{2}x - 2$

(4) $\dfrac{2}{3}x - 2 \geq \dfrac{1}{6}x + \dfrac{5}{2}$

B step 기출 & 변형하면…

유형 1 부등식   **> 개념 1**

0282 다음 **보기** 중 부등식의 개수는?

> **보기**
>
> ㄱ. $x \geq 7$ ㄴ. $5a+1 < -3$
>
> ㄷ. $x+6$ ㄹ. $6x-(3-4x)$
>
> ㅁ. $\frac{1}{2}b+3 \leq b-5$ ㅂ. $3 \times (-2)+9=4$

① 1   ② 2   ③ 3

④ 4   ⑤ 5

0283 어떤 수 x의 3배에서 4를 뺀 수는 x에 2를 더한 후 5를 곱한 수보다 작지 않을 때, 다음 중 이를 부등식으로 바르게 나타낸 것은?

① $3x-4 \geq 5(x+2)$ ② $3x-4 \leq 5(x+2)$

③ $3x-4 > 5(x+2)$ ④ $3(x-4) \geq x+2 \times 5$

⑤ $3(x-4) \leq x+2 \times 5$

0284 x의 4배에서 2를 뺀 수는 x에 5를 더한 것의 3배보다 작거나 같을 때, 이를 부등식으로 나타내시오.

0285 A, B가 다음과 같을 때, A, B 사이의 관계를 부등식으로 바르게 나타낸 것은?

> A: x에 5를 더한 수 B: x의 3배

① A가 B보다 크다. ➡ $x+5 < 3x$

② A가 B보다 크지 않다. ➡ $x+5 \leq 3x$

③ A가 B보다 크거나 같다. ➡ $x+5 \leq 3x$

④ A는 B 이하이다. ➡ $x+5 \geq x+3$

⑤ A는 B 미만이다. ➡ $x+5 < x+3$

유형 2 부등식의 해   **> 개념 2**

0286 다음 부등식 중 $x=-2$를 해로 갖는 것은?

① $x+2 > 4$ ② $3-x < 5$

③ $-x+1 \leq 3$ ④ $2x-1 \geq -3$

⑤ $3x+5 \geq 0$

서술형

0287 x가 4 이하의 자연수일 때, 부등식 $-2x+1 \leq -3$의 해를 구하시오.

유형 3 부등식의 성질 > 개념 3

0288 $a \geq b$일 때, 다음 중 옳지 <u>않은</u> 것은?

① $3a+5 \geq 3b+5$

② $a \div \left(-\dfrac{4}{7}\right) \leq b \div \left(-\dfrac{4}{7}\right)$

③ $-a-2 \geq -b-2$

④ $2a-(-1) \geq 2b-(-1)$

⑤ $-4a+\dfrac{1}{3} \leq -4b+\dfrac{1}{3}$

0289 $-2a < -2b$일 때, 다음 중 옳은 것은?

① $a>b$ ② $-a>-b$

③ $-4a>-4b$ ④ $2a<2b$

⑤ $\dfrac{a}{2} < \dfrac{b}{2}$

0290 다음 중 ◯ 안에 들어갈 부등호의 방향이 나머지 넷과 <u>다른</u> 하나는?

① $a+3 \leq b+3$이면 $a \bigcirc b$

② $2a+1 \leq 2b+1$이면 $a \bigcirc b$

③ $-a+\dfrac{2}{3} \geq -b+\dfrac{2}{3}$이면 $a \bigcirc b$

④ $\dfrac{a}{4}-6 \geq \dfrac{b}{4}-6$이면 $a \bigcirc b$

⑤ $-5a-1 \geq -5b-1$이면 $a \bigcirc b$

0291 다음 중 옳은 것은?

① $a<b$이면 $b-a<a-b$이다.

② $a<b$이면 $a^2<ab$이다.

③ $ac<bc$이면 $a<b$이다.

④ $\dfrac{a}{c} < \dfrac{b}{c}$이면 $ac<bc$이다. (단, $c \neq 0$)

⑤ $c-3a<c-3b$이면 $a<b$이다.

0292 $-3a-4>-3b-4$일 때, 다음 **보기** 중 옳은 것을 모두 고르시오.

보기
ㄱ. $a>b$
ㄴ. $-2a>-2b$
ㄷ. $4a-1<4b-1$
ㄹ. $1-\dfrac{a}{2}>1-\dfrac{b}{2}$
ㅁ. $-a \div (-5) > -b \div (-5)$

0293 $a<b<0<c<d$일 때, 다음 중 옳지 <u>않은</u> 것은?

① $a<d$ ② $b<c$

③ $-a>-b$ ④ $-a>-c$

⑤ $-c<-d$

0294 $-1 < x \le 2$일 때, 다음 중 옳지 <u>않은</u> 것은?

① $0 < x+1 \le 3$ ② $-6 < 6x \le 12$

③ $-\dfrac{1}{2} < \dfrac{x}{2} \le 1$ ④ $-10 < -5x \le 5$

⑤ $1 \le 3-x < 4$

0295 $3 \le x < 4$일 때, 다음 중 $2x+1$의 값이 될 수 있는 것은?

① 1   ② 3   ③ 5

④ 7   ⑤ 9

*
0296 $2 < x < 3$이고 $A=3x-5$일 때, A의 값의 범위는?

① $-1 < A < 4$ ② $-1 < A < 1$

③ $1 < A < 4$ ④ $1 < A < 5$

⑤ $6 < A < 9$

서술형
0297 $-1 < x < 3$일 때, $a < 3-4x < b$이다. 이때 $a+b$의 값을 구하시오.

*
0298 다음 중 일차부등식을 모두 고르면? (정답 2개)

① $7+1 > 5$ ② $x^2 < 0$

③ $2x+3 \le 0$ ④ $x-3 \ge x$

⑤ $-3x+1 > 1$

0299 다음 중 부등식 $ax+1-x \ge 2x+5$가 일차부등식이 되도록 하는 상수 a의 값이 <u>아닌</u> 것은?

① 1   ② 2   ③ 3

④ 4   ⑤ 5

유형 6 일차부등식의 풀이   > 개념 4

0300 다음 부등식 중 해가 $x>2$인 것은?

① $2x-5<-1$ ② $-2x-1\leq x+2$

③ $2x-5\leq 4x+1$ ④ $x+3\geq 6x-12$

⑤ $2-3x<-4$

→ **0301** 다음 부등식 중 해가 나머지 넷과 다른 하나는?

① $2x>4$ ② $3x-2>4$

③ $-x+2>-3x+6$ ④ $5x-1<6x-3$

⑤ $-4x+2<-x-7$

0302 부등식 $3(x-2)<2x$를 만족시키는 양의 정수 x의 개수를 구하시오.

→ **0303** 부등식 $4(2x-5)+7<3(x+5)+2$를 만족시키는 자연수 x의 값의 합을 구하시오.

0304 다음 중 부등식 $x+4\leq 2(x-1)$의 해를 수직선 위에 바르게 나타낸 것은?

①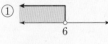
②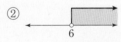
③
④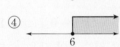
⑤

→ **0305** 다음 중 부등식 $2(x-2)<2-3(x+7)$의 해를 수직선 위에 바르게 나타낸 것은?

①
②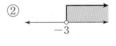
③
④
⑤

0306 부등식 $0.5x-2<0.3x-\dfrac{1}{5}$을 풀면?

① $x<0$ ② $x<9$ ③ $x>9$
④ $x<11$ ⑤ $x>11$

0307 부등식 $0.5(3-x)>\dfrac{4}{5}x-\left(x+\dfrac{1}{2}\right)$을 만족시키는 자연수 x의 개수는?

① 1 ② 3 ③ 6
④ 10 ⑤ 15

0308 다음 중 부등식 $\dfrac{x-1}{4}-\dfrac{1}{2}<x$의 해를 수직선 위에 바르게 나타낸 것은?

①
②
③
④
⑤

0309 다음 중 부등식 $\dfrac{2x-1}{3}-\dfrac{5-x}{2}\geq 3$의 해를 수직선 위에 바르게 나타낸 것은?

①
②
③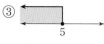
④
⑤

서술형
0310 부등식 $0.1x+0.05\leq 0.15x-0.3$의 해가 $x\geq a$이고, 부등식 $\dfrac{x-3}{2}-\dfrac{2x-1}{5}>0$의 해가 $x>b$일 때, 상수 a, b에 대하여 $a+b$의 값을 구하시오.

0311 부등식 $1+0.7(x-1)<x+1.2$를 만족시키는 가장 작은 정수 x의 값을 a, 부등식 $3(2-x)\leq 2x-4$를 만족시키는 가장 작은 정수 x의 값을 b라 할 때, $\dfrac{a}{b}$의 값을 구하시오.

유형 8 x의 계수가 문자인 일차부등식의 풀이 > 개념 4, 5

0312 $a<0$일 때, x에 대한 일차부등식 $ax<-3a$를 풀면?

① $x\geq-3$　　② $x>-3$　　③ $x\leq-3$

④ $x<-3$　　⑤ $x=-3$

0313 $a>0$일 때, x에 대한 일차부등식 $2-ax\leq3$을 풀면?

① $x\leq-\dfrac{1}{a}$　　② $x\geq-\dfrac{1}{a}$　　③ $x\leq\dfrac{1}{a}$

④ $x\geq\dfrac{1}{a}$　　⑤ $x\geq a$

0314 $a>0$일 때, x에 대한 일차부등식 $2(3a-ax)>ax$를 풀면?

① $x>-2$　　② $x<-2$　　③ $x>2$

④ $x<2$　　⑤ $x=2$

0315 $a<0$일 때, x에 대한 일차부등식 $3(1-ax)\leq ax-5$를 풀면?

① $x\leq\dfrac{2}{a}$　　② $x\geq\dfrac{2}{a}$　　③ $x\leq\dfrac{4}{a}$

④ $x\geq\dfrac{4}{a}$　　⑤ $x\leq\dfrac{5}{a}$

0316 $a<2$일 때, x에 대한 일차부등식 $ax-2a<2x-4$를 만족시키는 가장 작은 정수 x의 값을 구하시오.

0317 부등식 $5-a>3a+1$을 만족시키는 a에 대하여 x에 대한 일차부등식 $ax-3a<x-3$의 해는?

① $x<-3$　　② $x>-3$　　③ $x>\dfrac{1}{3}$

④ $x<3$　　⑤ $x>3$

0318 일차부등식 $x+a>2x-4$의 해가 $x<2$일 때, 상수 a의 값을 구하시오.

→ **0319** 일차부등식 $\dfrac{x+3a}{4}>\dfrac{2x}{3}-\dfrac{1}{6}$의 해가 $x<4$일 때, 상수 a의 값을 구하시오.

서술형
0320 일차부등식 $x-4\leq\dfrac{3x-a}{2}$의 해를 수직선 위에 나타내면 오른쪽 그림과 같을 때, 상수 a의 값을 구하시오.

$$\xleftarrow{\qquad} \underset{-1}{\bullet}\rule[0.5ex]{2.5em}{0.4pt}\!\!\to$$

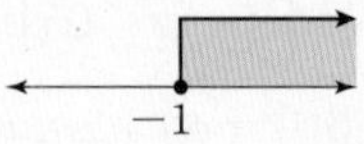

→ **0321** 일차부등식 $0.7x-\dfrac{1}{10}<2+\dfrac{3x-a}{2}$의 해를 수직선 위에 나타내면 오른쪽 그림과 같을 때, 상수 a의 값을 구하시오.

$$\xleftarrow{\qquad} \underset{-2}{\circ}\rule[0.5ex]{2.5em}{0.4pt}\!\!\to$$

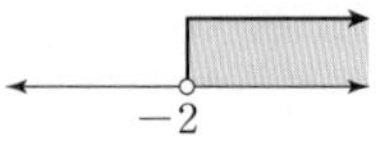

0322 일차부등식 $ax-5<3$의 해가 $x>-2$일 때, 상수 a의 값은?

① -4 ② -2 ③ -1
④ 2 ⑤ 4

→ **0323** 일차부등식 $ax-1>x-3$의 해가 $x<1$일 때, 상수 a의 값을 구하시오.

유형 **10** 해가 서로 같은 두 일차부등식 > 개념 **4, 5**

0324 두 일차부등식 $2x-1>5x+8$, $4x+a<x-2$ 의 해가 서로 같을 때, 상수 a의 값을 구하시오.

0325 다음 두 일차부등식의 해가 서로 같을 때, 상수 a 의 값을 구하시오.

$$x-3>3x-15, \quad x+a>4(x-5)$$

0326 두 일차부등식 $0.5x+0.2\geq0.1x-0.6$, $3(1-x)\leq a$의 해가 서로 같을 때, 상수 a의 값을 구하시오.

0327 두 일차부등식 $\dfrac{3}{2}x+\dfrac{5}{6}\geq\dfrac{8-x}{3}$, $2(x-1)\leq4x+a$의 해가 서로 같을 때, 상수 a의 값을 구하시오.

0328 두 일차부등식 $2x+10\geq-2+5x$, $ax\geq a-3$ 의 해가 서로 같을 때, 상수 a의 값은?

① -2 ② -1 ③ 1
④ 2 ⑤ 3

0329 두 일차부등식 $4(x+2)>x-1$, $x-5<a(x+2)$의 해가 서로 같을 때, 상수 a의 값을 구하시오.

0330 일차부등식 $2x < x+k$를 만족시키는 자연수 x가 5개일 때, 자연수 k의 값은?

① 4   ② 5   ③ 6
④ 7   ⑤ 8

0331 일차부등식 $3x-a \leq x$를 만족시키는 자연수 x가 2개일 때, 상수 a의 값의 범위는?

① $2 \leq a < 3$ ② $2 < a \leq 3$ ③ $4 < a < 6$
④ $4 \leq a < 6$ ⑤ $4 \leq a \leq 6$

*__0332__ 일차부등식 $4x+1 > 5x+2a$를 만족시키는 자연수 x가 4개일 때, 상수 a의 값의 범위를 구하시오.

0333 일차부등식 $4x-a \leq 2x+1$을 만족시키는 자연수 x가 2개일 때, 상수 a의 값의 범위를 구하시오.

0334 일차부등식 $\dfrac{x-2}{3}+0.5 \geq \dfrac{1}{2}\left(x+\dfrac{1}{3}a\right)$를 만족시키는 자연수 x가 1개일 때, 상수 a의 값의 범위를 구하시오.

0335 일차부등식 $\dfrac{x+3}{3}+1 > \dfrac{1}{2}(x+a)$를 만족시키는 자연수 x가 12개일 때, 상수 a의 값의 범위를 구하시오.

유형 **12** 부등식의 해의 조건이 주어진 경우 > 개념 4, 5

0336 일차부등식 $2(x+a) \geq 3x+1$을 만족시키는 x의 값 중 가장 큰 정수가 -1일 때, 상수 a의 값의 범위를 구하시오.

0337 일차부등식 $3x-a < 2x-3$의 해 중 가장 큰 정수가 2일 때, 상수 a의 값의 범위를 구하시오.

* **0338** 일차부등식 $3x+2 \leq 2a-1$을 만족시키는 자연수 x의 값이 존재하지 않을 때, 상수 a의 값의 범위는?

① $a < 2$ ② $a \leq 2$ ③ $a < 3$
④ $a \leq 3$ ⑤ $a \geq 3$

0339 일차부등식 $x+4 \leq -2x+k$를 만족시키는 자연수 x의 값이 존재하지 않을 때, 가장 큰 정수 k의 값은?

① 5 ② 6 ③ 7
④ 8 ⑤ 9

서술형
0340 일차부등식 $\dfrac{x-2a}{3} \geq x-1$을 만족시키는 자연수 x가 4개 이하가 되도록 하는 가장 작은 정수 a의 값을 구하시오.

0341 일차부등식 $\dfrac{x-1}{3} + \dfrac{1}{2} < a-x$를 만족시키는 자연수 x가 3개 이상 존재할 때, 상수 a의 값의 범위를 구하시오.

0342 다음 **보기** 중 문장을 부등식으로 나타낸 것으로 옳은 것을 모두 고른 것은?

> **보기**
> ㄱ. a의 3배는 a에서 5를 뺀 것보다 작지 않다.
>   ➡ $3a \geq a-5$
> ㄴ. 한 개에 x원인 참외 10개의 가격은 10000원 이하이다. ➡ $10x < 10000$
> ㄷ. 전체가 120쪽인 책을 하루에 7쪽씩 a일 동안 읽으면 남은 쪽수는 15쪽보다 많지 않다.
>   ➡ $120-7a < 15$
> ㄹ. 걸어서 2 km를 가다가 시속 7 km로 x시간 동안 달린 전체 거리는 10 km 미만이다.
>   ➡ $2+7x < 10$

① ㄱ   ② ㄴ   ③ ㄱ, ㄷ
④ ㄱ, ㄹ   ⑤ ㄱ, ㄷ, ㄹ

0343 다음 부등식 중 $x=2$일 때, 참인 것은?

① $x-7 \leq -6$ ② $3x-2 \geq 5$
③ $4-3x < 2(x-2)$ ④ $0.9x-1.5 < 0$
⑤ $\dfrac{x}{2}-1 > 0$

0344 다음 부등식 중 방정식 $2x+5=1$을 만족시키는 x의 값을 해로 갖는 것은?

① $2x \leq -5$ ② $3-2x < 3x$
③ $4(x+2) > 3$ ④ $0.3x-5 \geq -1$
⑤ $\dfrac{1-4x}{3} \geq x$

0345 $a<0$, $b>0$일 때, 다음 **보기** 중 옳은 것을 모두 고른 것은?

> **보기**
> ㄱ. $a-b > 0$ ㄴ. $a^2-ab > 0$
> ㄷ. $ab-b^2 > 0$ ㄹ. $-a > -b$

① ㄱ, ㄴ   ② ㄱ, ㄷ   ③ ㄱ, ㄹ
④ ㄴ, ㄷ   ⑤ ㄴ, ㄹ

0346 부등식 $-2(x-5)+1 < 9-x$를 만족시키는 x에 대하여 $A=-5x+3$일 때, A의 값의 범위는?

① $A > -7$ ② $A > -13$ ③ $A > -16$
④ $A < -7$ ⑤ $A < -13$

0347 다음 중 일차부등식을 모두 고르면? (정답 2개)

① $3x+5 > 7+3x$ ② $-4x+6 = 3x-2$
③ $-2(x+3) \leq 2x-1$ ④ $5-x \geq \dfrac{1}{2}(3-2x)$
⑤ $2x^2-4x+1 < 2x(x+2)-4$

0348 부등식 $2x \leq x+3$을 만족시키는 모든 자연수 x의 개수는?

① 1   ② 2   ③ 3

④ 4   ⑤ 5

0349 다음 중 부등식 $5(x+2) > 2(1-x)-x$의 해를 수직선 위에 바르게 나타낸 것은?

①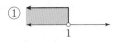

②

③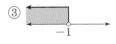

④

⑤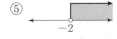

0350 다음 부등식 중 해가 나머지 넷과 <u>다른</u> 하나는?

① $4-3x < 1$

② $5x-7 > 2(x-2)$

③ $0.2(x+5) < 0.3(x+3)$

④ $1.5x > \dfrac{5x+1}{4}$

⑤ $0.5x - \dfrac{5}{6} < 0.\dot{3}(2-3x)$

0351 부등식 $\dfrac{4(1-x)}{3} \leq 5 + \dfrac{1}{2}x$를 만족시키는 x의 값 중 가장 작은 정수는?

① -3 ② -2 ③ -1

④ 1   ⑤ 2

0352 $a < b < 0$일 때, x에 대한 일차부등식 $3a-bx \geq 3b-ax$를 푸시오.

0353 일차부등식 $x-1 \geq \dfrac{ax-2}{3}$의 해를 수직선 위에 나타내면 오른쪽 그림과 같을 때, 상수 a의 값을 구하시오.

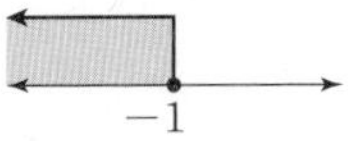

0354 두 일차부등식 $2x-a \leq x+4$,

$\dfrac{1-x}{12} < b + \dfrac{5}{6}x$의 해가 각각 $x \leq 7$, $x > -1$일 때, 일차

방정식 $ax-b=8$을 만족시키는 x의 값을 구하시오.

0356 일차부등식 $7x-1 \leq a+6x$를 만족시키는 자연수 x가 3개일 때, 상수 a의 값의 범위를 구하시오.

0355 다음 두 일차부등식의 해가 서로 같을 때, 상수 a의 값을 구하시오.

$$7(1-x) > 2-5(x-3), \quad 2x-1 > ax+4$$

0357 일차부등식 $2(a-x) + \dfrac{x}{3} > 3x+a-5$를 만족시키는 자연수 x의 값이 존재하지 않을 때, 상수 a의 값의 범위를 구하시오.

0358 네 수 a, b, c, d에 대하여 $a < b < 0, ac < 0 < bd$일 때, 다음 **보기** 중 옳은 것을 모두 고른 것은?

> **보기**
> ㄱ. $a+b > 0$ ㄴ. $c-d > 0$
> ㄷ. $bc < c^2$ ㄹ. $\dfrac{a}{bd} < \dfrac{c}{bd}$

① ㄱ, ㄴ   ② ㄱ, ㄷ   ③ ㄴ, ㄷ
④ ㄴ, ㄹ   ⑤ ㄴ, ㄷ, ㄹ

0359 일차부등식 $(a+b)x+a-2b > 0$의 해가 $x < 1$일 때, 일차부등식 $(a+2b)x+2a-6b < 0$의 해를 구하시오. (단, a, b는 상수)

서술형

0360 $-3 < 2x-1 < 1$일 때, $3x+y=1$을 만족시키는 y의 값의 범위는 $a < y < b$이다. 이때 상수 a, b에 대하여 $a+b$의 값을 구하시오.

0361 일차방정식 $x-2=\dfrac{x-a}{4}$의 해가 3보다 작지 않을 때, 상수 a의 값의 범위를 구하시오.

/1 step 개념 익히고, 🪣

개념 1

일차부등식의 활용

> 유형 1~6, 13

일차부등식의 활용 문제는 다음과 같은 순서로 푼다.

❶ **미지수 정하기**: 문제의 뜻을 이해하고 구하려고 하는 것을 미지수 x로 놓는다.

❷ **부등식 세우기**: 수량 사이의 대소 관계를 파악하고 x에 대한 일차부등식을 세운다.

❸ **부등식 풀기**: 일차부등식을 풀어 x의 값의 범위를 구한다.

❹ **확인하기**: 구한 해가 문제의 뜻에 맞는지 확인한다.

🔢 한 개에 500원인 사탕 2개와 한 개에 800원인 초콜릿을 사는데 전체 금액이 5000원 이하가 되게 하려고 한다. 이때 초콜릿은 최대 몇 개까지 살 수 있는지 구하시오.

❶ 미지수 정하기: 초콜릿을 x개 산다고 하자.

❷ 부등식 세우기: $500 \times 2 + 800x \leq 5000$

❸ 부등식 풀기: $800x \leq 4000$ ∴ $x \leq 5$

따라서 초콜릿은 최대 5개까지 살 수 있다.

❹ 확인하기: 초콜릿을 5개 살 때 전체 금액은 $500 \times 2 + 800 \times 5 = 1000 + 4000 = 5000$

초콜릿을 6개 살 때 전체 금액은 $500 \times 2 + 800 \times 6 = 1000 + 4800 = 5800$

따라서 최대로 살 수 있는 초콜릿은 5개임을 확인할 수 있다.

개념 2

여러 가지 활용 문제

> 유형 7~13

(1) **수에 대한 문제**

① 연속하는 세 정수: $x-1$, x, $x+1$ 또는 x, $x+1$, $x+2$

② 연속하는 세 홀수(짝수): $x-2$, x, $x+2$ (단, $x > 2$) 또는 x, $x+2$, $x+4$

(2) **유리한 방법을 선택하는 문제**

① 할인되는 곳이 유리한 경우

➡ (할인되는 곳을 이용할 때의 비용) < (가까운 곳을 이용할 때의 비용)

② x명이 입장할 때 단체 입장료를 지불하는 것이 유리한 경우

➡ (할인되는 단체 입장료) < (x명의 입장료)

(3) **거리, 속력, 시간에 대한 문제**

① (거리) = (속력) × (시간)

② (속력) = $\dfrac{(거리)}{(시간)}$

③ (시간) = $\dfrac{(거리)}{(속력)}$

(4) **농도에 대한 문제**

① (소금물의 농도) = $\dfrac{(소금의 양)}{(소금물의 양)} \times 100(\%)$

② (소금의 양) = $\dfrac{(소금물의 농도)}{100} \times (소금물의 양)$

개념 1 일차부등식의 활용

0362 한 개에 2000원인 마카롱을 1000원짜리 상자에 담아 전체 금액이 15000원 이하가 되도록 구입하려고 한다. 마카롱은 최대 몇 개까지 살 수 있는지 구하는 과정이다. ☐ 안에 알맞은 것을 써넣으시오.

미지수 정하기	마카롱의 개수를 x라 하자.
부등식 세우기	구입한 마카롱과 상자의 가격은 ☐ 원이고, 이 금액이 15000원 이하가 되어야 하므로 부등식을 세우면 ☐ ≤ 15000
부등식 풀기	☐ $x ≤$ ☐ ∴ $x ≤$ ☐ 따라서 마카롱은 최대 ☐ 개까지 살 수 있다.
확인하기	2000 × ☐ + 1000 = 15000 즉, 구한 값은 문제의 뜻에 맞는다.

0363 한 개에 1000원인 참외와 한 개에 800원인 오이를 합하여 12개를 사는데 그 금액이 11000원 이하가 되게 하려고 한다. 참외를 최대 몇 개까지 살 수 있는지 구하려고 할 때, 다음 물음에 답하시오.

(1) 참외를 x개 산다고 하면 오이는 몇 개 살 수 있는지 구하시오.

(2) 부등식을 세우시오.

(3) 부등식을 푸시오.

(4) 참외는 최대 몇 개까지 살 수 있는지 구하시오.

0364 태민이는 음악, 미술 실기 시험에서 각각 80점, 92점을 받았다. 체육을 포함한 세 과목의 실기 시험 평균 점수가 85점 이상이 되려면 체육 실기 시험에서 몇 점 이상을 받아야 하는지 구하시오.

개념 2 여러 가지 활용 문제

0365 어떤 자연수에 3을 더한 후 2배한 수가 30보다 작다고 할 때, 어떤 자연수 중 가장 큰 수를 구하시오.

0366 집에서 출발하여 산책을 하는데 갈 때는 시속 2 km로 걷고, 올 때는 같은 길을 시속 3 km로 걸어서 2시간 이내에 산책을 마치려고 한다. 집에서 최대 몇 km 떨어진 곳까지 갔다 올 수 있는지 구하려고 할 때, 다음 물음에 답하시오.

(1) 집에서 x km 떨어진 곳까지 갔다 온다고 할 때, 다음 표를 완성하시오.

	거리(km)	속력(km/h)	시간(시간)
갈 때	x	2	
올 때	x	3	

(2) 부등식을 세우시오.

(3) 부등식을 푸시오.

(4) 집에서 최대 몇 km 떨어진 곳까지 갔다 올 수 있는지 구하시오.

0367 10 %의 소금물 200 g에 물을 넣어서 농도가 8 % 이하인 소금물을 만들려고 한다. 최소 몇 g의 물을 넣어야 하는지 구하려고 할 때, 다음 물음에 답하시오.

(1) 물을 x g 넣는다고 할 때, 다음 표를 완성하시오.

	농도(%)	소금물의 양(g)	소금의 양(g)
물을 넣기 전	10	200	$\frac{10}{100} × 200$
물을 넣은 후	8		

(2) 부등식을 세우시오.

(3) 부등식을 푸시오.

(4) 최소 몇 g의 물을 넣어야 하는지 구하시오.

기출 & 변형하면...

유형 1 평균에 대한 문제   > 개념 1

*0368 유리는 세 과목의 시험에서 90점, 82점, 84점을 받았다. 네 과목의 평균이 85점 이상이 되려면 네 번째 과목의 시험에서 몇 점 이상을 받아야 하는가?

① 82점   ② 83점   ③ 84점
④ 85점   ⑤ 86점

0369 소현이는 단축마라톤 대회에 나가기 위해 매일 달리기 연습을 한다. 지난 4일 동안 1600 m, 1800 m, 1800 m, 2200 m를 달렸다고 할 때, 오늘은 몇 m 이상을 달려야 매일 평균 2 km 이상을 달린 것이 되는지 구하시오.

0370 민희는 3회에 걸친 100 m 달리기 대회에서 평균 16.2초의 기록을 얻었다. 4회까지의 대회 기록의 평균이 16.5초 이하가 되려면 4회째 대회에서 몇 초 이내로 들어와야 하는지 구하시오.

0371 인우네 반의 남학생 20명의 평균 키가 167 cm, 여학생의 평균 키가 158 cm이다. 인우네 반 학생 전체의 평균 키가 163 cm 이상일 때, 여학생은 최대 몇 명인가?

① 15명   ② 16명   ③ 17명
④ 18명   ⑤ 19명

유형 2 개수에 대한 문제   > 개념 1

*0372 한 다발에 2500원인 안개꽃 두 다발과 한 송이에 1500원인 장미를 섞어 꽃다발을 만들려고 한다. 포장비가 3000원일 때, 전체 비용을 20000원 이하로 하려면 장미는 최대 몇 송이까지 넣을 수 있는가?

① 6송이   ② 7송이   ③ 8송이
④ 9송이   ⑤ 10송이

0373 지수는 최대 용량이 450 kg인 엘리베이터를 이용하여 1개에 30 kg인 물건을 한 번에 나르려고 한다. 지수의 몸무게가 50 kg일 때, 이 엘리베이터에 물건을 최대 몇 개까지 실을 수 있는지 구하시오.

0374 어느 박물관의 한 사람당 입장료가 어른은 4000 원, 학생은 2000원이다. 어른과 학생이 합하여 15명이 50000원 이하로 입장하려면 어른은 최대 몇 명까지 입장할 수 있는지 구하시오.

→

0375 온라인 마트에서 한 개에 1500원인 사과와 한 개에 1800원인 복숭아를 합하여 20개를 구입하려고 한다. 배송료가 2500원일 때, 전체 금액이 35000원을 넘지 않으려면 복숭아는 최대 몇 개까지 살 수 있는지 구하시오.

0376 유라는 30개, 지호는 8개의 구슬을 가지고 있다. 유라가 지호에게 구슬을 몇 개 주어도 지호가 가진 것의 2 배보다 많게 하려면 유라는 지호에게 구슬을 최대 몇 개까지 줄 수 있는지 구하시오.

0377 지은이와 연호가 가위바위보를 하는데 이기면 3 점, 비기면 1점, 지면 −1점을 얻는다. 가위바위보를 20 회 한 결과, 지은이가 연호를 10점 이상으로 이겼고 지은이와 연호가 4회 비겼다면 지은이는 최소 몇 회 이겼는지 구하시오.

유형 3 추가 금액에 대한 문제 > 개념 1

0378 어느 사진관에서는 사진을 인화하는데 기본 15장에 5000원이고 15장을 초과하면 한 장당 300원씩 추가된다고 한다. 전체 금액이 8000원 이하가 되게 하려면 사진은 최대 몇 장까지 인화할 수 있는지 구하시오.

0379 양말을 사는데 10켤레까지는 한 켤레당 1000원이고 10켤레을 초과하면 한 켤레당 800원이라 한다. 양말 한 켤레당 가격이 900원 이하가 되게 하려면 양말을 몇 켤레 이상 사야 하는지 구하시오.

0380 현재 수지의 저축액은 15000원, 지태의 저축액은 10000원이다. 다음 달부터 매달 수지는 2000원씩, 지태는 3000원씩 저축한다면 몇 개월 후부터 지태의 저축액이 수지의 저축액보다 많아지는가?

① 5개월 후   ② 6개월 후   ③ 7개월 후
④ 8개월 후   ⑤ 9개월 후

서술형
0381 현재 은비의 저축액은 70000원, 태주의 저축액은 20000원이다. 다음 달부터 은비는 매달 5000원씩, 태주는 매달 4000원씩 예금한다고 할 때, 은비의 저축액이 태주의 저축액의 2배보다 적어지는 것은 몇 개월 후부터인지 구하시오.

0382 원가가 9000원인 물건을 정가의 10 %를 할인하여 팔아서 원가의 20 % 이상의 이익을 얻으려고 할 때, 정가는 얼마 이상으로 정해야 하는가?

① 10000원   ② 11000원   ③ 12000원
④ 13000원   ⑤ 14000원

0383 원가가 1000원인 물건을 정가의 20 %를 할인하여 팔아서 200원 이상의 이익을 얻으려고 할 때, 정가는 얼마 이상으로 정해야 하는지 구하시오.

0384 어느 상품에 원가의 25 %의 이익을 붙여 정가를 정하였다. 세일 기간에 정가에서 3000원을 할인하여 판매하였더니 원가의 10 % 이상의 이익을 얻었다고 할 때, 이 상품의 원가는 얼마 이상인지 구하시오.

0385 어느 액세서리를 원가에 3000원의 이익을 붙여 정가를 정하였다. 이 액세서리를 정가의 20 %를 할인하여 판매하였더니 손해를 보지 않았다고 할 때, 원가는 얼마 이하인지 구하시오.

유형 6 도형에 대한 문제　　　　　　　　　> 개념 1

0386 삼각형의 세 변의 길이가 $x+1$, $x+3$, $x+6$일 때, 다음 중 x의 값이 될 수 없는 것은?

① 2　　　　② 3　　　　③ 4
④ 5　　　　⑤ 6

→ **0387** 한 변의 길이가 6 cm인 정다각형의 모든 변의 길이의 합이 32 cm 이상일 때, 이 도형의 변은 최소 몇 개인지 구하시오.

0388 윗변의 길이가 5 cm이고 높이가 8 cm인 사다리꼴이 있다. 이 사다리꼴의 넓이가 56 cm² 이상일 때, 사다리꼴의 아랫변의 길이는 몇 cm 이상이어야 하는지 구하시오.

서술형

→ **0389** 가로의 길이가 세로의 길이보다 5 cm 긴 직사각형을 만들려고 한다. 이 직사각형의 둘레의 길이가 150 cm 이상이 되게 하려면 세로의 길이는 몇 cm 이상이어야 하는지 구하시오.

0390 오른쪽 그림과 같이 밑면의 가로와 세로의 길이가 각각 8 cm, 6 cm인 사각기둥의 겉넓이가 404 cm² 이하일 때, 사각기둥의 높이는 최대 몇 cm인가?

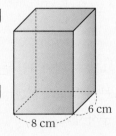

① 10 cm　　② 10.5 cm　　③ 11 cm
④ 11.5 cm　　⑤ 12 cm

→ **0391** 오른쪽 그림과 같이 밑면의 반지름의 길이가 9 cm인 원뿔의 부피가 270π cm³ 이상일 때, 원뿔의 높이는 몇 cm 이상이어야 하는지 구하시오.

9 cm

0392 어떤 자연수 x를 2배하여 6을 더한 수는 20보다 크거나 같다고 할 때, x의 값의 범위를 구하시오.

0393 어떤 수의 3배에서 5를 뺀 수는 그 수에 4를 더한 수의 2배보다 크다고 한다. 이와 같은 수 중 가장 작은 자연수를 구하시오.

*
0394 연속하는 세 자연수의 합이 45보다 작거나 같다고 한다. 이와 같은 수 중 가장 큰 세 자연수를 구하시오.

0395 연속하는 두 정수가 있다. 작은 수의 5배에 2를 더한 것은 큰 수의 4배보다 작거나 같을 때, 이와 같은 수 중 가장 큰 연속하는 두 정수의 곱을 구하시오.

0396 차가 4인 두 정수의 합이 20 이하이다. 두 정수 중 큰 수를 x라 할 때, x의 값이 될 수 있는 가장 큰 수를 구하시오.

0397 차가 3인 두 정수의 합이 25 이상이다. 두 정수 중 큰 수를 x라 할 때, x의 값이 될 수 있는 가장 작은 수를 구하시오.

유형 8 유리한 방법을 선택하는 문제 > 개념 2

0398 동네 꽃집에서는 한 송이의 가격이 1000원인 튤립을 꽃 도매시장에서는 800원에 팔고 있다. 꽃 도매시장에 가려면 왕복 교통비가 2500원이 든다고 할 때, 튤립을 몇 송이 이상 사야 꽃 도매시장에서 사는 것이 유리한가?

① 10송이 ② 11송이 ③ 12송이

④ 13송이 ⑤ 14송이

0399 동네 문구점에서는 공책 한 권의 가격이 1500원인데 인터넷 쇼핑몰에서는 이 가격에서 20 % 할인된 금액으로 판매한다. 인터넷 쇼핑몰에서 구입하는 경우 2500원의 배송료를 내야 한다고 할 때, 공책을 몇 권 이상 사야 동네 문구점보다 인터넷 쇼핑몰을 이용하는 것이 유리한지 구하시오.

0400 서희네 부엌에 식기세척기를 들이려고 한다. 식기세척기를 구입하는 경우와 대여하는 경우의 가격이 다음과 같을 때, 구입하는 것이 대여하는 것보다 유리하려면 식기세척기를 몇 개월 이상 사용해야 하는지 구하시오.

	구입	대여
가격	650000원	매달 30000원
추가 비용	매달 10000원	없음

0401 어느 통신회사에는 한 달 휴대전화 통화요금이 다음과 같은 두 가지 요금제가 있다. 절약형 요금제보다 알뜰형 요금제를 선택하는 것이 유리하려면 한 달 휴대전화 통화 시간이 몇 분 미만이어야 하는지 구하시오.

요금제	기본요금	통화요금
알뜰형	15000원	1초당 5원
절약형	24000원	1초당 2원

0402 어느 미술관 관람료는 학생 한 명당 4000원이고, 단체권은 20명 이상일 때 20 % 할인된다고 한다. 20명 미만인 수진이네 반 학생들이 단체권을 구입하는 것이 유리하다고 판단하여 20명의 단체권을 구입하였다고 할 때, 수진이네 반 학생은 최소 몇 명인지 구하시오.

서술형
0403 어떤 박물관의 관람 요금이 성인은 5000원, 학생은 3000원이고, 20명 이상이면 단체 요금을 적용하여 무조건 1인당 2500원이라고 한다. 선생님 1명과 학생들이 함께 박물관 관람을 하려고 한다. 학생이 몇 명 이상일 때, 20명의 단체 요금을 내는 것이 더 유리한지 구하시오.

0404 집에서 출발하여 10 km 떨어진 도서관까지 가는데 처음에는 시속 4 km로 걷다가 도중에 시속 3 km로 걸어서 3시간 이내에 도서관에 도착하였다. 이때 시속 4 km로 걸은 거리는 몇 km 이상인가?

① 4 km   ② 5 km   ③ 6 km
④ 7 km   ⑤ 8 km

0405 은수가 집에서 2 km 떨어신 도서관에서 3시 40분에 친구를 만나기로 하였다. 정각 3시에 집에서 출발하여 처음에는 분속 40 m로 걷다가 너무 늦을 것 같아서 도중에 분속 80 m로 뛰어갔더니 약속 시각에 늦지 않게 도착하였을 때, 은수가 걸어간 거리는 최대 몇 km인지 구하시오.

0406 지희가 집에서 14 km 떨어진 한강까지 가는데 처음에는 자전거를 타고 시속 18 km로 달리다가 도중에 자전거를 자전거 보관소에 두고 그 지점에서부터 시속 3 km로 걸어갔더니 1시간 30분 이내에 한강에 도착하였다. 집에서 자전거 보관소까지의 거리는 몇 km 이상인지 구하시오. (단, 자전거 보관에 걸리는 시간은 무시한다.)

서술형
0407 인희네 학교의 등교 시각은 오전 8시 30분까지이다. 인희가 집에서 오전 8시 5분에 나와서 분속 50 m로 걷다가 도중에 분속 200 m로 달렸다고 한다. 집에서 학교까지의 거리가 2 km라 할 때, 지각하지 않았다면 분속 50 m로 걸은 거리는 최대 몇 m인지 구하시오.

0408 서현이가 산책을 하는데 갈 때는 시속 5 km로 걷고 올 때는 갈 때보다 2 km 더 먼 길을 시속 6 km로 걸었다. 산책하는 데 걸린 시간이 4시간 이내였다면 최대 몇 km 지점까지 갔다 올 수 있는지 구하시오.

0409 현아가 등교를 하는데 올라갈 때는 시속 4 km로 걷고, 내려올 때는 1 km 더 먼 길을 시속 5 km로 걸었다. 등산하는 데 총 걸린 시간이 2시간 이내일 때, 올라간 거리는 최대 몇 km인지 구하시오.

0410 기차역에서 기차가 출발하기 전까지 1시간 30분의 여유가 있어서 이 시간을 이용하여 상점에 가서 선물을 사 오려고 한다. 상점에서 선물을 사는 데 30분이 걸리고 시속 4 km로 걸을 때, 기차역에서 몇 km 이내에 있는 상점을 이용할 수 있는가?

① 2 km   ② 2.5 km   ③ 3 km

④ 3.5 km   ⑤ 4 km

0411 민수는 오전 10시에 집에서 나가 놀이터에서 2시간 동안 놀다가 집에 와서 1시간 동안 밥을 먹은 후 다시 놀이터보다 3배 먼 공원에 가서 2시간 동안 놀려고 한다. 민수가 이동하는 속력은 시속 4 km이고 오후 4시까지 집에 돌아와야 할 때, 민수네 집에서 공원까지의 거리는 최대 몇 km인지 구하시오.

유형 11 거리, 속력, 시간에 대한 문제 [3]: 반대 방향으로 이동   > 개념 2

0412 미희와 진수가 같은 지점에서 동시에 출발하여 서로 반대 방향으로 직선 도로를 따라 달리고 있다. 미희는 시속 5 km, 진수는 시속 7 km로 달릴 때, 미희와 진수가 6 km 이상 떨어지려면 몇 분 이상 달려야 하는가?

① 20분   ② 25분   ③ 30분

④ 35분   ⑤ 40분

[서술형]

0413 형과 동생이 같은 지점에서 동시에 출발하여 형은 동쪽으로 분속 250 m, 동생은 서쪽으로 분속 350 m로 달려가고 있다. 형과 동생이 3 km 이상 떨어지는 것은 출발한 지 몇 분 후부터인지 구하시오.

0414 연주와 성주가 같은 지점에서 출발하여 서로 반대 방향으로 직선 도로를 따라 걷고 있다. 연주는 성주가 출발한 지 15분 후에 출발하였고, 연주는 시속 2 km, 성주는 시속 4 km로 걸을 때, 연주와 성주가 7 km 이상 떨어지는 것은 성주가 출발한 지 몇 분 후부터인가?

① 70분 후   ② 75분 후   ③ 80분 후

④ 85분 후   ⑤ 90분 후

0415 연희와 미애가 같은 지점에서 출발하여 서로 반대 방향으로 직선 도로를 따라 걷고 있다. 연희는 미애가 출발한 지 10분 후에 출발하였고, 연희는 시속 3 km, 미애는 시속 5 km로 걸을 때, 연희와 미애가 7.5 km 이상 떨어지는 것은 미애가 출발한 지 몇 분 후부터인가?

① 60분 후   ② 70분 후   ③ 80분 후

④ 90분 후   ⑤ 100분 후

0416 10 %의 소금물 200 g에서 물을 증발시켜 농도가 20 % 이상인 소금물을 만들려고 할 때, 최소 몇 g의 물을 증발시켜야 하는가?

① 60 g　　　② 80 g　　　③ 100 g
④ 120 g　　　⑤ 140 g

→ **0417** 20 %의 소금물 400 g에 물을 넣어 농도가 8 % 이하인 소금물을 만들려고 할 때, 최소 몇 g의 물을 넣어야 하는가?

① 400 g　　　② 600 g　　　③ 800 g
④ 1000 g　　　⑤ 1200 g

0418 물 320 g에 소금 48 g을 넣어 만든 소금물에 물을 넣어 농도가 12 % 이하인 소금물을 만들려고 할 때, 최소 몇 g의 물을 넣어야 하는지 구하시오.

→ **0419** 물 188 g에 소금 12 g을 넣어 만든 소금물에 소금을 넣어 농도가 20 % 이상인 소금물을 만들려고 할 때, 최소 몇 g의 소금을 넣어야 하는지 구하시오.

0420 5 %의 소금물 200 g과 8 %의 소금물을 섞어서 농도가 7 % 이상인 소금물을 만들려고 할 때, 8 %의 소금물은 몇 g 이상 섞어야 하는가?

① 200 g　　　② 300 g　　　③ 400 g
④ 500 g　　　⑤ 600 g

→ 서술형 **0421** 7 %의 소금물과 12 %의 소금물을 섞어서 농도가 10 % 이상인 소금물 500 g을 만들려고 할 때, 7 %의 소금물은 몇 g 이하로 섞어야 하는지 구하시오.

유형 13 여러 가지 부등식의 활용 > 개념 1, 2

0422 50000원을 두 사람 A, B에게 나누어 주려고 한다. A의 몫의 3배가 B의 몫의 2배 이상이 되게 하려면 A에게 최소 얼마를 줄 수 있는가?

① 5000원   ② 10000원   ③ 15000원
④ 20000원   ⑤ 25000원

0423 현재 A 탱크에는 500 L, B 탱크에는 200 L의 물이 들어 있다. A, B 2개의 물탱크에서 1분에 20 L씩 동시에 물을 뺀다고 하면 몇 분 후부터 A 탱크의 물의 양이 B 탱크의 물의 양의 4배 이상이 되는지 구하시오.

0424 탄수화물은 에너지를 내는 대표적인 영양소로, 1 g당 4 kcal의 에너지를 만들어 낸다. 어느 환자가 하루에 2200 kcal를 섭취해야 하는데 탄수화물을 65 % 이하로 섭취하려고 한다. 이 환자가 하루에 섭취할 수 있는 탄수화물의 양은 최대 몇 g인지 구하시오.

0425 우리 몸에서 에너지원으로 이용되는 3대 영양소는 단백질, 탄수화물, 지방이다. 오른쪽 표는 두 식품 A, B의 100 g

식품	단백질(g)
A	8
B	5

에 들어 있는 단백질의 양을 나타낸 것이다. 두 식품을 합해서 300 g을 섭취할 때, 단백질은 21 g 이상 섭취하려고 한다. 식품 A는 최소 몇 g을 섭취해야 하는지 구하시오.

0426 은영이네 중학교 2학년 학생 수는 여학생이 40명, 남학생이 50명이고 남학생의 수학 시험 성적의 평균은 78점이었다. 전체 학생의 수학 시험 성적의 평균이 84점 이상이 되려면 여학생의 수학 시험 성적의 평균은 최소 몇 점이어야 하는가?

① 90점   ② 90.5점   ③ 91점

④ 91.5점   ⑤ 92점

0427 무게가 500 g인 상자에 무게가 300 g인 물건을 여러 개 넣어 총 무게가 5 kg보다 무겁지 않게 하려고 한다. 이때 상자에 물건을 최대 몇 개까지 넣을 수 있는지 구하시오.

0428 한 개에 700원인 과자와 한 개에 1000원인 아이스크림을 합하여 8개를 사려고 한다. 총 금액이 6500원 이하가 되게 하려면 아이스크림은 최대 몇 개까지 살 수 있는가?

① 3개   ② 4개   ③ 5개

④ 6개   ⑤ 7개

0429 어느 도서 대여점의 소설책 한 권의 대여료는 1500원이고, 대여 기간은 5일이다. 5일이 지난 후에는 연체료를 하루에 400원씩 내야 한다. 어떤 소설책의 정가가 12000원일 때, 소설책을 대여하는 비용이 책값보다 적으려면 소설책을 최대 며칠 동안 대여할 수 있는지 구하시오.

0430 현재 현주의 통장에는 50000원, 연재의 통장에는 24000원이 예금되어 있다. 다음 달부터 매달 현주는 5000원씩, 연재는 8000원씩 예금한다면 몇 개월 후부터 현주의 예금액이 연재의 예금액보다 적어지는지 구하시오.

0431 어떤 물건에 원가의 50 %의 이익을 붙여서 정가를 정하였다. 이 물건을 정가의 x %를 할인하여 팔아서 원가의 20 % 이상의 이익을 얻으려고 할 때, x의 값 중 가장 큰 값은?

① 18   ② 18.5   ③ 19

④ 19.5   ⑤ 20

0432 밑변의 길이가 18 cm인 삼각형의 넓이가 90 cm^2 이하일 때, 삼각형의 높이는 몇 cm 이하이어야 하는가?

① 5 cm   ② 7 cm   ③ 10 cm

④ 12 cm   ⑤ 15 cm

0433 어떤 홀수를 3배 하여 8을 빼면 이 수의 2배보다 작다. 이와 같은 홀수 중에서 가장 큰 수는?

① 5   ② 7   ③ 9

④ 11   ⑤ 13

0434 연속하는 세 짝수의 합이 85보다 크다고 한다. 이와 같은 세 수 중 가장 작은 수를 x라 할 때, x의 값이 될 수 있는 가장 작은 수는?

① 22   ② 24   ③ 26

④ 28   ⑤ 30

0435 어느 미술관의 입장료가 1인당 10000원이고 단체 입장권의 할인율이 다음과 같다. 10명 이상 20명 미만의 학생이 단체 입장을 하려고 할 때, 몇 명 이상이면 20명의 단체 입장권을 사는 것이 유리한지 구하시오.

인원 수	할인율
10명 이상 20명 미만	입장료의 10 % 할인
20명 이상	입장료의 20 % 할인

0436 은우는 오전 9시까지 집에서 1.8 km 떨어진 기차역에 가야 한다. 오전 8시 30분에 집에서 출발하여 분속 50 m로 걷다가 늦을 것 같아서 도중에 분속 200 m로 뛰어서 기차역에 늦지 않게 도착하였다. 이때 분속 50 m로 걸은 거리는 몇 m 이하인지 구하시오.

0437 지애가 갈 때는 분속 60 m, 올 때는 같은 길을 분속 80 m로 걸어서 문구점에 다녀오려고 한다. 지애네 집과 문구점 다섯 곳 사이의 거리는 오른쪽 표와 같을 때, 지애가 문구를 사는 데 걸리는 시간 10분을 포함하여 40분 이내에 다녀올 수 있는 문구점을 모두 고르시오.

문구점	거리
A	908 m
B	1035 m
C	1280 m
D	1020 m
E	540 m

0438 지호와 은우가 같은 지점에서 동시에 출발하여 서로 반대 방향으로 직선 도로를 따라 걷고 있다. 지호는 시속 4 km, 은우는 시속 5 km로 걸을 때, 지호와 은우가 4.5 km 이상 떨어지려면 몇 분 이상 걸어야 하는가?

① 20분   ② 25분   ③ 30분
④ 35분   ⑤ 40분

0439 물 200 g에 소금 40 g을 넣어 만든 소금물에 물을 넣어 8 % 이하의 소금물을 만들려고 한다. 최소 몇 g의 물을 넣어야 하는지 구하시오.

0440 오른쪽 표는 두 식품 A, B의 100 g에 들어 있는 지방의 양을 나타낸 것이다. 두 식품을 합해서 200 g을 섭취하여 지방을 18 g 이상 섭취하려고 한다. 식품 A는 최소 몇 g을 섭취해야 하는지 구하시오.

식품	지방(g)
A	12
B	8

0441 성인 한 명이 하면 6일이 걸리고, 청소년 한 명이 하면 10일이 걸려서 끝낼 수 있는 일이 있다. 성인과 청소년을 합하여 8명이 이 일을 하루 안에 끝내려고 할 때, 성인은 몇 명 이상 필요한지 구하시오.

0442 강물의 속력이 시속 3 km이고, 총 길이가 108 km인 강을 배를 타고 10시간 이내에 왕복하려고 한다. 강을 따라 내려갈 때의 배 자체의 속력이 시속 24 km일 때, 강을 거슬러 올라갈 때의 배 자체의 속력은 시속 몇 km 이상이어야 하는지 구하시오.

0443 수정이네 가족은 음식점에 가서 피자 1판과 스파게티 1인분을 먹으려고 한다. 스파게티의 가격은 10000원이고 피자의 가격은 오른쪽 그림과 같다. 수정이는 전체 가격의 30 %가 할인되는 할인 카드와

메 뉴	
치즈피자	18,000원
감자피자	20,000원
고구마피자	23,000원
불고기피자	25,000원
야채피자	28,000원

스파게티 무료 쿠폰 1장을 가지고 있는데, 중복 사용은 불가능하다고 한다. 할인 카드를 사용하는 것이 스파게티 무료 쿠폰을 사용하는 것보다 돈이 덜 들게 하려 할 때, 고를 수 있는 피자의 가짓수는?

① 1 ② 2 ③ 3
④ 4 ⑤ 5

서술형

0444 어느 체험관의 입장료가 어른은 5000원, 어린이는 3000원이고, 15명의 단체 입장권의 경우는 어른 15명의 입장료에서 20 %를 할인해 준다고 한다. 어른과 어린이를 합하여 13명이 입장하려고 할 때, 어른이 몇 명 이상이면 15명의 단체 입장권을 사는 것이 유리한지 구하시오.

0445 A 그릇에 8 %의 소금물, B 그릇에 10 %의 소금물, C 그릇에 220 g의 물이 들어 있다. A 그릇, B 그릇의 소금물을 각각 2컵, 3컵 덜어 내어 C 그릇에 섞을 때, C 그릇의 소금물의 농도가 7 % 이상이 되게 하려면 A 그릇에서 최소 몇 g의 소금물을 덜어 내어 C 그릇에 섞어야 하는지 구하시오. (단, 덜어 내는 한 컵의 양은 같다.)

개념 1

미지수가 2개인 일차방정식

> 유형 1~2

(1) **미지수가 2개인 일차방정식**

미지수가 2개이고, 그 차수가 모두 1인 방정식

➡ $ax+by+c=0$ (단, a, b, c는 상수, $a\neq0$, $b\neq0$)

예 $x+y+1=0$, $2x-y-4=0$

(2) **미지수가 2개인 일차방정식의 해**

미지수가 x, y의 2개인 일차방정식을 참이 되게 하는 x, y의 값 또는 그 순서쌍 (x, y)

(3) **방정식을 푼다:** 방정식의 해를 모두 구하는 것

예 x, y가 자연수일 때, 일차방정식 $3x+y=14$의 해를 구하면

x	1	2	3	4	5
y	11	8	5	2	-1

따라서 일차방정식의 해는 $(1, 11)$, $(2, 8)$, $(3, 5)$, $(4, 2)$이다.

개념 2

미지수가 2개인 연립일차방정식

> 유형 3~5

(1) **연립방정식**

두 개 이상의 방정식을 한 쌍으로 묶어 나타낸 것

(2) **미지수가 2개인 연립일차방정식**

미지수가 2개인 두 일차방정식을 한 쌍으로 묶어 놓은 것

예 $\begin{cases} 2x-y=1 \\ x+3y=4 \end{cases}$, $\begin{cases} x+3y+1=0 \\ 5x-y+2=0 \end{cases}$

(3) **연립방정식의 해**

두 일차방정식을 동시에 참이 되게 하는 x, y의 값 또는 그 순서쌍 (x, y)

(4) **연립방정식을 푼다:** 연립방정식의 해를 구하는 것

예 x, y가 자연수일 때, 연립방정식 $\begin{cases} x+y=5 & \cdots\cdots ㉠ \\ 2x+y=9 & \cdots\cdots ㉡ \end{cases}$의 해를 구하면

㉠의 해

x	1	2	3	4
y	4	3	2	1

㉡의 해

x	1	2	3	4
y	7	5	3	1

따라서 연립방정식의 해는 ㉠, ㉡의 공통인 해이므로 $(4, 1)$이다.

개념 3

연립방정식의 풀이: 대입법

> 유형 6, 13~17

(1) **대입법**

한 일차방정식에서 한 미지수를 다른 미지수에 대한 식으로 나타낸 후 다른 일차방정식에 대입하여 연립방정식을 푸는 방법

(2) **대입법을 이용한 연립방정식의 풀이**

❶ 한 일차방정식에서 한 미지수를 다른 미지수에 대한 식으로 나타낸다.

❷ ❶의 식을 다른 일차방정식에 대입하여 한 미지수를 없앤 후 방정식을 푼다.

❸ ❷에서 구한 해를 ❶의 식에 대입하여 다른 미지수의 값을 구한다.

개념 **1** 미지수가 2개인 일차방정식

0446 다음 중 미지수가 2개인 일차방정식인 것은 ○표, 아닌 것은 ×표를 하시오.

(1) $5x - y = 4$　　　　　　　　　　　(　)

(2) $3x - \dfrac{4}{y} = 1$　　　　　　　　　(　)

(3) $2x + y = 2x - 4y - 3$　　　　　(　)

(4) $x + y^2 = y^2 + 3y - 5$　　　　　(　)

0447 다음 일차방정식 중 x, y의 순서쌍 $(2, -1)$을 해로 갖는 것은 ○표, 해로 갖지 않는 것은 ×표를 하시오.

(1) $x + 2y = 1$　　　　　　　　　　　(　)

(2) $2x - y = 5$　　　　　　　　　　　(　)

(3) $\dfrac{3}{2}x + y = 2$　　　　　　　　　(　)

(4) $x - 3 = 3y + 4$　　　　　　　　　(　)

0448 일차방정식 $3x + 2y = 15$에 대하여 다음 물음에 답하시오.

(1) 다음 표를 완성하시오.

x	1	2	3	4	5
y					

(2) x, y가 자연수일 때, 일차방정식 $3x + 2y = 15$의 해를 x, y의 순서쌍 (x, y)로 나타내시오.

개념 **2** 미지수가 2개인 연립일차방정식

0449 연립방정식 $\begin{cases} x + y = 6 \\ 3x + y = 10 \end{cases}$ 에 대하여 다음 물음에 답하시오.

(1) 일차방정식 $x + y = 6$에 대하여 다음 표를 완성하시오.

x	1	2	3	4	5
y					

(2) 일차방정식 $3x + y = 10$에 대하여 다음 표를 완성하시오.

x	1	2	3	4
y				

(3) x, y가 자연수일 때, 위의 연립방정식의 해를 x, y의 순서쌍 (x, y)로 나타내시오.

개념 **3** 연립방정식의 풀이: 대입법

0450 다음은 연립방정식 $\begin{cases} x - y = 1 & \cdots\cdots ㉠ \\ 2x + y = 5 & \cdots\cdots ㉡ \end{cases}$ 를 대입법으로 푸는 과정이다. □ 안에 알맞은 것을 써넣으시오.

㉠에서 x를 y에 대한 식으로 나타내면

$x = \boxed{}$ 　　$\cdots\cdots ㉢$

㉢을 ㉡에 대입하면 $2(\boxed{}) + y = 5$

$\therefore y = \boxed{}$

$y = \boxed{}$을 ㉢에 대입하면 $x = \boxed{}$

0451 다음 연립방정식을 대입법으로 푸시오.

(1) $\begin{cases} y = -2x \\ x + 2y = 3 \end{cases}$　　　(2) $\begin{cases} x = y - 2 \\ 4x + y = 7 \end{cases}$

(3) $\begin{cases} 3x - 2y = 1 \\ 2y = x - 3 \end{cases}$　　　(4) $\begin{cases} 2x - y = 1 \\ 3x + 2y = 5 \end{cases}$

개념 4

연립방정식의 풀이: 가감법

> 유형 7, 12~16

(1) 가감법

한 미지수를 없애기 위하여 두 일차방정식을 변끼리 더하거나 빼서 연립방정식을 푸는 방법

(2) 가감법을 이용한 연립방정식의 풀이

❶ 양변에 적당한 수를 곱하여 없애려는 미지수의 계수의 절댓값이 같아지도록 한다.

❷ ❶의 두 일차방정식을 변끼리 더하거나 빼서 한 미지수를 없앤 후 방정식을 푼다.

❸ ❷에서 구한 해를 두 일차방정식 중 간단한 일차방정식에 대입하여 다른 미지수의 값을 구한다.

개념 5

복잡한 연립방정식의 풀이

> 유형 8~16

(1) 괄호가 있는 연립방정식

분배법칙을 이용하여 괄호를 풀고 동류항끼리 정리한 후 푼다.

예 $\begin{cases} 2(x-y)+y=3 \\ x+3(x+y)=5 \end{cases}$ ─괄호를 푼다.→ $\begin{cases} 2x-2y+y=3 \\ x+3x+3y=5 \end{cases}$ ─동류항끼리 정리한다.→ $\begin{cases} 2x-y=3 \\ 4x+3y=5 \end{cases}$

(2) 계수가 소수인 연립방정식

양변에 10의 거듭제곱을 곱하여 계수를 모두 정수로 고쳐서 푼다.

예 $\begin{cases} 0.2x-y=0.1 & \cdots\cdots ㉠ \\ 0.03x+0.05y=0.04 & \cdots\cdots ㉡ \end{cases}$ $\xrightarrow[㉡\times100]{㉠\times10}$ $\begin{cases} 2x-10y=1 \\ 3x+5y=4 \end{cases}$

(3) 계수가 분수인 연립방정식

양변에 분모의 최소공배수를 곱하여 계수를 모두 정수로 고쳐서 푼다.

예 $\begin{cases} \dfrac{1}{3}x-y=\dfrac{4}{3} & \cdots\cdots ㉠ \\ \dfrac{3}{2}x+\dfrac{2}{3}y=\dfrac{5}{6} & \cdots\cdots ㉡ \end{cases}$ $\xrightarrow[㉡\times6]{㉠\times3}$ $\begin{cases} x-3y=4 \\ 9x+4y=5 \end{cases}$

(4) $A=B=C$ 꼴의 방정식

$A=B=C$ 꼴의 방정식은 다음 세 연립방정식 중 가장 간단한 것을 선택하여 푼다.

➡ $\begin{cases} A=B \\ A=C \end{cases}$, $\begin{cases} A=B \\ B=C \end{cases}$, $\begin{cases} A=C \\ B=C \end{cases}$ ← 어떤 것을 선택하여 풀어도 그 해는 모두 같다.

개념 6

해가 특수한 연립방정식

> 유형 17~18

(1) 해가 무수히 많은 연립방정식

두 일차방정식을 변형하였을 때, 미지수의 계수와 상수항이 각각 같으면 연립방정식의 해가 무수히 많다.

예 $\begin{cases} 2x-y=3 & \cdots\cdots ㉠ \\ 4x-2y=6 & \cdots\cdots ㉡ \end{cases}$ $\xrightarrow{㉠\times2}$ $\begin{cases} 4x-2y=6 \\ 4x-2y=6 \end{cases}$

➡ 두 방정식이 일치하므로 해가 무수히 많다.

(2) 해가 없는 연립방정식

두 일차방정식을 변형하였을 때, 미지수의 계수는 각각 같고 상수항이 다르면 연립방정식의 해가 없다.

예 $\begin{cases} x+2y=3 & \cdots\cdots ㉠ \\ 2x+4y=4 & \cdots\cdots ㉡ \end{cases}$ $\xrightarrow{㉠\times2}$ $\begin{cases} 2x+4y=6 \\ 2x+4y=4 \end{cases}$

➡ x, y의 계수는 각각 같고 상수항이 다르므로 해가 없다.

개념 **4** 연립방정식의 풀이: 가감법

0452 다음은 연립방정식 $\begin{cases} 2x+y=7 & \cdots\cdots \text{㉠} \\ x-2y=1 & \cdots\cdots \text{㉡} \end{cases}$ 을 가

감법으로 푸는 과정이다. □ 안에 알맞은 수를 써넣으시오.

> ㉡×□를 하면 $2x-4y=2$ $\cdots\cdots$ ㉢
>
> ㉠-㉢을 하면 $5y=5$ $\therefore y=\square$
>
> $y=\square$을 ㉡에 대입하면 $x=\square$

0453 다음 연립방정식을 가감법으로 푸시오.

(1) $\begin{cases} x+y=3 \\ x-y=7 \end{cases}$

(2) $\begin{cases} x-2y=5 \\ x-6y=9 \end{cases}$

(3) $\begin{cases} 3x+2y=8 \\ x-3y=-1 \end{cases}$

개념 **5** 복잡한 연립방정식의 풀이

0454 다음 연립방정식을 푸시오.

(1) $\begin{cases} 4x+5y=6 \\ 3x-2(x-y)=3 \end{cases}$

(2) $\begin{cases} 3(x-2y)+4y=2 \\ 2x-(x+y)=-1 \end{cases}$

0455 다음 연립방정식을 푸시오.

(1) $\begin{cases} 0.2x+0.3y=0.5 \\ 0.4x+0.5y=1.1 \end{cases}$

(2) $\begin{cases} 0.3x+0.4y=-1 \\ 0.02x-0.01y=0.08 \end{cases}$

0456 다음 연립방정식을 푸시오.

(1) $\begin{cases} \dfrac{1}{2}x-\dfrac{1}{4}y=1 \\ \dfrac{1}{3}x+\dfrac{1}{2}y=2 \end{cases}$

(2) $\begin{cases} x-\dfrac{1}{5}y=\dfrac{3}{5} \\ \dfrac{2}{3}x-\dfrac{1}{4}y=\dfrac{1}{6} \end{cases}$

0457 다음 방정식을 푸시오.

(1) $3x+y=2x-y=5$

(2) $2x-y-2=x+y=3x-4y-1$

개념 **6** 해가 특수한 연립방정식

0458 다음 연립방정식을 푸시오.

(1) $\begin{cases} x-2y=1 \\ 3x-6y=3 \end{cases}$

(2) $\begin{cases} 3x+2y=-4 \\ 9x+6y=12 \end{cases}$

유형 1 · 미지수가 2개인 일차방정식 > 개념 1

0459 다음 중 미지수가 2개인 일차방정식이 <u>아닌</u> 것을 모두 고르면? (정답 2개)

① $2x - y = 0$ ② $x = \dfrac{1}{3}y + 7$

③ $x^2 + y = x^2 - 4$ ④ $\dfrac{1}{x} + \dfrac{1}{y} = 6$

⑤ $2x + 3y = 3(x - y)$

0460 다음 중 등식 $ax - 3y + 1 = 4x + by - 6$이 미지수가 2개인 일차방정식이 되기 위한 상수 a, b의 조건은?

① $a = 4$, $b = -3$ ② $a = 4$, $b \neq -3$

③ $a \neq 4$, $b = -3$ ④ $a \neq 4$, $b \neq -3$

⑤ $a \neq -3$, $b \neq 4$

0461 다음 중 미지수가 2개인 일차방정식과 그 해가 바르게 짝 지어진 것은?

① $-x + y = 5 \Rightarrow (3, 2)$

② $x + 2y = 4 \Rightarrow (2, 2)$

③ $4x - y = 3 \Rightarrow (1, 1)$

④ $2x + 3y = 0 \Rightarrow (-1, 1)$

⑤ $3x - 4y = 9 \Rightarrow (-3, -4)$

0462 다음 일차방정식 중 $x = 3$, $y = 4$를 해로 갖는 것은?

① $-x + y = -1$ ② $x - 3y = 2$

③ $\dfrac{2}{3}x - y + 2 = 0$ ④ $2x - \dfrac{y}{4} - 3 = 0$

⑤ $\dfrac{x}{3} + \dfrac{y}{4} = 1$

0463 x, y가 자연수일 때, 일차방정식 $2x + 3y = 16$의 해의 개수는?

① 1   ② 2   ③ 3

④ 4   ⑤ 5

0464 x, y가 자연수일 때, 일차방정식 $3x + 2y = 21$을 만족시키는 x, y의 순서쌍 (x, y)는 모두 몇 개인지 구하시오.

유형 2 일차방정식의 해가 주어질 때 미지수의 값 구하기   **> 개념 1**

0465 일차방정식 $ax+y-1=0$의 한 해가 $x=2$, $y=-1$일 때, 상수 a의 값은?

① -2 ② -1 ③ 1
④ 2 ⑤ 3

0466 일차방정식 $0.\dot{2}x-0.\dot{5}y=1.\dot{4}$의 해가 $x=a$, $y=1$일 때, a의 값을 구하시오.

0467 x, y의 순서쌍 $(-3, k)$가 일차방정식 $4x+5y=3$의 한 해일 때, k의 값은?

① -2 ② -1 ③ 1
④ 2 ⑤ 3

서술형

0468 x, y의 순서쌍 $(4, 2)$, $(a+1, -1)$이 모두 일차방정식 $bx-5y=2$의 해일 때, $a+2b$의 값을 구하시오.
(단, b는 상수)

유형 3 연립방정식으로 나타내기   **> 개념 2**

0469 어느 농구 선수가 2점짜리 슛 x골과 3점짜리 슛 y골을 합하여 12골을 성공하여 28점을 득점하였다. 다음 중 x, y에 대한 연립방정식으로 옳은 것은?

① $\begin{cases} x+y=12 \\ 2x+y=28 \end{cases}$ ② $\begin{cases} x+y=12 \\ x+3y=28 \end{cases}$

③ $\begin{cases} x+y=12 \\ 2x+3y=28 \end{cases}$ ④ $\begin{cases} x-y=12 \\ 2x+3y=28 \end{cases}$

⑤ $\begin{cases} x-y=12 \\ 3x+y=28 \end{cases}$

0470 다음 문장을 x, y에 대한 연립방정식으로 나타내면 $\begin{cases} x+ay=15 \\ bx+4y=c \end{cases}$ 이다. 이때 상수 a, b, c에 대하여 $a+b+c$의 값을 구하시오.

> 앵무새 x마리와 토끼 y마리를 합하여 15마리 있고, 다리의 개수의 합은 46이다.

0471 다음 연립방정식 중 x, y의 순서쌍 $(1, -2)$를 해로 갖는 것은?

① $\begin{cases} x+y=-1 \\ 3x+y=0 \end{cases}$ ② $\begin{cases} x+y=1 \\ x-2y=5 \end{cases}$ ③ $\begin{cases} x-y=3 \\ 2x-y=4 \end{cases}$

④ $\begin{cases} 3x+2y=1 \\ x-4y=9 \end{cases}$ ⑤ $\begin{cases} 4x-y=6 \\ 5x+4y=-4 \end{cases}$

→ **0472** 연립방정식 $\begin{cases} \boxed{A} \\ \boxed{B} \end{cases}$ 의 해는 $x=2, y=1$이다.

다음 **보기** 중 A, B에 알맞은 일차방정식을 모두 고르시오.

> 보기
> ㄱ. $x+3y=7$ ㄴ. $2x+y=5$
> ㄷ. $3x-2y=4$ ㄹ. $4x-y=-2$

0473 x, y가 자연수일 때, 연립방정식 $\begin{cases} 2x-y=7 \\ x-3y=1 \end{cases}$ 을 풀면?

① $x=4, y=1$ ② $x=5, y=3$

③ $x=6, y=5$ ④ $x=7, y=2$

⑤ $x=10, y=3$

→ **0474** x, y가 자연수일 때, 연립방정식 $\begin{cases} 2x+y=8 \\ 3x-2y=5 \end{cases}$ 의 해를 x, y의 순서쌍 (x, y)로 나타내시오.

0475 연립방정식 $\begin{cases} ax+y=2 \\ 3x-by=5 \end{cases}$ 의 해가 $x=3, y=-4$

일 때, 상수 a, b에 대하여 $a+b$의 값을 구하시오.

→ **서술형**

0476 x, y의 순서쌍 $(b, -1)$이 연립방정식

$\begin{cases} x-4y=a \\ 3x+5y=7 \end{cases}$ 의 해일 때, $a-b$의 값을 구하시오.

(단, a는 상수)

유형 6 대입법을 이용한 연립방정식의 풀이 > 개념 3

0477 연립방정식 $\begin{cases} y=-2x+2 & \cdots\cdots \text{㉠} \\ 2x-3y=14 & \cdots\cdots \text{㉡} \end{cases}$ 에서 ㉠을 ㉡에 대입하여 y를 없애면 $kx=20$이다. 이때 상수 k의 값은?

① 5 ② 6 ③ 7
④ 8 ⑤ 9

0478 연립방정식 $\begin{cases} 4x+5y=3 \\ x=-2y-9 \end{cases}$ 의 해가 $x=a$, $y=b$ 일 때, $a-b$의 값은?

① 4 ② 10 ③ 17
④ 23 ⑤ 30

유형 7 가감법을 이용한 연립방정식의 풀이 > 개념 4

0479 연립방정식 $\begin{cases} 5x+4y=9 & \cdots\cdots \text{㉠} \\ 2x-3y=-1 & \cdots\cdots \text{㉡} \end{cases}$ 에서 y를 없애서 가감법으로 풀려고 한다. 이때 필요한 식은?

① ㉠×2-㉡×5 ② ㉠×2+㉡×5
③ ㉠×3-㉡×4 ④ ㉠×3+㉡×4
⑤ ㉠×4+㉡×3

0480 연립방정식 $\begin{cases} 2x-3y=8 & \cdots\cdots \text{㉠} \\ 3x+y=12 & \cdots\cdots \text{㉡} \end{cases}$ 를 가감법으로 풀 때, 다음 중 필요한 식을 모두 고르면? (정답 2개)

① ㉠+㉡×3 ② ㉠-㉡×3
③ ㉠×3-㉡ ④ ㉠×3+㉡×2
⑤ ㉠×3-㉡×2

0481 연립방정식 $\begin{cases} 5x-2y=-1 \\ 8x+3y=17 \end{cases}$ 의 해가 $x=a$, $y=b$ 일 때, $b-a$의 값은?

① -2 ② -1 ③ 1
④ 2 ⑤ 3

0482 연립방정식 $\begin{cases} 2x+3y=-4 \\ 3x-4y=11 \end{cases}$ 의 해가 일차방정식 $5x+ay=7$을 만족시킬 때, 상수 a의 값을 구하시오.

0483 연립방정식 $\begin{cases} x+4y=-9 \\ 5x-2(x+2y)=5 \end{cases}$ 를 푸시오.

→ **0484** 연립방정식 $\begin{cases} 2(3x-1)+y=6 \\ 3x-2(y-2)=3 \end{cases}$ 을 만족시키는

x, y의 값에 대하여 $x+y$의 값은?

① -2 ② -1 ③ 1

④ 2 ⑤ 3

0485 연립방정식 $\begin{cases} 2(3x-y)-3x=2-y \\ 5x-\{2x-(x-3y)-5\}=1 \end{cases}$ 의 해

가 $x=a$, $y=b$일 때, ab의 값을 구하시오.

→ **0486** 연립방정식 $\begin{cases} 3x-4(x-y)=2 \\ 2(x+y)-6=y-1 \end{cases}$ 의 해가 일차

방정식 $3x-ay=5$를 만족시킬 때, 상수 a의 값은?

① -5 ② -3 ③ 1

④ 3 ⑤ 5

유형 9 계수가 분수 또는 소수인 연립방정식의 풀이 〉개념 5

0487 연립방정식 $\begin{cases} 0.3x-0.7y=0.4 \\ 0.02x-0.05y=0.01 \end{cases}$ 을 만족시키는 x, y의 값에 대하여 $x+y$의 값을 구하시오.

➡ **0488** 연립방정식 $\begin{cases} \dfrac{1}{3}x+\dfrac{1}{4}y=-\dfrac{5}{2} \\ \dfrac{x+2}{4}-\dfrac{y-2}{2}=1 \end{cases}$ 의 해가 $x=a$, $y=b$일 때, $b-a$의 값은?

① 1 ② 2 ③ 3
④ 4 ⑤ 5

0489 연립방정식 $\begin{cases} 0.05x+0.01y=0.2 \\ \dfrac{x}{3}-\dfrac{y+1}{4}=\dfrac{8}{3} \end{cases}$ 의 해가 일차방정식 $2x-ay=5$를 만족시킬 때, 상수 a의 값은?

① -5 ② -3 ③ -1
④ 1 ⑤ 3

➡ **서술형** **0490** 연립방정식 $\begin{cases} 0.\dot{3}x-0.\dot{5}y=0.\dot{4} \\ \dfrac{1}{3}x+\dfrac{1}{6}y=-1 \end{cases}$ 을 푸시오.

유형 10 비례식을 포함한 연립방정식의 풀이 〉개념 5

0491 연립방정식 $\begin{cases} (x+2y):(y+1)=8:3 \\ -\dfrac{x-3}{5}+\dfrac{y+1}{3}=2 \end{cases}$ 의 해가 $x=a$, $y=b$일 때, ab의 값을 구하시오.

➡ **0492** 연립방정식 $\begin{cases} 5x+7y=a \\ 2:(y+3)=3:(-x+4y) \end{cases}$ 의 해가 $x=-2$, $y=b$일 때, $a+b$의 값은? (단, a는 상수)

① -2 ② -1 ③ 0
④ 1 ⑤ 2

0493 방정식 $\dfrac{x}{2}-\dfrac{y}{3}=y-\dfrac{x}{2}=1$을 풀면?

① $x=-2$, $y=0$ ② $x=0$, $y=1$

③ $x=2$, $y=2$ ④ $x=4$, $y=3$

⑤ $x=6$, $y=4$

0494 방정식 $2x+y-2=3x-y+5=x$를 풀면?

① $x=-2$, $y=1$ ② $x=-1$, $y=3$

③ $x=1$, $y=1$ ④ $x=1$, $y=3$

⑤ $x=3$, $y=-1$

0495 방정식 $5x-y=-x+y=-2$의 해가 일차방정식 $2x-y=k$를 만족시킬 때, 상수 k의 값을 구하시오.

0496 방정식 $2x+y=3(x+y)=6$의 해가 일차방정식 $4x+3y=m$을 만족시킬 때, 상수 m의 값을 구하시오.

서술형

0497 방정식 $3x+y=ax+4y-2=x+1$의 해가 $x=1$, $y=b$일 때, $a+b$의 값을 구하시오. (단, a는 상수)

0498 방정식 $ax+by=2ax+4by=x-y-2$의 해가 $x=3$, $y=-1$일 때, 상수 a, b에 대하여 $a+b$의 값을 구하시오.

유형 12 연립방정식의 해가 주어질 때 미지수의 값 구하기 (2): 가감법 이용 〉 개념 3~5

0499 연립방정식 $\begin{cases} ax+by=26 \\ bx-ay=-7 \end{cases}$ 의 해가 $x=5$, $y=-2$일 때, 상수 a, b에 대하여 $a+b$의 값을 구하시오.

→ **0500** x, y의 순서쌍 $(2, 3)$이 연립방정식 $\begin{cases} ax-by=-8 \\ ax+2by=10 \end{cases}$ 의 해일 때, 상수 a, b에 대하여 $b-a$의 값을 구하시오.

유형 13 연립방정식의 해와 일차방정식의 해가 같을 때 〉 개념 3~5

0501 연립방정식 $\begin{cases} 2x-y=1 \\ x+3y=a \end{cases}$ 의 해가 일차방정식 $x+y=2$를 만족시킬 때, 상수 a의 값을 구하시오.

→ **0502** 연립방정식 $\begin{cases} 4x+ay=6 \\ 2x-y=-7 \end{cases}$ 의 해가 일차방정식 $4x-5y=1$을 만족시킬 때, 상수 a의 값을 구하시오.

0503 연립방정식 $\begin{cases} 2x-3y=a \\ 0.3x-0.4y=0.5 \end{cases}$ 의 해 $x=p$, $y=q$가 일차방정식 $x+2y=5$의 해일 때, 상수 a, p, q에 대하여 $a+p+q$의 값을 구하시오.

→ **0504** 연립방정식 $\begin{cases} 1:(y+1)=2:(x+8) \\ \dfrac{2x+1}{3}-\dfrac{x-ay}{5}=3 \end{cases}$ 의 해가 일차방정식 $\dfrac{7}{2}x+4y=1$을 만족시킬 때, 상수 a의 값을 구하시오.

0505 연립방정식 $\begin{cases} x+y=1 \\ 2x-y=1-k \end{cases}$ 를 만족시키는 y의 값이 x의 값보다 3만큼 클 때, 상수 k의 값을 구하시오.

→ **0506** 연립방정식 $\begin{cases} x+5y=7 \\ 3x+ky=2 \end{cases}$ 를 만족시키는 y의 값이 x의 값보다 1만큼 작을 때, 상수 k의 값을 구하시오.

0507 연립방정식 $\begin{cases} x+0.3y=-0.2 \\ 5x+3y=4a \end{cases}$ 를 만족시키는 x, y의 값의 합이 4일 때, 상수 a의 값은?

① 2   ② 3   ③ 4

④ 5   ⑤ 6

→ **0508** 연립방정식 $\begin{cases} x+2y=31 \\ 4x-ky=-8 \end{cases}$ 을 만족시키는 x와 y의 값의 차가 5일 때, 상수 k의 값을 구하시오. (단, $x<y$)

0509 연립방정식 $\begin{cases} x+ay=4 \\ 3x-y=5 \end{cases}$ 를 만족시키는 x의 값이 y의 값의 2배일 때, 상수 a의 값을 구하시오.

→ 서술형
0510 연립방정식 $\begin{cases} 2ax-3y=9 \\ x-4y=-1 \end{cases}$ 을 만족시키는 x와 y의 값의 비가 3 : 1일 때, 상수 a의 값을 구하시오.

유형 15 계수 또는 상수항을 잘못 보고 구한 해   > 개념 3~5

0511 연립방정식 $\begin{cases} 2x+y=5 \\ 3x+2y=4 \end{cases}$ 를 푸는데 $3x+2y=4$ 의 y의 계수를 잘못 보고 풀어서 $x=2$를 얻었다. y의 계수를 어떤 수로 잘못 보고 풀었는지 구하시오.

0512 수영이가 연립방정식 $\begin{cases} 2x+3y=8 \\ 6x+7y=a \end{cases}$ 에서 상수 a 를 $a-6$으로 잘못 보고 풀었더니 $y=5$가 되었다. 이때 처음 연립방정식의 해를 구하시오.

0513 연립방정식 $\begin{cases} ax+by=1 \\ bx-ay=3 \end{cases}$ 에서 잘못하여 상수 a 와 b를 바꾸어 놓고 풀었더니 $x=1$, $y=-1$이었다. 이때 처음 연립방정식의 해는?

① $x=\dfrac{3}{5}$, $y=-\dfrac{1}{5}$ ② $x=\dfrac{3}{5}$, $y=\dfrac{1}{5}$

③ $x=\dfrac{7}{5}$, $y=-\dfrac{1}{5}$ ④ $x=\dfrac{7}{5}$, $y=\dfrac{1}{5}$

⑤ $x=\dfrac{7}{5}$, $y=\dfrac{3}{5}$

0514 연립방정식 $\begin{cases} 2x-y=a \\ 2x+by=2 \end{cases}$ 에서 a를 잘못 보고 구한 해는 $x=-4$, $y=-2$이고, b를 잘못 보고 구한 해는 $x=6$, $y=-2$이다. 이때 상수 a, b에 대하여 $a+b$의 값을 구하시오.

유형 16 해가 서로 같은 두 연립방정식   > 개념 3~5

0515 네 일차방정식 $ax+y=5$, $y=2x-1$, $x+3y=4$, $7x-5by=2$가 한 쌍의 공통인 해를 가질 때, 상수 a, b의 값을 각각 구하시오.

0516 다음 두 연립방정식의 해가 서로 같을 때, 상수 a, b에 대하여 ab의 값을 구하시오.

$$\begin{cases} 2x+y=3 \\ ax+by=7 \end{cases}, \quad \begin{cases} ax-by=5 \\ 3x-2y=8 \end{cases}$$

유형 **17** 해가 무수히 많은 연립방정식   > 개념 6

0517 연립방정식 $\begin{cases} ax-2y=3 \\ 3x-2y=b \end{cases}$ 의 해가 무수히 많을 때, 상수 a, b에 대하여 $a+b$의 값은?

① 2   ② 4   ③ 6

④ 8   ⑤ 10

서술형

0518 연립방정식 $\begin{cases} 6x+15y=a \\ -2x+by=2 \end{cases}$ 의 해가 무수히 많을 때, 일차방정식 $ax+by=-17$의 자연수인 해를 구하시오. (단, a, b는 상수)

0519 일차방정식 $\dfrac{x}{4}-\dfrac{y}{3}=1$을 만족시키는 모든 x, y의 값에 대하여 일차방정식 $ax+by=12$가 항상 성립할 때, ab의 값을 구하시오. (단, a, b는 상수)

0520 연립방정식 $\begin{cases} 3x-2ky=-y \\ 2x+y=-5ky \end{cases}$ 가 $x=0$, $y=0$ 이외에도 해를 가질 때, 상수 k의 값을 구하시오.

유형 **18** 해가 없는 연립방정식   > 개념 6

0521 연립방정식 $\begin{cases} \dfrac{3}{4}x-\dfrac{3}{2}y=1 \\ x+ay=3 \end{cases}$ 의 해가 없을 때, 상수 a의 값을 구하시오.

0522 다음 연립방정식 중 해가 없는 것을 모두 고르면? (정답 2개)

① $\begin{cases} x-2y=3 \\ 2x-4y=1 \end{cases}$ ② $\begin{cases} x+5y=0 \\ 5x+y=0 \end{cases}$

③ $\begin{cases} -x+2y=-2 \\ 4x-8y=-8 \end{cases}$ ④ $\begin{cases} 3x+6y=-12 \\ -x-2y=4 \end{cases}$

⑤ $\begin{cases} 3x-4y+2=0 \\ 6x-8y+4=0 \end{cases}$

step 실력 완성!

0523 다음 중 미지수가 2개인 일차방정식인 것을 모두 고르면? (정답 2개)

① $2x+1=0$　　　② $x=2y-5$

③ $xy+x^2=x^2-3$　　④ $\dfrac{1}{x}+\dfrac{1}{y}=1$

⑤ $3x-2y=2(x-2y)$

0524 다음 x, y의 순서쌍 (x, y) 중 일차방정식 $x-3y=5$의 해가 아닌 것은?

① $(8, 1)$　　② $\left(4, -\dfrac{1}{3}\right)$　　③ $(2, -1)$

④ $(-1, 2)$　　⑤ $(-4, -3)$

0525 일차방정식 $2x+ay-3=0$에서 $x=3$일 때, $y=1$이다. $y=-3$일 때, x의 값은? (단, a는 상수)

① -3　　　② -2　　　③ -1

④ 0　　　⑤ 1

0526 연립방정식 $\begin{cases} 2x-y=1 \\ 3x+ay=5 \end{cases}$ 를 만족시키는 x의 값이 -3일 때, 상수 a의 값은?

① -3　　　② -2　　　③ -1

④ 1　　　⑤ 2

0527 다음 중 연립방정식의 해가 나머지 넷과 다른 하나는?

① $\begin{cases} x+y=4 \\ x-4y=-1 \end{cases}$　　② $\begin{cases} x-y=2 \\ 2x+y=7 \end{cases}$

③ $\begin{cases} x+2y=5 \\ x+3y=6 \end{cases}$　　④ $\begin{cases} x-2y=1 \\ 2x-y=5 \end{cases}$

⑤ $\begin{cases} 4x-y=2 \\ y=3x \end{cases}$

0528 연립방정식 $\begin{cases} y=-2x+1 \\ 4(x-1)=ay+3 \end{cases}$ 을 만족시키는 x의 값과 y의 값의 절댓값이 같고 부호가 서로 다를 때, 상수 a의 값은?

① 2　　　② 3　　　③ 4

④ 5　　　⑤ 6

0529 연립방정식 $\begin{cases} \dfrac{2x+y}{3} = \dfrac{x-y+2}{2} \\ (-x+y):(x-y-3)=2:3 \end{cases}$ 의

해가 일차방정식 $2ax+5y=12$를 만족시킬 때, 상수 a의 값은?

① -1 ② 1 ③ 2

④ 3 ⑤ 4

0530 x, y의 순서쌍 $(-2,\,1)$, $(5,\,-1)$이 모두 일차 방정식 $ax+by=-3$의 해일 때, 상수 a, b에 대하여 $a-b$의 값은?

① -7 ② -5 ③ -2

④ 2 ⑤ 5

0531 연립방정식 $\begin{cases} x+3y=5 \\ 2x-ay=-4 \end{cases}$ 의 해가 $x=p$, $y=q$

일 때, $\begin{cases} 3x+2y=2 \\ bx+3y=-2 \end{cases}$ 의 해는 $x=2p$, $y=2q$이다. 상수 a, b에 대하여 $a+b$의 값을 구하시오.

0532 연립방정식 $\begin{cases} ax-y=7 \\ 3x+by=2 \end{cases}$ 를 푸는데 갑은 상수 a 를 잘못 보고 풀어서 $x=1$, $y=1$을 얻었고, 을은 상수 b 를 잘못 보고 풀어서 $x=3$, $y=-1$을 얻었다. 이때 처음 연립방정식의 해를 구하시오.

0533 다음 두 연립방정식의 해가 서로 같을 때, 상수 a, b에 대하여 ab의 값을 구하시오.

$$\begin{cases} x-(2y-1)=-3 \\ a(x+2)+by=10 \end{cases}, \quad \begin{cases} bx-ay=1 \\ 2x+3y=13 \end{cases}$$

0534 a, b가 5 이하의 자연수일 때, 연립방정식 $\begin{cases} ax+y=1 \\ 6x+3y=b \end{cases}$ 의 해가 없도록 하는 a, b의 순서쌍 $(a,\,b)$ 의 개수를 구하시오.

0535 연립방정식 $\begin{cases} \dfrac{3}{x}-\dfrac{2}{y}=-8 \\ \dfrac{1}{x}+\dfrac{4}{y}=2 \end{cases}$ 를 만족시키는 $x,\,y$의

값에 대하여 $2x+y$의 값을 구하시오.

0536 두 수 $x,\,y$에 대하여 $x\blacktriangle y$는 $x,\,y$ 중에서 작지 않은 것을 나타내고, $x\blacktriangledown y$는 $x,\,y$ 중에서 작은 것을 나타낼 때, 연립방정식 $\begin{cases} x\blacktriangle y=3x-2y+5 \\ x\blacktriangledown y=-2x+4y-3 \end{cases}$ 의 해를 구하시오.

서술형

0537 일차부등식 $2(x+3)-3x>x+1$을 만족시키는 가장 큰 정수를 k라 할 때, 연립방정식 $\begin{cases} 0.3x-0.2y=1.2 \\ 4x+2y=k \end{cases}$ 의 해를 구하시오.

0538 방정식 $\dfrac{x+y+3}{4}=\dfrac{x-2y+5}{2}=-\dfrac{x-4y-1}{3}$ 의 해가 일차방정식 $3x-y+a=0$을 만족시킬 때, 상수 a의 값을 구하시오.

개념 1

연립일차방정식의 활용 문제

> 유형 1~10, 13

(1) 연립일차방정식의 활용 문제 풀이

미지수가 2개인 연립일차방정식의 활용 문제는 다음과 같은 순서로 푼다.

❶ **미지수 정하기**: 문제의 뜻을 이해하고 구하려고 하는 것을 미지수 x, y로 놓는다.

❷ **방정식 세우기**: 주어진 조건을 이용하여 수량 사이의 관계를 찾아 연립방정식을 세운다.

❸ **방정식 풀기**: 연립방정식을 푼다.

❹ **확인하기**: 구한 해가 문제의 뜻에 맞는지 확인한다.

(2) 수에 대한 문제

십의 자리의 숫자가 x, 일의 자리의 숫자가 y인 두 자리 자연수에서

① 처음 수 ➡ $10x+y$

② 십의 자리의 숫자와 일의 자리의 숫자를 바꾼 수 ➡ $10y+x$

(3) 물건의 가격, 개수에 대한 문제

A, B 한 개의 가격을 알 때, 전체 개수와 전체 가격이 주어지면

① (A의 개수)+(B의 개수)=(전체 개수)

② (A의 전체 가격)+(B의 전체 가격)=(전체 가격)

(4) 증가, 감소에 대한 문제

① x에서 $a\,\%$ 증가한 경우 ➡ 증가량: $\dfrac{a}{100}x$, 전체 양: $x+\dfrac{a}{100}x=\left(1+\dfrac{a}{100}\right)x$

② x에서 $b\,\%$ 감소한 경우 ➡ 감소량: $\dfrac{b}{100}x$, 전체 양: $x-\dfrac{b}{100}x=\left(1-\dfrac{b}{100}\right)x$

(5) 일에 대한 문제

전체 일의 양을 1로 놓고 한 사람이 단위 시간(1일 또는 1시간)에 할 수 있는 일의 양을 미지수로 놓고 식을 세운다.

개념 2

거리, 속력, 시간에 대한 문제

> 유형 11

거리, 속력, 시간에 대한 문제는 다음 관계를 이용하여 방정식을 세운다.

(1) (거리)=(속력)×(시간)　　　　(2) (속력)=$\dfrac{(거리)}{(시간)}$

(3) (시간)=$\dfrac{(거리)}{(속력)}$

개념 3

농도에 대한 문제

> 유형 12

소금물의 농도에 대한 문제는 다음 관계를 이용하여 방정식을 세운다.

(1) (소금물의 농도)=$\dfrac{(소금의 양)}{(소금물의 양)}×100\,(\%)$

(2) (소금의 양)=$\dfrac{(소금물의 농도)}{100}×(소금물의 양)$

개념 1 연립일차방정식의 활용 문제

0539 다음은 합이 55이고 큰 수가 작은 수의 2배보다 5만큼 작은 두 자연수를 구하는 과정이다. □ 안에 알맞은 것을 써넣으시오.

미지수 정하기	큰 수를 x, 작은 수를 y라 하자.
연립방정식 세우기	큰 수와 작은 수의 합이 55이므로 □=55 큰 수가 작은 수의 2배보다 5만큼 작으므로 $x=$□ 따라서 연립방정식을 세우면 $\begin{cases} \square=55 \\ x=\square \end{cases}$
연립방정식 풀기	위의 연립방정식을 풀면 $x=$□ , $y=$□ 따라서 큰 수는 □, 작은 수는 □이다.

0540 400원짜리 볼펜과 800원짜리 수첩을 합하여 10개를 사고 6000원을 지불하였다. 다음 물음에 답하시오.

(1) 볼펜의 개수를 x, 수첩의 개수를 y라 할 때, x, y에 대한 연립방정식을 세우시오.

(2) 연립방정식을 풀어 볼펜과 수첩의 개수를 각각 구하시오.

0541 어느 농장에서 오리와 토끼를 합하여 15마리를 기르고 있다. 오리와 토끼의 다리의 수의 합이 36일 때, 다음 물음에 답하시오.

(1) 오리가 x마리, 토끼가 y마리 있다고 할 때, x, y에 대한 연립방정식을 세우시오.

(2) 연립방정식을 풀어 오리와 토끼는 각각 몇 마리인지 구하시오.

개념 2 거리, 속력, 시간에 대한 문제

0542 수지는 집에서 4 km 떨어진 공원에 가는데 처음에는 시속 3 km로 걷다가 도중에 시속 6 km로 뛰어서 1시간이 걸렸다. 다음 물음에 답하시오.

(1) 걸어간 거리를 x km, 뛰어간 거리를 y km라 할 때, 다음 표를 완성하시오.

	걸어간 구간	뛰어간 구간	전체
거리(km)	x	y	
시간(시간)			

(2) x, y에 대한 연립방정식을 세우시오.

(3) 연립방정식을 풀어 걸어간 거리와 뛰어간 거리를 각각 구하시오.

개념 3 농도에 대한 문제

0543 8 %의 소금물과 5 %의 소금물을 섞어서 7 %의 소금물 300 g을 만들었다. 다음 물음에 답하시오.

(1) 8 %의 소금물의 양을 x g, 5 %의 소금물의 양을 y g이라 할 때, 다음 표를 완성하시오.

	8 %의 소금물	5 %의 소금물	7 %의 소금물
소금물의 양(g)	x	y	
소금의 양(g)	$\dfrac{8}{100} \times x$		

(2) x, y에 대한 연립방정식을 세우시오.

(3) 연립방정식을 풀어 8 %의 소금물의 양과 5 %의 소금물의 양을 각각 구하시오.

유형 1 수에 대한 문제   **> 개념 1**

0544 합이 25인 두 자연수가 있다. 큰 수를 작은 수로 나누면 몫은 2이고 나머지는 1일 때, 두 수 중 큰 수를 구하시오.

0545 두 자연수가 있다. 큰 수를 작은 수로 나누면 몫은 3이고 나머지는 1이다. 또, 작은 수의 10배를 큰 수로 나누면 몫은 3이고 나머지는 2이다. 두 수의 합은?

① 17   ② 18   ③ 19

④ 20   ⑤ 21

＊0546 두 자리 자연수가 있다. 이 수의 각 자리의 숫자의 합은 8이고, 이 수의 십의 자리의 숫자와 일의 자리의 숫자를 바꾼 수는 처음 수보다 18만큼 크다고 한다. 처음 수를 구하시오.

0547 십의 자리의 숫자가 3인 세 자리 자연수가 있다. 각 자리의 숫자의 합은 10이고, 백의 자리의 숫자와 일의 자리의 숫자를 바꾼 수는 처음 수보다 297만큼 크다고 한다. 처음 수의 백의 자리의 숫자를 구하시오.

0548 어느 연주회에서 3분인 곡 x곡과 7분인 곡 y곡을 연주하여 공연 시간을 1시간 15분으로 계획했으나 실제로는 3분인 곡 y곡과 7분인 곡 x곡을 연주하여 1시간 7분이 걸렸다. 곡과 곡 사이에는 1분의 쉬는 시간이 있다고 할 때, xy의 값을 구하시오.

0549 월드컵 축구 중계 방송이 끝나고 3분 간 광고 방송을 하려고 한다. 10초짜리 a개, 20초짜리 b개, 30초짜리 3개로 총 10개의 광고 방송을 할 때, $a-b$의 값은?

(단, 두 광고 사이에 시간의 공백은 없다.)

① -3 ② -1 ③ 1

④ 3   ⑤ 5

유형 2 평균에 대한 문제
> 개념 1

0550 승윤이의 키는 민호의 키보다 6 cm가 더 크고, 승윤이와 민호의 키의 평균은 175 cm이다. 승윤이와 민호의 키를 각각 구하시오.

→ **0551** 정우의 수학, 영어, 과학 점수의 평균은 76점이고, 수학 점수가 과학 점수보다 4점이 더 높다고 한다. 정우의 영어 점수가 82점일 때, 수학 점수는?

① 65점   ② 68점   ③ 71점
④ 75점   ⑤ 78점

유형 3 가격, 개수에 대한 문제
> 개념 1

0552 1200원짜리 초콜릿과 500원짜리 사탕을 합하여 9개를 사고 6600원을 지불하였다. 사탕은 몇 개 샀는가?

① 3개   ② 4개   ③ 5개
④ 6개   ⑤ 7개

→ **0553** 어느 미술관의 어른 3명과 어린이 2명의 입장료의 합은 61000원이고 어른 2명과 어린이 4명의 입장료의 합은 62000원이다. 어른 1명과 어린이 3명의 입장료의 합을 구하시오.

0554 닭과 고양이를 합하여 25마리 있고, 다리의 수의 합이 76이다. 이때 고양이는 몇 마리인가?

① 9마리   ② 10마리   ③ 11마리
④ 12마리   ⑤ 13마리

→ (서술형) **0555** 한 개에 1200원인 사과와 한 개에 800원인 자두를 합하여 10000원어치를 샀다. 자두의 개수가 사과의 개수의 3배보다 1개 적다고 할 때, 자두는 몇 개 샀는지 구하시오.

07
연립일차방정식의 활용

유형 4 득점, 감점에 대한 문제

> 개념 1

*0556 어느 시험에서 총 20문제가 출제되는데 한 문제를 맞히면 4점을 얻고, 틀리면 2점을 잃는다고 한다. 민주는 20문제를 모두 풀어서 56점을 얻었다고 할 때, 민주가 틀린 문제 수를 구하시오.

서술형

0557 어느 퀴즈 대회에서 한 문제를 풀어 맞히면 10점을 얻고, 틀리면 5점을 감점한다고 한다. 정아가 맞힌 문제 수는 틀린 문제 수의 3배이고 얻은 점수는 125점일 때, 정아가 맞힌 문제 수를 구하시오.

0558 어느 공장에서 양말을 생산하는데 합격품은 한 개당 500원의 이익을 얻고, 불량품은 한 개당 800원의 손해를 본다고 한다. 이 양말을 100개 생산하여 43500원의 이익을 얻었다고 할 때, 합격품의 개수는?

① 89 ② 91 ③ 93
④ 95 ⑤ 97

0559 어느 퀴즈 대회에서 총 20문제가 출제되는데 기본 100점에서 시작하여 한 문제를 맞히면 100점을 얻고, 틀리면 50점이 감점된다고 한다. 민수는 20문제를 모두 풀어서 1350점을 얻었다고 할 때, 민수가 틀린 문제 수를 구하시오.

유형 5 계단에 대한 문제

> 개념 1

*0560 진영이와 민서가 가위바위보를 하여 이긴 사람은 5계단을 올라가고, 진 사람은 3계단을 내려가기로 하였다. 얼마 후 진영이는 처음 위치보다 16계단을 올라가 있었고, 민서는 처음 위치 그대로였다. 민서가 이긴 횟수는? (단, 비기는 경우는 없다.)

① 3 ② 4 ③ 5
④ 6 ⑤ 7

0561 미소와 성주가 가위바위보를 하여 이긴 사람은 3계단을 올라가고, 진 사람은 2계단을 내려가기로 하였다. 얼마 후 미소는 처음 위치보다 14계단을, 성주는 처음 위치보다 4계단을 올라가 있었다. 가위바위보를 한 횟수를 구하시오. (단, 비기는 경우는 없다.)

유형 6 도형에 대한 문제   **> 개념 1**

0562 길이가 35 cm인 줄을 잘라서 두 개로 나누었더니 긴 줄의 길이가 짧은 줄의 길이의 3배보다 1 cm만큼 짧았다. 긴 줄의 길이는?

① 18 cm   ② 20 cm   ③ 22 cm

④ 24 cm   ⑤ 26 cm

0563 길이가 100 cm인 철사를 두 개로 나누어 각각 정삼각형 1개와 정사각형 1개를 만들었다. 정삼각형의 한 변의 길이가 정사각형의 한 변의 길이보다 4 cm만큼 짧다고 할 때, 정사각형의 넓이는?

① 144 cm²   ② 169 cm²   ③ 196 cm²

④ 225 cm²   ⑤ 256 cm²

0564 가로의 길이가 세로의 길이보다 5 cm만큼 긴 직사각형의 둘레의 길이가 42 cm일 때, 이 직사각형의 넓이를 구하시오.

0565 둘레의 길이가 20 cm인 직사각형이 있다. 이 직사각형의 가로의 길이를 2 cm 늘이고 세로의 길이를 3배로 늘였더니 둘레의 길이가 40 cm가 되었다. 처음 직사각형의 넓이는?

① 20 cm²   ② 24 cm²   ③ 28 cm²

④ 30 cm²   ⑤ 32 cm²

서술형
0566 오른쪽 그림과 같이 높이가 6 cm인 사다리꼴에서 아랫변의 길이가 윗변의 길이보다 5 cm만큼 길고 그 넓이가 57 cm²일 때, 아랫변의 길이를 구하시오.

0567 오른쪽 그림과 같이 한 변의 길이가 a인 정사각형 2개와 한 변의 길이가 b인 정사각형 3개를 모두 사용하여 직사각형 ABCD를 만들었다. 직사각형 ABCD의 둘레의 길이가 88일 때, $a+b$의 값을 구하시오.

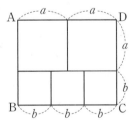

0568 학생 수가 30명인 어느 학급에서 새로운 안건에 대하여 찬반 투표를 진행하였는데 남학생의 25 %와 여학생의 50 %가 반대했다고 한다. 반대한 학생이 12명일 때, 이 학급의 남학생 수를 구하시오.

→ **0569** 어느 봉사 동아리의 회원이 총 25명인데 이 중 남자 회원의 $\frac{1}{3}$과 여자 회원의 $\frac{3}{4}$이 농촌 봉사 활동에 참여했다고 한다. 농촌 봉사 활동에 참여한 회원이 전체 회원의 $\frac{3}{5}$일 때, 이 동아리의 남자 회원 수를 구하시오.

0570 성민이가 가지고 있는 돈의 $\frac{1}{5}$과 진희가 가지고 있는 돈의 $\frac{1}{2}$을 모아서 8800원을 기부했다. 처음에 성민이가 가지고 있던 돈이 진희가 가지고 있던 돈의 3배라 할 때, 성민이가 처음에 가지고 있던 돈은 얼마인가?

① 12000원 ② 16000원 ③ 20000원
④ 24000원 ⑤ 28000원

→ **0571** 금과 은을 섞어 만들어 무게가 500 g인 왕관이 있다. 물속에서 이 왕관의 무게를 재었더니 470 g이었다. 물속에서 금은 그 무게의 $\frac{1}{20}$만큼, 은은 그 무게의 $\frac{1}{10}$만큼 가볍게 측정된다고 할 때, 왕관 속에 포함된 금은 몇 g인지 구하시오.

유형 8 정가, 원가에 대한 문제
> 개념 1

0572 A, B 두 상품을 합하여 42000원에 사서 A 상품은 원가의 15 % 이익을 붙이고, B 상품은 원가에서 5 % 할인하여 판매하였더니 3500원의 이익이 생겼다. B 상품의 원가를 구하시오.

0573 원가가 2000원인 A 제품과 원가가 3000원인 B 제품을 합하여 200개를 구입하였다. A 제품은 원가의 25 %, B 제품은 원가의 30 %의 이익을 붙여서 모두 판매하면 132000원의 이익이 발생한다고 할 때, A 제품의 개수는?

① 80   ② 100   ③ 120
④ 140   ⑤ 160

0574 어느 상점에서 책가방과 신발주머니의 원가에 각각 25 %의 이익을 붙여 하나씩 세트로 묶어 함께 팔았다. 세트 한 개의 정가는 42000원이고 책가방의 원가는 신발주머니의 원가보다 18000원 비싸다고 할 때, 책가방의 정가는?

① 25800원   ② 27950원   ③ 30100원
④ 32250원   ⑤ 34400원

서술형
0575 혜리네 동네에 새로 생긴 마트에서 A 과자는 정가의 30 %, B 과자는 정가의 20 %를 할인하여 판매하고 있다. A 과자 3개와 B 과자 4개의 가격은 5940원이고, A 과자 4개와 B 과자 5개의 가격은 7600원일 때, B 과자의 정가를 구하시오.

07
연립일차방정식의 활용

0576 어느 헬스클럽의 지난달 회원 수는 250명이었는데 이번 달에는 남자 회원이 5 % 줄고, 여자 회원이 10 % 늘어서 전체 회원은 10명이 늘었다고 한다. 지난달 남자 회원 수를 구하시오.

0577 진수네 학교 매점에서는 햄버거와 음료수를 한 종류씩 판매한다. 어제는 햄버거와 음료수를 합하여 260개를 판매하였는데 오늘 판매량은 어제 판매량보다 햄버거가 10 %, 음료수가 20 % 감소하여 총 224개를 판매하였다. 오늘 판매한 햄버거는 몇 개인지 구하시오.

0578 어느 고등학교에는 A, B 두 개의 기숙사가 있다. 올해에는 작년에 A 기숙사에 있던 학생의 20 %가 B 기숙사로 옮기고, 작년에 B 기숙사에 있던 학생의 40 %가 A 기숙사로 옮겼다. 올해 A, B 두 기숙사의 학생 수가 각각 480, 360일 때, 작년에 A 기숙사에 있던 학생 수는?

① 240   ② 300   ③ 360
④ 420   ⑤ 480

0579 세영이가 사용하는 통신 요금은 휴대 전화 사용 요금과 인터넷 사용 요금을 더해서 정해진다. 세영이의 이번 달 통신 요금은 휴대 전화 사용 요금, 인터넷 사용 요금이 각각 지난달에 비해 16 %, 12 % 증가하여 그 합계가 지난달보다 15 % 증가한 금액인 31970원이었다. 세영이의 이번 달 휴대 전화 사용 요금을 구하시오.

유형 10 일에 대한 문제 > 개념 1

0580 연주와 지민이가 함께 일을 하면 8일 만에 끝내는 일을 연주가 10일 동안 일하고 나머지를 지민이가 4일 동안 일하여 끝냈다. 이 일을 지민이가 혼자 하면 며칠이 걸리는가?

① 12일   ② 15일   ③ 18일
④ 21일   ⑤ 24일

0581 어떤 수조에 A, B 두 호스로 4시간 동안 물을 넣으면 수조가 가득 찬다고 한다. 또, 이 수조에 A 호스로 5시간 동안 물을 넣고 B 호스로 2시간 동안 물을 넣었더니 수조가 가득 찼다. 이 수조를 A 호스로만 가득 채우는 데 몇 시간이 걸리는가?

① 6시간   ② 7시간   ③ 8시간
④ 10시간   ⑤ 12시간

서술형

0582 A, B 두 사람이 페인트칠을 하려고 한다. A가 9일 동안 칠하고 나머지를 B가 3일 동안 칠하여 끝낼 수 있는 일을 A가 6일 동안 칠하고 나머지를 B가 4일 동안 칠하여 끝냈다. 이 일을 B가 혼자 하면 며칠이 걸리는지 구하시오.

0583 A, B 두 사람이 벽화를 그리는데 A가 12일 동안 그린 후 나머지를 B가 4일 동안 그리거나 A가 3일 동안 그린 후 나머지를 B가 7일 동안 그리면 모두 마칠 수 있다. 벽화를 A, B 두 사람이 함께 그리면 며칠이 걸리는지 구하시오.

0584 어떤 목욕탕에 물을 가득 채우려면 두 수도꼭지 A, B를 함께 사용하여 4분 동안 물을 채운 다음, 수도꼭지 A만으로 2분을 더 채우면 된다. 또, 이 목욕탕에 수도꼭지 A만 사용하여 가득 물을 채우려면 수도꼭지 B만으로 물을 가득 채울 때보다 3배의 시간이 걸린다고 한다. 이때 수도꼭지 A만으로 이 목욕탕에 물을 가득 채우는 데 몇 분이 걸리는지 구하시오.

0585 성훈이가 혼자 2일 동안 일을 한 후 나머지를 성훈이와 지희가 함께 일하여 3일 만에 끝낼 수 있는 일이 있다. 이 일을 지희가 혼자 2일 동안 한 후 나머지를 성훈이와 지희가 함께 일하여 4일 만에 끝낼 수 있을 때, 이 일을 지희가 혼자 하면 며칠이 걸리는지 구하시오.

0586 정수네 집에서 기차역까지의 거리는 4 km이다. 정수는 집에서 출발하여 기차역을 향해 시속 3 km로 걷다가 기차 시간에 늦을 것 같아 도중에 시속 8 km로 달렸더니 55분이 걸렸다. 정수가 달린 거리를 구하시오.

0587 선주가 집에서 출발하여 도서관을 갔다 오는데 갈 때는 시속 4 km로 걷고, 올 때는 갈 때보다 500 m 더 먼 길을 시속 3 km로 걸어서 모두 1시간 30분이 걸렸다. 도서관에서 머문 시간이 10분일 때, 선주가 걸은 거리는 몇 km인지 구하시오.

0588 언니가 집에서 출발하여 분속 60 m로 학교를 향해 걸어간 지 12분 후에 동생이 자전거를 타고 분속 240 m로 언니를 따라갔다. 두 사람이 학교 정문에 동시에 도착했을 때, 언니가 학교 정문까지 가는 데 몇 분이 걸렸는지 구하시오.

서술형

0589 둘레의 길이가 200 m인 호수를 따라 은호와 정미가 같은 위치에서 동시에 출발하여 같은 방향으로 돌면 1분 40초 후에 처음으로 만나고 반대 방향으로 돌면 20초 후에 처음으로 만난다. 은호가 정미보다 빠를 때, 은호와 정미의 속력을 각각 구하시오.

0590 배를 타고 길이가 24 km인 강을 거슬러 올라가는 데 3시간, 내려오는 데 2시간이 걸렸다. 정지한 물에서의 배의 속력은? (단, 배와 강물의 속력은 각각 일정하다.)

① 시속 4 km ② 시속 6 km
③ 시속 8 km ④ 시속 10 km
⑤ 시속 12 km

0591 종영이는 수영을 하여 길이가 240 m인 강을 거슬러 올라가는 데 12분, 내려오는 데 8분이 걸렸다. 이 강에 종이배를 띄운다면 이 종이배가 100 m를 떠내려가는 데 몇 분이 걸리는지 구하시오. (단, 종영이와 강물의 속력은 각각 일정하고, 종이배는 바람 등의 외부의 영향을 받지 않는다.)

0592 길이가 240 m인 A 기차가 어느 터널을 완전히 통과하는 데 20초가 걸리고, 길이가 120 m인 B 기차는 A 기차의 2배의 속력으로 이 터널을 완전히 통과하는 데 7초가 걸린다. 터널의 길이를 구하시오.

(단, A 기차와 B 기차의 속력은 일정하다.)

정답과 해설 60쪽

서술형

0593 일정한 속력으로 달리는 기차가 400 m 길이의 다리를 완전히 건너는 데 12초가 걸렸다. 이 기차가 800 m 길이의 터널을 통과하는 데 18초 동안 터널에 완전히 가려져 보이지 않았다. 이 기차의 길이와 속력을 차례대로 구하시오.

유형 12 농도에 대한 문제

> 개념 3

0594 6 %의 소금물과 9 %의 소금물을 섞어서 7 %의 소금물 300 g을 만들었다. 6 %의 소금물의 양은?

① 100 g   ② 120 g   ③ 150 g
④ 180 g   ⑤ 200 g

0595 10 %의 소금물에 소금을 더 넣어 28 %의 소금물 500 g을 만들었다. 더 넣은 소금의 양은?

① 80 g   ② 100 g   ③ 120 g
④ 150 g   ⑤ 180 g

0596 농도가 다른 두 종류의 소금물 A, B가 있다. 소금물 A를 200 g, 소금물 B를 100 g 섞으면 4 %의 소금물이 되고, 소금물 A를 100 g, 소금물 B를 200 g 섞으면 5 %의 소금물이 된다. 소금물 B의 농도는?

① 3 %   ② 4 %   ③ 5 %
④ 6 %   ⑤ 7 %

0597 농도가 다른 두 종류의 소금물 A, B가 각각 500 g씩 있다. 두 소금물 A, B에서 각각 200 g씩 덜어서 바꾸어 섞었더니 소금물 A의 농도는 8 %, 소금물 B의 농도는 6 %가 되었다. 처음 소금물 A의 농도는?

① 6 %   ② 8 %   ③ 10 %
④ 12 %   ⑤ 14 %

유형 13 합금, 식품에 대한 문제 > 개념 1, 3

0598 구리 78 %의 합금과 구리 70 %의 합금이 있다. 이 두 종류의 합금을 녹인 후 섞어서 구리 76 %의 합금 500 g을 만들려고 한다. 이때 두 합금의 무게의 차는?

① 170 g   ② 190 g   ③ 210 g

④ 230 g   ⑤ 250 g

0599 A는 구리를 30 %, 주석을 10 % 포함한 합금이고, B는 구리를 20 %, 주석을 40 % 포함한 합금이다. 이 두 종류의 합금을 녹여서 구리를 150 g, 주석을 100 g 얻으려고 할 때, 필요한 합금 B의 양은?

① 150 g   ② 200 g   ③ 250 g

④ 300 g   ⑤ 350 g

0600 다음 표는 두 식품 A, B를 각각 100 g 섭취했을 때, 얻을 수 있는 열량과 단백질의 양을 나타낸 것이다. 두 식품에서 열량 420 kcal, 단백질 19 g을 얻으려면 식품 A, B를 합하여 몇 g을 섭취해야 하는지 구하시오.

식품	열량 (kcal)	단백질 (g)
A	100	5
B	120	4

서술형

0601 오른쪽 표는 두 식품 A, B를 각각 100 g씩 섭취했을 때 얻을 수 있는 탄수화물과 단백질의 양을 조사하여 나타낸 것이다. 두 식품에서 탄수화물은 60 g, 단백질은 30 g을 얻으려면 식품 A는 몇 g 섭취해야 하는지 구하시오.

영양소 ＼ 식품	A	B
탄수화물(g)	24	18
단백질(g)	6	12

0602 두 자리 자연수가 있다. 이 수는 각 자리의 숫자의 합의 4배이고 십의 자리의 숫자와 일의 자리의 숫자를 바꾼 수는 처음 수의 2배보다 12만큼 작다고 한다. 처음 수를 구하시오.

0603 20명을 뽑는 합창단에 70명이 지원하였다. 합격자의 최저 점수는 전체 지원자의 평균 점수보다 2점이 높고, 합격자의 평균 점수보다 3점이 낮았다. 또, 불합격자의 평균 점수의 6배는 합격자의 평균 점수의 5배보다 9점이 높았다. 이때 전체 지원자의 평균 점수는?

① 44점   ② 46점   ③ 47.5점
④ 48점   ⑤ 51점

0604 전체 문항 수가 30이고 문항 배점이 각각 2점, 3점, 4점인 시험에서 어느 학생이 8개를 틀려 71점을 받았다. 맞힌 3점 문항의 개수가 맞힌 4점 문항의 개수보다 3개 더 많다고 할 때, 이 학생이 맞힌 3점 문항은 몇 개인지 구하시오.

0605 어느 수학경시대회에서 총 25문제가 출제되는데 한 문제를 맞히면 5점을 얻고, 틀리면 3점을 잃는다고 한다. 재연이는 25문제를 모두 풀어서 85점을 얻었다고 할 때, 재연이가 틀린 문제 수를 구하시오.

0606 진성이와 민주가 가위바위보를 하여 이긴 사람은 4계단을 올라가고, 진 사람은 2계단을 내려가기로 하였다. 얼마 후 진성이는 처음 위치보다 16계단을 올라가 있었고, 민주는 처음 위치보다 2계단을 내려가 있었다. 가위바위보를 한 횟수를 구하시오. (단, 비기는 경우는 없다.)

0607 둘레의 길이가 18 cm인 직사각형이 있다. 이 직사각형의 가로의 길이를 2배로 늘이고, 세로의 길이를 2 cm 늘였더니 둘레의 길이가 32 cm가 되었다. 처음 직사각형의 넓이를 구하시오.

0608 어느 가게에서 청바지는 20 % 할인하고, 티셔츠는 15 % 할인하여 판매하기로 하였다. 할인하기 전 청바지와 티셔츠의 판매 가격의 합은 41000원이고, 할인한 후 청바지와 티셔츠의 판매 가격의 합은 할인하기 전보다 7400원이 적을 때, 할인된 청바지의 판매 가격을 구하시오.

0609 어떤 중학교의 올해 학생 수는 작년에 비하여 남학생은 8 % 줄고, 여학생은 2 % 늘어서 전체 학생 수는 25명이 줄어 725명이 되었다. 올해 여학생 수는?

① 343   ② 350   ③ 357

④ 364   ⑤ 370

0610 두 사람 A, B가 함께 일하면 6일이 걸리는 일을 A가 먼저 2일 동안 일하고, 나머지를 B가 12일 동안 일하여 끝마쳤다. 이 일을 A가 혼자 할 때와 B가 혼자 할 때 각각 며칠이 걸리는지 구하시오.

0611 배를 타고 길이가 10 km인 강을 거슬러 올라가는 데 1시간, 강을 따라 내려오는 데 30분이 걸렸다. 이때 흐르지 않는 물에서 이 배가 같은 속력으로 10 km를 이동하는 데 걸리는 시간은 몇 분인지 구하시오.

(단, 배와 강물의 속력은 일정하다.)

0612 농도가 다른 두 종류의 소금물 A, B를 각각 300 g씩 섞으면 11 %이 소금물이 되고, 소금물 A를 400 g, 소금물 B를 500 g 섞으면 12 %의 소금물이 된다. 소금물 A, B의 농도를 각각 구하시오.

0613 A는 철과 아연을 같은 비율로 포함한 합금이고, B는 철과 아연을 3 : 1의 비율로 포함한 합금이다. 이 두 종류의 합금을 녹여서 철과 아연을 2 : 1의 비율로 포함한 합금 480 g을 만들려고 한다. 이때 필요한 합금 A, B의 양은?

① A: 120 g, B: 360 g   ② A: 140 g, B: 340 g

③ A: 160 g, B: 320 g   ④ A: 180 g, B: 300 g

⑤ A: 200 g, B: 280 g

0614 다연이와 상현이가 한 달 용돈으로 받은 금액의 비는 8 : 5이었다. 한 달 동안 두 사람이 지출한 금액의 비는 6 : 5이었는데 받은 용돈 중에서 다연이는 2400원이 남았고 상현이는 500원이 부족하여 친구에게 빌려서 지출하였다. 다연이가 지출한 금액과 상현이의 용돈을 차례대로 구하시오.

0615 길이가 150 m인 기차 A가 터널을 완전히 통과하는 데 12초가 걸리고, 길이가 102 m인 기차 B가 다리를 완전히 건너는 데 6초가 걸린다. 기차 A의 속력과 기차 B의 속력의 비는 3 : 4이고 터널과 다리의 길이의 비는 5 : 3일 때, 다리의 길이는 몇 m인지 구하시오.

서술형

0616 둘레의 길이가 3 km인 호수를 A, B 두 사람이 돌고 있다. 두 사람이 같은 지점에서 동시에 출발하여 같은 방향으로 돌면 1시간 후에 처음으로 만나고, 반대 방향으로 돌면 12분 후에 처음으로 만난다고 한다. 이때 A의 속력은 시속 몇 km인지 구하시오.

(단, A가 B보다 더 빠르게 돈다.)

0617 8 %의 소금물과 6 %의 소금물을 섞은 후 물을 증발시켜 10 %의 소금물 200 g을 만들었다. 이때 6 %의 소금물의 양이 증발시킨 물의 양의 2배일 때, 증발시킨 물의 양을 구하시오.

일차함수

개념**1**

함수와 함숫값

> 유형 1

(1) 함수

두 변수 x, y에 대하여 x의 값이 변함에 따라 y의 값이 하나씩 정해지는 대응 관계가 있을 때, y를 x의 **함수**라 하고, 기호로 $y=f(x)$와 같이 나타낸다.

(2) 함숫값

함수 $y=f(x)$에서 x의 값이 변하면 그에 따라 정해지는 y의 값 $f(x)$를 x에서의 **함숫값**이라 한다.

예 함수 $f(x)=2x+1$에서 x의 값이 -1, 0, 1일 때의 함숫값을 각각 구하면
$x=-1$일 때, $f(-1)=2\times(-1)+1=-1$
$x=0$일 때, $f(0)=2\times0+1=1$
$x=1$일 때, $f(1)=2\times1+1=3$

(3) 함수의 그래프

함수 $y=f(x)$에서 x의 값과 그 값에 따라 정해지는 y의 값의 순서쌍 (x, y)를 좌표로 하는 점 전체를 좌표평면 위에 나타낸 것을 그 함수의 그래프라 한다.

개념**2**

일차함수의 뜻과 그래프

> 유형 2~5

(1) 일차함수

함수 $y=f(x)$에서 y가 x에 대한 일차식
$$y=ax+b \ (a, b는 상수, a\neq0)$$
로 나타내어질 때, 이 함수를 x의 **일차함수**라 한다.

(2) 평행이동: 한 도형을 일정한 방향으로 일정한 거리만큼 이동한 것

(3) 일차함수 $y=ax+b$의 그래프

일차함수 $y=ax+b \ (b\neq0)$의 그래프는 일차함수 $y=ax$의 그래프를 y축의 방향으로 b만큼 평행이동한 직선이다.

① $b>0$이면 y축의 양의 방향으로 b만큼 평행이동한다.
② $b<0$이면 y축의 음의 방향으로 b의 절댓값만큼 평행이동한다.

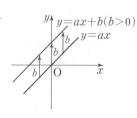

예 두 일차함수 $y=2x$와 $y=2x+3$에 대하여 x의 각 값에 대응하는 y의 값을 비교하면

x	$\cdots$	-2	-1	0	1	2	$\cdots$
$y=2x$	$\cdots$	-4	-2	0	2	4	$\cdots$
$y=2x+3$	$\cdots$	-1	1	3	5	7	$\cdots$

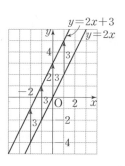

➡ 일차함수 $y=2x+3$의 그래프는 $y=2x$의 그래프를 y축의 방향으로 3만큼 평행이동한 직선이다.

개념 **1** 함수와 함숫값

0618 다음 표를 완성하고, y가 x의 함수인 것은 ○표, 함수가 아닌 것은 ×표를 하시오.

(1) 자연수 x보다 4만큼 큰 수 y (   )

x	1	2	3	4	$\cdots$
y					$\cdots$

(2) 자연수 x의 배수 y (   )

x	1	2	3	4	$\cdots$
y					$\cdots$

0619 함수 $f(x)=3x-2$에 대하여 다음 함숫값을 구하시오.

(1) $f(-2)$ (2) $f\left(\dfrac{1}{3}\right)$

0620 함수 $f(x)=\dfrac{12}{x}$에 대하여 다음 함숫값을 구하시오.

(1) $f(4)$ (2) $f\left(-\dfrac{1}{6}\right)$

0621 넓이가 $24\,\mathrm{cm}^2$인 직사각형의 가로, 세로의 길이를 각각 $x\,\mathrm{cm}$, $y\,\mathrm{cm}$라 하면 y는 x의 함수이다.
$y=f(x)$라 할 때, $f(x)$와 $f(8)$의 값을 구하시오.

개념 **2** 일차함수의 뜻과 그래프

0622 다음 중 y가 x의 일차함수인 것은 ○표, 일차함수가 아닌 것은 ×표를 하시오.

(1) $xy=8$ (   )   (2) $y=-x+6$ (   )

(3) $y=\dfrac{3x+2}{5}$ (   )   (4) $y=(x+1)x$ (   )

0623 다음 문장에서 y를 x에 대한 식으로 나타내고, y가 x의 일차함수인지 말하시오.

(1) 현재 10000원이 들어 있는 통장에 매달 5000원씩 예금할 때, x달 후의 예금액은 y원이다.

(2) 시속 $x\,\mathrm{km}$로 y시간 동안 이동한 거리는 $50\,\mathrm{km}$이다.

(3) 한 변의 길이가 $x\,\mathrm{cm}$인 정사각형의 넓이는 $y\,\mathrm{cm}^2$이다.

0624 일차함수 $y=2x$의 그래프가 오른쪽 그림과 같을 때, □ 안에 알맞은 수를 쓰고 주어진 일차함수의 그래프를 그리시오.

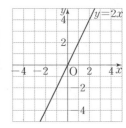

(1) $y=2x+4$

➡ 일차함수 $y=2x+4$의 그래프는 일차함수 $y=2x$의 그래프를 y축의 방향으로 □만큼 평행이동한 것이다.

(2) $y=2x-3$

➡ 일차함수 $y=2x-3$의 그래프는 일차함수 $y=2x$의 그래프를 y축의 방향으로 □만큼 평행이동한 것이다.

0625 다음 일차함수의 그래프를 y축의 방향으로 [   ] 안의 수만큼 평행이동한 그래프가 나타내는 일차함수의 식을 구하시오.

(1) $y=5x$ $[-2]$

(2) $y=-3x$ $\left[\dfrac{2}{5}\right]$

(3) $y=\dfrac{4}{3}x$ $[1]$

(4) $y=-\dfrac{1}{5}x$ $\left[-\dfrac{3}{2}\right]$

개념 3

일차함수의 그래프와 절편

> 유형 6~7, 11~13

(1) **일차함수의 그래프의 x절편, y절편**

① x절편: 함수의 그래프가 x축과 만나는 점의 x좌표

➡ $y=0$일 때 x의 값

② y절편: 함수의 그래프가 y축과 만나는 점의 y좌표

➡ $x=0$일 때 y의 값

③ 일차함수 $y=ax+b$의 그래프에서 x절편은 $-\dfrac{b}{a}$, y절편은 b이다.

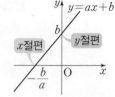

예 일차함수 $y=3x+5$의 그래프에서

① $y=0$일 때, $0=3x+5$에서 $x=-\dfrac{5}{3}$ ➡ x절편은 $-\dfrac{5}{3}$이다.

② $x=0$일 때, $y=3\times0+5=5$ ➡ y절편은 5이다.

(2) **x절편과 y절편을 이용하여 일차함수의 그래프 그리기**

❶ x절편, y절편을 각각 구한다.

❷ x절편, y절편을 이용하여 x축, y축과 만나는 두 점을 좌표평면 위에 나타낸다.

❸ 두 점을 직선으로 연결한다.

개념 4

일차함수의 그래프와 기울기

> 유형 8~13

(1) **일차함수의 그래프의 기울기**

일차함수 $y=ax+b$에서 x의 값의 증가량에 대한 y의 값의 증가량의 비율은 항상 일정하며, 그 비율은 x의 계수 a와 같다. 이 증가량의 비율 a를 일차함수 $y=ax+b$의 그래프의 **기울기**라 한다.

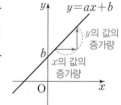

$$(\text{기울기})=\dfrac{(y\text{의 값의 증가량})}{(x\text{의 값의 증가량})}=a$$
x의 계수이고, 항상 일정하다.

예 일차함수 $y=2x+4$의 그래프에서

➡ 기울기는 2이고, 이것은 x의 값이 1만큼 증가할 때, y의 값은 2만큼 증가한다는 뜻이다.

참고 두 점 (x_1, y_1), (x_2, y_2)를 지나는 일차함수의 그래프에서

➡ $(\text{기울기})=\dfrac{(y\text{의 값의 증가량})}{(x\text{의 값의 증가량})}=\dfrac{y_2-y_1}{x_2-x_1}$

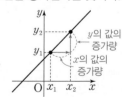

(2) **기울기와 y절편을 이용하여 일차함수의 그래프 그리기**

❶ y절편을 이용하여 y축과 만나는 한 점을 좌표평면 위에 나타낸다.

❷ 기울기를 이용하여 그래프가 지나는 다른 한 점을 찾는다.

❸ 두 점을 직선으로 연결한다.

참고 일차함수 $y=ax+b$
기울기 y절편

개념 3   일차함수의 그래프와 절편

0626 오른쪽 그림과 같은 세 일차함수의 그래프 l, m, n의 x절편과 y절편을 각각 구하시오.

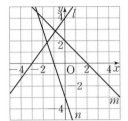

(1) 그래프 l

(2) 그래프 m

(3) 그래프 n

0627 다음 일차함수의 그래프의 x절편과 y절편을 각각 구하시오.

(1) $y=2x-4$

(2) $y=-3x+9$

(3) $y=\dfrac{1}{4}x+\dfrac{1}{8}$

(4) $y=-\dfrac{4}{3}x-6$

0628 다음 일차함수의 그래프의 x절편과 y절편을 각각 구하고, 이를 이용하여 그 그래프를 그리시오.

(1) $y=\dfrac{1}{2}x+1$ (2) $y=-\dfrac{3}{4}x-3$

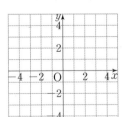
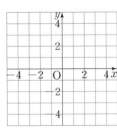

개념 4   일차함수의 그래프와 기울기

0629 다음 일차함수의 그래프에서 □ 안에 알맞은 수를 써넣고, 기울기를 구하시오.

(1) 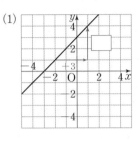   (2)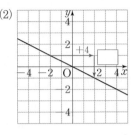

➡ 기울기: ＿＿＿   ➡ 기울기: ＿＿＿

0630 다음 일차함수의 그래프의 기울기를 이용하여 x의 값이 [ ] 안의 수만큼 증가할 때, y의 값의 증가량을 구하시오.

(1) $y=x-1$ [3]

(2) $y=-\dfrac{5}{2}x+3$ [4]

0631 다음 두 점을 지나는 일차함수의 그래프의 기울기를 구하시오.

(1) $(-3, 0)$, $(0, 6)$

(2) $(2, 1)$, $(-4, 9)$

0632 다음 일차함수의 그래프의 기울기와 y절편을 각각 구하고, 이를 이용하여 그 그래프를 그리시오.

(1) $y=3x-4$ (2) $y=-\dfrac{3}{2}x+2$

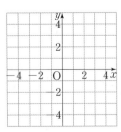
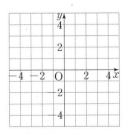

유형 1 함수와 함숫값

> 개념 1

*0633 다음 중 y가 x의 함수가 아닌 것은?

① 자연수 x보다 작은 짝수의 개수 y

② 절댓값이 x인 수 y

③ 한 변의 길이가 x cm인 정삼각형의 둘레의 길이 y cm

④ 시속 x km로 y시간 동안 달린 거리 100 km

⑤ 반지름의 길이가 x cm인 원의 둘레의 길이 y cm

→ 0634 다음 중 y가 x의 함수인 것을 모두 고르면?

(정답 2개)

① 자연수 x와 서로소인 수 y

② 자연수 x보다 작은 소수 y

③ 자연수 x와 4의 공배수 y

④ 자연수 x 이하의 홀수의 개수 y

⑤ 자연수 x를 3으로 나누었을 때의 나머지 y

0635 다음 보기 중 $f(-2)=3$을 만족시키는 것을 모두 고르시오.

보기

ㄱ. $f(x)=\dfrac{2}{3}x$

ㄴ. $f(x)=-\dfrac{3}{2}x$

ㄷ. $f(x)=-\dfrac{6}{x}$

ㄹ. $f(x)=\dfrac{3}{2x}$

→ 0636 함수 $f(x)=$(자연수 x의 약수의 개수)에 대하여 다음 중 옳지 않은 것은?

① $f(4)=3$

② $f(6)=4$

③ $f(2)+f(5)=4$

④ $f(12)-f(3)=9$

⑤ $f(10)=f(21)$

0637 함수 $f(x)=-\dfrac{10}{x}$에 대하여 $f(a)=5$일 때, a의 값을 구하시오.

→ 서술형
0638 함수 $f(x)=ax$에 대하여 $f(-4)=2$, $f(b)=\dfrac{5}{2}$일 때, $2a+b$의 값을 구하시오. (단, a는 상수)

유형 2 일차함수   **> 개념 2**

0639 다음 **보기** 중 y가 x의 일차함수인 것을 모두 고르시오.

> **보기**
> ㄱ. $x=1$ ㄴ. $4x+y=-1$
> ㄷ. $y+x^2=x^2-x+2$ ㄹ. $x^2=y+3$
> ㅁ. $y=\dfrac{x}{3}-y$ ㅂ. $y=-\dfrac{1}{x}+5$

0640 다음 중 y가 x의 일차함수인 것을 모두 고르면?

(정답 2개)

① 전체가 120쪽인 책을 x쪽 읽었을 때 남은 쪽수 y쪽

② 반지름의 길이가 x cm인 원의 넓이 y cm²

③ 5000원을 내고 700원짜리 음료수 x개를 샀을 때 거스름돈 y원

④ x각형의 대각선의 총 개수 y

⑤ 1.8 L의 우유를 x개의 컵에 똑같이 나누어 담을 때 한 컵에 담기는 우유의 양 y L

0641 일차함수 $f(x)=-x+a$에 대하여 $f(2)=6$일 때, $f(-3)$의 값은? (단, a는 상수)

① 8   ② 9   ③ 10
④ 11   ⑤ 12

0642 일차함수 $f(x)=2x-3$에 대하여 $f(1)=a$, $f(b)=5$일 때, $a+b$의 값을 구하시오.

서술형
0643 일차함수 $f(x)=ax+b$에 대하여 $f(-1)=2$, $f(3)=10$일 때, 상수 a, b에 대하여 $a+b$의 값을 구하시오.

0644 함수 $f(x)=ax+b$에 대하여 $f(1)=3$, $f(2)=1$일 때, $f(3)$의 값은? (단, a, b는 상수)

① -3 ② -1 ③ 0
④ 1 ⑤ 3

08

일차함수와 그래프 [1]

0645 다음 중 일차함수 $y=-3x+1$의 그래프 위에 있는 점은?

① $(-4, 11)$　② $(-1, 2)$　③ $(0, 3)$

④ $(2, -5)$　⑤ $(5, -16)$

→ **0646** 일차함수 $y=\dfrac{1}{3}x-2$의 그래프는

두 점 $(-3, m)$, $(n, 1)$을 지난다. 이때 $m+n$의 값은?

① -6　② -3　③ 0

④ 3　⑤ 6

0647 일차함수 $y=4x-1$의 그래프를 y축의 방향으로 7만큼 평행이동하였더니 일차함수 $y=ax+b$의 그래프가 되었다. 상수 a, b에 대하여 $a-b$의 값을 구하시오.

→ **0648** 일차함수 $y=-5x+a$의 그래프를 y축의 방향으로 -3만큼 평행이동하였더니 일차함수 $y=bx-4$의 그래프가 되었다. 상수 a, b에 대하여 $a+b$의 값을 구하시오.

서술형

0649 일차함수 $y=\dfrac{3}{4}x-2$의 그래프를 y축의 방향으로 k만큼 평행이동하였더니 일차함수 $y=3ax$의 그래프를 y축의 방향으로 -4만큼 평행이동한 그래프와 겹쳐졌다. ak의 값을 구하시오. (단, a는 상수)

→ **0650** 일차함수 $y=2x+k$의 그래프를 y축의 방향으로 -3만큼 평행이동하였더니 일차함수 $y=2x+2$의 그래프가 되었다. 이때 일차함수 $y=2x+k$의 그래프를 y축의 방향으로 4만큼 평행이동한 그래프의 식은?

(단, k는 상수)

① $y=2x-3$　② $y=2x-1$　③ $y=2x+5$

④ $y=2x+7$　⑤ $y=2x+9$

유형 5 평행이동한 그래프 위의 점 > 개념 2

0651 일차함수 $y=-3x+1$의 그래프를 y축의 방향으로 -3만큼 평행이동한 그래프가 점 $(p, 1)$을 지날 때, p의 값은?

① $-\dfrac{3}{2}$ ② -1 ③ $-\dfrac{2}{3}$

④ $\dfrac{2}{3}$ ⑤ 1

서술형

0652 일차함수 $y=a(x+1)$의 그래프를 y축의 방향으로 4만큼 평행이동하면 두 점 $(-5, 3)$, $(b, 5)$를 지날 때, ab의 값을 구하시오. (단, a는 상수)

유형 6 일차함수의 그래프의 x절편, y절편 > 개념 3

0653 일차함수 $y=4x-8$의 그래프의 x절편을 a, y절편을 b라 할 때, $a+b$의 값을 구하시오.

0654 일차함수 $y=kx-3$의 그래프가 점 $(-2, 1)$을 지날 때, 이 그래프의 x절편을 구하시오. (단, k는 상수)

0655 일차함수 $y=4x$의 그래프를 y축의 방향으로 6만큼 평행이동한 그래프의 x절편을 a, y절편을 b라 할 때, ab의 값을 구하시오.

0656 일차함수 $y=-\dfrac{4}{5}x+3$의 그래프를 y축의 방향으로 -7만큼 평행이동한 그래프의 x절편을 a, y절편을 b라 할 때, $a+b$의 값은?

① -10 ② -9 ③ -8

④ -7 ⑤ -6

0657 일차함수 $y=ax+4$의 그래프의 x절편이 $\frac{4}{3}$이고, 이 그래프가 점 $(k, -k)$를 지날 때, $a+k$의 값을 구하시오. (단, a는 상수)

0658 일차함수 $y=ax-1$의 그래프를 y축의 방향으로 -3만큼 평행이동한 그래프의 x절편이 -2, y절편이 b일 때, $a+b$의 값은? (단, a는 상수)

① -6 ② -2 ③ 2
④ 4 ⑤ 6

서술형
0659 두 일차함수 $y=\frac{1}{2}x+3$, $y=-\frac{2}{3}x+k$의 그래프가 x축에서 만날 때, 상수 k의 값을 구하시오.

0660 일차함수 $y=x-k$의 그래프의 x절편이 일차함수 $y=-3x+2k+3$의 그래프의 y절편과 같을 때, 상수 k의 값을 구하시오.

0661 일차함수 $y=-3x+4$의 그래프에서 y의 값이 k에서 $k+6$까지 증가할 때, x의 값의 증가량은?

① $-3k$ ② -3 ③ $-2k$
④ -2 ⑤ 2

0662 다음 일차함수 중 x의 값이 4만큼 감소할 때, y의 값이 2에서 5까지 증가하는 것은?

① $y=-2x+1$ ② $y=-\frac{5}{4}x-2$
③ $y=-\frac{3}{4}x+3$ ④ $y=\frac{1}{2}x-1$
⑤ $y=\frac{3}{4}x+5$

0663 일차함수 $y=kx+1$에서 x의 값이 1에서 4까지 증가할 때, y의 값이 9만큼 감소한다. x의 값이 2만큼 감소할 때, y의 값의 증가량을 구하시오. (단, k는 상수)

0664 일차함수 $y=f(x)$에 대하여 $f(6)-f(-2)=-24$일 때, 이 일차함수의 그래프의 기울기는?

① -6 ② -4 ③ -3
④ -2 ⑤ 3

유형 9   두 점을 지나는 일차함수의 그래프의 기울기   > 개념 4

0665 두 점 $(3, 1)$, $(-3, 6)$을 지나는 일차함수의 그래프에서 x의 값이 6에서 2까지 감소할 때, y의 값의 증가량은?

① 4 ② $\dfrac{10}{3}$ ③ 3
④ $\dfrac{8}{3}$ ⑤ 2

0666 두 점 $(1, k)$, $(-2, 10)$을 지나는 일차함수의 그래프의 기울기가 -4일 때, k의 값은?

① -2 ② -1 ③ 0
④ 1 ⑤ 2

0667 오른쪽 그림은 일차함수 $y=ax+b$의 그래프이다. 이 그래프에서 x의 값이 6만큼 증가할 때, y의 값의 증가량을 구하시오.

(단, a, b는 상수)

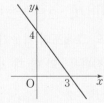

0668 오른쪽 그림과 같은 두 일차함수 $y=f(x)$, $y=g(x)$의 그래프의 기울기를 각각 p, q라 할 때, $p+q$의 값을 구하시오.

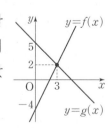

0669 세 점 $(-3, -2)$, $(-1, 4)$, $(4, k)$가 한 직선 위에 있을 때, k의 값은?

① 13 　　② 15 　　③ 17

④ 19 　　⑤ 21

→ **0670** 세 점 $(2, -5)$, $(4, k)$, $(-4, -k+4)$가 한 직선 위에 있을 때, k의 값은?

① -14 　　② -12 　　③ -10

④ -8 　　⑤ -6

0671 오른쪽 그림과 같이 세 점 A, B, C가 한 직선 위에 있을 때, k의 값은?

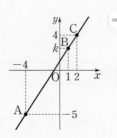

① $\dfrac{3}{2}$ 　　② 2

③ $\dfrac{5}{2}$ 　　④ 3

⑤ $\dfrac{7}{2}$

→ **0672** 오른쪽 그림과 같이 세 점 이 한 직선 위에 있을 때, a의 값은?

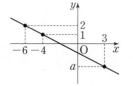

① -4 　　② $-\dfrac{7}{2}$

③ -3 　　④ $-\dfrac{5}{2}$

⑤ -2

0673 일차함수 $y = -\dfrac{2}{5}x + 6$의 그래프의 기울기를 a, x절편을 b, y절편을 c라 할 때, abc의 값을 구하시오.

→ **0674** 오른쪽 그림과 같은 일차함수 의 그래프의 기울기를 a, x절편을 b, y 절편을 c라 할 때, $ab+c$의 값은?

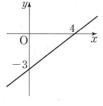

① -2 　　② -1

③ 0 　　④ 1

⑤ 2

0675 일차함수 $y=-\dfrac{2}{5}x+2$의 그래프가 x축과 만나는 점의 x좌표는 m, y축과 만나는 점의 y좌표는 n이고, x의 값이 5만큼 증가할 때 y의 값은 r만큼 증가한다. 이때 $m+n-r$의 값을 구하시오.

→

0676 일차함수 $y=ax+b$의 그래프가 일차함수 $y=x-6$의 그래프와 x축에서 만나고, 일차함수 $y=-\dfrac{7}{2}x+3$의 그래프와 y축에서 만날 때, 일차함수 $y=ax+b$의 그래프의 기울기를 구하시오.

(단, a, b는 상수)

유형 12 일차함수의 그래프 그리기   > 개념 3, 4

0677 다음 중 일차함수 $y=\dfrac{5}{3}x+5$의 그래프는?

①

②

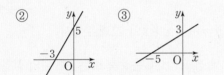
③

④ ⑤

→

0678 일차함수 $y=\dfrac{3}{2}x+3$의 그래프를 x절편과 y절편을 이용하여 오른쪽 좌표평면 위에 그리시오.

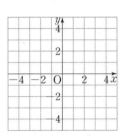

0679 다음 일차함수 중 그 그래프가 제3사분면을 지나지 <u>않는</u> 것은?

① $y=-\dfrac{5}{3}x-1$ ② $y=-x-\dfrac{1}{2}$

③ $y=-\dfrac{1}{3}x+2$ ④ $y=4x+3$

⑤ $y=6x-5$

→

0680 다음 일차함수 중 오른쪽 그림의 일차함수의 그래프와 제4사분면에서 만나는 것은?

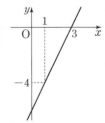

① $y=2x-3$ ② $y=x+\dfrac{1}{2}$

③ $y=\dfrac{1}{3}x-1$ ④ $y=-x+4$

⑤ $y=-3x+2$

유형 13 일차함수의 그래프와 좌표축으로 둘러싸인 도형의 넓이 > 개념 3, 4

0681 일차함수 $y=\frac{1}{4}x-2$의 그래프와 x축 및 y축으로 둘러싸인 도형의 넓이는?

① 4 ② 6 ③ 8
④ 10 ⑤ 12

0682 일차함수 $y=x-1$의 그래프를 y축의 방향으로 5만큼 평행이동한 그래프와 x축, y축으로 둘러싸인 도형의 넓이를 구하시오.

0683 두 일차함수 $y=-x+3$, $y=3x+3$의 그래프와 x축으로 둘러싸인 도형의 넓이는?

① 3 ② 4 ③ 5
④ 6 ⑤ 8

0684 오른쪽 그림과 같이 두 일차함수 $y=\frac{2}{3}x+2$,

$y=-\frac{1}{2}x+2$의 그래프에서

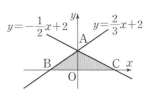

세 점 A, B, C는 x축 또는 y축 위의 점일 때, 삼각형 ABC의 넓이를 구하시오.

0685 일차함수 $y=ax+2$의 그래프와 x축 및 y축으로 둘러싸인 도형의 넓이가 4일 때, 상수 a의 값을 구하시오.
(단, $a<0$)

0686 오른쪽 그림과 같이 두 일차함수 $y=\frac{5}{6}x-\frac{5}{2}$,

$y=-\frac{1}{2}x+k$의 그래프가 x축에

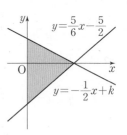

서 만날 때, 색칠한 도형의 넓이를 구하시오. (단, k는 상수)

step C 실력 완성!

0687 다음 **보기** 중 y가 x의 함수인 것을 모두 고르시오.

보기

ㄱ. y는 x의 $-\dfrac{1}{3}$배이다.

ㄴ. y는 어떤 수 x에 가장 가까운 정수이다.

ㄷ. y는 자연수 x의 약수의 개수이다.

ㄹ. y는 자연수 x의 2배보다 작은 자연수이다.

0688 다음 그림과 같이 규칙적으로 바둑돌을 나열하였을 때, x번째 도형을 만드는 데 필요한 바둑돌의 개수를 y라 하자. $y=f(x)$에 대하여 $f(50)$의 값을 구하시오.

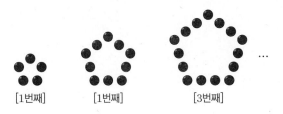

[1번째]　　[1번째]　　[3번째]

0689 일차함수 $f(x)=ax+b$에 대하여 $f(-2)=-5$이고 $f(5)-f(1)=2$일 때, $f(-4)$의 값을 구하시오. (단, a, b는 상수)

0690 다음 중 y가 x의 일차함수가 <u>아닌</u> 것은?

① $x+y=1$　　　　② $y=x-y+6$

③ $x^2+y-3=0$　　④ $x^2+2y=x^2+x-4$

⑤ $y(x-1)=x(y-1)$

0691 일차함수 $f(x)=ax+9$에 대하여 $f(-2)=3$일 때, $f(a)$의 값은? (단, a는 상수)

① 6　　　　② 10　　　　③ 14

④ 18　　　　⑤ 22

0692 일차함수 $y=-3x+a$의 그래프가 점 $(1, 5)$를 지난다. 이 그래프 위의 점 중 x좌표와 y좌표가 같은 점의 좌표를 구하시오. (단, a는 상수)

0693 일차함수 $y=-ax-4$의 그래프를 y축의 방향으로 -2만큼 평행이동한 그래프가 점 $(-3, a)$를 지날 때, 상수 a의 값을 구하시오.

0694 일차함수 $y=-6x+k+1$의 그래프를 y축의 방향으로 $\frac{1}{2}$만큼 평행이동한 그래프의 x절편이 a, y절편이 $4a-3$일 때, $a+k$의 값은? (단, k는 상수)

① -12 ② -13 ③ -14

④ -15 ⑤ -16

0695 일차함수 $y=\dfrac{x}{a}-\dfrac{b}{a}$의 그래프의 x절편이 -2, y절편이 3일 때, $a+b$의 값을 구하시오.

(단, a, b는 상수, $a \neq 0$)

0696 일차함수 $y=4x-9$의 그래프를 y축의 방향으로 -3만큼 평행이동한 그래프의 기울기를 p, x절편을 q, y절편을 r라 할 때, $p+q+r$의 값을 구하시오.

0697 일차함수 $y=ax+b$의 그래프의 x절편이 2, y절편이 1일 때, 다음 중 일차함수 $y=bx+a$의 그래프는?

(단, a, b는 상수)

①   ②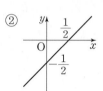

③ 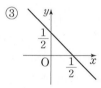   ④

⑤

0698 오른쪽 그림과 같이 일차함수 $y=2x$의 그래프 위의 한 점 A에서 x축과 평행하게 그은 선분과 $y=-\dfrac{2}{3}x+4$의 그래프의 교점을 D 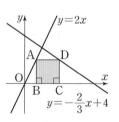 라 하고, 두 점 A, D에서 x축에 내린 수선의 발을 각각 B, C라 하자. 사각형 ABCD가 정사각형일 때, 정사각형 ABCD의 넓이를 구하시오.

0699 일차함수 $f(x)=-\dfrac{5}{2}x+1$에 대하여

$$\frac{f(103)-f(2)}{101}+\frac{f(101)-f(4)}{97}+\frac{f(99)-f(6)}{93}$$
$$+\cdots+\frac{f(53)-f(52)}{1}$$

의 값을 구하시오.

0700 오른쪽 그림과 같이 좌표평면 위의 세 점 A$(2, 2)$, B$(4, 2)$, C$(2, 6)$을 꼭짓점으로 하는 삼각형 ABC가 있다. 일차함수 $y=ax+1$의 그래프가 삼각형 ABC와 만나도록 하는 상수 a의 값의 범위를 구하시오.

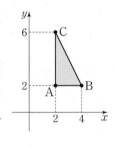

0701 세 점 A$(2, 4k-1)$, B$(3, 9)$, C$(4, -k+4)$가 한 직선 위에 있을 때, 이 직선의 기울기를 구하시오.

0702 점 $(-2, 8)$을 지나는 일차함수 $y=-x+k$의 그래프와 x축 및 y축으로 둘러싸인 도형을 y축을 회전축으로 하여 1회전 시킬 때 생기는 입체도형의 부피를 구하시오.

개념 1

일차함수 $y=ax+b$의 그래프의 성질

> 유형 1~3, 6

(1) a의 **부호**: 그래프의 모양 결정

  ① $a>0$일 때, x의 값이 증가하면 y의 값도 증가한다.

    ➡ 오른쪽 위로 향하는 직선

  ② $a<0$일 때, x의 값이 증가하면 y의 값은 감소한다.

    ➡ 오른쪽 아래로 향하는 직선

(2) b의 **부호**: 그래프가 y축과 만나는 부분 결정

  ① $b>0$일 때, y축과 양의 부분에서 만난다. ➡ y절편이 양수

  ② $b<0$일 때, y축과 음의 부분에서 만난다. ➡ y절편이 음수

참고 a, b의 부호에 따른 일차함수 $y=ax+b$의 그래프의 모양

a, b의 부호	$a>0, b>0$	$a>0, b<0$	$a<0, b>0$	$a<0, b<0$
일차함수 $y=ax+b$의 그래프의 모양				
그래프가 지나는 사분면	제1, 2, 3사분면	제1, 3, 4사분면	제1, 2, 4사분면	제2, 3, 4사분면

개념 2

일차함수의 그래프의 평행, 일치

> 유형 4~6

(1) 기울기가 같은 두 일차함수의 그래프는 평행하거나 일치한다.

  즉, 두 일차함수 $y=ax+b$와 $y=cx+d$에 대하여

  ① $a=c$, $b\neq d$이면 ➡ 두 그래프는 평행하다.

    └ 기울기가 같고, y절편이 다르다.

  ② $a=c$, $b=d$이면 ➡ 두 그래프는 일치한다.

    └ 기울기가 같고, y절편도 같다.

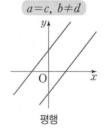
평행

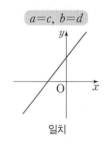
일치

(2) 서로 평행한 두 일차함수의 그래프의 기울기는 같다.

개념 3

일차함수의 식 구하기: 기울기와 y절편을 알 때

> 유형 7

기울기가 a이고 y절편이 b인 직선을 그래프로 하는 일차함수의 식은

  $y=ax+b$

$$y=\underset{\text{기울기}}{a}x+\underset{y\text{절편}}{b}$$

예 기울기가 2이고 y절편이 -1인 직선을 그래프로 하는 일차함수의 식

  ➡ $y=2x-1$

참고 일차함수의 그래프의 기울기는 다음과 같이 주어질 수 있다.

  ① 평행한 그래프의 식이 주어지는 경우

  ② x, y의 값의 증가량이 주어지는 경우

개념 1 **일차함수 $y=ax+b$의 그래프의 성질**

0703 일차함수 $y=2x-1$의 그래프에 대한 설명으로 옳은 것은 ○표, 옳지 않은 것은 ×표를 하시오.

(1) 오른쪽 위로 향하는 직선이다. ( )

(2) y축과 양의 부분에서 만난다. ( )

(3) 제2사분면을 지나지 않는다. ( )

0704 다음 **보기** 중 주어진 조건을 만족시키는 일차함수를 모두 고르시오.

> **보기**
> ㄱ. $y=3x-7$ ㄴ. $y=-\dfrac{1}{4}x+2$
> ㄷ. $y=2x+\dfrac{4}{3}$ ㄹ. $y=-5x-1$

(1) x의 값이 증가할 때 y의 값도 증가하는 일차함수

(2) 그래프가 오른쪽 아래로 향하는 일차함수

(3) 그래프가 y축과 음의 부분에서 만나는 일차함수

(4) 그래프가 제2사분면을 지나는 일차함수

0705 일차함수 $y=ax+b$의 그래프가 다음과 같을 때, 상수 a, b의 부호를 각각 구하시오.

(1)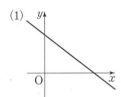

(2)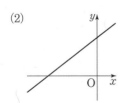

(3)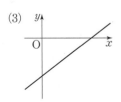

(4)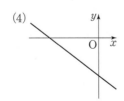

개념 2 **일차함수의 그래프의 평행, 일치**

0706 아래 **보기**의 일차함수에 대하여 다음 물음에 답하시오.

> **보기**
> ㄱ. $y=-x+2$ ㄴ. $y=-\dfrac{2}{3}x+6$
> ㄷ. $y=\dfrac{3}{2}x+6$ ㄹ. $y=3-x$
> ㅁ. $y=-2x+1$ ㅂ. $y=\dfrac{3}{2}(x+4)$

(1) 그래프가 평행한 것끼리 짝 지으시오.

(2) 그래프가 일치하는 것끼리 짝 지으시오.

0707 두 일차함수 $y=ax+4$, $y=-x+8$의 그래프가 평행할 때, 상수 a의 값을 구하시오.

0708 두 일차함수 $y=7x-5$, $y=7x+b$의 그래프가 일치할 때, 상수 b의 값을 구하시오.

개념 3 **일차함수의 식 구하기: 기울기와 절편을 알 때**

0709 다음 직선을 그래프로 하는 일차함수의 식을 구하시오.

(1) 기울기가 3이고 y절편이 -4인 직선

(2) 기울기가 -1이고 점 $\left(0, \dfrac{2}{3}\right)$를 지나는 직선

(3) 일차함수 $y=5x$의 그래프와 평행하고 y절편이 1인 직선

(4) x의 값이 6만큼 증가할 때 y의 값은 5만큼 감소하고 y절편이 2인 직선

일차함수의 식 구하기: 기울기와 한 점의 좌표를 알 때

> 유형 8

기울기가 a이고 점 (p, q)를 지나는 직선을 그래프로 하는 일차함수의 식은 다음과 같은 순서로 구한다.

❶ 일차함수의 식을 $y = ax + b$로 놓는다.

❷ $y = ax + b$에 $x = p$, $y = q$를 대입하여 b의 값을 구한다.

(예) 기울기가 3이고 점 $(1, -2)$를 지나는 직선을 그래프로 하는 일차함수의 식

❶ 일차함수의 식을 $y = 3x + b$로 놓는다.

❷ $y = 3x + b$에 $x = 1$, $y = -2$를 대입하면

$-2 = 3 \times 1 + b$ ∴ $b = -5$

∴ $y = 3x - 5$

일차함수의 식 구하기: 서로 다른 두 점의 좌표를 알 때

> 유형 9~10

(1) 두 점 (x_1, y_1), (x_2, y_2)를 지나는 직선을 그래프로 하는 일차함수의 식은 다음과 같은 순서로 구한다. (단, $x_1 \neq x_2$)

❶ 기울기 a를 구한다. ➡ $a = \dfrac{y_2 - y_1}{x_2 - x_1} = \dfrac{y_1 - y_2}{x_1 - x_2}$

❷ 일차함수의 식을 $y = ax + b$로 놓는다.

❸ $y = ax + b$에 두 점 중 한 점의 좌표를 대입하여 b의 값을 구한다.

(예) 두 점 $(1, 3)$, $(-2, 6)$을 지나는 직선을 그래프로 하는 일차함수의 식

❶ (기울기)$= \dfrac{6-3}{-2-1} = \dfrac{3}{-3} = -1$

❷ 일차함수의 식을 $y = -x + b$로 놓는다.

❸ $y = -x + b$에 $x = 1$, $y = 3$을 대입하면

$3 = -1 + b$ ∴ $b = 4$

∴ $y = -x + 4$

(2) x절편이 m이고 y절편이 n인 직선을 그래프로 하는 일차함수의 식은 다음과 같은 순서로 구한다. (단, $m \neq 0$)

❶ 두 점 $(m, 0)$, $(0, n)$을 지남을 이용하여 기울기를 구한다.

➡ (기울기)$= \dfrac{n-0}{0-m} = -\dfrac{n}{m}$

❷ y절편이 n이므로 일차함수의 식은 $y = -\dfrac{n}{m}x + n$이다.

일차함수의 활용

> 유형 11~15

일차함수의 활용 문제는 다음과 같은 순서로 푼다.

❶ 변수 정하기: 문제의 뜻을 파악하고 변하는 두 양을 변수 x, y로 놓는다.

❷ 함수의 식 구하기: 두 양 x, y 사이의 관계를 일차함수의 식 $y = ax + b$로 나타낸다.

❸ 값 구하기: 함숫값이나 그래프를 이용하여 값을 구한다.

❹ 확인하기: 구한 값이 문제의 뜻에 맞는지 확인한다.

개념 4 일차함수의 식 구하기: 기울기와 한 점의 좌표를 알 때

0710 다음 직선을 그래프로 하는 일차함수의 식을 구하시오.

(1) 기울기가 -4이고 점 $(2, -9)$를 지나는 직선

(2) 기울기가 6이고 x절편이 $-\dfrac{1}{3}$인 직선

(3) 일차함수 $y = \dfrac{1}{2}x + 1$의 그래프와 평행하고 점 $(-4, 4)$를 지나는 직선

(4) x의 값이 3만큼 증가할 때 y의 값은 9만큼 감소하고 점 $(-2, 3)$을 지나는 직선

0711 오른쪽 그림과 같은 직선을 그래프로 하는 일차함수의 식을 구하시오.

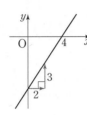

개념 5 일차함수의 식 구하기: 서로 다른 두 점의 좌표를 알 때

0712 다음 직선을 그래프로 하는 일차함수의 식을 구하시오.

(1) 두 점 $(2, 0)$, $(3, 1)$을 지나는 직선

(2) 두 점 $(-1, 4)$, $(4, -6)$을 지나는 직선

(3) 두 점 $(3, -6)$, $(-9, -2)$를 지나는 직선

0713 오른쪽 그림과 같은 직선을 그래프로 하는 일차함수의 식을 구하시오.

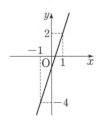

0714 다음 직선을 그래프로 하는 일차함수의 식을 구하시오.

(1) x절편이 2이고 y절편이 10인 직선

(2) x절편이 4이고 점 $(0, -3)$을 지나는 직선

0715 오른쪽 그림과 같은 직선을 그래프로 하는 일차함수의 식을 구하시오.

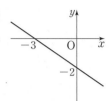

개념 6 일차함수의 활용

0716 한 개에 800원인 빵을 x개 사고 10000원을 낼 때, 받은 거스름돈을 y원이라 하자. 거스름돈이 2800원일 때, 빵을 몇 개 샀는지 구하려고 한다. □ 안에 알맞은 것을 써넣으시오.

> 빵 x개의 가격은 □원이므로 거스름돈 y원은
>
> $y = $ □
>
> 위의 식에 $y = $ □ 을 대입하면
>
> □ $= 10000 - 800x$ ∴ $x = $ □
>
> 따라서 빵을 □개 샀다.

0717 길이가 21 cm인 양초에 불을 붙이면 1분에 2 cm씩 길이가 짧아진다고 한다. 불을 붙인 지 x분 후에 남아 있는 양초의 길이를 $y \text{ cm}$라 할 때, 다음 물음에 답하시오.

(1) 표를 완성하시오.

x(분)	0	1	2	3	⋯
y(cm)					⋯

(2) x와 y 사이의 관계식을 구하시오.

(3) 불을 붙인 지 5분 후에 남아 있는 양초의 길이를 구하시오.

유형 1  일차함수 $y=ax+b$의 그래프와 a의 값 사이의 관계   > 개념 1

0718 다음 일차함수 중 그 그래프가 y축에 가장 가까운 것은?

① $y=-\dfrac{7}{3}x+4$ ② $y=\dfrac{3}{2}x+4$

③ $y=\dfrac{1}{2}x+4$ ④ $y=-x+4$

⑤ $y=2x+4$

0719 일차함수 $y=ax+1$의 그래프가 오른쪽 그림과 같을 때, 상수 a의 값의 범위를 구하시오.

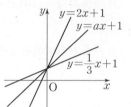

0720 다음 일차함수 중 그 그래프가 $y=-\dfrac{7}{2}x+3$의 그래프보다 y축에 가까운 것은?

① $y=4x-5$ ② $y=-\dfrac{3}{5}x$

③ $y=-3x+4$ ④ $y=2x-1$

⑤ $y=-\dfrac{3}{2}x+1$

0721 다음 중 주어진 조건을 모두 만족시키는 직선을 그래프로 하는 일차함수의 식은?

> ㈎ 오른쪽 위로 향하는 직선이다.
> ㈏ $y=-2x+3$의 그래프보다 x축에 가깝다.

① $y=-3x+3$ ② $y=-x+3$

③ $y=x+3$ ④ $y=\dfrac{5}{2}x+3$

⑤ $y=4x+3$

유형 2 a, b의 부호가 주어질 때, 일차함수 $y=ax+b$의 그래프   > 개념 1

0722 $a>0$, $b<0$일 때, 다음 **보기** 중 그 그래프가 제3사분면을 지나지 않는 일차함수를 모두 고르시오.

> **보기**
> ㄱ. $y=-ax+b$ ㄴ. $y=ax-b$
> ㄷ. $y=-ax-b$ ㄹ. $y=bx+a$

서술형

0723 상수 a, b, c에 대하여 $ac>0$, $bc<0$일 때, 일차함수 $y=\dfrac{b}{a}x-\dfrac{c}{a}$의 그래프가 지나는 사분면을 모두 구하시오.

유형 3 일차함수 $y=ax+b$의 그래프가 주어질 때, a, b의 부호 구하기 **> 개념 1**

0724 일차함수 $y=-ax+b$의 그래프가 오른쪽 그림과 같을 때, 다음 중 옳은 것은? (단, a, b는 상수)

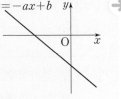

① $a>0$, $b>0$ ② $a>0$, $b<0$
③ $a<0$, $b>0$ ④ $a<0$, $b<0$
⑤ $a<0$, $b=0$

0725 일차함수 $y=-ax-b$의 그래프가 오른쪽 그림과 같을 때, x절편이 a, y절편이 b인 일차함수의 그래프가 지나는 사분면을 모두 구하시오. (단, a, b는 상수)

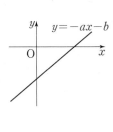

서술형
0726 일차함수 $y=ax+b$의 그래프가 오른쪽 그림과 같을 때, 일차함수 $y=-bx+\dfrac{a}{b}$의 그래프가 지나지 않는 사분면을 구하시오.
(단, a, b는 상수)

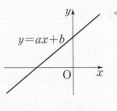

0727 일차함수 $y=\dfrac{b}{a}x-a$의 그래프가 오른쪽 그림과 같을 때, 일차함수 $y=bx-a-b$의 그래프가 지나지 않는 사분면을 구하시오. (단, a, b는 상수)

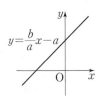

유형 4 일차함수의 그래프의 평행 **> 개념 2**

0728 일차함수 $y=ax+5$의 그래프는 일차함수 $y=-3x-7$의 그래프와 평행하고 점 $(k, -1)$을 지난다. $a+k$의 값을 구하시오. (단, a는 상수)

0729 일차함수 $y=ax+b$의 그래프는 일차함수 $y=-x+1$의 그래프와 평행하고, 일차함수 $y=5x-3$의 그래프와 x축 위에서 만난다. 이때 상수 a, b에 대하여 $a+b$의 값은?

① $-\dfrac{4}{5}$ ② $-\dfrac{3}{5}$ ③ $-\dfrac{2}{5}$
④ $-\dfrac{1}{5}$ ⑤ $\dfrac{1}{5}$

0730 두 일차함수 $y=-ax+8$과 $y=4x-a+2b$의 그래프가 일치할 때, 상수 a, b에 대하여 $a+b$의 값은?

① -8 ② -6 ③ -2

④ 2 ⑤ 6

0731 다음 조건을 모두 만족시키는 상수 a, b에 대하여 $b-a$의 값을 구하시오.

> ㈎ 두 일차함수 $y=2x+8$과 $y=(a+3)x+2a$의 그래프는 평행하다.
>
> ㈏ 일차함수 $y=(a+3)x+2a$의 그래프를 y축의 방향으로 b만큼 평행이동하면 일차함수 $y=2x+5$의 그래프와 일치한다.

0732 다음 중 일차함수 $y=-4x+5$의 그래프에 대한 설명으로 옳지 <u>않은</u> 것은?

① 점 $(1, 1)$을 지난다.

② x절편은 $\dfrac{5}{4}$, y절편은 5이다.

③ 오른쪽 아래로 향하는 직선이다.

④ $y=-4x+1$의 그래프와 평행하다.

⑤ 제1, 2, 3사분면을 지난다.

0733 오른쪽 그림과 같은 일차함수의 그래프에 대하여 다음 **보기** 중 옳은 것을 모두 고르시오.

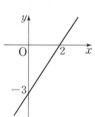

> **보기**
> ㄱ. x의 값이 2만큼 증가하면 y의 값은 3만큼 증가한다.
>
> ㄴ. $y=\dfrac{3}{2}x-3$의 그래프와 평행하다.
>
> ㄷ. $y=\dfrac{3}{2}(x-4)$의 그래프와 한 점에서 만난다.
>
> ㄹ. y축의 방향으로 3만큼 평행이동하면 원점을 지난다.

0734 일차함수 $y=-3x+1$의 그래프와 평행하고 일차함수 $y=-\dfrac{1}{2}x+4$의 그래프와 y축 위에서 만나는 직선을 그래프로 하는 일차함수의 식은?

① $y=-3x+2$ ② $y=-3x+4$

③ $y=-\dfrac{1}{2}x+1$ ④ $y=\dfrac{1}{2}x+2$

⑤ $y=3x+4$

0735 다음 조건을 모두 만족시키는 일차함수의 그래프가 점 $(-1, k)$를 지날 때, k의 값을 구하시오.

> ㈎ 두 점 $(-2, -4)$, $(2, 8)$을 지나는 직선과 평행하다.
>
> ㈏ 점 $(0, -3)$을 지난다.

0736 오른쪽 그림의 직선과 평행하고, y축과 만나는 점의 좌표가 $(0, -3)$인 직선을 그래프로 하는 일차함수의 식을 구하시오.

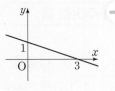

정답과 해설 75쪽

0737 오른쪽 그림의 직선과 평행하고 일차함수 $y=x+1$의 그래프와 y축 위에서 만나는 일차함수의 그래프가 점 $(2a, a+5)$를 지날 때, a의 값을 구하시오.

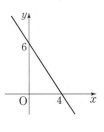

유형 8 일차함수의 식 구하기 (2): 기울기와 한 점이 주어질 때   > 개념 4

0738 일차함수 $y=-7x+1$의 그래프와 평행하고 점 $(1, -5)$를 지나는 직선을 그래프로 하는 일차함수의 식은?

① $y=-7x-2$

② $y=-7x+2$

③ $y=-x-4$

④ $y=\frac{1}{7}x-5$

⑤ $y=7x-12$

0739 두 점 $(3, -4)$, $(1, 2)$를 지나는 직선과 평행하고, 점 $(2, 2)$를 지나는 직선을 그래프로 하는 일차함수의 식을 $y=f(x)$라 할 때, $f(-1)$의 값을 구하시오.

0740 일차함수 $y=ax+b$의 그래프가 일차함수 $y=-2x+3$의 그래프와 평행하고 점 $(-3, 0)$을 지날 때, 상수 a, b에 대하여 $a+b$의 값을 구하시오.

0741 일차함수 $y=2x+9$의 그래프와 평행하고 일차함수 $y=-\frac{1}{4}x-1$의 그래프와 x축 위에서 만나는 직선을 그래프로 하는 일차함수의 식을 $y=ax+b$라 할 때, 상수 a, b에 대하여 $b-a$의 값을 구하시오.

0742 두 점 $(-1, 3)$, $(3, -7)$을 지나는 직선을 그래프로 하는 일차함수의 식을 $y=ax+b$라 할 때, 상수 a, b에 대하여 $a+b$의 값을 구하시오.

0743 다음 일차함수 중 그 그래프가 두 점 $(-1, 5)$, $(4, 15)$를 지나는 일차함수의 그래프와 y축 위에서 만나는 것은?

① $y=-4x+2$ ② $y=-\dfrac{1}{6}x-1$

③ $y=x+\dfrac{3}{5}$ ④ $y=3x-2$

⑤ $y=5x+7$

0744 세 점 $(-1, 5)$, $(2, -4)$, $(k, 8)$이 일차함수 $y=ax+b$의 그래프 위에 있을 때, $a-b+k$의 값을 구하시오. (단, a, b는 상수)

0745 두 점 $(-1, -9)$, $(2, 9)$를 지나는 일차함수의 그래프를 y축의 방향으로 5만큼 평행이동한 그래프가 점 $(k, 4)$를 지날 때, k의 값을 구하시오.

0746 일차함수 $y=ax+b$의 그래프가 오른쪽 그림과 같을 때, 다음 중 $y=bx+a$의 그래프 위에 있는 점은? (단, a, b는 상수)

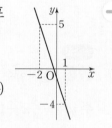

① $(-4, 2)$ ② $(-1, -1)$

③ $(1, -4)$ ④ $(4, -13)$

⑤ $(5, -9)$

서술형

0747 두 점 $(1, 3)$, $(-2, 9)$를 지나는 직선을 그래프로 하는 일차함수의 식을 $y=ax+b$라 할 때, 일차함수 $y=abx+2b-a$의 그래프의 x절편을 구하시오. (단, a, b는 상수)

유형 10 일차함수의 식 구하기 [4]: x절편과 y절편이 주어질 때   **> 개념 5**

0748 오른쪽 그림과 같은 일차함수의 그래프가 점 $(-5, k)$를 지날 때, k의 값을 구하시오.

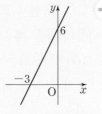

→ 0749 다음 조건을 모두 만족시키는 직선을 그래프로 하는 일차함수의 식을 구하시오.

> ㈎ $y=-x+3$의 그래프와 x축 위에서 만난다.
>
> ㈏ $y=-\dfrac{5}{4}x-9$의 그래프와 y축 위에서 만난다.

0750 일차함수 $y=ax+b$의 그래프의 x절편이 2, y절편이 4일 때, 일차함수 $y=abx+b-a$의 그래프의 x절편을 구하시오. (단, a, b는 상수)

서술형
→ 0751 일차함수 $y=ax-1$의 그래프를 y축의 방향으로 b만큼 평행이동하면 오른쪽 그림과 같은 일차함수의 그래프와 일치한다. $b-a$의 값을 구하시오.

(단, a는 상수)

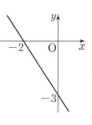

0752 지면으로부터 10 km까지는 100 m 높아질 때마다 기온이 0.6 ℃씩 내려간다고 한다. 지면의 기온이 16 ℃일 때, 지면으로부터 높이가 2 km인 지점의 기온은 몇 ℃인지 구하시오.

0753 현재 그릇에 담긴 물의 온도는 10 ℃이고 이 그릇의 물을 데우면 1분에 18 ℃씩 올라간다고 한다. 물은 100 ℃가 되는 순간부터 끓기 시작한다고 할 때, 물을 데우기 시작한 지 몇 분 후에 물이 끓기 시작하는지 구하시오.

0754 길이가 20 cm인 용수철 저울이 있다. 이 저울에 무게가 4 g인 물건을 달 때마다 용수철의 길이가 1 cm씩 늘어난다고 한다. 이 용수철 저울에 무게가 20 g인 물건을 달았을 때, 용수철의 길이를 구하시오.

0755 길이가 30 cm인 양초가 모두 타는 데 총 90분이 걸린다고 한다. 이 양초에 불을 붙일 때 남은 양초의 길이가 12 cm가 되는 것은 양초에 불을 붙인 지 몇 분 후인지 구하시오. (단, 양초가 타는 속도는 일정하다.)

0756 60 L의 물이 들어 있는 물통의 뚜껑을 열면 5분에 8 L씩 물이 흘러나온다고 한다. 뚜껑을 연 지 몇 분 후에 이 물통에 36 L의 물이 남아 있는지 구하시오.

0757 들이가 100 L인 물통에 물이 30 L 들어 있다. 이 물통에 6분에 30 L의 비율로 물을 넣는다고 할 때, 물통을 가득 채우는 데 걸리는 시간은 몇 분인지 구하시오.

서술형

0758 자동차의 연비란 1 L의 연료로 달릴 수 있는 거리를 말한다. 연비가 12 km인 어떤 자동차에 50 L의 휘발유를 넣고 x km를 달린 후에 남아 있는 휘발유의 양을 y L라 할 때, x와 y 사이의 관계식을 구하고, 60 km를 달린 후에 남아 있는 휘발유의 양을 구하시오.

0759 어떤 환자가 1분에 4 mL씩 들어가는 링거 주사를 맞고 있다. 600 mL가 들어 있는 링거 주사를 오후 12시부터 맞기 시작하였을 때, 링거 주사를 다 맞았을 때의 시각은?

① 오후 2시   ② 오후 2시 15분

③ 오후 2시 30분   ④ 오후 2시 45분

⑤ 오후 3시

유형 13 거리, 속력, 시간에 대한 문제   > 개념 6

0760 서울에서 출발하여 서울로부터 440 km 떨어진 부산까지 시속 85 km의 속력으로 가려고 한다. 부산까지 남은 거리가 100 km가 되는 것은 출발한 지 몇 시간 후인지 구하시오.

0761 성호는 집에서 7 km 떨어진 할머니 댁을 향해 자전거를 타고 분속 500 m의 속력으로 달리고 있다. 할머니 댁에서 2 km 떨어진 제과점에서 빵을 사 가려고 할 때, 성호가 집에서 출발한 지 몇 분 후에 제과점에 도착할 수 있는가?

(단, 제과점은 집에서 할머니 댁을 가는 길에 있다.)

① 8분 후   ② 9분 후   ③ 10분 후

④ 11분 후   ⑤ 12분 후

0762 석영이와 우진이가 직선 도로를 따라 달리기를 하는데 우진이가 석영이보다 50 m 앞에서 출발하였다. 두 사람이 동시에 출발하여 석영이는 초속 7 m, 우진이는 초속 5 m로 달릴 때, 석영이와 우진이가 만나는 데 걸리는 시간을 구하시오.

서술형

0763 세나와 현우는 1.2 km 떨어진 지점에서 서로를 향해 동시에 움직이기 시작하였다. 세나는 분속 60 m의 속력으로 걷고, 현우는 분속 180 m의 속력으로 뛴다고 한다. 출발한 지 x분 후의 두 사람 사이의 거리를 y m라 할 때, 두 사람이 만나는 것은 출발한 지 몇 분 후인지 구하시오.

0764 오른쪽 그림과 같이 ∠C=90°인 직각삼각형 ABC에서 점 P가 꼭짓점 A를 출발하여 변 AC를 따라 꼭짓점 C까지 매초 3 cm의 속력으로 움직인다. 삼각형 PBC의 넓이가 40 cm²가 되는 것은 점 P가 꼭짓점 A를 출발한 지 몇 초 후인지 구하시오.

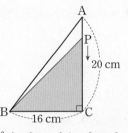

0765 오른쪽 그림에서 점 P는 점 B를 출발하여 선분 BC를 따라 점 C까지 매초 4 cm의 속력으로 움직인다. 삼각형 ABP와 삼각형 DPC의 넓이의 합이 64 cm²가 되는 것은 점 P가 꼭짓점 B를 출발한 지 몇 초 후인지 구하시오.

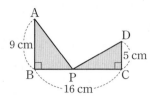

서술형

0766 오른쪽 그림과 같은 직사각형 ABCD에서 꼭짓점 A를 출발하여 변 AD 위를 따라 움직이는 점 P에 대하여 $\overline{\text{AP}}=x$ cm일 때, 사다리꼴 PBCD의 넓이를 y cm²라 하자. x와 y 사이의 관계식을 구하고, $\overline{\text{AP}}=3$ cm일 때의 사다리꼴 PBCD의 넓이를 구하시오.

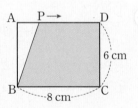

0767 오른쪽 그림과 같은 직사각형 ABCD에서 점 P가 점 A에서 출발하여 매초 2 cm의 속력으로 직사각형의 변을 따라 점 B, C를 거쳐 점 D까지 움직인다. 점 P가 점 A를 출발한 지 x초 후의 삼각형 APD의 넓이를 y cm²라 하고, 점 P가 변 CD 위에 있을 때, x와 y 사이의 관계식을 구하시오.

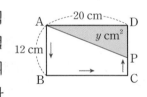

유형 **15** 그래프를 이용한 일차함수의 활용 > 개념 6

0768 오른쪽 그림은 처음
휘발유의 양이 30 L인 자동차
가 x km를 이동한 후 남은
휘발유의 양을 y L라 할 때,
x와 y 사이의 관계를 그래프로 나타낸 것이다. 남은 휘발
유가 20 L일 때, 이 자동차의 이동 거리를 구하시오.

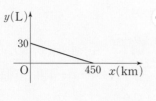

0769 오른쪽 그림은 우영이가
집에서 출발한 지 x분 후에 우영
이가 있는 지점에서 학교까지의
거리를 y m라 할 때, x와 y 사이
의 관계를 그래프로 나타낸 것이다. 다음 중 옳지 <u>않은</u> 것
은?

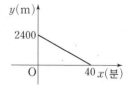

① 집에서 학교까지의 거리는 2400 m이다.
② 집에서 학교까지 가는 데 걸리는 시간은 40분이다.
③ 우영이는 매분 60 m의 속력으로 일정하게 이동하
였다.
④ 출발한 지 10분 후 학교까지의 거리는 2000 m이다.
⑤ 학교까지의 거리가 600 m일 때까지 걸은 시간은
30분이다.

서술형
0770 오른쪽 그림은 어떤 기
체에 대하여 온도가 x °C일 때
의 부피를 y L라 할 때, x와 y
사이의 관계를 그래프로 나타
낸 것이다. 온도가 0 °C일 때,
이 기체의 부피를 구하시오.

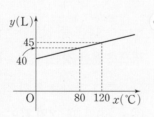

0771 오른쪽 그림은 높이가
70 cm인 수조에 일정한 비율
로 물을 넣기 시작한 지 x초 후
의 물의 높이를 y cm라 할 때,
x와 y 사이의 관계를 그래프로 나타낸 것이다. 물을 넣기
시작한 지 15초 후의 물의 높이는 몇 cm인지 구하시오.

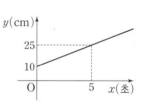

0772 다음 중 오른쪽 그림의 직선 l을 그래프로 하는 일차함수의 식으로 알맞은 것은?

① $y = -4x + 1$

② $y = -\dfrac{5}{2}x + 1$

③ $y = -\dfrac{1}{2}x + 1$

④ $y = x + 1$

⑤ $y = 2x + 1$

0773 일차함수 $y = ax + b$의 그래프 (가), (나), (다), (라), (마)가 오른쪽 그림과 같을 때, 옳은 것만을 **보기**에서 모두 고른 것은?

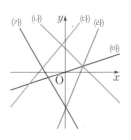

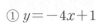
보기

ㄱ. $a > 0$인 그래프는 (다), (라), (마)이다.

ㄴ. $b < 0$인 그래프는 (가), (라)이다.

ㄷ. $a > 0$, $b > 0$인 그래프는 (다), (라), (마)이다.

ㄹ. $a < 0$, $b > 0$인 그래프는 (나)이다.

① ㄱ, ㄴ   ② ㄴ, ㄷ   ③ ㄷ, ㄹ

④ ㄱ, ㄴ, ㄷ   ⑤ ㄱ, ㄴ, ㄹ

0774 일차함수 $y = ax - b$의 그래프가 오른쪽 그림과 같을 때, 다음 중 옳은 것은? (단, a, b는 상수)

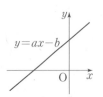

① $a + b < 0$ ② $a - b < 0$

③ $ab > 0$ ④ $a + b^2 > 0$

⑤ $a^2 b > 0$

0775 두 점 $(-3, a)$, $(2, 10)$을 지나는 직선이 일차함수 $y = -x + 4$의 그래프와 평행할 때, a의 값을 구하시오.

0776 일차함수 $y = 2ax + 3$의 그래프를 y축의 방향으로 -4만큼 평행이동하였더니 $y = -4x + b$의 그래프와 일치하였다. 이때 상수 a, b에 대하여 ab의 값을 구하시오.

0777 다음 중 일차함수 $y = ax + b$의 그래프에 대한 설명으로 옳은 것은? (단, a, b는 상수)

① x축과 만나는 점의 좌표는 $(a, 0)$이다.

② $a > 0$일 때, x의 값이 증가하면 y의 값은 감소한다.

③ $b < 0$일 때, y축과 양의 부분에서 만난다.

④ $a < 0$, $b > 0$일 때, 제2사분면을 지나지 않는다.

⑤ $y = ax + b + 1$의 그래프와 평행하다.

0778 x의 값이 4만큼 증가할 때 y의 값은 2만큼 감소하고 y절편이 6인 일차함수의 그래프의 x절편을 구하시오.

0779 오른쪽 그림의 직선과 평행하고, x절편이 9인 직선을 그래프로 하는 일차함수의 식이 $y=ax+b$일 때, 상수 a, b에 대하여 ab의 값을 구하시오.

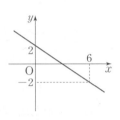

0780 세 점 $(-1, -6)$, $(1, k)$, $(4, -2k)$를 지나는 일차함수의 그래프와 x축 및 y축으로 둘러싸인 도형의 넓이를 구하시오.

0781 오른쪽 그림과 같은 일차함수의 그래프의 y절편은?

① 4 　　② $\dfrac{9}{2}$

③ 5 　　④ $\dfrac{11}{2}$

⑤ 6

0782 일차함수 $y=ax+b$의 그래프의 x절편이 -6, y절편이 -4일 때, 일차함수 $y=bx+a$의 그래프가 지나지 않는 사분면을 구하시오. (단, a, b는 상수)

0783 길이가 35 cm인 용수철 저울이 있다. 이 저울에 무게가 10 g인 물건을 달면 용수철의 길이가 40 cm가 된다고 한다. 이 용수철에 무게가 20 g인 물건을 달았을 때, 용수철의 길이는?

① 42 cm 　　② 45 cm 　　③ 48 cm

④ 50 cm 　　⑤ 52 cm

09
일차함수와 그래프 ⑵

0784 60 L의 물이 들어 있는 물탱크 A에 3분에 10 L씩 물을 채우고, 45 L의 물이 들어 있는 물탱크 B에 2분에 9 L씩 물을 채우려고 한다. 두 물탱크에 동시에 물을 채우기 시작하여 x분 후 물탱크에 채워진 물의 양을 y L라 할 때, 물탱크 A, B에 채워진 물의 양이 같아지는 것은 몇 분 후인지 구하시오.

0786 길이와 모양이 같은 성냥개비로 다음 그림과 같은 정삼각형을 한 방향으로 연결하여 만들 때, 정삼각형 12개를 만들려면 몇 개의 성냥개비가 필요한가?

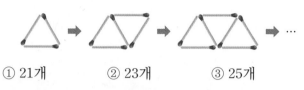

① 21개   ② 23개   ③ 25개
④ 27개   ⑤ 29개

0787 250 L의 물이 들어 있는 물통에서 오후 1시부터 물을 내보내고 있다. 물을 내보내기 시작하여 x시간 후 물통에 남아 있는 물의 양을 y L라 할 때, x, y 사이의 관계를 그래프로 나타내면 오른쪽 그림과 같다.

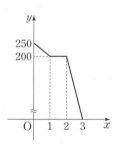

다음 중 옳지 <u>않은</u> 것은?

① 오후 1시부터 2시까지 물통의 물의 양은 일정한 속력으로 줄어들고 있다.

② 오후 1시부터 2시까지 내보낸 물의 양은 50 L이다.

③ 오후 1시부터 2시까지 내보낸 물의 양과 오후 2시부터 4시까지 내보낸 물의 양의 비는 1 : 3이다.

④ $0 \leq x \leq 1$일 때, $y = -50x + 250$이다.

⑤ $2 \leq x \leq 3$일 때, $y = -200x + 600$이다.

0785 어느 건물의 20층에 엘리베이터가 있을 때, 지면으로부터 엘리베이터 바닥까지의 높이가 60 m이다. 이 엘리베이터가 20층을 출발하여 중간에 서지 않고 초속 2 m의 속력으로 내려올 때, 지면으로부터 엘리베이터 바닥까지의 높이가 36 m인 순간은 출발한 지 몇 초 후인지 구하시오.

0788 두 일차함수 $y=-4x+8$, $y=ax+b$의 그래프가 평행할 때, 이 두 그래프가 x축과 만나는 점을 각각 P, Q라 하자. $\overline{PQ}=3$일 때, 상수 a, b의 값을 각각 구하시오. (단, $b<0$)

0789 어떤 향초에 불을 붙인 지 4분 후의 향초의 길이는 20 cm이고, 12분 후의 향초의 길이는 10 cm이었다. 불을 붙이기 전 처음의 향초의 길이는 몇 cm인지 구하고, 이 향초를 다 태우는 데 걸리는 시간은 몇 분인지 구하시오. (단, 향초가 타는 속도는 일정하다.)

서술형

0790 일차함수 $y=\dfrac{a}{c}x-\dfrac{b}{c}$의 그래프가 오른쪽 그림과 같을 때, 일차함수 $y=abx+bc$의 그래프가 지나지 않는 사분면을 구하시오. (단, a, b, c는 상수)

0791 민찬이와 선미가 달리기 연습을 하는데 민찬이는 공원 입구에서 출발하고 선미는 민찬이보다 0.5 km 앞에서 동시에 출발하였다. 민찬이는 초속 5 m의 속력으로, 선미는 초속 3 m의 속력으로 달려서 민찬이가 선미를 따라 잡을 때까지 달리려고 한다. 출발한 지 x초 후의 두 사람 사이의 거리를 y m라 할 때, x와 y 사이의 관계식을 구하고, 민찬이가 선미를 따라 잡는 것은 몇 초 후인지 구하시오.

개념 1

일차함수와 일차방정식의 관계

> 유형 1~4, 6~8

(1) **미지수가 2개인 일차방정식의 그래프**

미지수가 2개인 일차방정식 $ax+by+c=0$ (a, b, c는 상수, $a \neq 0$, $b \neq 0$)의 해인 순서쌍 (x, y)를 좌표평면 위에 나타낸 것

(2) **직선의 방정식**

미지수 x, y의 값의 범위가 수 전체일 때, 일차방정식

$$ax+by+c=0 \ (a, b, c는 \ 상수, \ a \neq 0 \ 또는 \ b \neq 0)$$

의 해는 무수히 많고, 이 해 (x, y)를 좌표로 하는 점을 좌표평면 위에 나타내면 직선이 된다. 이때 일차방정식 $ax+by+c=0$을 **직선의 방정식**이라 한다.

(3) **일차함수와 일차방정식의 관계**

미지수가 2개인 일차방정식 $ax+by+c=0$ (a, b, c는 상수, $a \neq 0$, $b \neq 0$)의 그래프는 일차함수 $y=-\dfrac{a}{b}x-\dfrac{c}{b}$의 그래프와 같다.

$$ax+by+c=0 \ (a \neq 0, \ b \neq 0) \quad \xleftrightarrow[\text{일차방정식}]{\text{일차함수}} \quad y=-\dfrac{a}{b}x-\dfrac{c}{b}$$

예 일차방정식 $x-2y+1=0$의 그래프는 일차함수 $y=\dfrac{1}{2}x+\dfrac{1}{2}$의 그래프와 같다.

개념 2

방정식 $x=p$, $y=q$의 그래프

> 유형 5~7

(1) **방정식 $x=p$ (p는 상수, $p \neq 0$)의 그래프**

점 $(p, 0)$을 지나고 y축에 평행한(x축에 수직인) 직선

(2) **방정식 $y=q$ (q는 상수, $q \neq 0$)의 그래프**

점 $(0, q)$를 지나고 x축에 평행한(y축에 수직인) 직선

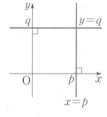

참고 직선의 방정식 $ax+by+c=0$ (a, b, c는 상수, $a \neq 0$ 또는 $b \neq 0$)에서

(1) $a \neq 0$, $b \neq 0$인 경우

$$y=-\dfrac{a}{b}x-\dfrac{c}{b}$$

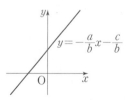

➡ 일차함수이다.

(2) $a \neq 0$, $b=0$인 경우

$ax+c=0$이므로 $x=-\dfrac{c}{a}$

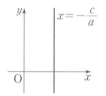

➡ 함수가 아니다.

└ x의 값이 $-\dfrac{c}{a}$ 하나로 정해질 때 y의 값은 무수히 많으므로 함수가 아니다.

(3) $a=0$, $b \neq 0$인 경우

$by+c=0$이므로 $y=-\dfrac{c}{b}$

➡ 함수이지만 일차함수가 아니다.

└ x의 값이 하나로 정해질 때 y의 값은 항상 하나이므로 함수이지만 일차함수가 아니다.

개념 1 일차함수와 일차방정식의 관계

0792 다음 일차방정식을 $y=ax+b$ 꼴로 나타내고, 그 그래프의 기울기, x절편, y절편을 차례대로 구하시오.

(1) $x-y+2=0$

(2) $3x+y-9=0$

(3) $-x+4y+8=0$

(4) $2x+6y+1=0$

(5) $\dfrac{x}{3}-\dfrac{y}{2}-2=0$

0793 아래 **보기** 중 다음 조건을 만족시키는 그래프의 식을 모두 고르시오.

보기
ㄱ. $6x+y-1=0$ ㄴ. $x-2y-4=0$
ㄷ. $x+5y+10=0$ ㄹ. $-2x+y-7=0$

(1) x의 값이 증가할 때 y의 값은 감소하는 그래프

(2) 오른쪽 위로 향하는 그래프

(3) y축과 양의 부분에서 만나는 그래프

(4) 제1사분면을 지나는 그래프

(5) y축에서 만나는 두 그래프

0794 다음 일차방정식의 그래프를 오른쪽 좌표평면 위에 그리시오.

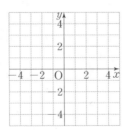

(1) $2x+4y-8=0$

(2) $3x-5y-15=0$

개념 2 방정식 $x=p$, $y=q$의 그래프

0795 다음 방정식의 그래프를 오른쪽 좌표평면 위에 그리시오.

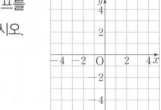

(1) $x=4$

(2) $y=-1$

(3) $2x+4=0$

(4) $4y-3=9$

0796 다음 그림과 같은 직선의 방정식을 구하시오.

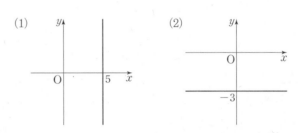

0797 다음 조건을 만족시키는 직선의 방정식을 구하시오.

(1) 점 $(1, 7)$을 지나고 x축에 평행한 직선

(2) 점 $(-3, 4)$를 지나고 y축에 평행한 직선

(3) 점 $(5, -2)$를 지나고 x축에 수직인 직선

(4) 점 $(-8, -6)$을 지나고 y축에 수직인 직선

(5) 두 점 $(2, -4)$, $(6, -4)$를 지나는 직선

(6) 두 점 $\left(\dfrac{1}{5}, 4\right)$, $\left(\dfrac{1}{5}, -1\right)$을 지나는 직선

개념 3

일차함수의 그래프와 연립일차방정식의 해

> 유형 9~15

연립방정식 $\begin{cases} ax+by+c=0 \\ a'x+b'y+c'=0 \end{cases}$ 의 해는 두 일차방정식 $ax+by+c=0$과 $a'x+b'y+c'=0$의 그래프, 즉 두 일차함수의 그래프의 교점의 좌표와 같다.

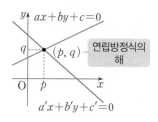

$$\boxed{\begin{array}{c} \text{연립방정식의 해} \\ x=p, \, y=q \end{array}} \longleftrightarrow \boxed{\begin{array}{c} \text{두 일차함수의 그래프의} \\ \text{교점의 좌표 } (p, q) \end{array}}$$

예 연립방정식 $\begin{cases} x+2y=4 \\ 3x-y=5 \end{cases}$ 에서 두 일차방정식의 그래프, 즉 두 일차함수의 그래프를 좌표평면 위에 나타내면 오른쪽 그림과 같다. 이때 두 그래프의 교점의 좌표가 $(2, 1)$이므로 연립방정식의 해는 $x=2, y=1$

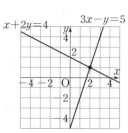

개념 4

연립일차방정식의 해의 개수와 그래프

> 유형 16

연립방정식 $\begin{cases} ax+by+c=0 \\ a'x+b'y+c'=0 \end{cases}$ 의 해의 개수는 두 일차방정식 $ax+by+c=0$과 $a'x+b'y+c'=0$의 그래프의 교점의 개수와 같다.

두 일차방정식의 그래프의 위치 관계	한 점에서 만난다.	평행하다.	일치한다.
두 그래프의 교점	한 개이다.	없다.	무수히 많다.
연립방정식의 해	한 쌍의 해를 갖는다.	해가 없다.	해가 무수히 많다.
기울기와 y절편	기울기가 다르다.	기울기는 같고, y절편은 다르다.	기울기와 y절편이 각각 같다.

참고 두 일차방정식 $ax+by+c=0$과 $a'x+b'y+c'=0$의 그래프에서

(1) $\dfrac{a}{a'} \neq \dfrac{b}{b'}$ ➡ 한 점에서 만난다. (연립방정식은 한 쌍의 해를 갖는다.)

(2) $\dfrac{a}{a'} = \dfrac{b}{b'} \neq \dfrac{c}{c'}$ ➡ 평행하다. (연립방정식의 해가 없다.)

(3) $\dfrac{a}{a'} = \dfrac{b}{b'} = \dfrac{c}{c'}$ ➡ 일치한다. (연립방정식의 해가 무수히 많다.)

개념 3 일차함수의 그래프와 연립일차방정식의 해

0798 오른쪽 그림은 두 일차방정식 $2x-y=3$, $x+2y=4$의 그래프이다. 다음 물음에 답하시오.

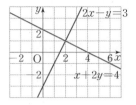

(1) 두 그래프의 교점의 좌표를 구하시오.

(2) 그래프를 이용하여 연립방정식 $\begin{cases} 2x-y=3 \\ x+2y=4 \end{cases}$의 해를 구하시오.

0799 그래프를 이용하여 다음 연립방정식의 해를 구하시오.

(1) $\begin{cases} x+y=2 \\ \dfrac{1}{2}x-y=-2 \end{cases}$

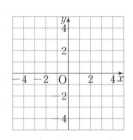

(2) $\begin{cases} x+4y=-3 \\ 2x+y=1 \end{cases}$

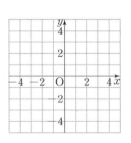

0800 연립방정식을 이용하여 다음 두 일차방정식의 그래프의 교점의 좌표를 구하시오.

(1) $y=-x-3$, $y=x+1$

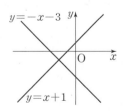

(2) $y=2x-4$, $y=-\dfrac{1}{5}x+7$

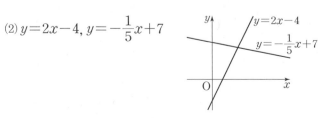

개념 4 연립일차방정식의 해의 개수와 그래프

0801 그래프를 이용하여 다음 연립방정식의 해를 구하시오.

(1) $\begin{cases} x+y=4 \\ x+y=-2 \end{cases}$

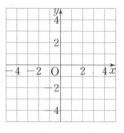

(2) $\begin{cases} 2x+y=-3 \\ 10x+5y=-15 \end{cases}$

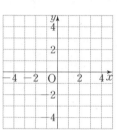

0802 아래 **보기** 중 다음 조건을 만족시키는 연립방정식을 고르시오.

보기
ㄱ. $\begin{cases} x-y=1 \\ 2x-2y=-1 \end{cases}$ ㄴ. $\begin{cases} 3x+2y=5 \\ 6x+4y=10 \end{cases}$

ㄷ. $\begin{cases} 2x-y=-3 \\ x+2y=1 \end{cases}$

(1) 해가 한 쌍인 연립방정식

(2) 해가 없는 연립방정식

(3) 해가 무수히 많은 연립방정식

0803 연립방정식 $\begin{cases} ax-y=-2 \\ 3x+y=b \end{cases}$의 해에 대하여 다음을 만족시키는 상수 a, b의 조건을 구하시오.

(1) 해가 한 쌍이다.

(2) 해가 없다.

(3) 해가 무수히 많다.

유형 1 일차함수와 일차방정식의 관계   ▷ 개념 1

0804 다음 중 일차방정식 $3x-2y+6=0$의 그래프에 대한 설명으로 옳은 것을 모두 고르면? (정답 2개)

① 오른쪽 아래로 향하는 직선이다.

② y절편은 3이다.

③ x절편은 2이다.

④ 직선 $y=\dfrac{2}{3}x$와 서로 평행하다.

⑤ y축과 양의 부분에서 만난다.

0805 일차방정식 $-x+3y-9=0$의 그래프의 기울기를 a, x절편을 b, y절편을 c라 할 때, abc의 값을 구하시오.

0806 다음 일차함수의 그래프 중 일차방정식 $4x+y-8=0$의 그래프와 서로 일치하는 것은?

① $y=4x-8$ ② $y=4x-2$

③ $y=\dfrac{1}{4}x-2$ ④ $y=-\dfrac{1}{4}x+2$

⑤ $y=-4x+8$

0807 일차방정식 $2x+3y=12$의 그래프와 일차함수 $y=ax+b$의 그래프가 서로 일치할 때, 상수 a, b에 대하여 ab의 값을 구하시오.

유형 2 일차방정식의 그래프 위의 점   ▷ 개념 1

0808 다음 중 일차방정식 $3x-4y+12=0$의 그래프 위의 점이 <u>아닌</u> 것은?

① $(-8, -3)$ ② $(-4, 0)$ ③ $(0, 3)$

④ $(2, 4)$ ⑤ $(4, 6)$

0809 다음 일차방정식 중 그 그래프가 점 $(-1, 1)$을 지나는 것은?

① $x-y-2=0$ ② $x+2y+1=0$

③ $2x-y+2=0$ ④ $2x+3y-1=0$

⑤ $3x+y+3=0$

0810 점 $(2a, a-4)$가 일차방정식 $2x-y+5=0$의 그래프 위의 점일 때, a의 값을 구하시오.

→

서술형
0811 일차방정식 $4x+5y-10=0$의 그래프가 두 점 $(a, 6)$, $(5, b)$를 지날 때, $a+b$의 값을 구하시오.

유형 3 일차방정식의 미지수의 값 구하기   > 개념 1

*
0812 일차방정식 $x+ay-9=0$의 그래프가 점 $(-1, 5)$를 지날 때, 이 그래프의 y절편은? (단, a는 상수)

① -9 ② $-\dfrac{9}{2}$ ③ -1

④ $\dfrac{9}{2}$ ⑤ 9

→

0813 일차방정식 $2x+y=k$의 그래프가 두 점 $(6, -3)$, $(3, m)$을 지날 때, $k+m$의 값을 구하시오.
(단, k는 상수)

0814 일차방정식 $ax+by-6=0$의 그래프가 오른쪽 그림과 같을 때, 상수 a, b에 대하여 ab의 값을 구하시오.

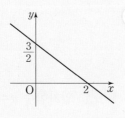

→

0815 일차방정식 $ax-by-6=0$의 그래프가 오른쪽 그림과 같을 때, 상수 a, b에 대하여 ab의 값을 구하시오.

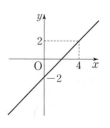

유형 4 직선의 방정식 구하기
> 개념 1

*0816 x의 값이 3만큼 증가할 때 y의 값은 4만큼 감소하고, 점 $(-6, 3)$을 지나는 직선의 방정식을 구하시오.

➔ 0817 일차방정식 $12x+6y-5=0$의 그래프와 서로 평행하고, 일차방정식 $4x-5y+6=0$의 그래프와 x축에서 만나는 직선의 방정식은?

① $3x+y-2=0$ ② $3x+y+4=0$
③ $2x-y+3=0$ ④ $2x+y+3=0$
⑤ $x+2y+3=0$

유형 5 좌표축에 평행한(수직인) 직선의 방정식
> 개념 2

*0818 다음 중 점 $(-2, 5)$를 지나고 y축에 수직인 직선의 방정식은?

① $x=-2$ ② $x=5$ ③ $2x=-2$
④ $y-5=0$ ⑤ $y=10$

➔ 0819 두 점 $(2k, -4)$, $(-k-6, 5)$를 지나는 직선이 y축에 평행할 때, k의 값은?

① -2 ② -1 ③ 1
④ 2 ⑤ 3

서술형
0820 직선 $y=-x-7$ 위의 점 $(2k, k-1)$을 지나고 x축에 수직인 직선의 방정식을 구하시오.

➔ 0821 일차함수 $y=-\frac{1}{2}x+3$의 그래프와 y축 위에서 만나고, x축에 평행한 직선의 방정식을 구하시오.

0822 다음 네 직선으로 둘러싸인 도형의 넓이를 구하시오.

$$x=0, \quad 2y=0, \quad x-4=0, \quad y+3=0$$

정답과 해설 85쪽

0823 네 직선 $2x+1=0$, $2x=9$, $y=a$, $y-5a=0$으로 둘러싸인 도형의 넓이가 20일 때, 양수 a의 값을 구하시오.

유형 6 일차방정식 $ax+by+c=0$의 그래프와 a, b, c의 부호 　　　　　> 개념 1, 2

0824 일차방정식 $ax+y+b=0$의 그래프가 오른쪽 그림과 같을 때, 다음 중 옳은 것은? (단, a, b는 상수)

① $a>0$, $b>0$
② $a>0$, $b<0$
③ $a<0$, $b>0$
④ $a<0$, $b<0$
⑤ $a>0$, $b=0$

0825 일차방정식 $ax-by+c=0$의 그래프가 오른쪽 그림과 같을 때, 다음 중 일차방정식 $cx+by-a=0$의 그래프로 알맞은 것은? (단, a, b, c는 상수)

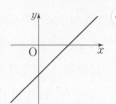

0826 일차방정식 $ax+by+c=0$의 그래프가 제2사분면을 지나지 않을 때, 다음 **보기** 중 옳은 것을 모두 고르시오. (단, a, b, c는 0이 아닌 상수)

보기

ㄱ. $a>0$, $b>0$, $c>0$　　ㄴ. $a>0$, $b>0$, $c<0$
ㄷ. $a>0$, $b<0$, $c<0$　　ㄹ. $a<0$, $b>0$, $c>0$
ㅁ. $a<0$, $b<0$, $c>0$　　ㅂ. $a<0$, $b<0$, $c<0$

0827 $ax+by-1=0$의 그래프가 x축에 수직이고, 제2사분면과 제3사분면만을 지나도록 하는 상수 a, b의 조건은?

① $a=0$, $b>0$　　② $a=0$, $b<0$　　③ $a>0$, $b=0$
④ $a<0$, $b=0$　　⑤ $a<0$, $b<0$

0828 두 직선 $x=2$, $x-2y-8=0$과 x축으로 둘러싸인 도형의 넓이를 구하시오.

→ **0829** 오른쪽 그림과 같이 세 직선 $x=1$, $y=-3$, $2x+y-3=0$으로 둘러싸인 도형의 넓이를 구하시오.

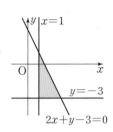

0830 오른쪽 그림과 같이 직선 $x=k$가 x축과 만나는 점을 A, 직선 $3x-4y=0$과 만나는 점을 B라 하자. $\overline{AB}=6$일 때, 상수 k의 값과 삼각형 BOA의 넓이를 차례대로 구하시오.

(단, O는 원점)

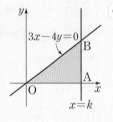

→ **0831** 오른쪽 그림과 같이 일차방정식 $ax-2y+8=0$의 그래프와 x축의 교점을 A, y축의 교점을 B라 하자. 삼각형 AOB의 넓이가 16일 때, 양수 a의 값을 구하시오. (단, 점 O는 원점)

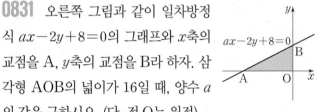

0832 오른쪽 그림과 같이 세 직선 $y=4$, $y=-2$, $3x-y+k=0$ 및 y축으로 둘러싸인 도형의 넓이가 18일 때, 상수 k의 값은? (단, $k>4$)

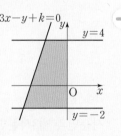

① 7   ② 8
③ 9   ④ 10
⑤ 11

→ 서술형
0833 일차함수 $y=\dfrac{5}{4}x-2$의 그래프와 x축, y축으로 둘러싸인 도형의 넓이를 A, 일차함수 $y=kx+4$의 그래프와 x축, y축으로 둘러싸인 도형의 넓이를 B라 할 때, 다음 물음에 답하시오. (단, $k>0$)

(1) A의 값을 구하시오.

(2) $A=B$일 때, 상수 k의 값을 구하시오.

0834 오른쪽 그림과 같이 좌표평면 위에 두 점 A$(1, 4)$, B$(3, 2)$가 있다. 직선 $y=ax-1$이 선분 AB와 만날 때, 상수 a의 값의 범위는?

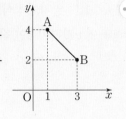

① $\dfrac{1}{3} \le a \le 3$ ② $\dfrac{1}{2} \le a \le 4$

③ $1 \le a \le 5$ ④ $2 \le a \le 6$

⑤ $3 \le a \le 7$

→ **0835** 직선 $y=ax+2$가 두 점 A$(-4, 3)$, B$(-1, 3)$을 잇는 선분 AB와 만날 때, 다음 중 상수 a의 값이 될 수 있는 것을 모두 고르면? (정답 2개)

① -4 ② -2 ③ $-\dfrac{3}{2}$

④ $-\dfrac{3}{4}$ ⑤ $-\dfrac{1}{4}$

서술형
0836 직선 $y=-3x+k$가 두 점 A$(-2, -1)$, B$(3, -8)$을 잇는 선분 AB와 만날 때, 상수 k의 값의 범위를 구하시오.

→ **0837** 직선 $y=\dfrac{1}{2}x+k$가 두 점 A$(-2, 3)$, B$(2, -1)$을 잇는 선분 AB와 만나도록 하는 상수 k의 값의 범위가 $a \le k \le b$일 때, $a+b$의 값을 구하시오.

0838 두 일차방정식 $x+2y-10=0$, $2x+y+1=0$ 의 그래프의 교점의 좌표를 (a, b)라 할 때, $a+b$의 값을 구하시오.

→ **0839** 일차방정식 $x+y-6=0$의 그래프와 기울기가 -2, y절편이 3인 직선의 교점의 좌표를 구하시오.

0840 오른쪽 그림은 연립방정식 $\begin{cases} x+y=7 \\ 2x-3y=-1 \end{cases}$ 의 해를 구하기 위하여 두 일차방정식의 그래프를 그린 것이다. 이때 p, q의 값을 각각 구하시오.

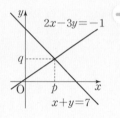

→ **0841** 오른쪽 그림의 두 직선 l, m의 교점의 좌표를 구하시오.

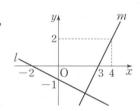

0842 오른쪽 그림은 연립방정식 $\begin{cases} x-y=3 \\ kx+y=2 \end{cases}$ 의 해를 구하기 위하여 두 일차방정식의 그래프를 그린 것이다. 이때 상수 k의 값을 구하시오.

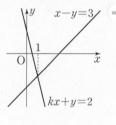

→ **0843** 오른쪽 그림은 연립방정식 $\begin{cases} ax-y=1 \\ bx+y=-4 \end{cases}$ 의 해를 구하기 위하여 두 일차방정식의 그래프를 그린 것이다. 상수 a, b에 대하여 $a-b$의 값을 구하시오.

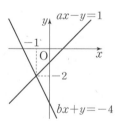

서술형

0844 두 직선 $6x+y=2$, $x-2y=a$의 교점이 y축 위에 있을 때, 두 직선이 각각 x축과 만나는 두 점 사이의 거리를 구하시오. (단, a는 상수)

→ **0845** 두 점 $(-3, 0)$, $(0, 4)$를 지나는 직선 m과 일차방정식 $3x-y+a=0$의 그래프의 교점의 x 좌표가 b이다. $-2 \leq b \leq 1$을 만족시키는 정수 a의 개수를 구하시오.

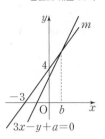

유형 11 두 직선의 교점을 지나는 직선의 방정식 구하기   > 개념 3

$\overset{*}{\text{0846}}$ 두 직선 $x-3y=-6$, $2x-y=-7$의 교점을 지나고 직선 $x-y+1=0$과 서로 평행한 직선의 방정식은?

① $y=x-1$ ② $y=x+2$ ③ $y=x+4$
④ $y=-x-3$ ⑤ $y=-x+4$

→ **서술형**

0847 두 직선 $y=x+5$, $y=-4x-5$의 교점과 점 $(0, 1)$을 지나는 직선의 방정식이 $y=ax+b$일 때, 상수 a, b에 대하여 ab의 값을 구하시오.

0848 두 일차방정식 $x+y=-7$, $3x+y=-15$의 그래프의 교점과 점 $(-2, -2)$를 지나는 직선의 y절편은?

① -3 ② -1 ③ 2
④ 4 ⑤ 6

→ **0849** 두 일차방정식 $x+y-7=0$, $2x-y+1=0$의 그래프의 교점을 지나고 x절편이 1인 직선의 y절편을 구하시오.

10 일차함수와 일차방정식의 관계

0850 세 직선 $x+ay+5=0$, $3x-2y+3=0$, $5x-y-2=0$이 한 점에서 만날 때, 상수 a의 값은?

① -4 ② -2 ③ 1

④ 4 ⑤ 6

서술형

0851 다음 세 직선이 한 점에서 만날 때, 상수 a의 값을 구하시오.

$$x+y=1, \quad 3x-2y=8, \quad (a+1)x-ay=3$$

0852 다음 네 직선이 한 점에서 만날 때, 상수 a, b에 대하여 $a-b$의 값을 구하시오.

$$ax+5y=2, \quad 2x+y=-6$$
$$x+3y=2, \quad 3x+by=-4$$

0853 두 점 $(-1, -2)$, $(5, 1)$을 지나는 직선이 두 직선 $3x-4y-7=0$, $kx+y-5=0$의 교점을 지난다. 이 때 상수 k의 값을 구하시오.

0854 다음 세 직선으로 삼각형을 만들 수 없을 때, 상수 k의 값을 구하시오.

$$2x+3y+6=0, \; -2x+y+4=0, \; 3x+4y+k=0$$

0855 세 직선 $2x+3y-5=0$, $3x+y-4=0$, $ax+y+a+2=0$에 의하여 삼각형이 만들어지지 않을 때, 상수 a의 값을 모두 구하시오.

유형 13 직선으로 둘러싸인 도형의 넓이 [2]: 연립방정식   > 개념 3

0856 오른쪽 그림과 같이 두 직선 $x+y-5=0$, $2x-y+8=0$ 과 x축으로 둘러싸인 도형의 넓이는?

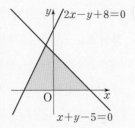

① 21   ② 24

③ 27   ④ 30

⑤ 33

0857 오른쪽 그림에서 두 직선 l, m과 y축으로 둘러싸인 도형의 넓이를 구하시오.

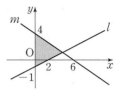

서술형

0858 세 직선 $y=3$, $2x+y+5=0$, $2x-3y+9=0$ 으로 둘러싸인 도형의 넓이를 구하시오.

0859 네 직선 $y=\dfrac{1}{2}x$, $y=-\dfrac{1}{2}x$, $y=\dfrac{1}{2}x-4$,

$y=-\dfrac{1}{2}x+4$로 둘러싸인 도형의 넓이를 구하시오.

0860 오른쪽 그림에서 점 A는 두 직선 $x-y+6=0$, $2x+y-3=0$의 교점이고 점 D는 직선 $2x+y-3=0$과 y축의 교점이다. 사각형 ABCD는 넓이가 5인 평행사변형일 때, 점 C의 좌표는?

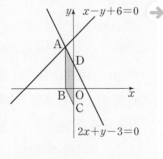

① $\left(0, -\dfrac{1}{2}\right)$ ② $(0, -1)$ ③ $(0, -2)$

④ $\left(0, -\dfrac{5}{2}\right)$ ⑤ $(0, -3)$

0861 오른쪽 그림과 같이 직선 $6x+5y=30$이 y축, x축과 만나는 점을 각각 A, C라 하고 $\overline{OC}$ 위의 한 점을 B라 하자. 삼각형 ABC의 넓이가 9일 때, 두 점 A, B를 지나는 직선의 방정식은 $y=ax+b$이다. 상수 a, b에 대하여 $a+b$의 값을 구하시오.

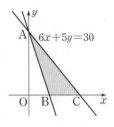

0862 오른쪽 그림과 같이 일차방정식 $2x+3y=6$의 그래프와 x축, y축으로 둘러싸인 도형의 넓이를 직선 $y=mx$가 이등분할 때, 상수 m의 값을 구하시오.

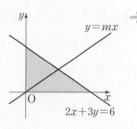

서술형

0863 오른쪽 그림과 같이 일차방정식 $5x-3y-15=0$의 그래프가 y축, x축과 만나는 점을 각각 A, B라 하자. 직선 $y=mx$가 삼각형 OAB의 넓이를 이등분할 때, 상수 m의 값을 구하시오. (단, O는 원점)

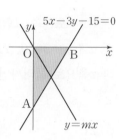

0864 직선 $y=\dfrac{3}{4}x+3$과 x축, y축으로 둘러싸인 도형의 넓이를 직선 $y=ax$가 이등분할 때, 상수 a의 값을 구하시오.

0865 오른쪽 그림과 같이 두 직선 $y=\dfrac{4}{3}x+2$, $y=-2x+5$가 x축과 만나는 점을 각각 A, B라 하고 두 직선의 교점을 C라 할 때, 점 C를 지나고 $\triangle$ABC의 넓이를 이등분하는 직선의 y절편을 구하시오.

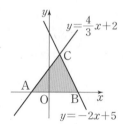

0866 1000 L의 물이 들어 있는 물탱크 A에서 매분 일정한 양의 물을 빼내고 있다. 또, 300 L의 물이 들어 있는 물탱크 B에서 매분 일정한 양의 물을 채우고 있다. x

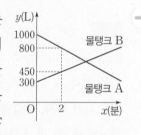

분 후에 물탱크에 들어 있는 물의 양을 y L라 할 때, x와 y 사이의 관계를 그래프로 나타내면 위의 그림과 같다. 다음 중 옳지 <u>않은</u> 것은?

① 물탱크 A에 대한 직선의 방정식은
　　$y=-100x+1000$이다.

② 물탱크 B에 대한 직선의 방정식은 $y=75x+300$이다.

③ 두 직선의 교점의 좌표는 $(6,\ 400)$이다.

④ 4분 후에 두 물탱크의 물의 양은 같아진다.

⑤ 두 물탱크의 물의 양이 같아질 때의 양은 600 L이다.

0867 어떤 회사의 제품을 대리점 A에서 판매를 시작한 지 2개월 후부터 대리점 B에서 판매를 시작하였다. 대리점 B에서 판매를 시작한 지 x개월 후의 두 대리점 A, B에서의 총 판매량을 y개라 할 때,

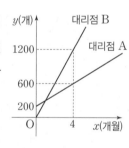

x와 y 사이의 관계를 그래프로 나타내면 위의 그림과 같다. 두 대리점 A, B에서 총 판매량이 같아지는 것은 대리점 B에서 판매를 시작한 지 몇 개월 후인지 구하시오.

유형 16 연립방정식의 해의 개수와 두 그래프의 위치 관계　　　> 개념 4

0868 두 일차방정식 $2x+y+a=0$, $bx+3y-9=0$ 의 그래프의 교점이 무수히 많을 때, 상수 a, b에 대하여 $a+b$의 값은?

① -9　　　② -6　　　③ -3

④ 3　　　⑤ 6

0869 두 일차방정식 $2x-2ay+a-3=0$, $bx+y-2=0$의 그래프가 서로 일치할 때, 상수 a, b에 대하여 $a+b$의 값을 구하시오.

0870 연립방정식 $\begin{cases} x+3y=5 \\ kx-3y=-9 \end{cases}$ 가 오직 한 쌍의 해를 가지도록 하는 상수 k의 조건을 구하시오.

0871 연립방정식 $\begin{cases} ax-2y=6 \\ 6x+4y=b \end{cases}$ 의 해가 무수히 많을 때, 일차함수 $y=ax+b$의 그래프가 지나지 않는 사분면을 구하시오. (단, a, b는 상수)

0872 두 직선 $x-2y=-1$, $kx+6y=4$의 교점이 존재하지 않을 때, 상수 k의 값은?

① -4　　　② -3　　　③ -2

④ 2　　　⑤ 3

0873 두 직선 $ax+y+2=0$, $6x-2y-b=0$이 서로 일치할 때, 연립방정식 $\begin{cases} ax+y+4=0 \\ kx+3y-6b=0 \end{cases}$ 의 해는 존재하지 않는다. 이때 상수 k의 값을 구하시오. (단, a, b는 상수)

10

일차함수와 일차방정식의 관계

0874 다음 중 일차방정식 $3x-6y+9=0$의 그래프는?

①

②

③

④

⑤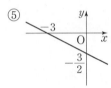

0875 다음 중 일차방정식 $x+6y=-2$의 그래프 위에 있는 점은?

① $\left(-1, -\dfrac{1}{2}\right)$　　② $(0, 3)$

③ $\left(1, \dfrac{1}{2}\right)$　　④ $(2, -1)$

⑤ $(4, -1)$

0876 두 점 $(-4, 1)$, $(1, 5)$를 지나는 직선과 일차방정식 $kx-10y+3=0$의 그래프가 서로 평행할 때, 상수 k의 값을 구하시오.

0877 다음 방정식의 그래프 중 좌표축에 평행하지 <u>않은</u> 것은?

① $x=1$　　② $y=-5$　　③ $-3x=13$

④ $x+y=0$　　⑤ $2y+10=0$

0878 다음 네 직선으로 둘러싸인 도형의 넓이가 24일 때, 상수 k의 값을 모두 구하시오.

$$3x+15=0,\ x-k=0,\ 2y-6=0,\ y+1=0$$

0879 일차방정식 $ax-by+3=0$의 그래프가 y축에 평행하고, 제2사분면과 제3사분면만을 지나도록 하는 상수 a, b의 조건은?

① $a>0, b<0$　　② $a>0, b=0$

③ $a<0, b=0$　　④ $a<0, b>0$

⑤ $a=0, b<0$

0880 일차방정식 $ax-y=2a$의 그래프가 오른쪽 그림과 같다. $\triangle$AOB를 y축을 회전축으로 하여 1회전 시킬 때 생기는 회천제의 부피가 40π일 때, 상수 a의 값을 구하시오. (단, O는 원점)

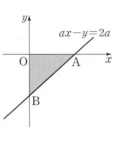

0881 두 일차방정식 $ax-by=3$과 $bx-ay=7$의 그래프가 오른쪽 그림과 같을 때, 상수 a, b에 대하여 $a-b$의 값을 구하시오.

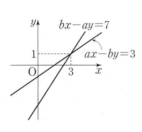

0882 두 일차방정식 $x-2y=-12$, $3x+y=-1$의 그래프의 교점을 지나고 y절편이 4인 직선의 기울기를 a, x절편을 b라 할 때, ab의 값을 구하시오.

0883 세 직선 $y=-2x+4$, $y=3x-1$, $y=ax+1$이 삼각형을 이루지 않도록 하는 모든 상수 a의 값의 합을 구하시오.

0884 어떤 제과점에서 신제품을 팔기 시작하였다. 오른쪽 그림에서 직선 l은 판매하는 신제품의 개수에 따른 총수입을 나타내고, 직선 m은 신제품을 만드는 개수에 따라 필요한 총비용을 나타낸다. 이 제과점에서 손해를 보지 않으려면 신제품을 적어도 몇 개 팔아야 하는지 구하시오.

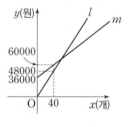

0885 두 직선 $ax+y=4$, $x-2y=b$가 만나지 않도록 하는 상수 a, b의 조건은?

① $a=-\dfrac{1}{2}$, $b=-8$ ② $a=-\dfrac{1}{2}$, $b\neq-8$

③ $a\neq-\dfrac{1}{2}$, $b\neq-8$ ④ $a=-1$, $b\neq-4$

⑤ $a\neq-1$, $b=-4$

10

일차함수와 일차방정식의 관계

0886 두 일차방정식 $ax-y-b=0$, $3x-2y+6=0$ 의 그래프는 서로 평행하고 두 그래프가 y축과 만나는 두 점 사이의 거리가 6이다. 이때 상수 a, b에 대하여 $a+b$ 의 값을 모두 구하시오.

0887 좌표평면 위의 네 직선 $x=1$, $x=3$, $y=-1$, $y=4$로 둘러싸인 도형의 넓이를 일차함수 $y=ax$의 그래프가 이등분할 때, 상수 a의 값은?

① $\dfrac{1}{4}$ ② $\dfrac{1}{2}$ ③ $\dfrac{3}{4}$

④ 1 ⑤ $\dfrac{5}{4}$

서술형

0888 좌표평면 위의 네 점 $A(3, 6)$, $B(3, 2)$, $C(-5, -1)$, $D(-5, -5)$에 대하여 일차함수 $y=ax+b$의 그래프가 $\overline{AB}$, $\overline{CD}$를 동시에 지날 때, a의 값의 범위를 구하시오. (단, a, b는 상수이다.)

0889 오른쪽 그림과 같이 네 직선 $y=4$, $y=-3$, $y=2x+10$, $y=ax+b$의 교점을 각각 A, B, C, D라 할 때, 사각형 ABCD는 평행사변형이고 넓이가 42이다. 상수 a, b에 대하여 ab의 값을 구하시오. (단, $b<10$)

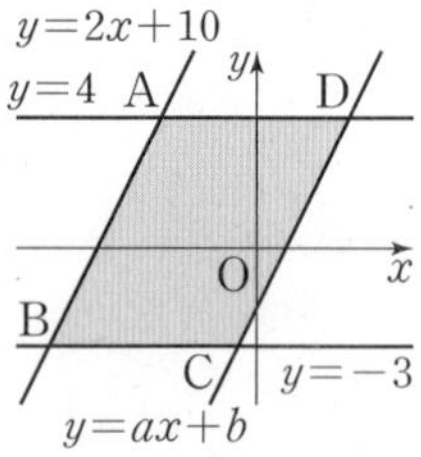

필수 문법부터 서술형까지
한 권에 다 담다!

with **workbook**

GRAMMAR
Inside

LEVEL 2

A 4-level grammar course
with abundant writing practice

A Best-Selling
Grammar
Book

NE _ Neungyule

교재구성
**미리
보기**

1 간결하고 명확한 핵심 문법 설명
꼭! 알아야 할 중학 영문법
필수 개념만 담은 4단계 구성

2 철저한 학교 내신 대비
실제 학교 시험과 가장 유사한 유형의 문제와
서술형 문제 대폭 수록

3 풍부한 양의 문제 수록
수업용 및 과제용으로 이용할 수 있는
두꺼운 Workbook 제공

NE 능률

필요충분한 수학유형서

G oodness 빼어난 문제
A nalysis 철저한 분석
K indness 친절한 해설

중등수학 2-1

정답과 해설

거인의 어깨가 필요할 때

만약 내가 멀리 보았다면, 그것은 거인들의 어깨 위에 서 있었기 때문입니다.
If I have seen farther, it is by standing on the shoulders of giants.

오래전부터 인용되어 온 이 경구는, 성취는 혼자서 이룬 것이 아니라
많은 앞선 노력을 바탕으로 한 결과물이라는 의미를 담고 있습니다.
과학적으로 큰 성취를 이룬 뉴턴(Newton, I.: 1642~1727)도
과학적 공로에 관해 언쟁을 벌이며 경쟁자에게 보낸 편지에
이 문장을 인용하여 자신보다 앞서 과학적 발견을 이룬 과학자들의
도움을 많이 받았음을 고백하였다고 합니다.

수학은 어렵고, 잘하기까지 오랜 시간이 걸립니다.
그렇기에 수학을 공부할 때도 거인의 어깨가 필요합니다.

<각 GAK>은 여러분이 오를 수 있는 거인의 어깨가 되어
여러분의 수학 공부 여정을 함께 하겠습니다.
<각 GAK>의 어깨 위에서 여러분이 원하는
수학적 성취를 이루길 진심으로 기원합니다.

01 유리수와 순환소수

0001 (1) -4, 0, $\frac{9}{3}$, 2 (2) 0.3, $-\frac{5}{2}$, -2.15, $\frac{2}{4}$

0002 (1) 1.5, 유한소수 (2) $0.333\cdots$, 무한소수 (3) -1.4, 유한소수
(4) $0.363636\cdots$, 무한소수 (5) $-0.41666\cdots$, 무한소수 (6) 0.5625, 유한소수

0003 (1) 7, $0.\dot{7}$ (2) 54, $1.\dot{5}\dot{4}$ (3) 012, $-0.0\dot{1}\dot{2}$ (4) 8, $5.\dot{3}\dot{8}$
(5) 13, $-2.0\dot{1}\dot{3}$ (6) 358, $8.\dot{3}5\dot{8}$ **0004** $0.666\cdots$, 6, $0.\dot{6}$,
$-0.181818\cdots$, 18, $-0.\dot{1}\dot{8}$, $-0.2666\cdots$, 6, $-0.2\dot{6}$,
$0.740740740\cdots$, 740, $0.\dot{7}4\dot{0}$ **0005** (1) 2^2, 2^2, 100, 0.12
(2) 5^2, 5^2, 175, 0.175 **0006** (1) 0.75 (2) 0.125 (3) 0.55 (4) 0.052

0007 (1) $\times$ (2) $\bigcirc$ (3) $\times$ (4) $\bigcirc$ **0008** ㄴ, ㄹ

0009 (1) 10, 2, 2 (2) 100, 251, 251 (3) 10, 90, 7 (4) 10, 990, 137

0010 (1) ㄱ (2) ㄷ (3) ㄴ (4) ㄹ   **0011** (1) 99 (2) 1, 999, 1242, 46

(3) 14, 135, 3 (4) 3, 324, 18 **0012** (1) $\frac{8}{9}$ (2) $\frac{35}{99}$ (3) $\frac{208}{333}$

(4) $\frac{23}{9}$ (5) $\frac{415}{99}$ (6) $\frac{40}{27}$ (7) $\frac{5}{18}$ (8) $\frac{1586}{495}$ **0013** (1) $\bigcirc$ (2) $\bigcirc$

(3) $\times$ (4) $\bigcirc$ (5) $\times$ **0014** ③   **0015** ④   **0016** ⑤   **0017** ⑤

0018 ④   **0019** ②   **0020** ⑤   **0021** 8 **0022** ②, ⑤   **0023** ④

0024 ④   **0025** ③   **0026** ④   **0027** 6 **0028** 3 **0029** 5

0030 447 **0031** ④   **0032** ③   **0033** ③   **0034** 98

0035 379 **0036** ④   **0037** ③, ④   **0038** 4 **0039** $\frac{9}{90}$, $\frac{18}{90}$

0040 27 **0041** 62 **0042** 21 **0043** ③   **0044** ③

0045 126 **0046** ⑤   **0047** 71 **0048** ③   **0049** ⑤

0050 9 **0051** 16 **0052** ③

0053 (가): 100, (나): 10, (다): 90, (라): 111, (마): $\frac{37}{30}$ **0054** ⑤

0055 ㄱ, ㄷ   **0056** ②, ④   **0057** ③   **0058** ④   **0059** $\frac{5}{2}$ **0060** ③

0061 ③   **0062** ②   **0063** ①   **0064** ②   **0065** ③

0066 $2.\dot{3}$ **0067** ①   **0068** ③   **0069** ③   **0070** ③

0071 11 **0072** 3 **0073** 132 **0074** ③   **0075** ①, ④

0076 $0.2\dot{3}$ **0077** $0.7\dot{2}$ **0078** $0.\dot{6}7\dot{7}$ **0079** $0.05\dot{3}$

0080 5 **0081** 50 **0082** ①, ⑤   **0083** ⑤   **0084** 33 **0085** ②

0086 ⑤   **0087** 57 **0088** ⑤   **0089** 3 **0090** 33

0091 71 **0092** 21 **0093** ③   **0094** 100 **0095** $2.\dot{5}$

0096 55 **0097** 12 **0098** $0.36\dot{9}$ **0099** ㄱ, ㄷ

0100 10 **0101** 5 **0102** $\frac{2}{3}$ **0103** 21, 24

02 단항식의 계산

0104 (1) x^5 (2) 5^8 (3) y^9 (4) 3^{12} (5) a^3b^7

0105 (1) x^{12} (2) 3^8 (3) y^{16} (4) $-x^9$ (5) a^{32}

0106 (1) 3 (2) 4 (3) 5 (4) 7 (5) 9

0107 (1) x^2 (2) 2^8 (3) 1 (4) $\frac{1}{b^3}$ (5) x^3

0108 (1) x^6y^8 (2) $4a^8$ (3) $\frac{x^{12}}{625}$ (4) $-\frac{a^{12}}{b^6}$

0109 (1) 5 (2) 5 (3) 2, 15 (4) 4, 24

0110 (1) $6x^2y$ (2) $-8a^3b^2$ (3) $15x^5y^5$ (4) $-12a^5b^3$ (5) $-30x^8y^5$

0111 (1) $-40a^9b^{10}$ (2) $x^{14}y^3$ (3) $-\frac{72b}{a^5}$ (4) $-20x^3y^6$

0112 (1) $-2a^2$ (2) $18x^5y^3$ (3) $-2a^2b$ (4) $20y^2$ (5) x

0113 (1) $9x^6y^4$ (2) $\frac{16}{a^4b^6}$ (3) $-\frac{y^5}{8x^6}$ (4) $2a^5$

0114 (1) $9x$ (2) $2a^2b$ (3) $-6xy^2$ (4) $\frac{3a^4}{b}$ (5) $\frac{3x^7y}{2}$

0115 (1) $8a^7$ (2) $\frac{5}{2x^2y^5}$ (3) $4a^6b^9$ (4) $-25x^5y^7$ **0116** ③   **0117** 5

0118 ②   **0119** 17 **0120** ④   **0121** 20 **0122** ③, ④   **0123** ④

0124 ③   **0125** 10 **0126** 12 **0127** 13 **0128** ㄱ, ㅁ   **0129** ③

0130 ③   **0131** $C<A<B$ **0132** ②   **0133** ④   **0134** ②

0135 1 **0136** ①   **0137** $\frac{1}{45}$ **0138** ③   **0139** ③   **0140** ②

0141 ③   **0142** ①   **0143** 1 **0144** ④   **0145** ④

0146 25 **0147** 12 **0148** ③   **0149** 7 **0150** ④

0151 ②, ⑤   **0152** $10a^9b^2$ **0153** ②   **0154** ①   **0155** 0

0156 $-\frac{3b^2}{a^3}$ **0157** $\frac{9}{4}a^7b^3$ **0158** ④

0159 $-18a^4b^9$ **0160** ①   **0161** 4 **0162** ②, ④   **0163** ③

0164 ③   **0165** ④   **0166** 6 **0167** ①   **0168** ②

0169 $-\frac{1}{8x^3y^5}$ **0170** ③   **0171** $-\frac{27}{4}x^3yz^7$ **0172** ④

0173 $\frac{1}{12x^5y^4}$ **0174** $-36x^{10}y^7$ **0175** $64x^{10}y^4$

0176 $36\pi a^7b^5$ **0177** $4\pi b^3$ **0178** ②   **0179** $3xy$ **0180** ③

0181 42 **0182** 64개   **0183** 1 **0184** ②   **0185** 2^{21} **0186** ②

0187 ⑤   **0188** ④   **0189** ②   **0190** ⑤   **0191** $-\frac{1}{4}a^4b^2$

0192 3^5배   **0193** ②   **0194** 27 **0195** $-\frac{x^2y^2}{12}$

03 다항식의 계산

0196 (1) $4a+6b$ (2) $3x+4y$ (3) $5a+4b-4$ (4) $3x+4y-5$

0197 (1) $5a^2+5a-4$ (2) $-x^2+6x+1$

0198 (1) $x+5y$ (2) $2a+4b$

0199 (1) $4x^2+3x$ (2) $-6ab+3b^2$ (3) $-4x^2+2xy-6x$
(4) $3a^2-6ab+15a$ **0200** (1) $-a^2+2a$ (2) $6x^2+3xy+y^2$

0201 (1) $3a-5$ (2) $-6x+2$ (3) $6a-9$ (4) $-2x+4y$

0202 (1) $-a+5$ (2) $-3x$ **0203** (1) $2b+5$ (2) $-2b-7$

0204 (1) $3x+2$ (2) $-2x+12$ **0205** ⑤   **0206** ③   **0207** ①

0208 $-\frac{5}{8}$ **0209** $\frac{5}{6}x+y$ **0210** $\frac{2}{3}x+\frac{7}{12}y$ **0211** ④

0212 1 **0213** ①   **0214** ③   **0215** ④   **0216** $-11x^2+3x$

0217 $2x^2+2x+1$ **0218** $-9x^2+22x-8$ **0219** $-x^2+5x+3$

0220 $2x^2+3x-3$ **0221** ④   **0222** $-\frac{1}{2}$ **0223** 12 **0224** 8

0225 ④   **0226** ①   **0227** ②   **0228** $13x-10y$ **0229** ②

0230 $4x^2y-3x^2-\frac{5}{2}xy$ **0231** $-9x-3y+12$ **0232** $-5x-2y+7$

0233 ⑤   **0234** $11a^3+9a^2b$ **0235** 20 **0236** $-4a^3+3ab$

0237 $8\pi a^3+4\pi a^2b$ **0238** $12a^4+50a^2b$ **0239** ①

0240 $4x+6y$ **0241** ④   **0242** ②   **0243** 23 **0244** ②

0245 ⑤　0246 $9x-12$　0247 ④　0248 $2x-3y+5$
0249 ②　0250 $-5x+4$　0251 $3a+1$
0252 $-x$　0253 2　0254 $\dfrac{13}{2}$　0255 $a-5b+2$
0256 $-\dfrac{4}{3}$　0257 0　0258 $x^2+5xy-3x$　0259 $-8a+4b-12$

0260 ⑤　0261 1　0262 18　0263 ③
0264 $4x^3y-10x^2-\dfrac{6x}{y}$　0265 $24x^3+30x^2$　0266 ④
0267 $3x^2-2x+1$　0268 $10a-8b$

04 일차부등식

0269 (1) ×　(2) ○　(3) ○　(4) ×　0270 (1) $x+5<7$　(2) $2x\geq15$
(3) $800x\leq5000$　(4) $1+2x>10$　0271 ㄴ, ㄷ
0272 (1) $-2, -1, 0$　(2) 2　(3) $1, 2$　0273 (1) <　(2) <　(3) <　(4) <
0274 (1) >　(2) <　(3) >　(4) <　0275 (1) >　(2) <　(3) ≥　(4) ≥
0276 (1) ○　(2) ×　(3) ○　(4) ×
0277 (1)
```
  ├──┼──┼──┼──○──┼──▶
     1  2  3  4  5  6
```
(2)
```
  ◀──▧──┼──┼──┼──┼──
  -8 -7 -6 -5 -4 -3
```
(3)
```
  ◀──┼──┼──┼──┼──●──
  -2 -1  0  1  2  3
```
0278 (1) $x<-1$,
```
  ◀──▧──○──┼──┼──┼──
  -2 -1  0  1  2  3
```
(2) $x>1$,
```
  ──┼──┼──┼──○──┼──▶
  -2 -1  0  1  2  3
```
(3) $x\leq2$,
```
  ◀──▧──┼──┼──●──
  -2 -1  0  1  2  3
```
(4) $x\geq0$,
```
  ──┼──┼──●──┼──┼──▶
  -2 -1  0  1  2  3
```
0279 (1) $x>8$　(2) $x\leq-2$　(3) $x>-3$　(4) $x\geq4$
0280 (1) $x>4$　(2) $x\geq2$　(3) $x<-2$　(4) $x\leq1$
0281 (1) $x<7$　(2) $x\leq-12$　(3) $x>-6$　(4) $x\geq9$　0282 ③
0283 ①　0284 $4x-2\leq3(x+5)$　0285 ②　0286 ③

0287 2, 3, 4　0288 ③　0289 ①　0290 ④　0291 ④
0292 ㄴ, ㄷ, ㄹ　0293 ⑤　0294 ④　0295 ④　0296 ③
0297 -2　0298 ③, ⑤　0299 ①　0300 ⑤　0301 ⑤　0302 5
0303 15　0304 ④　0305 ①　0306 ②　0307 ③　0308 ①
0309 ④　0310 20　0311 -1　0312 ②　0313 ③　0314 ④
0315 ①　0316 3　0317 ⑤　0318 -2　0319 2　0320 7
0321 1　0322 ①　0323 -1　0324 7　0325 -2　0326 9
0327 -4　0328 ②　0329 8　0330 ③　0331 ④
0332 $-2\leq a<-\dfrac{3}{2}$　0333 $3\leq a<5$　0334 $-3<a\leq-2$
0335 $-\dfrac{1}{3}\leq a<0$　0336 $0\leq a<\dfrac{1}{2}$　0337 $5<a\leq6$
0338 ③　0339 ②　0340 -3　0341 $a>\dfrac{25}{6}$　0342 ④
0343 ③　0344 ⑤　0345 ⑤　0346 ④　0347 ③, ⑤　0348 ③
0349 ④　0350 ⑤　0351 ③　0352 $x\leq-3$　0353 4
0354 3　0355 3　0356 $2\leq a<3$　0357 $a\leq-\dfrac{1}{3}$
0358 ⑤　0359 $x>2$　0360 2　0361 $a\leq-1$

05 일차부등식의 활용

0362 $2000x+1000$, $2000x+1000$, 2000, 14000, 7, 7, 7
0363 (1) $(12-x)$개　(2) $1000x+800(12-x)\leq11000$　(3) $x\leq7$　(4) 7개
0364 83점　0365 11　0366 (1) $\dfrac{x}{2}$, $\dfrac{x}{3}$　(2) $\dfrac{x}{2}+\dfrac{x}{3}\leq2$　(3) $x\leq2.4$
(4) 2.4 km　0367 (1) $200+x$, $\dfrac{8}{100}\times(200+x)$
(2) $\dfrac{10}{100}\times200\leq\dfrac{8}{100}\times(200+x)$　(3) $x\geq50$　(4) 50 g　0368 ③
0369 2600 m　0370 17.4초　0371 ②　0372 ③
0373 13개　0374 10개　0375 8개　0376 4개　0377 10회
0378 25장　0379 20켤레　0380 ②　0381 11개월 후
0382 ③　0383 1500원　0384 20000원
0385 12000원　0386 ①　0387 6개　0388 9 cm
0389 35 cm　0390 ③　0391 10 cm

0392 $x\geq7$　0393 14　0394 14, 15, 16　0395 6
0396 12　0397 14　0398 ④　0399 9권　0400 33개월
0401 50분　0402 17명　0403 16명　0404 ④　0405 1.2 km
0406 11.4 km　0407 1000 m　0408 10 km
0409 4 km　0410 ①　0411 1.5 km　0412 ③
0413 5분 후　0414 ④　0415 ④　0416 ③　0417 ④
0418 32 g　0419 35 g　0420 ③　0421 200 g　0422 ④
0423 5분 후　0424 357.5 g　0425 200 g
0426 ④　0427 15개　0428 ①　0429 31일　0430 9개월 후
0431 ⑤　0432 ③　0433 ②　0434 ④　0435 18명
0436 1400 m　0437 A, D, E　0438 ③
0439 260 g　0440 50 g　0441 3명　0442 시속 21 km　0443 ②
0444 11명　0445 280 g

06 연립일차방정식

0446 (1) ○　(2) ×　(3) ×　(4) ○　0447 (1) ×　(2) ○　(3) ○　(4) ×
0448 (1) 6, $\dfrac{9}{2}$, 3, $\dfrac{3}{2}$, 0　(2) (1, 6), (3, 3)　0449 (1) 5, 4, 3, 2, 1
(2) 7, 4, 1, -2　(3) (2, 4)　0450 $y+1$, $y+1$, 1, 1, 2
0451 (1) $x=-1, y=2$　(2) $x=1, y=3$　(3) $x=-1, y=-2$
(4) $x=1, y=1$　0452 2, 1, 1, 3
0453 (1) $x=5, y=-2$　(2) $x=3, y=-1$　(3) $x=2, y=1$
0454 (1) $x=-1, y=2$　(2) $x=4, y=5$
0455 (1) $x=4, y=-1$　(2) $x=2, y=-4$

0456 (1) $x=3, y=2$　(2) $x=1, y=2$　0457 (1) $x=2, y=-1$
(2) $x=8, y=3$　0458 (1) 해가 무수히 많다.　(2) 해가 없다.
0459 ③, ④　0460 ④　0461 ③　0462 ③　0463 ②
0464 3개　0465 ③　0466 9　0467 ⑤　0468 4　0469 ③
0470 49　0471 ③　0472 ㄴ, ㄷ　0473 ①　0474 (3, 2)　0475 1
0476 4　0477 ④　0478 ⑤　0479 ④　0480 ①, ⑤　0481 ④
0482 -1　0483 $x=-1, y=-2$　0484 ⑤　0485 8　0486 ④
0487 18　0488 ④　0489 ③　0490 $x=-2, y=-2$

0491 64　0492 ①　0493 ④　0494 ②　0495 1
0496 10　0497 7　0498 2　0499 1　0500 3　0501 4
0502 −6　0503 7　0504 9　0505 5　0506 −4　0507 ①
0508 3　0509 2　0510 2　0511 −2　0512 $x=1, y=2$
0513 ③　0514 9　0515 $a=4, b=1$　0516 −3　0517 ③
0518 $x=2, y=1$　0519 −12　0520 $-\dfrac{1}{19}$

0521 −2　0522 ①, ③　0523 ②, ⑤　0524 ④　0525 ①　0526 ②
0527 ⑤　0528 ②　0529 ③　0530 ⑤　0531 8
0532 $x=-5, y=-17$　0533 2　0534 4　0535 0
0536 $x=-\dfrac{11}{3}, y=-2$　0537 $x=2, y=-3$　0538 −7

07 연립일차방정식의 활용

0539 $x+y$, $2y-5$, $x+y$, $2y-5$, 35, 20, 35, 20

0540 (1) $\begin{cases} x+y=10 \\ 400x+800y=6000 \end{cases}$　(2) 볼펜의 개수: 5, 수첩의 개수: 5

0541 (1) $\begin{cases} x+y=15 \\ 2x+4y=36 \end{cases}$　(2) 오리: 12마리, 토끼: 3마리

0542 (1) 4, $\dfrac{x}{3}$, $\dfrac{y}{6}$, 1　(2) $\begin{cases} x+y=4 \\ \dfrac{x}{3}+\dfrac{y}{6}=1 \end{cases}$

(3) 걸어간 거리: 2 km, 뛰어간 거리: 2 km

0543 (1) 300, $\dfrac{5}{100}\times y$, $\dfrac{7}{100}\times 300$　(2) $\begin{cases} x+y=300 \\ \dfrac{8}{100}x+\dfrac{5}{100}y=21 \end{cases}$

(3) 8 %의 소금물의 양: 200 g, 5 %의 소금물의 양: 100 g

0544 17　0545 ⑤　0546 35　0547 2　0548 35　0549 ④
0550 승윤: 178 cm, 민호: 172 cm　0551 ④　0552 ④
0553 39000원　0554 ⑤　0555 8개　0556 4
0557 15　0558 ④　0559 5　0560 ①　0561 18　0562 ⑤

0563 ⑤　0564 104 cm²　0565 ②　0566 12 cm
0567 20　0568 12　0569 9　0570 ④　0571 400 g
0572 14000원　0573 ③　0574 ④　0575 1200원
0576 100　0577 144개　0578 ③　0579 24186원
0580 ⑤　0581 ①　0582 6일　0583 6일　0584 18분
0585 18일　0586 2 km　0587 4.5 km　0588 16분
0589 은호: 초속 6 m, 정미: 초속 4 m　0590 ④　0591 20분
0592 160 m　0593 80 m, 초속 40 m　0594 ⑤　0595 ②
0596 ④　0597 ④　0598 ⑤　0599 ①　0600 400 g
0601 100 g　0602 48　0603 ②　0604 11개　0605 5
0606 7　0607 20 cm²　0608 20000원　0609 ③
0610 A: 10일, B: 15일　0611 40분
0612 소금물 A: 2 %, 소금물 B: 20 %　0613 ③
0614 9600원, 7500원　0615 18 m　0616 시속 9 km
0617 100 g

08 일차함수와 그래프 (1)

0618 (1) ○, 5, 6, 7, 8　(2) ×, 1, 2, … / 2, 4, … / 3, 6, … / 4, 8, …
0619 (1) −8　(2) −1　0620 (1) 3　(2) −72
0621 $f(x)=\dfrac{24}{x}$, $f(8)=3$　0622 (1) ×　(2) ○　(3) ○　(4) ×

0623 (1) $y=10000+5000x$, 일차함수이다.　(2) $y=\dfrac{50}{x}$, 일차함수가 아니다.
(3) $y=x^2$, 일차함수가 아니다.

0624 (1) 4　(2) −3　0625 (1) $y=5x-2$　(2) $y=-3x+\dfrac{2}{5}$

(3) $y=\dfrac{4}{3}x+1$　(4) $y=-\dfrac{1}{5}x-\dfrac{3}{2}$　0626 (1) x절편: −3, y절편: 4
(2) x절편: 2, y절편: 2　(3) x절편: −1, y절편: −3
0627 (1) x절편: 2, y절편: −4　(2) x절편: 3, y절편: 9
(3) x절편: $-\dfrac{1}{2}$, y절편: $\dfrac{1}{8}$　(4) x절편: $-\dfrac{9}{2}$, y절편: −6

0628 (1)
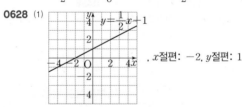
, x절편: −2, y절편: 1

(2)
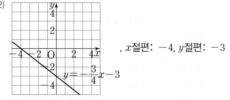
, x절편: −4, y절편: −3

0629 (1) +3, 1　(2) −2, $-\dfrac{1}{2}$　0630 (1) 3　(2) −10

0631 (1) 2　(2) $-\dfrac{4}{3}$

0632 (1)
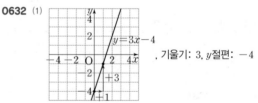
, 기울기: 3, y절편: −4

(2)
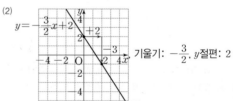
, 기울기: $-\dfrac{3}{2}$, y절편: 2

0633 ②　0634 ④, ⑤　0635 ㄴ, ㄷ　0636 ④　0637 −2
0638 −6　0639 ㄴ, ㄷ, ㅁ　0640 ①, ③　0641 ④　0642 3
0643 6　0644 ②　0645 ④　0646 ⑤　0647 −2
0648 −6　0649 $-\dfrac{1}{2}$　0650 ⑤　0651 ②　0652 $\dfrac{3}{4}$
0653 −6　0654 $-\dfrac{3}{2}$　0655 −9　0656 ②　0657 −1　0658 ①
0659 −4　0660 −3　0661 ④　0662 ③　0663 6　0664 ①
0665 ②　0666 ①　0667 −8　0668 1　0669 ④　0670 ②
0671 ③　0672 ④　0673 −36　0674 ③　0675 9
0676 $-\dfrac{1}{2}$　0677 ②　0678
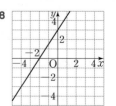
　0679 ③
0680 ⑤　0681 ③
0683 ④　0684 7
0685 $-\dfrac{1}{2}$　0686 6
0682 8

0687 ㄱ, ㄷ 0688 250 0689 −6 0690 ③ 0691 ④

0692 $(2, 2)$ 0693 3 0694 ① 0695 $-\dfrac{4}{3}$

0696 −5 0697 ② 0698 4 0699 −65

0700 $\dfrac{1}{4} \le a \le \dfrac{5}{2}$ 0701 −10 0702 72π

09 일차함수와 그래프 (2)

0703 (1) ○ (2) × (3) ○ 0704 (1) ㄱ, ㄷ (2) ㄴ, ㄹ (3) ㄱ, ㄹ
(4) ㄴ, ㄷ, ㄹ 0705 (1) $a<0, b>0$ (2) $a>0, b>0$ (3) $a>0, b<0$
(4) $a<0, b<0$ 0706 (1) ㄱ, ㄹ (2) ㄷ, ㅂ

0707 −1 0708 −5 0709 (1) $y=3x-4$ (2) $y=-x+\dfrac{2}{3}$

(3) $y=5x+1$ (4) $y=-\dfrac{5}{6}x+2$ 0710 (1) $y=-4x-1$

(2) $y=6x+2$ (3) $y=\dfrac{1}{2}x+6$ (4) $y=-3x-3$ 0711 $y=\dfrac{3}{2}x-6$

0712 (1) $y=x-2$ (2) $y=-2x+2$ (3) $y=-\dfrac{1}{3}x-5$

0713 $y=3x-1$ 0714 (1) $y=-5x+10$ (2) $y=\dfrac{3}{4}x-3$

0715 $y=-\dfrac{2}{3}x-2$ 0716 $800x$, $10000-800x$, 2800, 2800, 9, 9

0717 (1) 21, 19, 17, 15 (2) $y=21-2x$ (3) 11 cm 0718 ①

0719 $\dfrac{1}{3}<a<2$ 0720 ① 0721 ③ 0722 ㄷ, ㄹ

0723 제2, 3, 4사분면 0724 ② 0725 제1, 2, 3사분면
0726 제3사분면 0727 제3사분면 0728 −1 0729 ③
0730 ③ 0731 8 0732 ⑤ 0733 ㄱ, ㄹ 0734 ②

0735 −6 0736 $y=-\dfrac{1}{3}x-3$ 0737 −1 0738 ②

0739 11 0740 −8 0741 6 0742 −2 0743 ⑤

0744 −7 0745 $\dfrac{1}{3}$ 0746 ③ 0747 $\dfrac{6}{5}$ 0748 −4

0749 $y=3x-9$ 0750 $\dfrac{3}{4}$ 0751 $-\dfrac{1}{2}$ 0752 4 ℃

0753 5분 후 0754 25 cm 0755 54분 후

0756 15분 후 0757 14분 0758 $y=50-\dfrac{1}{12}x$, 45 L

0759 ③ 0760 4시간 후 0761 ③ 0762 25초
0763 5분 후 0764 5초 후 0765 3초 후
0766 $y=48-3x$, 39 cm² 0767 $y=-20x+440$
0768 150 km 0769 ④ 0770 30 L 0771 55 cm
0772 ③ 0773 ⑤ 0774 ④ 0775 15 0776 2
0777 ⑤ 0778 12 0779 −4 0780 4 0781 ③

0782 제1사분면 0783 ② 0784 $\dfrac{90}{7}$분 후

0785 12초 후 0786 ③ 0787 ③
0788 $a=-4$, $b=-4$ 0789 25 cm, 20분 0790 제3사분면
0791 $y=-2x+500$, 250초 후

10 일차함수와 일차방정식의 관계

0792 (1) $y=x+2$, 1, −2, 2 (2) $y=-3x+9$, −3, 3, 9

(3) $y=\dfrac{1}{4}x-2$, $\dfrac{1}{4}$, 8, −2 (4) $y=-\dfrac{1}{3}x-\dfrac{1}{6}$, $-\dfrac{1}{3}$, $-\dfrac{1}{2}$, $-\dfrac{1}{6}$

(5) $y=\dfrac{2}{3}x-4$, $\dfrac{2}{3}$, 6, −4 0793 (1) ㄱ, ㄷ (2) ㄴ, ㄹ (3) ㄱ, ㄹ

(4) ㄱ, ㄴ, ㄹ (5) ㄴ, ㄷ 0794 (1) $2x+4y-8=0$

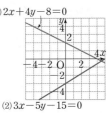

(2) $3x-5y-15=0$

0795

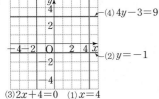

(4) $4y-3=9$
(2) $y=-1$
(3) $2x+4=0$ (1) $x=4$

0796 (1) $x=5$ (2) $y=-3$ 0797 (1) $y=7$ (2) $x=-3$

(3) $x=5$ (4) $y=-6$ (5) $y=-4$ (6) $x=\dfrac{1}{5}$ 0798 (1) $(2, 1)$

(2) $x=2$, $y=1$ 0799 (1) $x=0$, $y=2$ (2) $x=1$, $y=-1$
0800 (1) $(-2, -1)$ (2) $(5, 6)$ 0801 (1) 해가 없다.
(2) 해가 무수히 많다. 0802 (1) ㄷ (2) ㄱ (3) ㄴ
0803 (1) $a \ne -3$ (2) $a=-3$, $b \ne 2$ (3) $a=-3$, $b=2$

0804 ②, ⑤ 0805 −9 0806 ⑤ 0807 $-\dfrac{8}{3}$ 0808 ④ 0809 ④

0810 −3 0811 −7 0812 ④ 0813 12 0814 12 0815 9
0816 $4x+3y+15=0$ 0817 ④ 0818 ④ 0819 ①
0820 $x=-4$ 0821 $y=3$ 0822 12 0823 1 0824 ③
0825 ④ 0826 ㄷ, ㄹ 0827 ④ 0828 9 0829 4

0830 8, 24 0831 1 0832 ④ 0833 (1) $\dfrac{8}{5}$ (2) 5 0834 ③

0835 ④, ⑤ 0836 $-7 \le k \le 1$ 0837 2 0838 3
0839 $(-3, 9)$ 0840 $p=4$, $q=3$ 0841 $(2, -2)$

0842 4 0843 −1 0844 $\dfrac{13}{3}$ 0845 5 0846 6

0847 −1 0848 ② 0849 −5 0850 ② 0851 $\dfrac{1}{3}$

0852 −2 0853 6 0854 $\dfrac{31}{4}$ 0855 $-\dfrac{3}{2}$, $\dfrac{2}{3}$, 3 0856 ③

0857 $\dfrac{75}{7}$ 0858 4 0859 16 0860 ③ 0861 ③

0862 $\dfrac{2}{3}$ 0863 $-\dfrac{5}{3}$ 0864 $-\dfrac{3}{4}$ 0865 −4 0866 ③

0867 1개월 후 0868 ④ 0869 0 0870 $k \ne -1$
0871 제1사분면 0872 ② 0873 −9 0874 ③
0875 ⑤ 0876 8 0877 ④ 0878 −11, 1
0879 ② 0880 15 0881 −1 0882 −4 0883 2

0884 60개 0885 ② 0886 $-\dfrac{15}{2}$, $\dfrac{9}{2}$ 0887 ③

0888 $\dfrac{3}{8} \le a \le \dfrac{11}{8}$ 0889 −4

01 유리수와 순환소수 I. 수와 식

본문 9, 11쪽

0001 답 (1) -4, 0, $\dfrac{9}{3}$, 2 (2) 0.3, $-\dfrac{5}{2}$, -2.15, $\dfrac{2}{4}$

0002 답 (1) 1.5, 유한소수   (2) $0.333\cdots$, 무한소수
(3) -1.4, 유한소수   (4) $0.363636\cdots$, 무한소수
(5) $-0.41666\cdots$, 무한소수
(6) 0.5625, 유한소수

0003 답 (1) 7, $0.\dot{7}$ (2) 54, $1.\dot{5}\dot{4}$
(3) 012, $-0.\dot{0}1\dot{2}$ (4) 8, $5.3\dot{8}$
(5) 13, $-2.0\dot{1}\dot{3}$ (6) 358, $8.\dot{3}5\dot{8}$

0004 답

분수	순환소수	순환마디	순환소수의 표현
$\dfrac{2}{3}$	$0.666\cdots$	6	$0.\dot{6}$
$-\dfrac{2}{11}$	$-0.181818\cdots$	18	$-0.\dot{1}\dot{8}$
$-\dfrac{4}{15}$	$-0.2666\cdots$	6	$-0.2\dot{6}$
$\dfrac{20}{27}$	$0.740740740\cdots$	740	$0.\dot{7}4\dot{0}$

0005 (1) $\dfrac{3}{25}=\dfrac{3}{5^2}=\dfrac{3\times\boxed{2^2}}{5^2\times\boxed{2^2}}=\dfrac{12}{\boxed{100}}=\boxed{0.12}$

(2) $\dfrac{7}{40}=\dfrac{7}{2^3\times5}=\dfrac{7\times\boxed{5^2}}{2^3\times5\times\boxed{5^2}}=\dfrac{\boxed{175}}{1000}=\boxed{0.175}$

답 (1) 2^2, 2^2, 100, 0.12 (2) 5^2, 5^2, 175, 0.175

0006 (1) $\dfrac{3}{4}=\dfrac{3}{2^2}=\dfrac{3\times5^2}{2^2\times5^2}=\dfrac{75}{100}=0.75$

(2) $\dfrac{1}{8}=\dfrac{1}{2^3}=\dfrac{5^3}{2^3\times5^3}=\dfrac{125}{1000}=0.125$

(3) $\dfrac{11}{20}=\dfrac{11}{2^2\times5}=\dfrac{11\times5}{2^2\times5\times5}=\dfrac{55}{100}=0.55$

(4) $\dfrac{13}{250}=\dfrac{13}{2\times5^3}=\dfrac{13\times2^2}{2\times5^3\times2^2}=\dfrac{52}{1000}=0.052$

답 (1) 0.75 (2) 0.125 (3) 0.55 (4) 0.052

0007 (1) $\dfrac{4}{2^2\times3\times5}=\dfrac{1}{3\times5}$

(2) $\dfrac{33}{2^2\times5\times11}=\dfrac{3\times11}{2^2\times5\times11}=\dfrac{3}{2^2\times5}$

(3) $\dfrac{7}{24}=\dfrac{7}{2^3\times3}$

(4) $\dfrac{12}{150}=\dfrac{2^2\times3}{2\times3\times5^2}=\dfrac{2}{5^2}$ 답 (1) $\times$ (2) $\bigcirc$ (3) $\times$ (4) $\bigcirc$

0008 ㄱ. $\dfrac{21}{14}=\dfrac{3\times7}{2\times7}=\dfrac{3}{2}$

ㄴ. $\dfrac{3}{36}=\dfrac{3}{2^2\times3^2}=\dfrac{1}{2^2\times3}$

ㄷ. $-\dfrac{12}{75}=-\dfrac{2^2\times3}{3\times5^2}=-\dfrac{2^2}{5^2}$

ㄹ. $\dfrac{6}{140}=\dfrac{2\times3}{2^2\times5\times7}=\dfrac{3}{2\times5\times7}$

따라서 유한소수로 나타낼 수 없는 것은 ㄴ, ㄹ이다.   답 ㄴ, ㄹ

0009 답 (1) 10, 2, 2 (2) 100, 251, 251
(3) 10, 90, 7 (4) 10, 990, 137

0010 답 (1) ㄱ   (2) ㄷ   (3) ㄴ   (4) ㄹ

0011 (1) $0.\dot{7}\dot{3}=\dfrac{73}{\boxed{99}}$

(2) $1.\dot{2}4\dot{3}=\dfrac{1243-\boxed{1}}{\boxed{999}}=\dfrac{\boxed{1242}}{999}=\dfrac{\boxed{46}}{37}$

(3) $1.4\dot{9}=\dfrac{149-\boxed{14}}{90}=\dfrac{\boxed{135}}{90}=\dfrac{\boxed{3}}{2}$

(4) $0.3\dot{2}\dot{7}=\dfrac{327-\boxed{3}}{990}=\dfrac{\boxed{324}}{990}=\dfrac{\boxed{18}}{55}$

답 (1) 99 (2) 1, 999, 1242, 46
(3) 14, 135, 3 (4) 3, 324, 18

0012 (1) $x=0.\dot{8}$로 놓으면

$\begin{array}{r} 10x=8.888\cdots \\ -)\quad x=0.888\cdots \\ \hline 9x=8 \end{array}$

$\therefore x=\dfrac{8}{9}$

(2) $x=0.\dot{3}\dot{5}$로 놓으면

$\begin{array}{r} 100x=35.353535\cdots \\ -)\quad x=\ \ 0.353535\cdots \\ \hline 99x=35 \end{array}$

$\therefore x=\dfrac{35}{99}$

(3) $x=0.\dot{6}2\dot{4}$로 놓으면

$\begin{array}{r} 1000x=624.624624624\cdots \\ -)\qquad x=\ \ \ \ 0.624624624\cdots \\ \hline 999x=624 \end{array}$

$\therefore x=\dfrac{624}{999}=\dfrac{208}{333}$

(4) $x=2.\dot{5}$로 놓으면
$$10x=25.555\cdots$$
$$\underline{-)\quad x=\ \ 2.555\cdots}$$
$$9x=23$$
$$\therefore x=\frac{23}{9}$$

(5) $x=4.\dot{1}\dot{9}$로 놓으면
$$100x=419.191919\cdots$$
$$\underline{-)\quad\ \ x=\ \ \ 4.191919\cdots}$$
$$99x=415$$
$$\therefore x=\frac{415}{99}$$

(6) $x=1.\dot{4}8\dot{1}$로 놓으면
$$1000x=1481.481481481\cdots$$
$$\underline{-)\quad\ \ \ x=\ \ \ \ \ 1.481481481\cdots}$$
$$999x=1480$$
$$\therefore x=\frac{1480}{999}=\frac{40}{27}$$

(7) $x=0.2\dot{7}$로 놓으면
$$100x=27.777\cdots$$
$$\underline{-)\quad 10x=\ \ 2.777\cdots}$$
$$90x=25$$
$$\therefore x=\frac{25}{90}=\frac{5}{18}$$

(8) $x=3.2\dot{0}\dot{4}$로 놓으면
$$1000x=3204.040404\cdots$$
$$\underline{-)\quad 10x=\ \ \ \ 32.040404\cdots}$$
$$990x=3172$$
$$\therefore x=\frac{3172}{990}=\frac{1586}{495}$$

답 (1) $\dfrac{8}{9}$ (2) $\dfrac{35}{99}$ (3) $\dfrac{208}{333}$ (4) $\dfrac{23}{9}$

(5) $\dfrac{415}{99}$ (6) $\dfrac{40}{27}$ (7) $\dfrac{5}{18}$ (8) $\dfrac{1586}{495}$

다른 풀이 (4) $2.\dot{5}=\dfrac{25-2}{9}=\dfrac{23}{9}$

(5) $4.\dot{1}\dot{9}=\dfrac{419-4}{99}=\dfrac{415}{99}$

(6) $1.\dot{4}8\dot{1}=\dfrac{1481-1}{999}=\dfrac{1480}{999}=\dfrac{40}{27}$

(7) $0.2\dot{7}=\dfrac{27-2}{90}=\dfrac{25}{90}=\dfrac{5}{18}$

(8) $3.2\dot{0}\dot{4}=\dfrac{3204-32}{990}=\dfrac{3172}{990}=\dfrac{1586}{495}$

0013 (4) 순환소수는 $\dfrac{(정수)}{(0이\ 아닌\ 정수)}$ 꼴로 나타낼 수 있으므로 유리수이다.

(5) 정수가 아닌 유리수는 유한소수 또는 순환소수로 나타낼 수 있다. **답** (1) ○ (2) ○ (3) × (4) ○ (5) ×

0014 유한소수는 ㄱ, ㅁ, ㅂ의 3개이다. **답** ③

0015 ㄴ. $\dfrac{2}{5}=0.4$이므로 유한소수이다.

따라서 유한소수가 아닌 것은 ㄷ, ㄹ이다. **답** ④

0016 ① $\dfrac{1}{6}=0.1666\cdots$이므로 무한소수이다.

② $-\dfrac{5}{6}=-0.8333\cdots$이므로 무한소수이다.

③ $\dfrac{1}{12}=0.08333\cdots$이므로 무한소수이다.

④ $\dfrac{2}{15}=0.1333\cdots$이므로 무한소수이다.

⑤ $\dfrac{16}{25}=0.64$이므로 유한소수이다.

따라서 무한소수가 아닌 것은 ⑤이다. **답** ⑤

0017 ③ $\dfrac{1}{7}=0.142857\cdots$이므로 무한소수이다.

④ $\dfrac{1}{20}=0.05$이므로 유한소수이다.

⑤ $\dfrac{3}{12}=0.25$이므로 유한소수이다.

따라서 옳지 않은 것은 ⑤이다. **답** ⑤

0018 ① $0.222\cdots$ ➡ 2 ② $0.070707\cdots$ ➡ 07

③ $1.212121\cdots$ ➡ 21 ⑤ $2.361361361\cdots$ ➡ 361

따라서 순환마디가 바르게 연결된 것은 ④이다. **답** ④

0019 $\dfrac{13}{11}=1.181818\cdots$이므로 순환마디는 18이다. **답** ②

0020 주어진 분수를 소수로 나타내어 순환마디를 구하면 다음과 같다.

① $\dfrac{1}{6}=0.1666\cdots$ ➡ 6 ② $\dfrac{8}{9}=0.888\cdots$ ➡ 8

③ $\dfrac{4}{11}=0.363636\cdots$ ➡ 36 ④ $\dfrac{9}{22}=0.4090909\cdots$ ➡ 09

⑤ $\dfrac{1}{37}=0.027027\cdots$ ➡ 027

따라서 순환마디를 이루는 숫자의 개수가 가장 많은 것은 ⑤이다. **답** ⑤

0021 $\dfrac{8}{11}=0.727272\cdots$에서 순환마디는 72이므로

$x=2$ ··· ❶

$\dfrac{3}{13}=0.230769230769\cdots$에서 순환마디는 230769이므로

$y=6$ ··· ❷

∴ $x+y=2+6=8$ ··· ❸

🔵 8

채점 기준	배점
❶ x의 값 구하기	40 %
❷ y의 값 구하기	40 %
❸ $x+y$의 값 구하기	20 %

0022 ① $0.202020\cdots=0.\dot{2}\dot{0}$

③ $5.4242424\cdots=5.4\dot{2}$

④ $0.327327327\cdots=0.\dot{3}2\dot{7}$

따라서 표현이 옳은 것은 ②, ⑤이다.   🔵 ②, ⑤

(주의) 순환마디는 소수점 아래에서 일정한 숫자의 배열이 한없이 되풀이되는 한 부분이므로 정수 부분은 생각하지 않는다.

0023 ④ $0.101101\cdots=0.\dot{1}0\dot{1}$ 🔵 ④

0024 ① $\dfrac{7}{3}=2.333\cdots=2.\dot{3}$ ② $\dfrac{4}{9}=0.444\cdots=0.\dot{4}$

③ $\dfrac{11}{12}=0.91666\cdots=0.91\dot{6}$ ④ $\dfrac{10}{33}=0.303030\cdots=0.\dot{3}\dot{0}$

⑤ $\dfrac{2}{45}=0.0444\cdots=0.0\dot{4}$

따라서 옳지 않은 것은 ④이다.   🔵 ④

0025 $\dfrac{7}{12}=0.58333\cdots=0.58\dot{3}$ 🔵 ③

0026 ③ $0.\dot{3}0\dot{2}$의 순환마디를 이루는 숫자는 3, 0, 2의 3개이다.

이때 $20=3\times6+2$이므로 소수점 아래 20번째 자리의 숫자는 순환마디의 두 번째 숫자인 0이다.

④ $2.5\dot{3}\dot{2}$의 소수점 아래 순환하지 않는 숫자는 1개이고 순환마디를 이루는 숫자는 3, 2의 2개이다.

이때 $20=1+(2\times9+1)$이므로 소수점 아래 20번째 자리의 숫자는 순환마디의 첫 번째 숫자인 3이다.

따라서 옳지 않은 것은 ④이다.   🔵 ④

0027 $0.\dot{5}1\dot{7}$의 순환마디를 이루는 숫자는 5, 1, 7의 3개이다.

이때 $35=3\times11+2$이므로 소수점 아래 35번째 자리의 숫자는 순환마디의 두 번째 숫자인 1이다.

또, $70=3\times23+1$이므로 소수점 아래 70번째 자리의 숫자는 순환마디의 첫 번째 숫자인 5이다.

따라서 $a=1$, $b=5$이므로

$a+b=1+5=6$ 🔵 6

0028 $\dfrac{12}{37}=0.324324324\cdots=0.\dot{3}2\dot{4}$이므로 순환마디를 이루는 숫자는 3, 2, 4의 3개이다.

이때 $40=3\times13+1$이므로 소수점 아래 40번째 자리의 숫자는 순환마디의 첫 번째 숫자인 3이다.   🔵 3

0029 $\dfrac{29}{111}=0.261261261\cdots=0.\dot{2}6\dot{1}$이므로 순환마디를 이루는 숫자는 2, 6, 1의 3개이다.

이때 $100=3\times33+1$이므로 소수점 아래 100번째 자리의 숫자는 순환마디의 첫 번째 숫자인 2이다.

∴ $a=2$

또, $111=3\times37$이므로 소수점 아래 111번째 자리의 숫자는 순환마디의 세 번째 숫자인 1이다.

∴ $b=1$

∴ $a^2+b^2=2^2+1^2=5$ 🔵 5

0030 $\dfrac{7}{44}=0.15909090\cdots=0.15\dot{9}\dot{0}$이므로 소수점 아래 순환하지 않는 숫자는 2개이고 순환마디를 이루는 숫자는 9, 0의 2개이다.

이때 $100=2+(2\times49)$이므로 소수점 아래 세 번째 자리부터 소수점 아래 100번째 자리까지 순환마디가 49번 반복된다.

따라서 구하는 합은

$1+5+(9+0)\times49=447$ 🔵 447

0031 $\dfrac{2}{13}=0.153846153846\cdots=0.\dot{1}5384\dot{6}$이므로 순환마디를 이루는 숫자는 1, 5, 3, 8, 4, 6의 6개이다.

이때 $12=6\times2$이므로 순환마디가 2번 반복된다.

∴ $a_1+a_2+a_3+\cdots+a_{12}=(1+5+3+8+4+6)\times2$

$=27\times2=54$ 🔵 ④

0032 $\dfrac{27}{60}=\dfrac{9}{20}=\dfrac{9}{2^{\boxed{2}}\times5}=\dfrac{9\times\boxed{5}}{2^2\times5\times\boxed{5}}=\dfrac{\boxed{45}}{100}=\boxed{0.45}$

🔵 ③

0033 $\dfrac{12}{75}=\dfrac{4}{25}=\dfrac{4}{5^2}=\dfrac{4\times2^2}{5^2\times2^2}=\dfrac{16}{100}=0.16$

따라서 $a=4$, $b=2^2$, $c=16$, $d=0.16$이므로

$a+b+c+d=4+2^2+16+0.16=24.16$ 🔵 ③

0034 $\dfrac{19}{200}=\dfrac{19}{2^3\times5^2}=\dfrac{19\times5}{2^3\times5^2\times5}$

$=\dfrac{95}{2^3\times5^3}=\dfrac{95}{10^3}=\dfrac{950}{10^4}=\cdots$

따라서 $m=3$, $n=95$일 때 $m+n$의 값이 가장 작으므로 구하는 값은 $3+95=98$ 🔵 98

0035 $\dfrac{3}{80}=\dfrac{3}{2^4\times5}=\dfrac{3\times5^3}{2^4\times5\times5^3}=\dfrac{375}{10^4}=\dfrac{3750}{10^5}=\cdots$ … ❶

따라서 $a=375$, $n=4$일 때 $a+n$의 값이 가장 작으므로 구하는 값은 $375+4=379$ … ❷

답 379

채점 기준	배점
❶ $\dfrac{3}{80}$의 분모를 10의 거듭제곱으로 나타내기	50 %
❷ $a+n$의 값 중 가장 작은 값 구하기	50 %

0036 ① $\dfrac{6}{2\times3\times5^2}=\dfrac{1}{5^2}$ ② $\dfrac{18}{2^2\times3^2}=\dfrac{1}{2}$

③ $\dfrac{45}{2^2\times3^2\times5}=\dfrac{1}{2^2}$ ④ $\dfrac{55}{2^2\times3^2\times11}=\dfrac{5}{2^2\times3^2}$

⑤ $\dfrac{63}{2^2\times5^2\times7}=\dfrac{9}{2^2\times5^2}$

따라서 유한소수로 나타낼 수 없는 것은 ④이다. **답** ④

0037 ② $\dfrac{1}{14}=\dfrac{1}{2\times7}$ ③ $\dfrac{9}{24}=\dfrac{3}{8}=\dfrac{3}{2^3}$

④ $\dfrac{21}{35}=\dfrac{3}{5}$ ⑤ $\dfrac{8}{60}=\dfrac{2}{15}=\dfrac{2}{3\times5}$

따라서 유한소수로 나타낼 수 있는 것은 ③, ④이다.

답 ③, ④

0038 유한소수가 되려면 기약분수로 나타내었을 때 분모의 소인수가 2 또는 5뿐이어야 한다.

이때 주어진 분수의 분모는 모두 $15=3\times5$이므로 유한소수로 나타낼 수 있는 것은 분자가 3의 배수인 것이다.

따라서 유한소수로 나타낼 수 있는 분수는

$\dfrac{3}{15}$, $\dfrac{6}{15}$, $\dfrac{9}{15}$, $\dfrac{12}{15}$의 4개이다. **답** 4

0039 구하는 분수를 $\dfrac{a}{90}$ (a는 자연수)라 하면

$\dfrac{1}{90}<\dfrac{a}{90}<\dfrac{19}{90}$에서 $1<a<19$

$90=2\times3^2\times5$이므로 $\dfrac{a}{90}$가 유한소수가 되려면 a는 $3^2=9$의 배수이어야 한다.

이때 $1<a<19$이므로 $a=9$, 18

따라서 구하는 분수는 $\dfrac{9}{90}$, $\dfrac{18}{90}$이다. **답** $\dfrac{9}{90}$, $\dfrac{18}{90}$

0040 $\dfrac{a}{350}=\dfrac{a}{2\times5^2\times7}$이므로 $\dfrac{a}{350}$가 유한소수가 되려면 a는 7의 배수이어야 한다.

또, 기약분수로 나타내면 $\dfrac{11}{b}$이므로 a는 11의 배수이어야 한다.

즉, a는 $7\times11=77$의 배수이고 100 이하의 자연수이므로 $a=77$

$\dfrac{77}{350}=\dfrac{11}{50}$이므로 $b=50$

$\therefore a-b=77-50=27$ **답** 27

0041 $\dfrac{a}{120}=\dfrac{a}{2^3\times3\times5}$이므로 $\dfrac{a}{120}$가 유한소수가 되려면 a는 3의 배수이어야 한다.

또, 기약분수로 나타내면 $\dfrac{7}{b}$이므로 a는 7의 배수이어야 한다.

즉, a는 $3\times7=21$의 배수이고 $40\leq a\leq50$인 자연수이므로 $a=42$ … ❶

$\dfrac{42}{120}=\dfrac{7}{20}$이므로 $b=20$ … ❷

$\therefore a+b=42+20=62$ … ❸

답 62

채점 기준	배점
❶ a의 값 구하기	40 %
❷ b의 값 구하기	40 %
❸ $a+b$의 값 구하기	20 %

0042 $\dfrac{3}{42}=\dfrac{1}{14}=\dfrac{1}{2\times7}$, $\dfrac{7}{210}=\dfrac{1}{30}=\dfrac{1}{2\times3\times5}$이므로 두 분수에 각각 a를 곱하여 모두 유한소수로 나타낼 수 있으려면 a는 7과 3의 공배수, 즉 21의 배수이어야 한다.

따라서 a의 값이 될 수 있는 가장 작은 자연수는 21이다.

답 21

0043 $\dfrac{4}{90}=\dfrac{2}{45}=\dfrac{2}{3^2\times5}$, $\dfrac{15}{132}=\dfrac{5}{44}=\dfrac{5}{2^2\times11}$이므로 두 분수에 각각 A를 곱하여 모두 유한소수로 나타낼 수 있으려면 A는 $3^2=9$와 11의 공배수, 즉 99의 배수이어야 한다.

이때 세 자리 자연수 A는 198, 297, $\cdots$, 891, 990이다.

그런데 $A=990$이면 $\dfrac{4}{90}\times990=44$이므로 정수가 된다.

따라서 A의 값 중 가장 큰 세 자리 자연수는 891이다. **답** ③

0044 $\dfrac{15}{1050}=\dfrac{1}{70}=\dfrac{1}{2\times5\times7}$이므로 $\dfrac{15}{1050}\times a$가 유한소수가 되려면 a는 7의 배수이어야 한다.

따라서 a의 값이 될 수 있는 가장 작은 두 자리 자연수는 14이다. **답** ③

0045 조건 (나)에서 $\dfrac{A}{2^3\times3^2\times5\times7}$가 유한소수가 되려면 A는 $3^2\times7=63$의 배수이어야 한다.

이때 조건 (가)에서 A는 2와 3의 공배수, 즉 6의 배수이므로 A는 63과 6의 공배수이다.

따라서 가장 작은 자연수 A는 126이다. **답** 126

0046 ⑤ $a=42$일 때, $\dfrac{28}{40\times 42}=\dfrac{1}{2^2\times 3\times 5}$이므로 유한소수로 나타낼 수 없다.

따라서 a의 값이 될 수 없는 것은 ⑤이다. **답** ⑤

다른 풀이 $\dfrac{28}{40\times a}=\dfrac{7}{10\times a}=\dfrac{7}{2\times 5\times a}$이 유한소수가 되도록 하는 a의 값은 소인수가 2 또는 5로만 이루어진 수이거나 7의 약수이거나 7×(소인수가 2 또는 5뿐인 수)이다.

따라서 a의 값이 될 수 없는 것은 ⑤이다.

0047 $\dfrac{33}{20\times a}=\dfrac{3\times 11}{2^2\times 5\times a}$이 유한소수가 되도록 하는 $20<a<30$인 자연수 a는 22, 24, 25이다.

따라서 모든 a의 값의 합은

$22+24+25=71$ **답** 71

0048 $\dfrac{a}{180}=\dfrac{a}{2^2\times 3^2\times 5}$가 순환소수가 되려면 a는 $3^2=9$의 배수가 아니어야 한다.

따라서 a의 값이 될 수 있는 것은 ④이다. **답** ④

0049 ① $\dfrac{14}{12}=\dfrac{7}{6}=\dfrac{7}{2\times 3}$ ② $\dfrac{14}{18}=\dfrac{7}{9}=\dfrac{7}{3^2}$

③ $\dfrac{14}{21}=\dfrac{2}{3}$ ④ $\dfrac{14}{24}=\dfrac{7}{12}=\dfrac{7}{2^2\times 3}$

⑤ $\dfrac{14}{35}=\dfrac{2}{5}$

따라서 a의 값이 될 수 없는 것은 ⑤이다. **답** ⑤

0050 $\dfrac{21}{5^2\times a}=\dfrac{3\times 7}{5^2\times a}$이 순환소수가 되려면 기약분수로 나타내었을 때 분모에 2와 5 이외의 소인수가 있어야 한다.

$\therefore a=3,\,6,\,7,\,9,\,11,\,\cdots$

$a=3$이면 $\dfrac{3\times 7}{5^2\times 3}=\dfrac{7}{5^2}$, $a=6$이면 $\dfrac{3\times 7}{5^2\times 6}=\dfrac{7}{2\times 5^2}$

$a=7$이면 $\dfrac{3\times 7}{5^2\times 7}=\dfrac{3}{5^2}$, $a=9$이면 $\dfrac{3\times 7}{5^2\times 9}=\dfrac{7}{3\times 5^2}$, $\cdots$

따라서 가장 작은 자연수 a의 값은 9이다. **답** 9

0051 $\dfrac{6}{2^3\times 5^2\times a}=\dfrac{3}{2^2\times 5^2\times a}$이 순환소수가 되려면 기약분수로 나타내었을 때 분모에 2와 5 이외의 소인수가 있어야 한다. 이때 a는 한 자리 자연수이므로 $a=3,\,6,\,7,\,9$

$a=3$이면 $\dfrac{3}{2^2\times 5^2\times 3}=\dfrac{1}{2^2\times 5^2}$

$a=6$이면 $\dfrac{3}{2^2\times 5^2\times 6}=\dfrac{1}{2^3\times 5^2}$

$\therefore a=7,\,9$

따라서 모든 a의 값의 합은 $7+9=16$ **답** 16

0052 $2.1\dot{4}\dot{2}$를 x로 놓으면 $x=2.14242\cdots$ ⋯⋯ ㉠

㉠의 양변에 $\boxed{1000}$을 곱하면

$\boxed{1000}\,x=2142.4242\cdots$ ⋯⋯ ㉡

㉠의 양변에 $\boxed{10}$을 곱하면

$\boxed{10}\,x=21.4242\cdots$ ⋯⋯ ㉢

㉡-㉢을 하면 $\boxed{990}\,x=\boxed{2121}$

$\therefore x=\boxed{\dfrac{707}{330}}$

따라서 옳지 않은 것은 ③이다. **답** ③

0053 $1.2\dot{3}$을 x로 놓으면 $x=1.2333\cdots$ ⋯⋯ ㉠

㉠의 양변에 $\boxed{100}$을 곱하면

$\boxed{100}\,x=123.333\cdots$ ⋯⋯ ㉡

㉠의 양변에 $\boxed{10}$을 곱하면

$\boxed{10}\,x=12.333\cdots$ ⋯⋯ ㉢

㉡-㉢을 하면 $\boxed{90}\,x=\boxed{111}$ $\therefore x=\boxed{\dfrac{37}{30}}$

답 (가): 100, (나): 10, (다): 90, (라): 111, (마): $\dfrac{37}{30}$

0054 ④, ⑤ $x=12.4272727\cdots$이므로

$1000x=12427.272727\cdots$, $10x=124.272727\cdots$

$1000x-10x=12303$

$\therefore x=\dfrac{12303}{990}=\dfrac{1367}{110}$

따라서 옳지 않은 것은 ⑤이다. **답** ⑤

0055 ㄱ. $x=3.\dot{7}=3.777\cdots$, $10x=37.777\cdots$이므로

$10x-x=34$

ㄴ. $x=1.\dot{3}1\dot{2}=1.312312312\cdots$,

$1000x=1312.312312312\cdots$이므로

$1000x-x=1311$

ㄷ. $x=2.5\dot{7}\dot{2}=2.5727272\cdots$에서

$1000x=2572.727272\cdots$, $10x=25.727272\cdots$이므로

$1000x-10x=2547$

따라서 순환소수 x를 분수로 나타낼 때, 이용할 수 있는 가장 편리한 식이 바르게 짝 지어진 것은 ㄱ, ㄷ이다. **답** ㄱ, ㄷ

0056 ① $2.\dot{6}=\dfrac{26-2}{9}$ ③ $3.0\dot{4}=\dfrac{304-30}{90}$

⑤ $3.\dot{1}7\dot{8}=\dfrac{3178-3}{999}$

따라서 옳은 것은 ②, ④이다.   답 ②, ④

0057 ② $0.4\dot{7} = \dfrac{47-4}{90} = \dfrac{43}{90}$

③ $1.\dot{6} = \dfrac{16-1}{9} = \dfrac{15}{9} = \dfrac{5}{3}$

④ $0.\dot{2}5\dot{9} = \dfrac{259}{999} = \dfrac{7}{27}$

⑤ $2.3\dot{0}\dot{2} = \dfrac{2302-23}{990} = \dfrac{2279}{990}$

따라서 옳지 않은 것은 ③이다.   답 ③

0058 $3.2\dot{7} = \dfrac{327-32}{90} = \dfrac{295}{90} = \dfrac{59}{18}$이므로 $a=59$ 답 ④

0059 $0.\dot{2}\dot{7} = \dfrac{27}{99} = \dfrac{3}{11}$이므로 $a = \dfrac{11}{3}$ ··· ❶

$1.4\dot{6} = \dfrac{146-14}{90} = \dfrac{132}{90} = \dfrac{22}{15}$이므로 $b = \dfrac{15}{22}$ ··· ❷

$\therefore ab = \dfrac{11}{3} \times \dfrac{15}{22} = \dfrac{5}{2}$ ··· ❸

답 $\dfrac{5}{2}$

채점 기준	배점
❶ a의 값 구하기	40 %
❷ b의 값 구하기	40 %
❸ ab의 값 구하기	20 %

0060 ① $5.\dot{1} = 5.111\cdots > 5.1$

② $\dfrac{13}{11} = 1.181818\cdots$, $1.1\dot{8} = 1.1888\cdots$이므로 $\dfrac{13}{11} < 1.1\dot{8}$

③ $0.\dot{4} = 0.444\cdots$, $0.\dot{4}\dot{0} = 0.404040\cdots$이므로 $0.\dot{4} > 0.\dot{4}\dot{0}$

④ $1.\dot{1}\dot{2} = 1.121212\cdots$, $1.1\dot{2} = 1.1222\cdots$이므로

$\quad 1.\dot{1}\dot{2} < 1.1\dot{2}$

⑤ $0.3\dot{2}\dot{4} = 0.3242424\cdots$, $0.\dot{3}2\dot{4} = 0.324324324\cdots$이므로

$\quad 0.3\dot{2}\dot{4} < 0.\dot{3}2\dot{4}$

따라서 옳지 않은 것은 ③이다.   답 ③

0061 ① 0.364 ② $0.36\dot{4} = 0.36444\cdots$

③ $0.3\dot{6}\dot{4} = 0.3646464\cdots$ ④ $\dfrac{18}{55} = 0.3272727\cdots$

⑤ $\dfrac{364}{999} = 0.364364364\cdots$

따라서 $\dfrac{18}{55} < 0.364 < \dfrac{364}{999} < 0.36\dot{4} < 0.3\dot{6}\dot{4}$이므로 가장 큰 수

는 ③이다.   답 ③

0062 $\dfrac{1}{5} < 0.\dot{a} < \dfrac{1}{4}$에서 $\dfrac{1}{5} < \dfrac{a}{9} < \dfrac{1}{4}$이므로

$\dfrac{36}{180} < \dfrac{20a}{180} < \dfrac{45}{180}$ $\therefore a=2$ 답 ②

0063 $\dfrac{1}{3} \leq 0.0\dot{x} \times 6 < \dfrac{5}{6}$에서 $\dfrac{1}{3} \leq \dfrac{x}{90} \times 6 < \dfrac{5}{6}$이므로

$\dfrac{10}{30} \leq \dfrac{2x}{30} < \dfrac{25}{30}$

따라서 부등식을 만족시키는 한 자리 자연수 x의 값은 5, 6, 7, 8, 9이므로 x의 값이 될 수 없는 것은 ①이다.   답 ①

0064 $a = 5.\dot{6} = \dfrac{56-5}{9} = \dfrac{51}{9} = \dfrac{17}{3}$

$b = 0.\dot{1}\dot{8} = \dfrac{18}{99} = \dfrac{2}{11}$

$\therefore ab = \dfrac{17}{3} \times \dfrac{2}{11} = \dfrac{34}{33} = 1.\dot{0}\dot{3}$ 답 ②

0065 $a = 3.\dot{7}\dot{5} = \dfrac{375-3}{99} = \dfrac{372}{99} = \dfrac{124}{33}$

$b = 6.\dot{8} = \dfrac{68-6}{9} = \dfrac{62}{9}$

$\therefore \dfrac{a}{b} = \dfrac{124}{33} \div \dfrac{62}{9} = \dfrac{124}{33} \times \dfrac{9}{62} = \dfrac{6}{11} = 0.\dot{5}\dot{4}$ 답 ③

0066 $1.\dot{5} + 0.\dot{7} = \dfrac{15-1}{9} + \dfrac{7}{9} = \dfrac{14}{9} + \dfrac{7}{9}$

$\qquad\qquad = \dfrac{21}{9} = \dfrac{7}{3} = 2.\dot{3}$ 답 $2.\dot{3}$

0067 $1.\dot{3} - 0.1\dot{2} = \dfrac{13-1}{9} - \dfrac{12-1}{90} = \dfrac{12}{9} - \dfrac{11}{90}$

$\qquad\qquad = \dfrac{109}{90} = 1.2\dot{1}$ 답 ①

0068 $\dfrac{7}{11} = x + 0.\dot{3}\dot{1}$에서 $\dfrac{7}{11} = x + \dfrac{31}{99}$

$\therefore x = \dfrac{7}{11} - \dfrac{31}{99} = \dfrac{63}{99} - \dfrac{31}{99} = \dfrac{32}{99} = 0.\dot{3}\dot{2}$ 답 ③

0069 $0.\dot{5}\dot{6} = A - 0.\dot{4}$에서 $\dfrac{56}{99} = A - \dfrac{4}{9}$

$\therefore A = \dfrac{56}{99} + \dfrac{4}{9} = \dfrac{56}{99} + \dfrac{44}{99} = \dfrac{100}{99} = 1.\dot{0}\dot{1}$ 답 ③

0070 $0.4\dot{7}\dot{1} = \dfrac{471-4}{990} = \dfrac{467}{990} = 467 \times \dfrac{1}{990} = 467 \times 0.00\dot{1}$

$\therefore A = 467$ 답 ③

0071 $1.\dot{7}\dot{0} = \dfrac{170-1}{99} = \dfrac{169}{99}$ ··· ❶

$18.\dot{7} = \dfrac{187-18}{9} = \dfrac{169}{9}$ ··· ❷

이므로 $1.\dot{7}\dot{0} \times a = 18.\dot{7}$ 에서

$\dfrac{169}{99} \times a = \dfrac{169}{9}$ $\therefore a = 11$ ··· ❸

                               🅐 11

채점 기준	배점
❶ $1.\dot{7}\dot{0}$ 을 분수로 나타내기	30 %
❷ $18.\dot{7}$ 을 분수로 나타내기	30 %
❸ a의 값 구하기	40 %

0072 $0.\dot{4}\dot{2} = \dfrac{42}{99} = \dfrac{14}{33}$ 이므로 a는 33의 배수이어야 한다.

따라서 두 자리 자연수 a는 33, 66, 99의 3개이다.   🅐 3

0073 $2.\dot{4}\dot{5} = \dfrac{245-2}{99} = \dfrac{243}{99} = \dfrac{27}{11} = \dfrac{3^3}{11}$

따라서 자연수 x는 $3 \times 11 \times k^2$ (k는 자연수) 꼴이어야 하므로

가장 작은 세 자리 자연수는 $3 \times 11 \times 2^2 = 132$ 🅐 132

0074 $0.3\dot{5}\dot{4} = \dfrac{354-3}{990} = \dfrac{351}{990} = \dfrac{39}{2 \times 5 \times 11}$ 이므로 곱해야 하

는 자연수는 11의 배수이다.

따라서 가장 작은 자연수는 11이다.   🅐 ③

0075 $0.5\dot{6} = \dfrac{56-5}{90} = \dfrac{51}{90} = \dfrac{17}{30} = \dfrac{17}{2 \times 3 \times 5}$ 이므로

$0.5\dot{6} \times x$가 유한소수가 되려면 x는 3의 배수이어야 한다.

따라서 x의 값이 될 수 있는 것은 ①, ④이다.   🅐 ①, ④

0076 유라는 분자는 제대로 보았으므로

$0.\dot{2}\dot{1} = \dfrac{21}{99} = \dfrac{7}{33}$

에서 처음 기약분수의 분자는 7이다.

지민이는 분모는 제대로 보았으므로

$0.4\dot{3} = \dfrac{43-4}{90} = \dfrac{39}{90} = \dfrac{13}{30}$

에서 처음 기약분수의 분모는 30이다.

따라서 처음 기약분수를 순환소수로 나타내면

$\dfrac{7}{30} = 0.2\dot{3}$ 🅐 $0.2\dot{3}$

0077 지훈이는 분자를 제대로 보았으므로

$0.\dot{4}8\dot{1} = \dfrac{481}{999} = \dfrac{13}{27}$

에서 처음 기약분수의 분자는 13이다.

태형이는 분모를 제대로 보았으므로

$1.0\dot{5} = \dfrac{105-10}{90} = \dfrac{95}{90} = \dfrac{19}{18}$

에서 처음 기약분수의 분모는 18이다.

따라서 처음 기약분수를 순환소수로 나타내면

$\dfrac{13}{18} = 0.7\dot{2}$ 🅐 $0.7\dot{2}$

0078 분자는 제대로 보았으므로

$0.6\dot{8}\dot{3} = \dfrac{683-6}{990} = \dfrac{677}{990}$

에서 처음 기약분수의 분자는 677 $\therefore a = 677$

따라서 처음 기약분수를 순환소수로 나타내면

$\dfrac{677}{999} = 0.\dot{6}7\dot{7}$ 🅐 $0.\dot{6}7\dot{7}$

0079 분자는 제대로 보았으므로

$0.5\dot{8} = \dfrac{58-5}{90} = \dfrac{53}{90}$

에서 처음 기약분수의 분자는 53 $\therefore a = 53$

따라서 처음 기약분수를 순환소수로 나타내면

$\dfrac{53}{990} = 0.0\dot{5}\dot{3}$ 🅐 $0.0\dot{5}\dot{3}$

0080 어떤 자연수를 x라 하면

$x \times 2.3 = x \times 2.\dot{3} - 0.1\dot{6}$

이때 $2.\dot{3} = \dfrac{23-2}{9} = \dfrac{21}{9} = \dfrac{7}{3}$, $0.1\dot{6} = \dfrac{16-1}{90} = \dfrac{15}{90} = \dfrac{1}{6}$ 이므

로 $x \times \dfrac{23}{10} = x \times \dfrac{7}{3} - \dfrac{1}{6}$

$69x = 70x - 5$ $\therefore x = 5$

따라서 구하는 자연수는 5이다.   🅐 5

0081 $x \times 0.2\dot{3} = x \times 0.\dot{2}\dot{3} + 0.0\dot{5}$ ··· ❶

$x \times \dfrac{23-2}{90} = x \times \dfrac{23}{99} + \dfrac{5}{99}$, $x \times \dfrac{21}{90} = x \times \dfrac{23}{99} + \dfrac{5}{99}$

$231x = 230x + 50$ $\therefore x = 50$ ··· ❷

                               🅐 50

채점 기준	배점
❶ 방정식 세우기	40 %
❷ x의 값 구하기	60 %

0082 ② 모든 순환소수는 무한소수이다.

③ 순환소수가 아닌 무한소수는 분수로 나타낼 수 없다.

④ 모든 유리수는 유한소수 또는 순환소수로 나타낼 수 있다.

따라서 옳은 것은 ①, ⑤이다.   🅐 ①, ⑤

0083 ㄱ. 모든 기약분수는 유한소수 또는 순환소수로 나타낼 수 있다.

ㄴ. 모든 순환소수는 유리수이다.

따라서 옳은 것은 ㄷ, ㄹ이다.　　　　　　　　　🅐 ⑤

C step 실력 완성! 🌱

본문 24 ~ 27쪽

0084 $\dfrac{a}{b}$ (a, b는 정수, $b \neq 0$) 꼴로 나타낼 수 있는 수는 유리수이다.

③ $\pi = 3.14159265\cdots$로 유리수가 아니다.

⑤ 순환소수이므로 유리수이다.

따라서 주어진 꼴로 나타낼 수 없는 것은 ③이다.　🅐 ③

0085 ① $1.717171\cdots \Rightarrow 71$

③ $2.562562\cdots \Rightarrow 562$

④ $15.415415\cdots \Rightarrow 415$

⑤ $5.050505\cdots \Rightarrow 05$

따라서 바르게 연결된 것은 ②이다.　　　　　🅐 ②

0086 ④ $\dfrac{4}{6} = 0.666\cdots$이므로 순환소수이다.

⑤ $\dfrac{21}{84} = 0.25$이므로 유한소수이다.

따라서 옳지 않은 것은 ⑤이다.　　　　　　🅐 ⑤

0087 $\dfrac{11}{20} = \dfrac{11}{2^2 \times 5} = \dfrac{11 \times 5}{2^2 \times 5 \times 5} = \dfrac{55}{10^2} = \dfrac{550}{10^3} = \cdots$

따라서 $a = 55$, $n = 2$일 때 $a + n$의 값이 가장 작으므로 구하는 값은 $a + n = 55 + 2 = 57$　　　　　　　　🅐 57

0088 ② $\dfrac{27}{2^2 \times 3^2 \times 5^2} = \dfrac{3}{2^2 \times 5^2}$

③ $\dfrac{21}{2^2 \times 5^3 \times 7} = \dfrac{3}{2^2 \times 5^3}$

④ $\dfrac{15}{2 \times 3 \times 5^2} = \dfrac{1}{2 \times 5}$

⑤ $\dfrac{30}{2^4 \times 3^2 \times 5 \times 7} = \dfrac{1}{2^3 \times 3 \times 7}$

따라서 유한소수로 나타낼 수 없는 것은 ⑤이다.　🅐 ⑤

0089 수직선에서 0과 1을 나타내는 두 점 사이를 12등분할 때, 각 점이 나타내는 수는

$a_1 = \dfrac{1}{12}$, $a_2 = \dfrac{2}{12}$, $a_3 = \dfrac{3}{12}$, $\cdots$, $a_{11} = \dfrac{11}{12}$

이때 분모가 $12 = 2^2 \times 3$이므로 유한소수로 나타내려면 분자가 3의 배수이어야 한다.

따라서 유한소수로 나타낼 수 있는 것은

$a_3 = \dfrac{3}{12} = \dfrac{1}{4} = \dfrac{1}{2^2}$, $a_6 = \dfrac{6}{12} = \dfrac{1}{2}$, $a_9 = \dfrac{9}{12} = \dfrac{3}{4} = \dfrac{3}{2^2}$의 3개

이다.　　　　　　　　　　　　　　　🅐 3

0090 $\dfrac{3}{660} = \dfrac{1}{220} = \dfrac{1}{2^2 \times 5 \times 11}$이므로 조건 ㈏에서

$\dfrac{3}{660} \times A$가 유한소수가 되려면 A는 11의 배수이어야 한다.

조건 ㈎에서 A는 3의 배수이므로 A는 3과 11의 공배수, 즉 33의 배수이어야 한다.

따라서 가장 작은 자연수 A의 값은 33이다.　　🅐 33

0091 $\dfrac{a}{270} = \dfrac{a}{2 \times 3^3 \times 5}$가 유한소수가 되려면 기약분수로 나타내었을 때, 분모의 소인수가 2나 5뿐이어야 하므로 a는 $3^3 = 27$의 배수이어야 한다.

이때 a는 두 자리 자연수이므로 a가 될 수 있는 값은 27, 54, 81이고 $\dfrac{a}{270}$를 기약분수로 나타내면 $\dfrac{3}{b}$이므로 $a = 81$

즉, $\dfrac{81}{270} = \dfrac{3}{10}$이므로 $b = 10$

$\therefore a - b = 81 - 10 = 71$　　　　　　　🅐 71

0092 $\dfrac{13}{42} = \dfrac{13}{2 \times 3 \times 7}$, $\dfrac{47}{60} = \dfrac{47}{2^2 \times 3 \times 5}$이므로 두 분수가 모두 유한소수가 되려면 자연수 a는 $3 \times 7 = 21$과 3의 공배수, 즉 21의 배수이어야 한다. 따라서 a의 값이 될 수 있는 가장 작은 자연수는 21이다.　　　　　　　　　　　🅐 21

0093 골키퍼의 방어 횟수를 x회라 하면 방어율은 $\dfrac{x}{18}$이다.

이때 $\dfrac{x}{18} = \dfrac{x}{2 \times 3^2}$를 소수로 나타내었을 때 순환소수가 되려면 x는 9의 배수가 아니어야 하므로 골키퍼의 방어 횟수가 될 수 없는 것은 ③이다.　　　　　　　　　🅐 ③

0094 $x = 1.01888\cdots$이므로 $1000x = 1018.888\cdots$이고 $1000x - nx$의 값이 정수가 되려면 $nx = \square.888\cdots$ 꼴이어야 한다.

이때 $100x = 101.888\cdots$, $1000x = 1018.888\cdots$, $10000x = 10188.888\cdots$이므로 이 중 가장 작은 자연수 n은 100이다.　　　　　　　　　　　　　　　🅐 100

0095 $3-x=0.\dot{6}$에서 $3-x=\dfrac{6}{9}$

$\therefore x=3-\dfrac{6}{9}=3-\dfrac{2}{3}=\dfrac{7}{3}$

$\dfrac{11}{30}=y+0.1\dot{4}$에서 $\dfrac{11}{30}=y+\dfrac{13}{90}$

$\therefore y=\dfrac{11}{30}-\dfrac{13}{90}=\dfrac{33}{90}-\dfrac{13}{90}=\dfrac{20}{90}=\dfrac{2}{9}$

$\therefore x+y=\dfrac{7}{3}+\dfrac{2}{9}=\dfrac{21}{9}+\dfrac{2}{9}=\dfrac{23}{9}=2.\dot{5}$ **답** $2.\dot{5}$

0096 $1.8\dot{1}=\dfrac{181-1}{99}=\dfrac{180}{99}=\dfrac{20}{11}=\dfrac{2^2\times5}{11}$이므로

$1.8\dot{1}\times A$가 어떤 자연수의 제곱이 되려면

$A=11\times5\times k^2$ (k는 자연수) 꼴이어야 한다.

따라서 가장 작은 자연수 A의 값은 $11\times5=55$ **답** 55

0097 어떤 양수를 x라 하면

$0.\dot{3}x=0.3x+0.4$, $\dfrac{3}{9}x=\dfrac{3}{10}x+\dfrac{4}{10}$

$\dfrac{1}{3}x=\dfrac{3}{10}x+\dfrac{2}{5}$, $10x=9x+12$ $\therefore x=12$

따라서 어떤 양수는 12이다. **답** 12

0098 성우는 분자는 제대로 보았으므로

$0.3\dot{7}\dot{2}=\dfrac{372-3}{990}=\dfrac{369}{990}=\dfrac{41}{110}$

에서 처음 기약분수의 분자는 41이다.

유하는 분모는 제대로 보았으므로 $0.\dot{3}8\dot{7}=\dfrac{387}{999}=\dfrac{43}{111}$

에서 처음 기약분수의 분모는 111이다.

따라서 처음 기약분수를 순환소수로 나타내면

$\dfrac{41}{111}=\dfrac{369}{999}=0.\dot{3}6\dot{9}$ **답** $0.\dot{3}6\dot{9}$

0099 ㄴ. 순환소수가 아닌 무한소수는 유리수가 아니다.

ㄹ. $\dfrac{1}{2}$, $\dfrac{1}{5}$은 분모가 소수이지만 유한소수로 나타낼 수 있다.

따라서 옳은 것은 ㄱ, ㄷ이다. **답** ㄱ, ㄷ

0100 $2+\dfrac{3}{10}+\dfrac{3}{10^2}+\dfrac{3}{10^3}+\cdots$

$=2+0.3+0.03+0.003+\cdots$

$=2.333\cdots=2.\dot{3}$

$=\dfrac{23-2}{9}=\dfrac{21}{9}=\dfrac{7}{3}$

따라서 $a=7$, $b=3$이므로 $a+b=7+3=10$ **답** 10

0101 조건 ㈎에서 $x=\dfrac{a}{48}$ (a는 자연수)로 놓으면

$\dfrac{1}{12}=\dfrac{4}{48}$, $\dfrac{1}{4}=\dfrac{12}{48}$이므로 조건 ㈐에서 $\dfrac{a}{48}$는 $\dfrac{4}{48}$보다 크고 $\dfrac{12}{48}$보다 작다. 즉, $\dfrac{4}{48}<\dfrac{a}{48}<\dfrac{12}{48}$이다.

이때 $48=2^4\times3$이므로 조건 ㈏에서 $\dfrac{a}{48}$가 순환소수이려면 a는 3의 배수가 아니어야 한다.

$\therefore a=5, 7, 8, 10, 11$

따라서 조건을 모두 만족시키는 분수 x는 $\dfrac{5}{48}, \dfrac{7}{48}, \dfrac{8}{48}, \dfrac{10}{48},$

$\dfrac{11}{48}$의 5개이다. **답** 5

0102 $\dfrac{3}{7}=0.428571428571\cdots=0.\dot{4}2857\dot{1}$이므로 순환마디를 이루는 숫자는 4, 2, 8, 5, 7, 1의 6개이다. … ❶

이때 $25=6\times4+1$이므로 소수점 아래 25번째 자리의 숫자는 순환마디의 첫 번째 숫자인 4이다.

$\therefore a=4$ … ❷

또, $50=6\times8+2$이므로 소수점 아래 50번째 자리의 숫자는 순환마디의 두 번째 숫자인 2이다.

$\therefore b=2$ … ❸

$\therefore 0.\dot{a}\dot{b}+0.\dot{b}\dot{a}=0.\dot{4}\dot{2}+0.\dot{2}\dot{4}=\dfrac{42}{99}+\dfrac{24}{99}=\dfrac{66}{99}=\dfrac{2}{3}$ … ❹

답 $\dfrac{2}{3}$

채점 기준	배점
❶ $\dfrac{3}{7}$의 순환마디 구하기	20 %
❷ a의 값 구하기	30 %
❸ b의 값 구하기	30 %
❹ $0.\dot{a}\dot{b}+0.\dot{b}\dot{a}$의 값을 기약분수로 나타내기	20 %

0103 $\dfrac{x}{30}=\dfrac{x}{2\times3\times5}$가 유한소수가 되려면 x는 3의 배수이어야 한다. … ❶

이때 $0.5\dot{9}<\dfrac{x}{30}<0.\dot{8}$에서 $\dfrac{54}{90}<\dfrac{x}{30}<\dfrac{8}{9}$ … ❷

$\therefore \dfrac{54}{90}<\dfrac{3x}{90}<\dfrac{80}{90}$

따라서 부등식을 만족시키는 3의 배수인 자연수 x의 값은 21, 24이다. … ❸

답 21, 24

채점 기준	배점
❶ x의 조건 구하기	30 %
❷ $\dfrac{x}{30}$의 값의 범위를 분수로 나타내기	30 %
❸ x의 값 구하기	40 %

02 단항식의 계산   I. 수와식

step A 개념 익히고,   본문 29, 31쪽

0104   (5) $a^2 \times b^3 \times a \times b^4 = a^2 \times a \times b^3 \times b^4 = a^3 b^7$

답   (1) x^5 (2) 5^8 (3) y^9 (4) 3^{12} (5) $a^3 b^7$

0105   (3) $(y^2)^3 \times (y^5)^2 = y^6 \times y^{10} = y^{16}$

(4) $(-x)^4 \times (-x)^5 = x^4 \times (-x^5)$
$$= -(x^4 \times x^5) = -x^9$$

(5) $(a^5)^3 \times (a^4)^2 \times (a^3)^3 = a^{15} \times a^8 \times a^9 = a^{32}$

답   (1) x^{12} (2) 3^8 (3) y^{16} (4) $-x^9$ (5) a^{32}

0106   (5) $\square + 15 = 24$ $\therefore \square = 9$

답   (1) 3   (2) 4   (3) 5   (4) 7   (5) 9

0107   (5) $x^6 \div x \div x^2 = x^5 \div x^2 = x^3$

답   (1) x^2 (2) 2^8 (3) 1   (4) $\dfrac{1}{b^3}$ (5) x^3

0108   답   (1) $x^6 y^8$ (2) $4a^8$ (3) $\dfrac{x^{12}}{625}$ (4) $-\dfrac{a^{12}}{b^6}$

0109   답   (1) 5   (2) 5   (3) 2, 15   (4) 4, 24

0110   답   (1) $6x^2 y$ (2) $-8a^3 b^2$ (3) $15x^5 y^5$

(4) $-12a^5 b^3$ (5) $-30x^8 y^5$

0111   (1) $5a^3 b \times (-2a^2 b^3)^3 = 5a^3 b \times (-8a^6 b^9) = -40a^9 b^{10}$

(2) $(xy^3)^2 \times \left(\dfrac{x^4}{y}\right)^3 = x^2 y^6 \times \dfrac{x^{12}}{y^3} = x^{14} y^3$

(3) $\left(\dfrac{3}{ab}\right)^2 \times \left(-\dfrac{2b}{a}\right)^3 = \dfrac{9}{a^2 b^2} \times \left(-\dfrac{8b^3}{a^3}\right) = -\dfrac{72b}{a^5}$

(4) $\left(\dfrac{2y}{x}\right)^2 \times (-5x^2 y) \times (xy)^3 = \dfrac{4y^2}{x^2} \times (-5x^2 y) \times x^3 y^3$
$$= -20x^3 y^6$$

답   (1) $-40a^9 b^{10}$ (2) $x^{14} y^3$ (3) $-\dfrac{72b}{a^5}$ (4) $-20x^3 y^6$

0112   (2) $6x^3 y^2 \div \dfrac{1}{3x^2 y} = 6x^3 y^2 \times 3x^2 y = 18x^5 y^3$

(3) $\dfrac{3}{2} a \div \left(-\dfrac{3}{4ab}\right) = \dfrac{3}{2} a \times \left(-\dfrac{4ab}{3}\right) = -2a^2 b$

(4) $5x^2 y \div \dfrac{x^2}{4y} = 5x^2 y \times \dfrac{4y}{x^2} = 20y^2$

(5) $15x^4 y \div 3xy \div 5x^2 = 15x^4 y \times \dfrac{1}{3xy} \times \dfrac{1}{5x^2} = x$

답   (1) $-2a^2$ (2) $18x^5 y^3$ (3) $-2a^2 b$ (4) $20y^2$ (5) x

0113   (1) $(-3x^4 y^5)^2 \div (xy^3)^2 = 9x^8 y^{10} \div x^2 y^6$
$$= \dfrac{9x^8 y^{10}}{x^2 y^6} = 9x^6 y^4$$

(2) $\left(-\dfrac{4a}{b}\right)^2 \div (a^3 b^2)^2 = \dfrac{16a^2}{b^2} \div a^6 b^4$
$$= \dfrac{16a^2}{b^2} \times \dfrac{1}{a^6 b^4} = \dfrac{16}{a^4 b^6}$$

(3) $(x^3 y)^2 \div \left(-\dfrac{2x^4}{y}\right)^3 = x^6 y^2 \div \left(-\dfrac{8x^{12}}{y^3}\right)$
$$= x^6 y^2 \times \left(-\dfrac{y^3}{8x^{12}}\right) = -\dfrac{y^5}{8x^6}$$

(4) $(-4a^3 b)^2 \div (ab)^3 \div \dfrac{8}{a^2 b} = 16a^6 b^2 \div a^3 b^3 \div \dfrac{8}{a^2 b}$
$$= 16a^6 b^2 \times \dfrac{1}{a^3 b^3} \times \dfrac{a^2 b}{8} = 2a^5$$

답   (1) $9x^6 y^4$ (2) $\dfrac{16}{a^4 b^6}$ (3) $-\dfrac{y^5}{8x^6}$ (4) $2a^5$

0114   (1) $12x^2 \div 4x^3 \times 3x^2 = 12x^2 \times \dfrac{1}{4x^3} \times 3x^2 = 9x$

(2) $4ab^2 \times 3a^3 \div 6a^2 b = 4ab^2 \times 3a^3 \times \dfrac{1}{6a^2 b} = 2a^2 b$

(3) $9x^3 y \times (-2xy^2) \div 3x^3 y = 9x^3 y \times (-2xy^2) \times \dfrac{1}{3x^3 y}$
$$= -6xy^2$$

(4) $-6a^5 b^3 \div a^3 b^5 \times \left(-\dfrac{a^2 b}{2}\right)$
$$= -6a^5 b^3 \times \dfrac{1}{a^3 b^5} \times \left(-\dfrac{a^2 b}{2}\right) = \dfrac{3a^4}{b}$$

(5) $3x^3 y \times 2x^4 y^2 \div (-2y)^2 = 3x^3 y \times 2x^4 y^2 \div 4y^2$
$$= 3x^3 y \times 2x^4 y^2 \times \dfrac{1}{4y^2} = \dfrac{3x^7 y}{2}$$

답   (1) $9x$ (2) $2a^2 b$ (3) $-6xy^2$ (4) $\dfrac{3a^4}{b}$ (5) $\dfrac{3x^7 y}{2}$

0115   (1) $(-4a^2)^3 \div (-8a^4) \times a^5$
$$= (-64a^6) \div (-8a^4) \times a^5$$
$$= (-64a^6) \times \left(-\dfrac{1}{8a^4}\right) \times a^5 = 8a^7$$

(2) $2x^2 \times 5y \div (-2x^2 y^3)^2 = 2x^2 \times 5y \div 4x^4 y^6$
$$= 2x^2 \times 5y \times \dfrac{1}{4x^4 y^6} = \dfrac{5}{2x^2 y^5}$$

(3) $9a^4 b \div \left(-\dfrac{3}{b}\right)^4 \times (6ab^2)^2 = 9a^4 b \div \dfrac{81}{b^4} \times 36a^2 b^4$
$$= 9a^4 b \times \dfrac{b^4}{81} \times 36a^2 b^4 = 4a^6 b^9$$

(4) $\dfrac{x^2}{y} \times (-xy^2)^5 \div \left(\dfrac{xy}{5}\right)^2 = \dfrac{x^2}{y} \times (-x^5 y^{10}) \div \dfrac{x^2 y^2}{25}$

$\qquad\qquad\qquad\qquad\qquad\quad = \dfrac{x^2}{y} \times (-x^5 y^{10}) \times \dfrac{25}{x^2 y^2}$

$\qquad\qquad\qquad\qquad\qquad\quad = -25 x^5 y^7$

🅐 (1) $8a^7$　(2) $\dfrac{5}{2x^2 y^5}$　(3) $4a^6 b^9$　(4) $-25 x^5 y^7$

B $\underset{\text{step}}{}$ 기출 & 변형하면···　본문 32 ~ 42쪽

0116　$a^2 \times a^5 \times b^3 \times a \times b^2 \times b^6 = a^2 \times a^5 \times a \times b^3 \times b^2 \times b^6$
$\qquad\qquad\qquad\qquad\qquad\qquad\qquad\quad = a^8 b^{11}$　🅐 ③

0117　$2 \times 3 \times 4 \times 5 \times 6 = 2 \times 3 \times 2^2 \times 5 \times (2 \times 3)$
$\qquad\qquad\qquad\qquad\qquad = 2^{1+2+1} \times 3^{1+1} \times 5$
$\qquad\qquad\qquad\qquad\qquad = 2^4 \times 3^2 \times 5$

따라서 $a=4$, $b=2$, $c=1$이므로
$a+b-c=4+2-1=5$　🅐 5

0118　$(a^2)^4 \times (a^{\square})^5 = a^8 \times a^{\square \times 5} = a^{8+\square \times 5} = a^{23}$이므로
$8+\square \times 5 = 23$, $\square \times 5 = 15$　∴ $\square = 3$　🅐 ②

0119　㈎ $(a^2)^{\square} = a^{10}$에서 $\square = 5$
㈏ $(a^3)^2 \times a = a^{\square}$에서 $a^6 \times a = a^{\square}$이므로 $\square = 7$
㈐ $(a^5)^2 \times (a^{\square})^3 = a^{25}$에서 $a^{10} \times a^{\square \times 3} = a^{25}$
$\quad$ 즉, $a^{10 + \square \times 3} = a^{25}$이므로 $10 + \square \times 3 = 25$　∴ $\square = 5$
따라서 $\square$ 안에 알맞은 세 수의 합은
$5+7+5=17$　🅐 17

0120　$(a^2)^3 \times (b^4)^2 \times a^5 \times (b^2)^4 = a^6 \times b^8 \times a^5 \times b^8$
$\qquad\qquad\qquad\qquad\qquad\qquad\qquad\quad = a^{11} b^{16}$　🅐 ④

0121　$(x^4)^a \times (y^2)^6 \times y^3 = x^{4a} \times y^{12} \times y^3 = x^{4a} y^{15}$이므로
$4a = 20$, $b = 15$　∴ $a = 5$, $b = 15$
∴ $a+b = 5+15 = 20$　🅐 20

0122　① $a^6 \div a^2 = a^4$　　② $a^5 \div a^5 = 1$
⑤ $(a^4)^3 \div (a^3)^4 = a^{12} \div a^{12} = 1$
따라서 옳은 것은 ③, ④이다.　🅐 ③, ④

0123　① $a^8 \div a^5 = a^3$　　∴ $\square = 3$
② $(a^3)^3 \div a \div a^2 = a^9 \div a \div a^2 = a^8 \div a^2 = a^6$　　∴ $\square = 6$
③ $a^6 \div a^{13} = \dfrac{1}{a^7}$　　∴ $\square = 7$
④ $a^9 \div (a^4 \div a^3) = a^9 \div a = a^8$　　∴ $\square = 8$

---

⑤ $(a^2)^5 \div a^2 \div (a^3)^2 = a^{10} \div a^2 \div a^6 = a^8 \div a^6 = a^2$
$\quad$ ∴ $\square = 2$
따라서 $\square$ 안에 들어갈 수가 가장 큰 것은 ④이다.　🅐 ④

0124　$(Ax^B y^4 z)^3 = A^3 x^{3B} y^{12} z^3$이므로
$A^3 = -27 = (-3)^3$, $3B = 15$, $12 = C$, $3 = D$
따라서 $A = -3$, $B = 5$, $C = 12$, $D = 3$이므로
$A+B+C+D = -3+5+12+3 = 17$　🅐 ③

0125　$108 = 2^2 \times 3^3$이므로
$108^4 = (2^2 \times 3^3)^4 = 2^8 \times 3^{12}$에서 $x = 2$, $y = 8$
∴ $x + y = 2 + 8 = 10$　🅐 10

0126　$\left(\dfrac{x^a}{2y^2}\right)^4 = \dfrac{x^{4a}}{16 y^8}$이므로 $4a = 16$, $16 = b$, $8 = c$
따라서 $a = 4$, $b = 16$, $c = 8$이므로
$a + b - c = 4 + 16 - 8 = 12$　🅐 12

0127　$\left(\dfrac{x^A y^2}{Bz}\right)^3 = \dfrac{x^{3A} y^6}{B^3 z^3}$이므로　···❶
$3A = 18$, $B^3 = -8 = (-2)^3$, $6 = C$, $3 = D$
따라서 $A = 6$, $B = -2$, $C = 6$, $D = 3$이므로　···❷
$A+B+C+D = 6 + (-2) + 6 + 3 = 13$　···❸
　🅐 13

채점 기준	배점
❶ 주어진 식의 좌변 간단히 하기	40 %
❷ A, B, C, D의 값 각각 구하기	40 %
❸ $A+B+C+D$의 값 구하기	20 %

0128　ㄱ. $x^3 \times x^4 \times x^2 = x^{3+4+2} = x^9$
ㄴ. $a^{12} \div a^4 = a^8$　　　　　ㄷ. $(-x^3 y^4)^2 = x^6 y^8$
ㄹ. $\left(\dfrac{2a^3}{b^2}\right)^5 = \dfrac{32 a^{15}}{b^{10}}$　　　ㅁ. $3^5 \div 3^2 \div 3^2 = 3^3 \div 3^2 = 3$
ㅂ. $\left(-\dfrac{xz^3}{y^2}\right)^4 = \dfrac{x^4 z^{12}}{y^8}$
따라서 옳은 것은 ㄱ, ㅁ이다.　🅐 ㄱ, ㅁ

0129　① $4 - \square = 2$이므로 $\square = 2$
② $a^7 \div (a^3)^3 = a^7 \div a^9 = \dfrac{1}{a^2}$이므로 $\square = 2$
③ $\left(\dfrac{a}{b^{\square}}\right)^4 = \dfrac{a^4}{b^{\square \times 4}}$이므로 $\square \times 4 = 12$　∴ $\square = 3$
④ $4 \times \square = 8$, $3 \times \square = 6$이므로 $\square = 2$
⑤ $x^{\square} \div x^3 \times (x^2)^2 = x^{\square} \div x^3 \times x^4 = x^{\square + 1}$이므로
$\quad \square + 1 = 3$　∴ $\square = 2$
따라서 $\square$ 안에 알맞은 수가 나머지 넷과 다른 하나는 ③이다.
　🅐 ③

0130 ① $a^7 > a^6$ ② $x^6 > x^4$ ③ $a^{11} < a^{12}$
④ $y^5 > -y^5$ ⑤ $a^7 b^2 > a^6 b^2$
따라서 부등호가 나머지 넷과 다른 것은 ③이다. **답** ③

0131 $A = a^{11}, B = a^{12}, C = a^7$이므로
$C < A < B$ **답** $C < A < B$

0132 $27^{x+1} = (3^3)^{x+1} = 3^{3x+3}$이므로
$3x + 3 = 11 - x,\ 4x = 8$ $\therefore x = 2$ **답** ②

0133 $2^{\square} \div 8^2 = 32^3$에서 $2^{\square} \div (2^3)^2 = (2^5)^3$이므로
$2^{\square} \div 2^6 = 2^{15},\ 2^{\square - 6} = 2^{15}$
$\square - 6 = 15$ $\therefore \square = 21$ **답** ④

0134
$$5^{2x} \times 125^3 \div 5^2 = 5^{2x} \times (5^3)^3 \div 5^2$$
$$= 5^{2x} \times 5^9 \div 5^2$$
$$= 5^{2x+9} \div 5^2$$
$$= 5^{2x+7}$$
이므로 $2x + 7 = 11,\ 2x = 4$ $\therefore x = 2$ **답** ②

0135
$$4^{x+2} \times 8^{x+1} = (2^2)^{x+2} \times (2^3)^{x+1}$$
$$= 2^{2x+4} \times 2^{3x+3} = 2^{5x+7} \quad \cdots ❶$$
이고, $16^3 = (2^4)^3 = 2^{12}$이므로 $\cdots ❷$
$5x + 7 = 12,\ 5x = 5$ $\therefore x = 1$ $\cdots ❸$
답 1

채점 기준	배점
❶ 주어진 식의 좌변 간단히 하기	50 %
❷ 16^3을 2의 거듭제곱으로 나타내기	30 %
❸ x의 값 구하기	20 %

0136
$$\frac{4^3 + 4^3 + 4^3 + 4^3}{8^2 + 8^2} = \frac{4 \times 4^3}{2 \times 8^2} = \frac{2^2 \times (2^2)^3}{2 \times (2^3)^2}$$
$$= \frac{2^2 \times 2^6}{2 \times 2^6} = \frac{2^8}{2^7} = 2$$
답 ①

0137
$$\frac{5^2 + 5^2 + 5^2 + 5^2 + 5^2}{9^2 + 9^2 + 9^2} \times \frac{3^2 + 3^2 + 3^2}{25^2}$$
$$= \frac{5 \times 5^2}{3 \times 9^2} \times \frac{3 \times 3^2}{25^2} = \frac{5^3}{3 \times (3^2)^2} \times \frac{3^3}{(5^2)^2}$$
$$= \frac{5^3}{3 \times 3^4} \times \frac{3^3}{5^4} = \frac{5^3}{3^5} \times \frac{3^3}{5^4}$$
$$= \frac{1}{3^2 \times 5} = \frac{1}{45}$$
답 $\dfrac{1}{45}$

0138 $25^{12} = (5^2)^{12} = 5^{24} = (5^3)^8 = A^8$ **답** ③

0139
$$4^5 \times 27^4 = (2^2)^5 \times (3^3)^4 = 2^{10} \times 3^{12}$$
$$= 2 \times (2^3)^3 \times (3^6)^2$$
$$= 2 \times A^3 \times B^2 = 2A^3 B^2$$
답 ③

0140 $3^{x+1} + 3^x = 3^x \times 3 + 3^x = 3^x(3+1) = 3^x \times 4$
즉, $3^x \times 4 = 36$이므로 $3^x = 9 = 3^2$ $\therefore x = 2$ **답** ②

0141 $2^{x+2} + 2^{x+1} + 2^x = 2^x \times 2^2 + 2^x \times 2 + 2^x$
$$= 2^x(2^2 + 2 + 1) = 2^x \times 7$$
즉, $2^x \times 7 = 56$이므로 $2^x = 8 = 2^3$ $\therefore x = 3$ **답** ③

0142 $5^{x+2} + 2 \times 5^{x+1} + 5^x = 5^x \times 5^2 + 2 \times 5^x \times 5 + 5^x$
$$= 5^x(5^2 + 2 \times 5 + 1)$$
$$= 5^x \times 36$$
즉, $5^x \times 36 = 180$이므로 $5^x = 5$ $\therefore x = 1$ **답** ①

0143 $4^{2x}(4^x + 4^x + 4^x) = 4^{2x}(3 \times 4^x) = 3 \times 4^{3x}$
즉, $3 \times 4^{3x} = 192$이므로 $4^{3x} = 64 = 4^3$
$3x = 3$ $\therefore x = 1$ **답** 1

0144 $(2^5)^3 = 2^{15}$
$2^1 = 2,\ 2^2 = 4,\ 2^3 = 8,\ 2^4 = 16,\ 2^5 = 32,\ \cdots$이므로
$2,\ 2^2,\ 2^3,\ 2^4,\ 2^5,\ \cdots$의 일의 자리의 숫자는 2, 4, 8, 6의 순서대로 반복된다.
이때 $15 = 4 \times 3 + 3$이므로 구하는 일의 자리의 숫자는 8이다.
답 ④

0145 $2^7 \times 5^8 = (2^7 \times 5^7) \times 5 = 5 \times (2 \times 5)^7 = 5 \times 10^7$
따라서 $2^7 \times 5^8$은 8자리 자연수이다. **답** ③

0146
$$4^8 \times 5^{18} = (2^2)^8 \times 5^{18} = 2^{16} \times 5^{18} = (2^{16} \times 5^{16}) \times 5^2$$
$$= 5^2 \times (2 \times 5)^{16} = 25 \times 10^{16}$$
따라서 $4^8 \times 5^{18}$은 18자리 자연수이므로 $n = 18$
또, 각 자리의 숫자의 합은 $2 + 5 = 7$이므로 $a = 7$
$\therefore n + a = 18 + 7 = 25$ **답** 25

0147
$$3 \times 4^6 \times 5^{10} \times 7 = 3 \times (2^2)^6 \times 5^{10} \times 7$$
$$= 3 \times 2^{12} \times 5^{10} \times 7$$
$$= 3 \times 7 \times 2^2 \times (2^{10} \times 5^{10})$$
$$= 3 \times 7 \times 2^2 \times (2 \times 5)^{10} = 84 \times 10^{10}$$
따라서 $3 \times 4^6 \times 5^{10} \times 7$은 12자리 자연수이므로
$n = 12$ **답** 12

0148
$$\frac{4^5 \times 15^7}{18^2} = \frac{(2^2)^5 \times (3 \times 5)^7}{(2 \times 3^2)^2} = \frac{2^{10} \times 3^7 \times 5^7}{2^2 \times 3^4}$$
$$= 2^8 \times 3^3 \times 5^7 = 2 \times 3^3 \times (2 \times 5)^7$$
$$= 54 \times 10^7$$

따라서 $\dfrac{4^5 \times 15^7}{18^2}$ 은 9자리 자연수이므로 $m=9$

또, 각 자리의 숫자의 합은 $5+4=9$이므로 $n=9$

$\therefore m+n=9+9=18$ **답** ③

0149 조건 ㈎에서

$2^a \times 4^{3a-1}=2^a \times (2^2)^{3a-1}=2^a \times 2^{6a-2}=2^{7a-2}$이므로

$7a-2=5$ $\therefore a=1$ … ❶

조건 ㈏에서

$\dfrac{6^8 \times 5^{12}}{15^8}=\dfrac{(2\times 3)^8 \times 5^{12}}{(3\times 5)^8}=\dfrac{2^8 \times 3^8 \times 5^{12}}{3^8 \times 5^8}$

$\phantom{\dfrac{6^8 \times 5^{12}}{15^8}}=2^8 \times 5^4=2^4 \times (2\times 5)^4$

$\phantom{\dfrac{6^8 \times 5^{12}}{15^8}}=16 \times 10^4$

$\therefore n=6$ … ❷

$\therefore a+n=1+6=7$ … ❸

    답 7

채점 기준	배점
❶ a의 값 구하기	40 %
❷ n의 값 구하기	50 %
❸ $a+n$의 값 구하기	10 %

0150 ④ $4xy \times \left(-\dfrac{3}{2}x\right)^2=4xy \times \dfrac{9}{4}x^2=9x^3 y$

따라서 옳지 않은 것은 ④이다.   **답** ④

0151 ① $-14xy \times \dfrac{3}{7x}=-6y$

③ $(2xy)^2 \times 3x^2 y=4x^2 y^2 \times 3x^2 y=12x^4 y^3$

④ $(4xy)^2 \times \left(-\dfrac{y}{2x}\right)^3=16x^2 y^2 \times \left(-\dfrac{y^3}{8x^3}\right)=-\dfrac{2y^5}{x}$

따라서 옳은 것은 ②, ⑤이다.   **답** ②, ⑤

0152 $\left(-\dfrac{4a^3 b}{5}\right)^2 \times \left(\dfrac{5a}{2}\right)^3=\dfrac{16a^6 b^2}{25} \times \dfrac{125a^3}{8}$

$\phantom{\left(-\dfrac{4a^3 b}{5}\right)^2 \times \left(\dfrac{5a}{2}\right)^3}=10a^9 b^2$ **답** $10a^9 b^2$

0153 $(2x^2 y)^3 \times (-3xy^2)^2 \times (-x^3 y^2)$

$=8x^6 y^3 \times 9x^2 y^4 \times (-x^3 y^2)=-72x^{11} y^9$ **답** ②

0154 $(-3x^2 y^3)^3 \times (-2xy)^4 \times \left(\dfrac{1}{6}x^2 y\right)^2$

$=(-27x^6 y^9) \times 16x^4 y^4 \times \dfrac{1}{36}x^4 y^2=-12x^{14} y^{15}$

이므로 $A=-12,\ B=14,\ C=15$

$\therefore A+B+C=-12+14+15=17$ **답** ①

0155 $Ax^4 y^3 \times (-2xy)^B=Ax^4 y^3 \times (-2)^B \times x^B y^B$

$=A\times (-2)^B \times x^{B+4} y^{B+3}$

이므로 $A\times (-2)^B=-24,\ B+4=7,\ B+3=C$

$B+4=7$에서 $B=3$

$A\times (-2)^B=A\times (-2)^3=-8A=-24$에서 $A=3$

또, $C=B+3=3+3=6$

$\therefore A+B-C=3+3-6=0$ **답** 0

0156 $(9a^3 b^4)^2 \div (-3a^3 b^2)^3=81a^6 b^8 \div (-27a^9 b^6)$

$=-\dfrac{81a^6 b^8}{27a^9 b^6}$

$=-\dfrac{3b^2}{a^3}$ **답** $-\dfrac{3b^2}{a^3}$

0157 $A=(-7a^2 b)^2 \div \dfrac{14a^2}{b}=49a^4 b^2 \times \dfrac{b}{14a^2}=\dfrac{7}{2}a^2 b^3$

$B=14ab^2 \div (-3a^3 b)^2=14ab^2 \div 9a^6 b^2$

$=\dfrac{14ab^2}{9a^6 b^2}=\dfrac{14}{9a^5}$

$\therefore A\div B=\dfrac{7}{2}a^2 b^3 \div \dfrac{14}{9a^5}=\dfrac{7}{2}a^2 b^3 \times \dfrac{9a^5}{14}=\dfrac{9}{4}a^7 b^3$

    답 $\dfrac{9}{4}a^7 b^3$

0158 $-6x^3 y^2 \div 2x^5 y^3 \div \left(-\dfrac{1}{3}x^2 y\right)$

$=-6x^3 y^2 \times \dfrac{1}{2x^5 y^3} \times \left(-\dfrac{3}{x^2 y}\right)=\dfrac{9}{x^4 y^2}$ **답** ④

0159 $(2a^3 b)^4 \div \left(\dfrac{a}{3b}\right)^2 \div \left(-\dfrac{2a^2}{b}\right)^3$

$=16a^{12} b^4 \div \dfrac{a^2}{9b^2} \div \left(-\dfrac{8a^6}{b^3}\right)$

$=16a^{12} b^4 \times \dfrac{9b^2}{a^2} \times \left(-\dfrac{b^3}{8a^6}\right)=-18a^4 b^9$

    답 $-18a^4 b^9$

0160 $12x^6 y^4 \div (-2xy^2)^3 \div 3xy^5$

$=12x^6 y^4 \div (-8x^3 y^6) \div 3xy^5$

$=12x^6 y^4 \times \left(-\dfrac{1}{8x^3 y^6}\right) \times \dfrac{1}{3xy^5}=-\dfrac{x^2}{2y^7}$

이므로 $A=2,\ B=-2,\ C=7$

$\therefore A+B+C=2+(-2)+7=7$ **답** ①

0161 $(9x^2 y^3)^a \div (3x^2 y^b)^3=9^a x^{2a} y^{3a} \div 3^3 x^6 y^{3b}$

$=\dfrac{3^{2a} x^{2a} y^{3a}}{3^3 x^6 y^{3b}}=\dfrac{3^{2a-3}}{x^{6-2a} y^{3b-3a}}$ … ❶

이므로 $2a-3=1,\ 6-2a=c,\ 3b-3a=6$

$2a-3=1$에서 $2a=4$ $\therefore a=2$ … ❷

$c=6-2a=6-2\times 2=2$ … ❸

또, $3b-3a=6$에서 $3b-6=6$

$3b=12$ $\therefore b=4$ … ❹

$\therefore a+b-c=2+4-2=4$ … ❺

    답 4

채점 기준	배점
❶ 주어진 식의 좌변 간단히 하기	30 %
❷ a의 값 구하기	20 %
❸ c의 값 구하기	20 %
❹ b의 값 구하기	20 %
❺ $a+b-c$의 값 구하기	10 %

0162 ① $(-4a)^2 \times \dfrac{3}{8}a^3 = 16a^2 \times \dfrac{3}{8}a^3 = 6a^5$

② $9ab^2 \div 3a^2b^3 = \dfrac{9ab^2}{3a^2b^3} = \dfrac{3}{ab}$

③ $3x^4y^5 \div (-xy) \div 15x^2y^5 = 3x^4y^5 \times \left(-\dfrac{1}{xy}\right) \times \dfrac{1}{15x^2y^5}$

$$= -\dfrac{x}{5y}$$

④ $-8a^2b \times 2b \div \dfrac{4a^2}{b} = -8a^2b \times 2b \times \dfrac{b}{4a^2} = -4b^3$

⑤ $\left(-\dfrac{6}{x}\right)^2 \div 12x^4y \times (x^3y^2)^2 = \dfrac{36}{x^2} \times \dfrac{1}{12x^4y} \times x^6y^4 = 3y^3$

따라서 옳은 것은 ②, ④이다. **답** ②, ④

0163 ① $ab^2 \times 3a^3 \div 2ab = ab^2 \times 3a^3 \times \dfrac{1}{2ab} = \dfrac{3}{2}a^3b$

② $-4ab^2 \times 6a^2 \div (2ab)^3 = -4ab^2 \times 6a^2 \div 8a^3b^3$

$$= -4ab^2 \times 6a^2 \times \dfrac{1}{8a^3b^3} = -\dfrac{3}{b}$$

③ $(-a^2b)^3 \times \left(\dfrac{a^2}{b}\right)^3 \div (-3ab) = -a^6b^3 \times \dfrac{a^6}{b^3} \times \left(-\dfrac{1}{3ab}\right)$

$$= \dfrac{a^{11}}{3b}$$

④ $\dfrac{1}{3}a^2b \div \dfrac{2}{9}ab^3 \times (-4ab^2)^2 = \dfrac{1}{3}a^2b \div \dfrac{2}{9}ab^3 \times 16a^2b^4$

$$= \dfrac{1}{3}a^2b \times \dfrac{9}{2ab^3} \times 16a^2b^4$$

$$= 24a^3b^2$$

⑤ $-8a^4b^3 \div \left(-\dfrac{1}{2}ab\right)^4 \times ab^2 = -8a^4b^3 \div \dfrac{1}{16}a^4b^4 \times ab^2$

$$= -8a^4b^3 \times \dfrac{16}{a^4b^4} \times ab^2$$

$$= -128ab$$

따라서 옳지 않은 것은 ③이다. **답** ③

0164 $(-x^3y^2)^3 \div \left(-\dfrac{2x}{y}\right)^3 \times \left(-\dfrac{4y}{x^5}\right)^2$

$$= -x^9y^6 \div \left(-\dfrac{8x^3}{y^3}\right) \times \dfrac{16y^2}{x^{10}}$$

$$= -x^9y^6 \times \left(-\dfrac{y^3}{8x^3}\right) \times \dfrac{16y^2}{x^{10}}$$

$$= \dfrac{2y^{11}}{x^4}$$ **답** ③

0165 $(-x^2y)^2 \times (xy)^3 \div \left(-\dfrac{2x}{y}\right)^4 = x^4y^2 \times x^3y^3 \div \dfrac{16x^4}{y^4}$

$$= x^4y^2 \times x^3y^3 \times \dfrac{y^4}{16x^4}$$

$$= \dfrac{x^3y^9}{16}$$ **답** ④

0166 $(-3x^3y)^3 \div 6xy^4 \times 2x^6y^2$

$$= -27x^9y^3 \times \dfrac{1}{6xy^4} \times 2x^6y^2$$

$$= -9x^{14}y$$

즉, $-9x^{14}y = Ax^By^C$이므로 $A=-9$, $B=14$, $C=1$

$\therefore A+B+C = -9+14+1 = 6$ **답** 6

0167 $(3x^6y^2)^A \div (-6x^By^2)^2 \times 4xy^2$

$$= 3^A x^{6A}y^{2A} \div 36x^{2B}y^4 \times 4xy^2$$

$$= 3^A x^{6A}y^{2A} \times \dfrac{1}{36x^{2B}y^4} \times 4xy^2$$

$$= 3^{A-2}x^{6A-2B+1}y^{2A-2}$$

즉, $3^{A-2}x^{6A-2B+1}y^{2A-2} = Cx^5y^4$이므로

$3^{A-2}=C$, $6A-2B+1=5$, $2A-2=4$

$2A-2=4$에서 $2A=6$ $\therefore A=3$

$6A-2B+1=5$에서 $18-2B+1=5$ $\therefore B=7$

또, $C=3^{3-2}=3$

$\therefore A+B+C = 3+7+3 = 13$ **답** ③

0168 $\boxed{} = (6x^3y)^2 \times (-2x^5y^4) \div (-9x^3y^2)$

$$= 36x^6y^2 \times (-2x^5y^4) \times \left(-\dfrac{1}{9x^3y^2}\right)$$

$$= 8x^8y^4$$ **답** ②

0169 $\boxed{} = (-3x^3y^2)^2 \div (-2xy^2)^3 \div 9x^6y^3$

$$= 9x^6y^4 \div (-8x^3y^6) \div 9x^6y^3$$

$$= 9x^6y^4 \times \left(-\dfrac{1}{8x^3y^6}\right) \times \dfrac{1}{9x^6y^3}$$

$$= -\dfrac{1}{8x^3y^5}$$ **답** $-\dfrac{1}{8x^3y^5}$

0170 어떤 식을 $\boxed{}$라 하면

$\boxed{} \times \left(-\dfrac{3}{xy^2}\right) = 6xy$

$\therefore \boxed{} = 6xy \div \left(-\dfrac{3}{xy^2}\right) = 6xy \times \left(-\dfrac{xy^2}{3}\right)$

$$= -2x^2y^3$$ **답** ③

0171 어떤 식을 $\boxed{}$라 하면

$$\left(-\frac{2xy^3}{z^2}\right)^2 \div (3xy^2z)^2 \times \boxed{} = -3x^3y^3z$$

$$\therefore \boxed{} = -3x^3y^3z \div \left(-\frac{2xy^3}{z^2}\right)^2 \times (3xy^2z)^2$$

$$= -3x^3y^3z \times \frac{z^4}{4x^2y^6} \times 9x^2y^4z^2$$

$$= -\frac{27}{4}x^3yz^7 \qquad \qquad \text{달} \ -\frac{27}{4}x^3yz^7$$

0172 $B \times (-x^2) = -2x^2y$에서

$$B = -2x^2y \div (-x^2) = \frac{-2x^2y}{-x^2} = 2y$$

$A \times B = -x^2$에서 $A \times 2y = -x^2$

$$\therefore A = -x^2 \div 2y = -\frac{x^2}{2y}$$

$$C = -x^2 \times (-2x^2y) = 2x^4y$$

$$D = -2x^2y \times C = -2x^2y \times 2x^4y = -4x^6y^2$$

$$\therefore A \times D = -\frac{x^2}{2y} \times (-4x^6y^2) = 2x^8y \qquad \qquad \text{달} \ ④$$

0173 $\dfrac{1}{4xy^2} \times C = 3xy^2$이므로

$$C = 3xy^2 \div \frac{1}{4xy^2} = 3xy^2 \times 4xy^2 = 12x^2y^4 \qquad \cdots ❶$$

$B \times \left(\dfrac{2y}{x}\right)^2 = C$이므로

$$B = C \div \left(\frac{2y}{x}\right)^2 = 12x^2y^4 \times \frac{x^2}{4y^2} = 3x^4y^2 \qquad \cdots ❷$$

$A \times B = \dfrac{1}{4xy^2}$이므로

$$A = \frac{1}{4xy^2} \div B = \frac{1}{4xy^2} \times \frac{1}{3x^4y^2} = \frac{1}{12x^5y^4} \qquad \cdots ❸$$

$$\text{달} \ \frac{1}{12x^5y^4}$$

채점 기준	배점
❶ C에 알맞은 식 구하기	30 %
❷ B에 알맞은 식 구하기	30 %
❸ A에 알맞은 식 구하기	40 %

0174 어떤 식을 $\boxed{}$라 하면

$$\boxed{} \div 3x^4y^3 = -4x^2y$$

$$\therefore \boxed{} = -4x^2y \times 3x^4y^3 = -12x^6y^4$$

따라서 바르게 계산한 결과는

$$-12x^6y^4 \times 3x^4y^3 = -36x^{10}y^7 \qquad \qquad \text{달} \ -36x^{10}y^7$$

0175 $-12x^3y^3 \div A = \left(\dfrac{3y}{2x^2}\right)^2$

$$\therefore A = -12x^3y^3 \div \left(\frac{3y}{2x^2}\right)^2 = -12x^3y^3 \div \frac{9y^2}{4x^4}$$

$$= -12x^3y^3 \times \frac{4x^4}{9y^2} = -\frac{16}{3}x^7y$$

따라서 바르게 계산한 결과는

$$-12x^3y^3 \times \left(-\frac{16}{3}x^7y\right) = 64x^{10}y^4 \qquad \qquad \text{달} \ 64x^{10}y^4$$

0176 (원기둥의 부피)$= \pi \times (3a^2b^3)^2 \times \dfrac{4a^3}{b}$

$$= \pi \times 9a^4b^6 \times \frac{4a^3}{b}$$

$$= 36\pi a^7b^5 \qquad \qquad \text{달} \ 36\pi a^7b^5$$

0177 (원뿔의 부피)$= \dfrac{1}{3} \times \pi \times \left(\dfrac{2b}{a}\right)^2 \times 3a^2b$

$$= \frac{1}{3} \times \pi \times \frac{4b^2}{a^2} \times 3a^2b$$

$$= 4\pi b^3 \qquad \qquad \text{달} \ 4\pi b^3$$

0178 (가로의 길이) $\times$ (세로의 길이) $\times$ (높이)

$$= (직육면체의 부피)$$

이므로 $(4x^2y)^2 \times (높이) = 48x^5y^4$

$$\therefore (높이) = 48x^5y^4 \div (4x^2y)^2 = 48x^5y^4 \div 16x^4y^2$$

$$= \frac{48x^5y^4}{16x^4y^2} = 3xy^2 \qquad \qquad \text{달} \ ②$$

0179 원뿔의 밑면의 지름의 길이가 $8x^2$이므로 반지름의 길이는

$$\frac{1}{2} \times 8x^2 = 4x^2 \qquad \cdots ❶$$

$\dfrac{1}{3} \times (밑넓이) \times (높이) = (원뿔의 부피)$이므로

$$\frac{1}{3} \times \pi \times (4x^2)^2 \times (높이) = 16\pi x^5y \qquad \cdots ❷$$

$$\therefore (높이) = 16\pi x^5y \div \frac{1}{3}\pi \div (4x^2)^2$$

$$= 16\pi x^5y \times \frac{3}{\pi} \times \frac{1}{16x^4} = 3xy \qquad \cdots ❸$$

$$\text{달} \ 3xy$$

채점 기준	배점
❶ 원뿔의 밑면의 반지름의 길이 구하기	20 %
❷ 원뿔의 부피를 이용하여 식 세우기	30 %
❸ 원뿔의 높이 구하기	50 %

C step 실력 완성! 　　　　　　　　　 본문 43 ~ 45쪽

0180 $ab = 2^x \times 2^y = 2^{x+y} = 2^4 = 16 \qquad \qquad \text{달} \ ③$

0181 $\{(2^5)^3\}^2 = (2^{15})^2 = 2^{30}$이므로 $x=30$

$3^5 + 3^5 + 3^5 = 3 \times 3^5 = 3^6$이므로 $y=6$

$5^2 \times 5^2 \times 5^2 = 5^{2+2+2} = 5^6$이므로 $z=6$

$\therefore x+y+z = 30+6+6 = 42$ 탑 42

0182 $2\,\text{TB} = 2 \times 2^{10}\,\text{GB} = 2^{11}\,\text{GB}$, $32\,\text{GB} = 2^5\,\text{GB}$이므로 용량이 $2\,\text{TB}$인 저장매체에 $32\,\text{GB}$인 자료를 최대

$\dfrac{2^{11}}{2^5} = 2^6 = 64$(개)까지 저장할 수 있다.   탑 64개

0183 $(a^x b^y c^z)^w = a^{xw} b^{yw} c^{zw} = a^{16} b^{32} c^{24}$에서

$xw=16$, $yw=32$, $zw=24$이므로 w는 16, 32, 24의 최대공약수인 8이다.

$w=8$일 때 $x=2$, $y=4$, $z=3$이므로

$x+y+z-w = 2+4+3-8 = 1$ 탑 1

0184 $2^{2x} \times \dfrac{1}{8^3} = 32$에서

$2^{2x} \times \dfrac{1}{(2^3)^3} = 2^5$, $\dfrac{2^{2x}}{2^9} = 2^5$

즉, $2^{2x-9} = 2^5$이므로

$2x-9=5$, $2x=14$ $\therefore x=7$ 탑 ②

0185
$$2+2+2^2+2^3+2^4+2^5+\cdots+2^{20}$$
$$=2^2+2^2+2^3+2^4+2^5+\cdots+2^{20}$$
$$=2^3+2^3+2^4+2^5+\cdots+2^{20}$$
$$=2^4+2^4+2^5+\cdots+2^{20}$$
$$=2^5+2^5+\cdots+2^{20}$$
$$\vdots$$
$$=2^{20}+2^{20}$$
$$=2^{21}$$
탑 2^{21}

0186 종이의 두께를 구해 보면

1번 접었을 때 $\left(\dfrac{1}{3} \times 2\right)\text{mm}$

2번 접었을 때 $\left(\dfrac{1}{3} \times 2\right) \times 2 = \dfrac{1}{3} \times 2^2\,(\text{mm})$

3번 접었을 때 $\left(\dfrac{1}{3} \times 2^2\right) \times 2 = \dfrac{1}{3} \times 2^3\,(\text{mm})$

4번 접었을 때 $\left(\dfrac{1}{3} \times 2^3\right) \times 2 = \dfrac{1}{3} \times 2^4\,(\text{mm})$

$\vdots$

50번 접었을 때

$\left(\dfrac{1}{3} \times 2^{49}\right) \times 2 = \dfrac{1}{3} \times 2^{50} = \dfrac{2^{50}}{3}\,(\text{mm})$ 탑 ③

0187 $x=7$일 때,

$2^7 \times 5^8 \times 11 = 5 \times 11 \times (2^7 \times 5^7) = 55 \times 10^7$

이므로 10자리 자연수가 되려면 $x>7$이어야 한다.

(i) $x=8$일 때

$2^8 \times 5^8 \times 11 = 11 \times (2^8 \times 5^8) = 11 \times 10^8$

이므로 10자리 자연수가 된다.

(ii) $x=9$일 때

$2^9 \times 5^8 \times 11 = 2 \times 11 \times (2^8 \times 5^8) = 22 \times 10^8$

이므로 10자리 자연수가 된다.

(iii) $x=10$일 때

$2^{10} \times 5^8 \times 11 = 2^2 \times 11 \times (2^8 \times 5^8) = 44 \times 10^8$

이므로 10자리 자연수가 된다.

(iv) $x=11$일 때

$2^{11} \times 5^8 \times 11 = 2^3 \times 11 \times (2^8 \times 5^8) = 88 \times 10^8$

이므로 10자리 자연수가 된다.

(v) $x=12$일 때

$2^{12} \times 5^8 \times 11 = 2^4 \times 11 \times (2^8 \times 5^8) = 176 \times 10^8$

이므로 11자리 자연수가 된다.

(i)~(v)에서 10자리 자연수가 되도록 하는 x의 값은 8, 9, 10, 11이므로 모든 자연수 x의 값의 합은

$8+9+10+11 = 38$ 탑 ⑤

0188 ① $(2xy)^3 \div 4x^3 y^4 = 8x^3 y^3 \div 4x^3 y^4$
$$= \dfrac{8x^3 y^3}{4x^3 y^4} = \dfrac{2}{y}$$

② $-3a^3 b \times (2a^2 b)^2 = -3a^3 b \times 4a^4 b^2$
$$= -12a^7 b^3$$

③ $12x^5 \times (-6x^4) \div (-3x^3)^2$
$$= 12x^5 \times (-6x^4) \div 9x^6$$
$$= 12x^5 \times (-6x^4) \times \dfrac{1}{9x^6}$$
$$= -8x^3$$

④ $ab^3 \div 15a^4 b^6 \times (-5a^2 b^3)^2$
$$= ab^3 \div 15a^4 b^6 \times 25a^4 b^6$$
$$= ab^3 \times \dfrac{1}{15a^4 b^6} \times 25a^4 b^6$$
$$= \dfrac{5}{3} ab^3$$

⑤ $(-3x^2 y^2)^4 \div \left(-\dfrac{3}{2} xy^2\right)^3 \div (-2x^3 y^2)$
$$= 81x^8 y^8 \div \left(-\dfrac{27}{8} x^3 y^6\right) \div (-2x^3 y^2)$$
$$= 81x^8 y^8 \times \left(-\dfrac{8}{27x^3 y^6}\right) \times \left(-\dfrac{1}{2x^3 y^2}\right)$$
$$= 12x^2$$

따라서 옳지 않은 것은 ④이다.   탑 ④

0189 $(-2xy^3)^A \div 6x^B y^5 \times 9x^6 y^3$

$$= (-2)^A x^A y^{3A} \times \frac{1}{6x^B y^5} \times 9x^6 y^3$$

$$= \frac{(-2)^A}{2} \times 3 \times x^{A-B+6} y^{3A-2}$$

이므로

$$\frac{(-2)^A}{2} \times 3 = -C, \quad A-B+6=3, \quad 3A-2=7$$

$3A-2=7$에서 $3A=9$ $\quad \therefore A=3$

$-C = \frac{(-2)^A}{2} \times 3 = \frac{(-2)^3}{2} \times 3 = -12$에서 $C=12$

또, $A-B+6=3$에서 $3-B+6=3$ $\quad \therefore B=6$

$\therefore A+B-C = 3+6-12 = -3$ **답** ②

0190 $xy^5 \times A = -x^2 y^4$이므로 $A = \dfrac{-x^2 y^4}{xy^5} = -\dfrac{x}{y}$

$-x^2 y^4 \times C = x^5 y^6$이므로 $C = \dfrac{x^5 y^6}{-x^2 y^4} = -x^3 y^2$

$A \times B = C$에서 $-\dfrac{x}{y} \times B = -x^3 y^2$

$\therefore B = -x^3 y^2 \div \left(-\dfrac{x}{y}\right)$

$\quad = -x^3 y^2 \times \left(-\dfrac{y}{x}\right) = x^2 y^3$ **답** ⑤

0191 어떤 식을 A라 하면

$A \times 12a^3 b^2 = -36a^{10} b^6$

$\therefore A = -36a^{10} b^6 \div 12a^3 b^2 = -\dfrac{36a^{10} b^6}{12a^3 b^2} = -3a^7 b^4$

따라서 바르게 계산한 결과는

$-3a^7 b^4 \div 12a^3 b^2 = -\dfrac{3a^7 b^4}{12a^3 b^2} = -\dfrac{1}{4} a^4 b^2$ **답** $-\dfrac{1}{4} a^4 b^2$

0192 1번째 실행 후 남은 삼각형의 개수: 3

2번째 실행 후 남은 삼각형의 개수: $3 \times 3 = 3^2$

3번째 실행 후 남은 삼각형의 개수: $3^2 \times 3 = 3^3$

4번째 실행 후 남은 삼각형의 개수: $3^3 \times 3 = 3^4$

5번째 실행 후 남은 삼각형의 개수: $3^4 \times 3 = 3^5$

$\vdots$

10번째 실행 후 남은 삼각형의 개수: $3^9 \times 3 = 3^{10}$

따라서 10번째 실행 후 남은 삼각형의 개수는 5번째 실행 후 남은 삼각형의 개수의 $\dfrac{3^{10}}{3^5} = 3^5$(배)이다.   **답** 3^5배

0193 (ⅰ) n이 짝수일 때

$$(-1)^{n+1} a^n b^{n+1} \div (-1)^n a^{n+1} b^n = -a^n b^{n+1} \div a^{n+1} b^n$$

$$= -\frac{a^n b^{n+1}}{a^{n+1} b^n} = -\frac{b}{a}$$

(ⅱ) n이 홀수일 때

$$(-1)^{n+1} a^n b^{n+1} \div (-1)^n a^{n+1} b^n = a^n b^{n+1} \div (-a^{n+1} b^n)$$

$$= -\frac{a^n b^{n+1}}{a^{n+1} b^n} = -\frac{b}{a}$$

(ⅰ), (ⅱ)에서 주어진 식을 간단히 하면 $-\dfrac{b}{a}$이다.   **답** ②

다른 풀이 $(-1)^{n+1} a^n b^{n+1} \div (-1)^n a^{n+1} b^n$

$$= \frac{(-1)^{n+1} a^n b^{n+1}}{(-1)^n a^{n+1} b^n}$$

$$= \frac{\{(-1) \times (-1)^n\} \times a^n \times (b \times b^n)}{(-1)^n \times (a \times a^n) \times b^n}$$

$$= -\frac{b}{a}$$

0194 $\dfrac{54^{10}}{36^5} = \dfrac{(2 \times 3^3)^{10}}{(2^2 \times 3^2)^5} = \dfrac{2^{10} \times 3^{30}}{2^{10} \times 3^{10}} = 3^{20}$

이므로 $x=20$ ··· ❶

$\dfrac{8^4 + 8^4 + 8^4 + 8^4}{2^5 + 2^5 + 2^5 + 2^5} = \dfrac{4 \times 8^4}{4 \times 2^5} = \dfrac{(2^3)^4}{2^5} = \dfrac{2^{12}}{2^5} = 2^7$

이므로 $y=7$ ··· ❷

$\therefore x+y = 20+7 = 27$ ··· ❸

     답 27

채점 기준	배점
❶ x의 값 구하기	40 %
❷ y의 값 구하기	40 %
❸ $x+y$의 값 구하기	20 %

0195 $A * 2x^3 = -2x^5 y^3$에서 $A \times 2x^3 = -2x^5 y^3$이므로

$A = -2x^5 y^3 \div 2x^3 = -\dfrac{2x^5 y^3}{2x^3} = -x^2 y^3$ ··· ❶

$6xy ★ B = 3x^2 y$에서 $(6xy)^2 \div B = 3x^2 y$이므로

$B = (6xy)^2 \div 3x^2 y = \dfrac{36x^2 y^2}{3x^2 y} = 12y$ ··· ❷

$\therefore A \div B = -x^2 y^3 \div 12y$

$\quad = -\dfrac{x^2 y^3}{12y} = -\dfrac{x^2 y^2}{12}$ ··· ❸

     답 $-\dfrac{x^2 y^2}{12}$

채점 기준	배점
❶ A의 식 구하기	40 %
❷ B의 식 구하기	40 %
❸ $A \div B$를 간단히 하기	20 %

03 다항식의 계산

I. 수와식

step A 개념 익히고, 본문 47쪽

0196 (2) $(-2x+3y)-(-5x-y)=-2x+3y+5x+y$
$$=3x+4y$$

(4) $(4x+2y-3)-(x-2y+2)$
$$=4x+2y-3-x+2y-2$$
$$=3x+4y-5$$

답 (1) $4a+6b$ (2) $3x+4y$
(3) $5a+4b-4$ (4) $3x+4y-5$

0197 (2) $(-2x^2+x+2)-(-x^2-5x+1)$
$$=-2x^2+x+2+x^2+5x-1$$
$$=-x^2+6x+1$$

답 (1) $5a^2+5a-4$ (2) $-x^2+6x+1$

0198 (1) $-2x+\{4x+3y-(x-2y)\}$
$$=-2x+(4x+3y-x+2y)$$
$$=-2x+(3x+5y)$$
$$=x+5y$$

(2) $3a-[2a+\{3a+b-(4a+5b)\}]$
$$=3a-\{2a+(3a+b-4a-5b)\}$$
$$=3a-\{2a+(-a-4b)\}$$
$$=3a-(a-4b)$$
$$=3a-a+4b$$
$$=2a+4b$$

답 (1) $x+5y$ (2) $2a+4b$

0199 답 (1) $4x^2+3x$ (2) $-6ab+3b^2$
(3) $-4x^2+2xy-6x$ (4) $3a^2-6ab+15a$

0200 (1) $a(2a-1)+3a(-a+1)$
$$=2a^2-a-3a^2+3a=-a^2+2a$$

(2) $2x(3x+y)-(x+y)\times(-y)$
$$=6x^2+2xy+xy+y^2=6x^2+3xy+y^2$$

답 (1) $-a^2+2a$ (2) $6x^2+3xy+y^2$

0201 (1) $(6a^2-10a)\div2a=\dfrac{6a^2-10a}{2a}=3a-5$

(2) $(18x^2y-6xy)\div(-3xy)=\dfrac{18x^2y-6xy}{-3xy}$
$$=-6x+2$$

(3) $(2a^2-3a)\div\dfrac{1}{3}a=(2a^2-3a)\times\dfrac{3}{a}$
$$=2a^2\times\dfrac{3}{a}-3a\times\dfrac{3}{a}=6a-9$$

(4) $(x^2y-2xy^2)\div\left(-\dfrac{1}{2}xy\right)$
$$=(x^2y-2xy^2)\times\left(-\dfrac{2}{xy}\right)$$
$$=x^2y\times\left(-\dfrac{2}{xy}\right)-2xy^2\times\left(-\dfrac{2}{xy}\right)$$
$$=-2x+4y$$

답 (1) $3a-5$ (2) $-6x+2$ (3) $6a-9$ (4) $-2x+4y$

0202 (1) $\dfrac{9a^2+6a}{3a}-\dfrac{8a^2b-6ab}{2ab}=3a+2-(4a-3)$
$$=3a+2-4a+3$$
$$=-a+5$$

(2) $(2x^2-4x)\div2x+(12xy-6y)\div(-3y)$
$$=\dfrac{2x^2-4x}{2x}+\dfrac{12xy-6y}{-3y}$$
$$=x-2-4x+2=-3x$$

답 (1) $-a+5$ (2) $-3x$

0203 (1) $-a+4b=-(2b-5)+4b$
$$=-2b+5+4b=2b+5$$

(2) $2a-6b+3=2(2b-5)-6b+3$
$$=4b-10-6b+3$$
$$=-2b-7$$

답 (1) $2b+5$ (2) $-2b-7$

0204 (1) $y=x-1$이므로
$$2x+y+3=2x+(x-1)+3=3x+2$$

(2) $y=x-1$이므로
$$3x-5y+7=3x-5(x-1)+7$$
$$=3x-5x+5+7=-2x+12$$

답 (1) $3x+2$ (2) $-2x+12$

step B 기출 & 변형하면⋯ 본문 48 ~ 56쪽

0205 $(6a+2b-5)-(-4a-b+4)$
$$=6a+2b-5+4a+b-4$$
$$=10a+3b-9$$

답 ⑤

0206 $\left(\dfrac{1}{2}a+\dfrac{1}{6}b-1\right)-\left(\dfrac{1}{3}a-\dfrac{1}{2}b-1\right)$
$$=\dfrac{1}{2}a+\dfrac{1}{6}b-1-\dfrac{1}{3}a+\dfrac{1}{2}b+1$$
$$=\left(\dfrac{3}{6}-\dfrac{2}{6}\right)a+\left(\dfrac{1}{6}+\dfrac{3}{6}\right)b=\dfrac{1}{6}a+\dfrac{2}{3}b$$

답 ③

0207
$3(2x+y-4)-(3x-2y+3)$
$=6x+3y-12-3x+2y-3$
$=3x+5y-15$

따라서 x의 계수는 3, 상수항은 -15이므로 그 합은
$3+(-15)=-12$

답 ①

0208
$\left(\dfrac{1}{3}x+\dfrac{3}{4}y\right)-\left(\dfrac{5}{6}x-\dfrac{1}{2}y\right)=\dfrac{1}{3}x+\dfrac{3}{4}y-\dfrac{5}{6}x+\dfrac{1}{2}y$
$\qquad=\left(\dfrac{2}{6}-\dfrac{5}{6}\right)x+\left(\dfrac{3}{4}+\dfrac{2}{4}\right)y$
$\qquad=-\dfrac{1}{2}x+\dfrac{5}{4}y$ ··· ❶

따라서 $a=-\dfrac{1}{2}$, $b=\dfrac{5}{4}$이므로 ··· ❷
$ab=-\dfrac{1}{2}\times\dfrac{5}{4}=-\dfrac{5}{8}$ ··· ❸

답 $-\dfrac{5}{8}$

채점 기준	배점
❶ 주어진 식의 좌변 간단히 하기	60 %
❷ a, b의 값 각각 구하기	20 %
❸ ab의 값 구하기	20 %

0209
$\dfrac{3x-y}{2}-\dfrac{2x-5y}{3}-\dfrac{1}{6}y$
$=\dfrac{3(3x-y)-2(2x-5y)-y}{6}$
$=\dfrac{9x-3y-4x+10y-y}{6}$
$=\dfrac{5x+6y}{6}=\dfrac{5}{6}x+y$

답 $\dfrac{5}{6}x+y$

0210
$\dfrac{2x-3y}{6}+\dfrac{3x+2y}{4}-\dfrac{5x-7y}{12}$
$=\dfrac{2(2x-3y)+3(3x+2y)-5x+7y}{12}$
$=\dfrac{4x-6y+9x+6y-5x+7y}{12}$
$=\dfrac{8x+7y}{12}$
$=\dfrac{2}{3}x+\dfrac{7}{12}y$

답 $\dfrac{2}{3}x+\dfrac{7}{12}y$

0211
$(2x^2+5x-3)-(-3x^2-x+4)$
$=2x^2+5x-3+3x^2+x-4$
$=5x^2+6x-7$

따라서 $a=5$, $b=6$, $c=-7$이므로
$a+b+c=5+6+(-7)=4$

답 ④

0212
$(x^2+4x-2)-6\left(\dfrac{2}{3}x^2-\dfrac{1}{2}x-1\right)$
$=x^2+4x-2-4x^2+3x+6=-3x^2+7x+4$

따라서 x^2의 계수는 -3, 상수항은 4이므로 그 합은
$-3+4=1$

답 1

0213
$2a-[3b-\{5a-(8a-b+1)\}]$
$=2a-\{3b-(5a-8a+b-1)\}$
$=2a-\{3b-(-3a+b-1)\}$
$=2a-(3b+3a-b+1)$
$=2a-(3a+2b+1)$
$=2a-3a-2b-1$
$=-a-2b-1$

답 ①

0214
$5x-[4x-2y-\{2x+3y-(7x+y)\}]$
$=5x-\{4x-2y-(2x+3y-7x-y)\}$
$=5x-\{4x-2y-(-5x+2y)\}$
$=5x-(4x-2y+5x-2y)$
$=5x-(9x-4y)$
$=5x-9x+4y$
$=-4x+4y$

따라서 $a=-4$, $b=4$이므로
$a+b=-4+4=0$

답 ③

0215
$3x^2-[4x+x^2-\{2x^2+3x-(-5x+4x^2)\}]$
$=3x^2-\{4x+x^2-(2x^2+3x+5x-4x^2)\}$
$=3x^2-\{4x+x^2-(-2x^2+8x)\}$
$=3x^2-(4x+x^2+2x^2-8x)$
$=3x^2-(3x^2-4x)$
$=3x^2-3x^2+4x=4x$

답 ④

0216
$2x^2-[4x+x^2-\{x-5x^2-(7x^2-6x)\}]$
$=2x^2-\{4x+x^2-(x-5x^2-7x^2+6x)\}$
$=2x^2-\{4x+x^2-(-12x^2+7x)\}$
$=2x^2-(4x+x^2+12x^2-7x)$
$=2x^2-(13x^2-3x)$
$=2x^2-13x^2+3x$
$=-11x^2+3x$

답 $-11x^2+3x$

0217 어떤 식을 A라 하면
$A-(3x-2)=2x^2-4x+5$
$\therefore A=(2x^2-4x+5)+(3x-2)=2x^2-x+3$

따라서 바르게 계산한 식은
$(2x^2-x+3)+(3x-2)=2x^2+2x+1$

답 $2x^2+2x+1$

0218 $(4x^2-5x+2)+A=-2x^2+3x-1$에서
$A=(-2x^2+3x-1)-(4x^2-5x+2)$
$\quad=-2x^2+3x-1-4x^2+5x-2$
$\quad=-6x^2+8x-3$
$(-3x^2+2x+5)-B=8x+3$에서
$B=(-3x^2+2x+5)-(8x+3)$
$\quad=-3x^2+2x+5-8x-3$
$\quad=-3x^2-6x+2$
$\therefore 2A-B=2(-6x^2+8x-3)-(-3x^2-6x+2)$
$\qquad\qquad=-12x^2+16x-6+3x^2+6x-2$
$\qquad\qquad=-9x^2+22x-8$ 🔵 $-9x^2+22x-8$

0219 좌변을 간단히 하면
$5x^2-\{x-2x^2-(\boxed{}+3x^2)\}+1$
$=5x^2-(x-2x^2-\boxed{}-3x^2)+1$
$=5x^2-(x-5x^2-\boxed{})+1$
$=5x^2-x+5x^2+\boxed{}+1$
$=10x^2-x+1+\boxed{}$
$10x^2-x+1+\boxed{}=9x^2+4x+4$에서
$\boxed{}=(9x^2+4x+4)-(10x^2-x+1)$
$\qquad=9x^2+4x+4-10x^2+x-1$
$\qquad=-x^2+5x+3$ 🔵 $-x^2+5x+3$

0220 좌변을 간단히 하면
$4x^2-\{\boxed{}-(x^2-2x)+x\}+2$
$=4x^2-(\boxed{}-x^2+2x+x)+2$
$=4x^2-\boxed{}+x^2-3x+2$
$=5x^2-3x+2-\boxed{}$
$5x^2-3x+2-\boxed{}=3x^2-6x+5$에서
$\boxed{}=(5x^2-3x+2)-(3x^2-6x+5)$
$\qquad=5x^2-3x+2-3x^2+6x-5$
$\qquad=2x^2+3x-3$ 🔵 $2x^2+3x-3$

0221 $5a(3a-2b+6)-3a(-4b-a)$
$=15a^2-10ab+30a+12ab+3a^2$
$=18a^2+2ab+30a$ 🔵 ④

0222 $\left(4x^2-6x+\dfrac{1}{3}\right)\times\dfrac{1}{2}x=2x^3-3x^2+\dfrac{1}{6}x$

따라서 x^2의 계수는 -3, x의 계수는 $\dfrac{1}{6}$이므로 그 곱은

$-3\times\dfrac{1}{6}=-\dfrac{1}{2}$ 🔵 $-\dfrac{1}{2}$

다른 풀이 x^2과 x가 나오는 항만 전개하려면

$\left(4x^2-6x+\dfrac{1}{3}\right)\times\dfrac{1}{2}x$에서 ①, ②만 계산한다.

따라서 x^2의 계수는 -3, x의 계수는 $\dfrac{1}{6}$이므로 그 곱은

$-3\times\dfrac{1}{6}=-\dfrac{1}{2}$

0223 $-3x(x^2-2x+3)=-3x^3+6x^2-9x$
따라서 $a=-3, b=6, c=-9$이므로
$a+b-c=-3+6-(-9)=12$ 🔵 12

0224 $\dfrac{1}{3}x(4x-1)-\dfrac{3}{2}x(x-3)-(-3x^2+4x-5)$

$=\dfrac{2x(4x-1)-9x(x-3)-6(-3x^2+4x-5)}{6}$

$=\dfrac{8x^2-2x-9x^2+27x+18x^2-24x+30}{6}$

$=\dfrac{17x^2+x+30}{6}=\dfrac{17}{6}x^2+\dfrac{1}{6}x+5$

따라서 $a=\dfrac{17}{6}, b=\dfrac{1}{6}, c=5$이므로

$a+b+c=\dfrac{17}{6}+\dfrac{1}{6}+5=8$ 🔵 8

0225 $\dfrac{-4a^4b^3-12a^3b^2+6a^2b}{2a^2b}$

$=-\dfrac{4a^4b^3}{2a^2b}-\dfrac{12a^3b^2}{2a^2b}+\dfrac{6a^2b}{2a^2b}$

$=-2a^2b^2-6ab+3$ 🔵 ④

0226 $(16x^2y^3-8x^2y)\div\dfrac{4}{5}x^2y$

$=(16x^2y^3-8x^2y)\times\dfrac{5}{4x^2y}$

$=16x^2y^3\times\dfrac{5}{4x^2y}-8x^2y\times\dfrac{5}{4x^2y}$

$=20y^2-10$ 🔵 ①

0227 $(-15x^3+10x^2y)\div\left(-\dfrac{5}{2}x^2\right)$

$=(-15x^3+10x^2y)\times\left(-\dfrac{2}{5x^2}\right)$

$=-15x^3\times\left(-\dfrac{2}{5x^2}\right)+10x^2y\times\left(-\dfrac{2}{5x^2}\right)$

$=6x-4y$

따라서 $a=6, b=-4$이므로
$a+b=6+(-4)=2$ 🔵 ②

0228 $A=(27x^2-12xy)\div 3x$

$=\dfrac{27x^2-12xy}{3x}=9x-4y$ ⋯ ❶

$$B = (21xy^2 - 14x^2y) \div \frac{7}{2}xy = (21xy^2 - 14x^2y) \times \frac{2}{7xy}$$

$$= 21xy^2 \times \frac{2}{7xy} - 14x^2y \times \frac{2}{7xy} = 6y - 4x \qquad \cdots ❷$$

$$\therefore A - B = (9x - 4y) - (6y - 4x)$$

$$= 9x - 4y - 6y + 4x = 13x - 10y \qquad \cdots ❸$$

답 $13x - 10y$

채점 기준	배점
❶ A를 간단히 하기	40 %
❷ B를 간단히 하기	40 %
❸ $A - B$를 간단히 하기	20 %

0229 $\boxed{}$

$$= (x^2y^2 - 2x^2y + 3x) \div \left(-\frac{x}{3y}\right)$$

$$= (x^2y^2 - 2x^2y + 3x) \times \left(-\frac{3y}{x}\right)$$

$$= x^2y^2 \times \left(-\frac{3y}{x}\right) - 2x^2y \times \left(-\frac{3y}{x}\right) + 3x \times \left(-\frac{3y}{x}\right)$$

$$= -3xy^3 + 6xy^2 - 9y \qquad \text{답 } ②$$

0230 $A \div 3x = \frac{4}{3}xy - x - \frac{5}{6}y$이므로

$$A = \left(\frac{4}{3}xy - x - \frac{5}{6}y\right) \times 3x$$

$$= 4x^2y - 3x^2 - \frac{5}{2}xy \qquad \text{답 } 4x^2y - 3x^2 - \frac{5}{2}xy$$

0231 $(A + 5x - 3) \times (-2x) = 8x^2 + 6xy - 18x$이므로

$$A + 5x - 3 = (8x^2 + 6xy - 18x) \div (-2x)$$

$$\therefore A = (8x^2 + 6xy - 18x) \div (-2x) - (5x - 3)$$

$$= \frac{8x^2 + 6xy - 18x}{-2x} - (5x - 3)$$

$$= -4x - 3y + 9 - 5x + 3$$

$$= -9x - 3y + 12 \qquad \text{답 } -9x - 3y + 12$$

0232 $\boxed{} + (2x - 1) = (6y^2 + 9xy - 18y) \div (-3y)$이므로

$$\boxed{} = (6y^2 + 9xy - 18y) \div (-3y) - (2x - 1)$$

$$= \frac{6y^2 + 9xy - 18y}{-3y} - (2x - 1)$$

$$= -2y - 3x + 6 - 2x + 1$$

$$= -5x - 2y + 7 \qquad \text{답 } -5x - 2y + 7$$

0233 ① $a - \{4a - (a - 5b)\} = a - (4a - a + 5b)$

$$= a - (3a + 5b) = -2a - 5b$$

③ $a(3a - 2) - (3a + 1) \times (-a)^2$

$$= 3a^2 - 2a - (3a + 1) \times a^2$$

$$= 3a^2 - 2a - 3a^3 - a^2 = -3a^3 + 2a^2 - 2a$$

④ $3x(-x + y) - (4x^2y - 12xy^2) \div y$

$$= -3x^2 + 3xy - \frac{4x^2y - 12xy^2}{y}$$

$$= -3x^2 + 3xy - 4x^2 + 12xy = -7x^2 + 15xy$$

⑤ $(4a - 6a^2) \div 2a - (5a^2 - 3a) \div (-a)$

$$= \frac{4a - 6a^2}{2a} - \frac{5a^2 - 3a}{-a} = 2 - 3a + 5a - 3 = 2a - 1$$

따라서 옳지 않은 것은 ⑤이다.   **답** ⑤

0234 $(2a + 5b) \times (2a)^2 + (-3a^3b + 11a^2b^2) \div (-b)$

$$= (2a + 5b) \times 4a^2 + \frac{-3a^3b + 11a^2b^2}{-b}$$

$$= 8a^3 + 20a^2b + 3a^3 - 11a^2b$$

$$= 11a^3 + 9a^2b \qquad \text{답 } 11a^3 + 9a^2b$$

0235 $\frac{3}{2}x(8x - 4y) - \left(\frac{5}{3}x^2y - 20xy\right) \div \left(-\frac{5}{6}y\right)$

$$= 12x^2 - 6xy - \left(\frac{5}{3}x^2y - 20xy\right) \times \left(-\frac{6}{5y}\right)$$

$$= 12x^2 - 6xy$$

$$\qquad - \left\{\frac{5}{3}x^2y \times \left(-\frac{6}{5y}\right) - 20xy \times \left(-\frac{6}{5y}\right)\right\}$$

$$= 12x^2 - 6xy + 2x^2 - 24x$$

$$= 14x^2 - 6xy - 24x \qquad \cdots ❶$$

따라서 $a = 14$, $b = -6$이므로 $\qquad \cdots ❷$

$$a - b = 14 - (-6) = 20 \qquad \cdots ❸$$

답 20

채점 기준	배점
❶ 주어진 식 간단히 하기	60 %
❷ a, b의 값 각각 구하기	20 %
❸ $a - b$의 값 구하기	20 %

0236 $(a^3 - \boxed{} + 2ab) \div \frac{a}{2} = 10a^2 - 2b$에서

$$a^3 - \boxed{} + 2ab = (10a^2 - 2b) \times \frac{a}{2} = 5a^3 - ab$$

$$\therefore \boxed{} = a^3 + 2ab - (5a^3 - ab)$$

$$= a^3 + 2ab - 5a^3 + ab$$

$$= -4a^3 + 3ab \qquad \text{답 } -4a^3 + 3ab$$

0237 (원기둥의 부피) $= \pi \times (2a)^2 \times (2a + b)$

$$= 4\pi a^2 \times (2a + b)$$

$$= 8\pi a^3 + 4\pi a^2 b \qquad \text{답 } 8\pi a^3 + 4\pi a^2 b$$

0238 (직육면체의 겉넓이)

$$= 2(2a^2 \times 5b + 3a^2 \times 5b + 2a^2 \times 3a^2)$$

$$= 2(10a^2b + 15a^2b + 6a^4)$$

$$= 2(25a^2b + 6a^4)$$

$$= 12a^4 + 50a^2b \qquad \text{답 } 12a^4 + 50a^2b$$

0239 $5a \times b \times (높이) = 10ab^2 - 15b$이므로

$(높이) = (10ab^2 - 15b) \div 5ab$

$= \dfrac{10ab^2 - 15b}{5ab} = 2b - \dfrac{3}{a}$ 　　　답 ①

0240 직각삼각형 ABC를 변 AB를 회전축으로 하여 1회전 시킬 때 생기는 입체도형은 오른쪽 그림과 같이 밑면의 반지름의 길이가 $3x$인 원뿔이 되므로

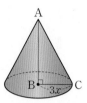

$\dfrac{1}{3} \times \pi \times (3x)^2 \times (높이)$

$= 12\pi x^3 + 18\pi x^2 y$ 　　　… ❶

$3\pi x^2 \times (높이) = 12\pi x^3 + 18\pi x^2 y$

$\therefore (높이) = (12\pi x^3 + 18\pi x^2 y) \div 3\pi x^2$ 　　… ❷

$= \dfrac{12\pi x^3 + 18\pi x^2 y}{3\pi x^2} = 4x + 6y$ 　　… ❸

답 $4x + 6y$

채점 기준	배점
❶ 원뿔의 부피를 이용하여 식 세우기	30 %
❷ 입체도형의 높이를 구하는 식 세우기	30 %
❸ 입체도형의 높이 구하기	40 %

0241 $(15x^2 y - 18xy^2) \div 3xy = \dfrac{15x^2 y - 18xy^2}{3xy}$

$= 5x - 6y$

$= 5 \times 5 - 6 \times (-3)$

$= 25 + 18 = 43$ 　　　답 ④

0242 $x - 3y + 2 - x(5x + 1)$

$= x - 3y + 2 - 5x^2 - x = -5x^2 - 3y + 2$

$= -5 \times (-2)^2 - 3 \times 1 + 2$

$= -20 - 3 + 2 = -21$ 　　　답 ②

0243 $\dfrac{10x^3 + 5x^2 y}{5x} - \dfrac{4xy^2 - 6y^2}{2y}$

$= 2x^2 + xy - (2xy - 3y)$

$= 2x^2 + xy - 2xy + 3y = 2x^2 - xy + 3y$

$= 2 \times (-2)^2 - (-2) \times 3 + 3 \times 3$

$= 8 - (-6) + 9 = 23$ 　　　답 23

0244 $\dfrac{8x^2 y - 12xy^2}{4xy} - (-6xy + 9y^2) \times \dfrac{1}{3y}$

$= 2x - 3y - (-2x + 3y)$

$= 2x - 3y + 2x - 3y$

$= 4x - 6y$

$= 4 \times 5 - 6 \times \left(-\dfrac{1}{3}\right) = 22$ 　　　답 ②

0245 $a - 2b + 7 = a - 2(-3a + 1) + 7$

$= a + 6a - 2 + 7 = 7a + 5$

따라서 a의 계수는 7이다. 　　　답 ⑤

0246 $3x - 2(x - 2y) = 3x - 2x + 4y = x + 4y$

$= x + 4(2x - 3) = x + 8x - 12$

$= 9x - 12$ 　　　답 $9x - 12$

0247 $3A - \{A - (2A + B)\} = 3A - (A - 2A - B)$

$= 3A - (-A - B)$

$= 3A + A + B$

$= 4A + B$

$= 4(2x - y) + (3x + 2y)$

$= 8x - 4y + 3x + 2y$

$= 11x - 2y$ 　　　답 ④

0248 $6B - \{A - 3(A - 3B)\}$

$= 6B - (A - 3A + 9B)$

$= 6B - (-2A + 9B)$

$= 6B + 2A - 9B$

$= 2A - 3B$ 　　　… ❶

$= 2 \times \dfrac{3x - y + 3}{2} - 3 \times \dfrac{x + 2y - 2}{3}$ 　　… ❷

$= 3x - y + 3 - x - 2y + 2$

$= 2x - 3y + 5$ 　　　… ❸

답 $2x - 3y + 5$

채점 기준	배점
❶ 주어진 식 간단히 하기	40 %
❷ ❶의 식에 A, B 대입하기	20 %
❸ x, y에 대한 식으로 나타내기	40 %

0249 $2x + 4y = 3x - 3y$에서 $x = 7y$

$\therefore 3(x + 5y) - (4x - 2y) = 3x + 15y - 4x + 2y$

$= -x + 17y$

$= -7y + 17y = 10y$ 　　　답 ②

0250 $3x + 2y = 4$에서

$2y = 4 - 3x$ 　　　$\therefore y = 2 - \dfrac{3}{2}x$

$\therefore 2x + 4y - [x + 5y - \{y - (3x - 2y)\}]$

$= 2x + 4y - \{x + 5y - (y - 3x + 2y)\}$

$= 2x + 4y - \{x + 5y - (-3x + 3y)\}$

$= 2x + 4y - (x + 5y + 3x - 3y)$

$= 2x + 4y - (4x + 2y)$

$= 2x + 4y - 4x - 2y$

$= -2x + 2y$

$$= -2x + 2\left(2 - \frac{3}{2}x\right)$$
$$= -2x + 4 - 3x = -5x + 4 \qquad \text{답} \quad -5x+4$$

0251 $a:b=3:2$에서 $2a=3b$

$\therefore 5a-3b+1=5a-2a+1=3a+1 \qquad \text{답} \quad 3a+1$

참고 비례식이 주어진 경우에는 (외항의 곱)=(내항의 곱)임을 이용하여 비례식을 등식으로 변형한다.

0252 $(x+1):y=2:5$에서 $2y=5(x+1)$

$\therefore y=\dfrac{5}{2}(x+1)$

$\therefore 4x-2y+5=4x-2\times\dfrac{5}{2}(x+1)+5$
$$=4x-5(x+1)+5$$
$$=4x-5x-5+5=-x \qquad \text{답} \quad -x$$

0253 $\dfrac{1}{x}+\dfrac{1}{y}=3$에서

$\dfrac{x+y}{xy}=3 \qquad \therefore x+y=3xy \qquad \cdots \text{❶}$

$\therefore \dfrac{5(x+y)-3xy}{2(x+y)}=\dfrac{5\times 3xy-3xy}{2\times 3xy}$
$$=\dfrac{15xy-3xy}{6xy}=\dfrac{12xy}{6xy}=2 \qquad \cdots \text{❷}$$

$\text{답} \quad 2$

채점 기준	배점
❶ 등식 변형하기	50 %
❷ 식의 값 구하기	50 %

다른풀이 $\dfrac{1}{x}+\dfrac{1}{y}=3$에서

$\dfrac{x+y}{xy}=3 \qquad \therefore xy=\dfrac{x+y}{3}$

$\therefore \dfrac{5(x+y)-3xy}{2(x+y)}=\dfrac{5(x+y)-3\times\dfrac{x+y}{3}}{2(x+y)}$
$$=\dfrac{5(x+y)-(x+y)}{2(x+y)}$$
$$=\dfrac{4(x+y)}{2(x+y)}=2$$

0254 $\dfrac{1}{3a}-\dfrac{1}{3b}=2$에서

$\dfrac{b-a}{3ab}=2 \qquad \therefore b-a=6ab$

$\therefore \dfrac{a-7ab-b}{a+4ab-b}=\dfrac{-7ab-(b-a)}{4ab-(b-a)}$
$$=\dfrac{-7ab-6ab}{4ab-6ab}$$
$$=\dfrac{-13ab}{-2ab}=\dfrac{13}{2} \qquad \text{답} \quad \dfrac{13}{2}$$

0255 $(-a-2b+4)-(2a-3b)=-a-2b+4-2a+3b$
$$=-3a+b+4$$

		(+)	
(−)	$3a-b$	$-a-2b+4$	
	$-a+5b+2$	$2a-3b$	
	$4a-6b-2$	$-3a+b+4$	A

$\therefore A=(4a-6b-2)+(-3a+b+4)$
$$=a-5b+2 \qquad \text{답} \quad a-5b+2$$

0256 $\dfrac{x^2-x-4}{3}-\dfrac{2x^2-4x+2}{5}$
$$=\dfrac{5(x^2-x-4)-3(2x^2-4x+2)}{15}$$
$$=\dfrac{5x^2-5x-20-6x^2+12x-6}{15}$$
$$=\dfrac{-x^2+7x-26}{15}$$
$$=-\dfrac{1}{15}x^2+\dfrac{7}{15}x-\dfrac{26}{15}$$

따라서 $a=-\dfrac{1}{15}$, $b=\dfrac{7}{15}$, $c=-\dfrac{26}{15}$이므로

$a+b+c=-\dfrac{1}{15}+\dfrac{7}{15}+\left(-\dfrac{26}{15}\right)=-\dfrac{20}{15}=-\dfrac{4}{3}$ $\text{답} \quad -\dfrac{4}{3}$

0257 $3x-y-[x-\{4x-2y-(x+y+1)\}]$
$$=3x-y-\{x-(4x-2y-x-y-1)\}$$
$$=3x-y-\{x-(3x-3y-1)\}$$
$$=3x-y-(x-3x+3y+1)$$
$$=3x-y-(-2x+3y+1)$$
$$=3x-y+2x-3y-1=5x-4y-1$$

따라서 $a=5$, $b=-4$, $c=-1$이므로
$a+b+c=5+(-4)+(-1)=0 \qquad \text{답} \quad 0$

0258 $-2x(x-3y+1)-x(1+y-3x)$
$$=-2x^2+6xy-2x-x-xy+3x^2$$
$$=x^2+5xy-3x \qquad \text{답} \quad x^2+5xy-3x$$

0259 어떤 식을 A라 하면

$A\times\left(-\dfrac{1}{2}ab\right)=-2a^3b^2+a^2b^3-3a^2b^2$

$\therefore A=(-2a^3b^2+a^2b^3-3a^2b^2)\div\left(-\dfrac{1}{2}ab\right)$
$$=(-2a^3b^2+a^2b^3-3a^2b^2)\times\left(-\dfrac{2}{ab}\right)$$
$$=-2a^3b^2\times\left(-\dfrac{2}{ab}\right)+a^2b^3\times\left(-\dfrac{2}{ab}\right)$$
$$\qquad -3a^2b^2\times\left(-\dfrac{2}{ab}\right)$$

$$=4a^2b-2ab^2+6ab$$

따라서 바르게 계산한 식은

$$(4a^2b-2ab^2+6ab)\div\left(-\frac{1}{2}ab\right)$$

$$=(4a^2b-2ab^2+6ab)\times\left(-\frac{2}{ab}\right)$$

$$=4a^2b\times\left(-\frac{2}{ab}\right)-2ab^2\times\left(-\frac{2}{ab}\right)+6ab\times\left(-\frac{2}{ab}\right)$$

$$=-8a+4b-12 \qquad\qquad \text{달}\ -8a+4b-12$$

0260 ③ $(x^2-3xy-6x)\div\left(-\frac{3}{4}x\right)$

$$=(x^2-3xy-6x)\times\left(-\frac{4}{3x}\right)$$

$$=x^2\times\left(-\frac{4}{3x}\right)-3xy\times\left(-\frac{4}{3x}\right)-6x\times\left(-\frac{4}{3x}\right)$$

$$=-\frac{4}{3}x+4y+8$$

④ $2(-x+y)-(3x^2y-12xy^2)\div3xy$

$$=-2x+2y-\frac{3x^2y-12xy^2}{3xy}$$

$$=-2x+2y-x+4y=-3x+6y$$

⑤ $-x(2y-3)+(4x^3y-12x^2y)\div(-2x)^2$

$$=-2xy+3x+\frac{4x^3y-12x^2y}{4x^2}$$

$$=-2xy+3x+xy-3y$$

$$=-xy+3x-3y$$

따라서 옳지 않은 것은 ⑤이다. $\qquad\qquad$ 달 ⑤

0261 $4x\left(\frac{x}{2}+2\right)-\{3xy^3-2y(xy^2-4x^2)\}\div xy$

$$=2x^2+8x-(3xy^3-2xy^3+8x^2y)\div xy$$

$$=2x^2+8x-(xy^3+8x^2y)\div xy$$

$$=2x^2+8x-\frac{xy^3+8x^2y}{xy}$$

$$=2x^2+8x-(y^2+8x)$$

$$=2x^2+8x-y^2-8x=2x^2-y^2$$

따라서 $a=2$, $b=-1$이므로

$$a+b=2+(-1)=1 \qquad\qquad \text{달}\ 1$$

0262 $(3x^2y-5xy^2)\div x-\frac{3}{2}y(12x-10y)$

$$=\frac{3x^2y-5xy^2}{x}-\frac{3}{2}y(12x-10y)$$

$$=3xy-5y^2-18xy+15y^2$$

$$=-15xy+10y^2$$

$$=-15\times\left(-\frac{1}{5}\right)\times\left(-\frac{3}{2}\right)+10\times\left(-\frac{3}{2}\right)^2$$

$$=-\frac{9}{2}+\frac{45}{2}=\frac{36}{2}=18 \qquad\qquad \text{달}\ 18$$

0263 $5(x^2y+ax^2-x)-3x(xy+x-a)+2x^2$

$$=5x^2y+5ax^2-5x-3x^2y-3x^2+3ax+2x^2$$

$$=2x^2y+(5a-1)x^2+(-5+3a)x$$

이때 x^2의 계수가 14이므로

$$5a-1=14,\ 5a=15 \qquad \therefore a=3$$

따라서 x의 계수는

$$-5+3a=-5+3\times3=4 \qquad\qquad \text{달}\ ③$$

0264 주어진 전개도로 정육면체를 만들었을 때, x^2y-3x가 적힌 면과 마주 보는 면에 적힌 식은 $2xy$이므로 정육면체에서 마주 보는 면에 적힌 두 식의 곱은

$$2xy(x^2y-3x)=2x^3y^2-6x^2y$$

이때 A가 적힌 면과 마주 보는 면에 적힌 식은 $\frac{1}{2}y$이므로

$$A\times\frac{1}{2}y=2x^3y^2-6x^2y$$

$$\therefore A=(2x^3y^2-6x^2y)\div\frac{1}{2}y$$

$$=(2x^3y^2-6x^2y)\times\frac{2}{y}=4x^3y-12x^2$$

또, B가 적힌 면과 마주 보는 면에 적힌 식은 xy^2이므로

$$B\times xy^2=2x^3y^2-6x^2y$$

$$\therefore B=(2x^3y^2-6x^2y)\div xy^2$$

$$=\frac{2x^3y^2-6x^2y}{xy^2}=2x^2-\frac{6x}{y}$$

$$\therefore A+B=(4x^3y-12x^2)+\left(2x^2-\frac{6x}{y}\right)$$

$$=4x^3y-10x^2-\frac{6x}{y} \qquad \text{달}\ 4x^3y-10x^2-\frac{6x}{y}$$

0265 작은 직육면체의 높이를 h라 하면 부피가 $18x^3+9x^2$이므로

$$3x\times3x\times h=18x^3+9x^2$$

$$\therefore h=(18x^3+9x^2)\div9x^2=\frac{18x^3+9x^2}{9x^2}=2x+1$$

이때 큰 직육면체와 작은 직육면체의 높이의 합이 $4x+1$이므로 큰 직육면체의 높이는

$$4x+1-(2x+1)=2x$$

따라서 큰 직육면체의 부피는

$$(4x+5)\times3x\times2x=(4x+5)\times6x^2$$

$$=24x^3+30x^2 \qquad \text{달}\ 24x^3+30x^2$$

0266 $a:b=3:2$에서 $\frac{b}{a}=\frac{2}{3}$

$b:c=3:4$에서 $\frac{c}{b}=\frac{4}{3}$

$\dfrac{b}{a}\times\dfrac{c}{b}=\dfrac{2}{3}\times\dfrac{4}{3}$ 에서 $\dfrac{c}{a}=\dfrac{8}{9}$ $\therefore \dfrac{a}{c}=\dfrac{9}{8}$

$\therefore \dfrac{a(ab+bc)+b(bc+ca)+c(ca+ab)}{abc}$

$=\dfrac{a^2b+abc}{abc}+\dfrac{b^2c+abc}{abc}+\dfrac{ac^2+abc}{abc}$

$=\dfrac{a}{c}+1+\dfrac{b}{a}+1+\dfrac{c}{b}+1$

$=\dfrac{a}{c}+\dfrac{b}{a}+\dfrac{c}{b}+3$

$=\dfrac{9}{8}+\dfrac{2}{3}+\dfrac{4}{3}+3=\dfrac{49}{8}$　　　　　　답 ④

0267 어떤 식을 A라 하면

$A-(4x^2-3x+5)=-3x^2+2x-1$

$\therefore A=(-3x^2+2x-1)+(4x^2-3x+5)$

$\qquad =x^2-x+4$　　　　　　　　　　　…❶

따라서 바르게 계산한 식은

$(4x^2-3x+5)-(x^2-x+4)$

$=4x^2-3x+5-x^2+x-4$

$=3x^2-2x+1$　　　　　　　　　　　…❷

답 $3x^2-2x+1$

채점 기준	배점
❶ 어떤 식 구하기	60 %
❷ 바르게 계산한 식 구하기	40 %

0268 (원기둥의 부피)=(밑넓이)×(높이)이므로

(원기둥의 높이)$=(4\pi a^3b^2+\pi a^2b^3)\div\{\pi\times(ab)^2\}$

$\qquad\qquad\qquad =(4\pi a^3b^2+\pi a^2b^3)\div\pi a^2b^2$

$\qquad\qquad\qquad =\dfrac{4\pi a^3b^2+\pi a^2b^3}{\pi a^2b^2}=4a+b$　…❶

(원뿔의 부피)$=\dfrac{1}{3}\times$(밑넓이)×(높이)이므로

(원뿔의 높이)$=(2\pi a^3b^2-3\pi a^2b^3)\div\dfrac{\pi\times(ab)^2}{3}$

$\qquad\qquad\qquad =(2\pi a^3b^2-3\pi a^2b^3)\div\dfrac{\pi a^2b^2}{3}$

$\qquad\qquad\qquad =(2\pi a^3b^2-3\pi a^2b^3)\times\dfrac{3}{\pi a^2b^2}$

$\qquad\qquad\qquad =6a-9b$　　　　　　…❷

따라서 두 입체도형의 높이의 합은

$(4a+b)+(6a-9b)=10a-8b$　　　…❸

답 $10a-8b$

채점 기준	배점
❶ 원기둥의 높이 구하기	40 %
❷ 원뿔의 높이 구하기	40 %
❸ 두 입체도형의 높이의 합 구하기	20 %

04 일차부등식

step 개념 익히고,

본문 63, 65쪽

0269 답 (1) × 　(2) ○ 　(3) ○ 　(4) ×

0270 답 (1) $x+5<7$ 　　(2) $2x\geq15$
　　　　(3) $800x\leq5000$ 　(4) $1+2x>10$

0271 ㄱ. $3\times1+1\leq1$ (거짓)
ㄴ. $1+3<6$ (참)
ㄷ. $4\times1-2\geq2$ (참)
ㄹ. $1-5>0$ (거짓)
따라서 참인 부등식은 ㄴ, ㄷ이다.　　　　答 ㄴ, ㄷ

0272 (1) $x+3<4$의 x에 $-2, -1, 0, 1, 2$를 차례대로 대입
하면
$x=-2$일 때, $-2+3<4$ (참)
$x=-1$일 때, $-1+3<4$ (참)
$x=0$일 때, $0+3<4$ (참)
$x=1$일 때, $1+3<4$ (거짓)
$x=2$일 때, $2+3<4$ (거짓)
따라서 주어진 부등식의 해는 $-2, -1, 0$이다.
(2) $2x-1\geq3$의 x에 $-2, -1, 0, 1, 2$를 차례대로 대입하면
$x=-2$일 때, $2\times(-2)-1\geq3$ (거짓)
$x=-1$일 때, $2\times(-1)-1\geq3$ (거짓)
$x=0$일 때, $2\times0-1\geq3$ (거짓)
$x=1$일 때, $2\times1-1\geq3$ (거짓)
$x=2$일 때, $2\times2-1\geq3$ (참)
따라서 주어진 부등식의 해는 2이다.
(3) $7-4x\leq5$의 x에 $-2, -1, 0, 1, 2$를 차례대로 대입하면
$x=-2$일 때, $7-4\times(-2)\leq5$ (거짓)
$x=-1$일 때, $7-4\times(-1)\leq5$ (거짓)
$x=0$일 때, $7-4\times0\leq5$ (거짓)
$x=1$일 때, $7-4\times1\leq5$ (참)
$x=2$일 때, $7-4\times2\leq5$ (참)
따라서 주어진 부등식의 해는 1, 2이다.
答 (1) $-2, -1, 0$ 　(2) 2 　(3) 1, 2

0273 답 (1) $<$ 　(2) $<$ 　(3) $<$ 　(4) $<$

0274 답 (1) $>$ 　(2) $<$ 　(3) $>$ 　(4) $<$

0275 답 (1) $>$ 　(2) $<$ 　(3) $\geq$ 　(4) $\geq$

0276 답 (1) ○ (2) × (3) ○ (4) ×

0277 답 (1)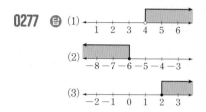

(2) 그래프

(3) 그래프

0278 (1) $x+7<6$에서
$x<-1$

(2) $3x-2>1$에서
$3x>3$
$\therefore x>1$

(3) $5-x\geq3$에서
$-x\geq-2$
$\therefore x\leq2$

(4) $4-2x\leq2x+4$에서
$-4x\leq0$
$\therefore x\geq0$

답 풀이 참조

0279 (1) $4(x-2)>3x$에서 $4x-8>3x$ $\therefore x>8$
(2) $3x+6\leq-(x+2)$에서 $3x+6\leq-x-2$
$4x\leq-8$ $\therefore x\leq-2$
(3) $1-2(x+5)<4x+9$에서 $-2x-9<4x+9$
$-6x<18$ $\therefore x>-3$
(4) $3(x-2)\geq2(7-x)$에서 $3x-6\geq14-2x$
$5x\geq20$ $\therefore x\geq4$

답 (1) $x>8$ (2) $x\leq-2$ (3) $x>-3$ (4) $x\geq4$

0280 (1) $0.5x>0.2x+1.2$의 양변에 10을 곱하면
$5x>2x+12,\ 3x>12$ $\therefore x>4$
(2) $0.6-0.5x\leq0.3x-1$의 양변에 10을 곱하면
$6-5x\leq3x-10,\ -8x\leq-16$ $\therefore x\geq2$
(3) $0.3x<0.01x-0.58$의 양변에 100을 곱하면
$30x<x-58,\ 29x<-58$ $\therefore x<-2$
(4) $0.02x+0.1\geq0.15x-0.03$의 양변에 100을 곱하면
$2x+10\geq15x-3,\ -13x\geq-13$ $\therefore x\leq1$

답 (1) $x>4$ (2) $x\geq2$ (3) $x<-2$ (4) $x\leq1$

0281 (1) $\dfrac{2x+1}{5}<3$의 양변에 5를 곱하면
$2x+1<15,\ 2x<14$ $\therefore x<7$
(2) $\dfrac{1}{3}x-\dfrac{1}{4}x\leq-1$의 양변에 12를 곱하면
$4x-3x\leq-12$ $\therefore x\leq-12$

(3) $\dfrac{3x-7}{5}>\dfrac{1}{2}x-2$의 양변에 10을 곱하면
$2(3x-7)>5x-20,\ 6x-14>5x-20$
$\therefore x>-6$
(4) $\dfrac{2}{3}x-2\geq\dfrac{1}{6}x+\dfrac{5}{2}$의 양변에 6을 곱하면
$4x-12\geq x+15,\ 3x\geq27$ $\therefore x\geq9$

답 (1) $x<7$ (2) $x\leq-12$ (3) $x>-6$ (4) $x\geq9$

B step  본문 66 ~ 75쪽

0282 ㄷ, ㄹ. 다항식   ㅂ. 등식
따라서 부등식인 것은 ㄱ, ㄴ, ㅁ의 3개이다.   답 ③

0283 어떤 수 x의 3배에서 4를 뺀 수는 $3x-4$, x에 2를 더한
후 5를 곱한 수는 $5(x+2)$이므로
$3x-4\geq5(x+2)$ 답 ①

0284 x의 4배에서 2를 뺀 수는 $4x-2$, x에 5를 더한 것의
3배는 $3(x+5)$이므로
$4x-2\leq3(x+5)$ 답 $4x-2\leq3(x+5)$

0285 ① $x+5>3x$ ③ $x+5\geq3x$
④ $x+5\leq3x$ ⑤ $x+5<3x$
따라서 바르게 나타낸 것은 ②이다.   답 ②

0286 ① $-2+2>4$ (거짓)   ② $3-(-2)<5$ (거짓)
③ $-(-2)+1\leq3$ (참)   ④ $2\times(-2)-1\geq-3$ (거짓)
⑤ $3\times(-2)+5\geq0$ (거짓)
따라서 $x=-2$를 해로 갖는 것은 ③이다.   답 ③

0287 $-2x+1\leq-3$의 x에 1, 2, 3, 4를 차례대로 대입하면
$x=1$일 때, $-2\times1+1\leq-3$ (거짓)
$x=2$일 때, $-2\times2+1\leq-3$ (참)
$x=3$일 때, $-2\times3+1\leq-3$ (참)
$x=4$일 때, $-2\times4+1\leq-3$ (참)   … ❶
따라서 주어진 부등식의 해는 2, 3, 4이다.   … ❷

답 2, 3, 4

채점 기준	배점
❶ 주어진 식에 수를 대입하여 참, 거짓 판단하기	70 %
❷ 부등식의 해 구하기	30 %

0288 ③ $a\geq b$의 양변에 -1을 곱하면 $-a\leq-b$
$-a\leq-b$의 양변에서 2를 빼면 $-a-2\leq-b-2$
따라서 옳지 않은 것은 ③이다.   답 ③

0289 $-2a < -2b$의

① 양변을 -2로 나누면 $a > b$

② 양변을 2로 나누면 $-a < -b$

③ 양변에 2를 곱하면 $-4a < -4b$

④ 양변에 -1을 곱하면 $2a > 2b$

⑤ 양변을 -4로 나누면 $\dfrac{a}{2} > \dfrac{b}{2}$

따라서 옳은 것은 ①이다. **답** ①

0290 ① $a+3 \le b+3$의 양변에서 3을 빼면 $a \underset{\le}{\le} b$

② $2a+1 \le 2b+1$의 양변에서 1을 빼면 $2a \le 2b$

　$2a \le 2b$의 양변을 2로 나누면 $a \underset{\le}{\le} b$

③ $-a+\dfrac{2}{3} \ge -b+\dfrac{2}{3}$의 양변에서 $\dfrac{2}{3}$를 빼면 $-a \ge -b$

　$-a \ge -b$의 양변에 -1을 곱하면 $a \underset{\le}{\le} b$

④ $\dfrac{a}{4}-6 \ge \dfrac{b}{4}-6$의 양변에 6을 더하면 $\dfrac{a}{4} \ge \dfrac{b}{4}$

　$\dfrac{a}{4} \ge \dfrac{b}{4}$의 양변에 4를 곱하면 $a \underset{\ge}{\ge} b$

⑤ $-5a-1 \ge -5b-1$의 양변에 1을 더하면 $-5a \ge -5b$

　$-5a \ge -5b$의 양변을 -5로 나누면 $a \underset{\le}{\le} b$

따라서 부등호의 방향이 나머지 넷과 다른 것은 ④이다. **답** ④

0291 ① $a < b$의 양변에서 b를 빼면 $a-b < 0$

　$a < b$의 양변에서 a를 빼면 $0 < b-a$

　$a-b < 0 < b-a$이므로 $a-b < b-a$

② $a < b$의 양변에 양수 a를 곱하면 $a^2 < ab$이지만

　음수 a를 곱하면 $a^2 > ab$이다.

③ $ac < bc$의 양변을 양수 c로 나누면 $a < b$이지만

　음수 c로 나누면 $a > b$이다.

④ $c \ne 0$일 때, $c^2 > 0$

　$\dfrac{a}{c} < \dfrac{b}{c}$에서 $c \ne 0$이므로 양변에 c^2을 곱하면 $ac < bc$

⑤ $c-3a < c-3b$의 양변에서 c를 빼면 $-3a < -3b$

　$-3a < -3b$의 양변을 -3으로 나누면 $a > b$

따라서 옳은 것은 ④이다. **답** ④

0292 ㄱ. $-3a-4 > -3b-4$의 양변에 4를 더하면

　$-3a > -3b$

　$-3a > -3b$의 양변을 -3으로 나누면 $a < b$

ㄴ. $a < b$의 양변에 -2를 곱하면 $-2a > -2b$

ㄷ. $a < b$의 양변에 4를 곱하면 $4a < 4b$

　$4a < 4b$의 양변에서 1을 빼면 $4a-1 < 4b-1$

ㄹ. $a < b$의 양변을 -2로 나누면 $-\dfrac{a}{2} > -\dfrac{b}{2}$

　$-\dfrac{a}{2} > -\dfrac{b}{2}$의 양변에 1을 더하면 $1-\dfrac{a}{2} > 1-\dfrac{b}{2}$

ㅁ. $a < b$의 양변에 -1을 곱하면 $-a > -b$

　$-a > -b$의 양변을 -5로 나누면

　$-a \div (-5) < -b \div (-5)$

따라서 옳은 것은 ㄴ, ㄷ, ㄹ이다. **답** ㄴ, ㄷ, ㄹ

0293 ③ $a < b$이므로 $-a > -b$

④ $a < c$이므로 $-a > -c$　⑤ $c < d$이므로 $-c > -d$

따라서 옳지 않은 것은 ⑤이다. **답** ⑤

0294 ① $-1 < x \le 2$의 각 변에 1을 더하면 $0 < x+1 \le 3$

② $-1 < x \le 2$의 각 변에 6을 곱하면 $-6 < 6x \le 12$

③ $-1 < x \le 2$의 각 변을 2로 나누면 $-\dfrac{1}{2} < \dfrac{x}{2} \le 1$

④ $-1 < x \le 2$의 각 변에 -5를 곱하면 $-10 \le -5x < 5$

⑤ $-1 < x \le 2$의 각 변에 -1을 곱하면 $-2 \le -x < 1$

　$-2 \le -x < 1$의 각 변에 3을 더하면 $1 \le 3-x < 4$

따라서 옳지 않은 것은 ④이다. **답** ④

0295 $3 \le x < 4$의 각 변에 2를 곱하면 $6 \le 2x < 8$

$6 \le 2x < 8$의 각 변에 1을 더하면 $7 \le 2x+1 < 9$

따라서 $2x+1$의 값이 될 수 있는 것은 ④이다. **답** ④

0296 $2 < x < 3$의 각 변에 3을 곱하면 $6 < 3x < 9$

$6 < 3x < 9$의 각 변에서 5를 빼면 $1 < 3x-5 < 4$

$\therefore 1 < A < 4$ **답** ③

0297 $-1 < x < 3$의 각 변에 -4를 곱하면

$-12 < -4x < 4$

$-12 < -4x < 4$의 각 변에 3을 더하면

$-9 < 3-4x < 7$ ⋯ **❶**

따라서 $a = -9$, $b = 7$이므로 ⋯ **❷**

$a+b = -9+7 = -2$ ⋯ **❸**

답 -2

채점 기준	배점
❶ $3-4x$의 값의 범위 구하기	60 %
❷ a, b의 값 각각 구하기	20 %
❸ $a+b$의 값 구하기	20 %

0298 ④ $-3 \ge 0$이므로 일차부등식이 아니다.

⑤ $-3x > 0$이므로 일차부등식이다.

따라서 일차부등식은 ③, ⑤이다. **답** ③, ⑤

0299 $ax+1-x \ge 2x+5$에서 $(a-1-2)x+1-5 \ge 0$

$\therefore (a-3)x-4 \ge 0$

이 부등식이 일차부등식이 되려면 $a-3 \ne 0$이어야 한다.

$\therefore a \ne 3$ **답** ③

0300 ① $2x-5<-1$에서 $2x<4$ ∴ $x<2$
② $-2x-1\leq x+2$에서 $-3x\leq3$ ∴ $x\geq-1$
③ $2x-5\leq4x+1$에서 $-2x\leq6$ ∴ $x\geq-3$
④ $x+3\geq6x-12$에서 $-5x\geq-15$ ∴ $x\leq3$
⑤ $2-3x<-4$에서 $-3x<-6$ ∴ $x>2$
따라서 해가 $x>2$인 것은 ⑤이다. 目 ⑤

0301 ① $2x>4$에서 $x>2$
② $3x-2>4$에서 $3x>6$ ∴ $x>2$
③ $-x+2>-3x+6$에서 $2x>4$ ∴ $x>2$
④ $5x-1<6x-3$에서 $-x<-2$ ∴ $x>2$
⑤ $-4x+2<-x-7$에서 $-3x<-9$ ∴ $x>3$
따라서 부등식의 해가 나머지 넷과 다른 하나는 ⑤이다. 目 ⑤

0302 $3(x-2)<2x$에서 $3x-6<2x$ ∴ $x<6$
따라서 주어진 부등식을 만족시키는 양의 정수 x는 1, 2, 3, 4, 5의 5개이다. 目 5

0303 $4(2x-5)+7<3(x+5)+2$에서
$8x-20+7<3x+15+2$, $5x<30$ ∴ $x<6$
따라서 주어진 부등식을 만족시키는 자연수 x의 값은 1, 2, 3, 4, 5이므로 그 합은 $1+2+3+4+5=15$ 目 15

0304 $x+4\leq2(x-1)$에서
$x+4\leq2x-2$, $-x\leq-6$ ∴ $x\geq6$
이를 수직선 위에 나타내면 오른쪽 그림과 같다. 目 ④

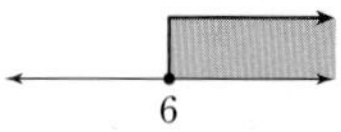

0305 $2(x-2)<2-3(x+7)$에서
$2x-4<2-3x-21$, $5x<-15$ ∴ $x<-3$
이를 수직선 위에 나타내면 오른쪽 그림과 같다. 目 ①

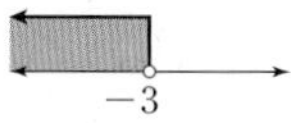

0306 $0.5x-2<0.3x-\frac{1}{5}$의 양변에 10을 곱하면
$5x-20<3x-2$, $2x<18$ ∴ $x<9$ 目 ②

0307 $0.5(3-x)>\frac{4}{5}x-\left(x+\frac{1}{2}\right)$의 양변에 10을 곱하면
$5(3-x)>8x-10\left(x+\frac{1}{2}\right)$, $15-5x>8x-10x-5$
$-3x>-20$ ∴ $x<\frac{20}{3}=6.\times\times\times$
따라서 주어진 부등식을 만족시키는 자연수는 1, 2, 3, 4, 5, 6의 6개이다. 目 ③

0308 $\frac{x-1}{4}-\frac{1}{2}<x$의 양변에 4를 곱하면
$x-1-2<4x$, $-3x<3$ ∴ $x>-1$
이를 수직선 위에 나타내면 오른쪽 그림과 같다. 目 ①

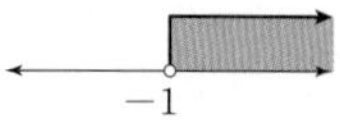

0309 $\frac{2x-1}{3}-\frac{5-x}{2}\geq3$의 양변에 6을 곱하면
$2(2x-1)-3(5-x)\geq18$, $4x-2-15+3x\geq18$
$7x\geq35$ ∴ $x\geq5$
이를 수직선 위에 나타내면 오른쪽 그림과 같다. 目 ④

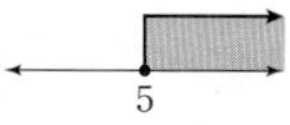

0310 $0.1x+0.05\leq0.15x-0.3$의 양변에 100을 곱하면
$10x+5\leq15x-30$, $-5x\leq-35$
즉, $x\geq7$이므로 $a=7$ ··· ❶
$\frac{x-3}{2}-\frac{2x-1}{5}>0$의 양변에 10을 곱하면
$5(x-3)-2(2x-1)>0$, $5x-15-4x+2>0$
즉, $x>13$이므로 $b=13$ ··· ❷
∴ $a+b=7+13=20$ ··· ❸
目 20

채점 기준	배점
❶ a의 값 구하기	40 %
❷ b의 값 구하기	40 %
❸ $a+b$의 값 구하기	20 %

0311 $1+0.7(x-1)<x+1.2$의 양변에 10을 곱하면
$10+7(x-1)<10x+12$, $10+7x-7<10x+12$
$-3x<9$ ∴ $x>-3$
이를 만족시키는 가장 작은 정수 x의 값은 -2이므로
$a=-2$
$3(2-x)\leq2x-4$에서
$6-3x\leq2x-4$, $-5x\leq-10$ ∴ $x\geq2$
이를 만족시키는 가장 작은 정수 x의 값은 2이므로 $b=2$
∴ $\frac{a}{b}=\frac{-2}{2}=-1$ 目 -1

0312 $a<0$이므로 $ax<-3a$에서 $x>-3$ 目 ②

0313 $2-ax\leq3$에서 $-ax\leq1$
이때 $a>0$에서 $-a<0$이므로 $x\geq-\frac{1}{a}$ 目 ②

0314 $2(3a-ax)>ax$에서 $6a-2ax>ax$
$-3ax>-6a$
이때 $a>0$에서 $-3a<0$이므로 $x<2$ 目 ④

0315 $3(1-ax) \le ax-5$에서 $3-3ax \le ax-5$

$-4ax \le -8$

이때 $a<0$에서 $-4a>0$이므로 $x \le \dfrac{2}{a}$ 　　　　답 ①

0316 $ax-2a<2x-4$에서 $ax-2x<2a-4$

$(a-2)x<2(a-2)$

이때 $a<2$에서 $a-2<0$이므로 $x>2$

따라서 가장 작은 정수 x의 값은 3이다. 　　　　답 3

0317 $5-a>3a+1$에서

$-4a>-4$ 　　$\therefore a<1$ 　　…… ㉠

$ax-3a<x-3$에서 $(a-1)x<3(a-1)$

이때 ㉠에서 $a-1<0$이므로 $x>3$ 　　　　답 ⑤

0318 $x+a>2x-4$에서 $-x>-a-4$ 　　$\therefore x<a+4$

이 부등식의 해가 $x<2$이므로

$a+4=2$ 　　$\therefore a=-2$ 　　　　답 -2

0319 $\dfrac{x+3a}{4}>\dfrac{2x}{3}-\dfrac{1}{6}$의 양변에 12를 곱하면

$3(x+3a)>8x-2$, $3x+9a>8x-2$

$-5x>-2-9a$ 　　$\therefore x<\dfrac{2+9a}{5}$

이 부등식의 해가 $x<4$이므로 $\dfrac{2+9a}{5}=4$

$2+9a=20$, $9a=18$ 　　$\therefore a=2$ 　　　　답 2

0320 $x-4 \le \dfrac{3x-a}{2}$의 양변에 2를 곱하면

$2x-8 \le 3x-a$, $-x \le -a+8$ 　　$\therefore x \ge a-8$ … ❶

이 부등식의 해가 $x \ge -1$이므로 … ❷

$a-8=-1$ 　　$\therefore a=7$ … ❸

답 7

채점 기준	배점
❶ 주어진 부등식의 해 구하기	50 %
❷ 수직선 위에 나타낸 부등식의 해 구하기	20 %
❸ a의 값 구하기	30 %

0321 $0.7x-\dfrac{1}{10}<2+\dfrac{3x-a}{2}$의 양변에 10을 곱하면

$7x-1<20+5(3x-a)$, $7x-1<20+15x-5a$

$-8x<21-5a$ 　　$\therefore x>\dfrac{5a-21}{8}$

이 부등식의 해가 $x>-2$이므로 $\dfrac{5a-21}{8}=-2$

$5a-21=-16$, $5a=5$ 　　$\therefore a=1$ 　　　　답 1

0322 $ax-5<3$에서 $ax<8$

이 부등식의 해가 $x>-2$이므로 $a<0$

따라서 $x>\dfrac{8}{a}$이므로 $\dfrac{8}{a}=-2$ 　　$\therefore a=-4$ 　　답 ①

0323 $ax-1>x-3$에서 $(a-1)x>-2$

이 부등식의 해가 $x<1$이므로 $a-1<0$

따라서 $x<-\dfrac{2}{a-1}$이므로 $-\dfrac{2}{a-1}=1$

$a-1=-2$ 　　$\therefore a=-1$ 　　　　답 -1

0324 $2x-1>5x+8$에서 $-3x>9$ 　　$\therefore x<-3$

$4x+a<x-2$에서 $3x<-2-a$ 　　$\therefore x<\dfrac{-2-a}{3}$

두 일차부등식의 해가 서로 같으므로 $\dfrac{-2-a}{3}=-3$

$-2-a=-9$, $-a=-7$ 　　$\therefore a=7$ 　　　　답 7

0325 $x-3>3x-15$에서 $-2x>-12$ 　　$\therefore x<6$

$x+a>4(x-5)$에서 $x+a>4x-20$

$-3x>-a-20$ 　　$\therefore x<\dfrac{a+20}{3}$

두 일차부등식의 해가 서로 같으므로 $\dfrac{a+20}{3}=6$

$a+20=18$ 　　$\therefore a=-2$ 　　　　답 -2

0326 $0.5x+0.2 \ge 0.1x-0.6$의 양변에 10을 곱하면

$5x+2 \ge x-6$, $4x \ge -8$ 　　$\therefore x \ge -2$

$3(1-x) \le a$에서 $3-3x \le a$, $-3x \le a-3$

$\therefore x \ge -\dfrac{a-3}{3}$

두 일차부등식의 해가 서로 같으므로 $-2=-\dfrac{a-3}{3}$

$a-3=6$ 　　$\therefore a=9$ 　　　　답 9

0327 $\dfrac{3}{2}x+\dfrac{5}{6} \ge \dfrac{8-x}{3}$의 양변에 6을 곱하면

$9x+5 \ge 2(8-x)$, $9x+5 \ge 16-2x$

$11x \ge 11$ 　　$\therefore x \ge 1$

$2(x-1) \le 4x+a$에서 $2x-2 \le 4x+a$

$-2x \le a+2$ 　　$\therefore x \ge -\dfrac{a+2}{2}$

두 일차부등식의 해가 서로 같으므로 $-\dfrac{a+2}{2}=1$

$a+2=-2$ 　　$\therefore a=-4$ 　　　　답 -4

0328 $2x+10 \ge -2+5x$에서 $-3x \ge -12$ 　　$\therefore x \le 4$

즉, $ax \ge a-3$의 해가 $x \le 4$이므로 $a<0$

따라서 $x \leq \dfrac{a-3}{a}$이므로 $\dfrac{a-3}{a}=4$

$a-3=4a, \ -3a=3 \qquad \therefore a=-1$ 📘 ②

0329 $4(x+2)>x-1$에서 $4x+8>x-1$

$3x>-9 \qquad \therefore x>-3$

$x-5<a(x+2)$에서 $x-5<ax+2a$

$(1-a)x<2a+5$

이 부등식의 해가 $x>-3$이므로 $1-a<0$

따라서 $x>\dfrac{2a+5}{1-a}$이므로 $\dfrac{2a+5}{1-a}=-3$

$2a+5=-3+3a, \ -a=-8 \qquad \therefore a=8$ 📘 8

0330 $2x<x+k$에서 $x<k$

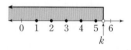

이 부등식을 만족시키는 자연수 x가
5개이려면 $5<k\leq 6$

따라서 자연수 k의 값은 6이다.   📘 ③

0331 $3x-a\leq x$에서 $2x\leq a \qquad \therefore x\leq \dfrac{a}{2}$

이 부등식을 만족시키는 자연수 x가
2개이려면

$2\leq \dfrac{a}{2}<3 \qquad \therefore 4\leq a<6$ 📘 ④

0332 $4x+1>5x+2a$에서 $-x>2a-1$

$\therefore x<-2a+1$

이 부등식을 만족시키는 자연수 x가
4개이려면

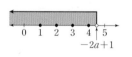

$4<-2a+1\leq 5, \ 3<-2a\leq 4$

$\therefore -2\leq a<-\dfrac{3}{2}$ 📘 $-2\leq a<-\dfrac{3}{2}$

0333 $4x-a\leq 2x+1$에서 $2x\leq a+1 \qquad \therefore x\leq \dfrac{a+1}{2}$

이 부등식을 만족시키는 자연수 x가 2개
이려면 $2\leq \dfrac{a+1}{2}<3, \ 4\leq a+1<6$

$\therefore 3\leq a<5$ 📘 $3\leq a<5$

0334 $\dfrac{x-2}{3}+0.5\geq \dfrac{1}{2}\left(x+\dfrac{1}{3}a\right)$의 양변에 6을 곱하면

$2(x-2)+3\geq 3\left(x+\dfrac{1}{3}a\right), \ 2x-4+3\geq 3x+a$

$-x\geq a+1 \qquad \therefore x\leq -a-1$

이 부등식을 만족시키는 자연수 x가 1개
이려면 $1\leq -a-1<2, \ 2\leq -a<3$

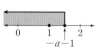

$\therefore -3<a\leq -2$ 📘 $-3<a\leq -2$

0335 $\dfrac{x+3}{3}+1>\dfrac{1}{2}(x+a)$의 양변에 6을 곱하면

$2(x+3)+6>3(x+a), \ 2x+6+6>3x+3a$

$-x>3a-12 \qquad \therefore x<12-3a$

이 부등식을 만족시키는 자연수 x가 12개

이려면 $12<12-3a\leq 13, \ 0<-3a\leq 1$

$\therefore -\dfrac{1}{3}\leq a<0$ 📘 $-\dfrac{1}{3}\leq a<0$

0336 $2(x+a)\geq 3x+1$에서 $2x+2a\geq 3x+1$

$-x\geq -2a+1 \qquad \therefore x\leq 2a-1$

이 부등식을 만족시키는 x의 값 중 가장 큰
정수가 -1이므로

$-1\leq 2a-1<0, \ 0\leq 2a<1$

$\therefore 0\leq a<\dfrac{1}{2}$ 📘 $0\leq a<\dfrac{1}{2}$

0337 $3x-a<2x-3$에서 $x<a-3$

이 부등식의 해 중 가장 큰 정수가 2
이려면

$2<a-3\leq 3 \qquad \therefore 5<a\leq 6$ 📘 $5<a\leq 6$

0338 $3x+2\leq 2a-1$에서 $3x\leq 2a-3$

$\therefore x\leq \dfrac{2a-3}{3}$

이 부등식을 만족시키는 자연수 x의 값이
존재하지 않으려면

$\dfrac{2a-3}{3}<1$

$2a-3<3, \ 2a<6 \qquad \therefore a<3$ 📘 ③

0339 $x+4\leq -2x+k$에서 $3x\leq k-4$

$\therefore x\leq \dfrac{k-4}{3}$

이 부등식을 만족시키는 자연수 x의 값이
존재하지 않으려면

$\dfrac{k-4}{3}<1 \qquad \therefore k<7$

따라서 가장 큰 정수 k의 값은 6이다.   📘 ②

0340 $\dfrac{x-2a}{3}\geq x-1$의 양변에 3을 곱하면

$x-2a\geq 3x-3, \ -2x\geq -3+2a$

$\therefore x\leq \dfrac{3-2a}{2}$ ⋯❶

이 부등식을 만족시키는 자연수 x가
4개 이하이려면

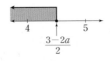

$$\frac{3-2a}{2} < 5$$

$3-2a < 10,\ -2a < 7$ $\quad\therefore a > -\dfrac{7}{2}$ $\quad\cdots$ ❷

따라서 가장 작은 정수 a의 값은 -3이다. $\quad\cdots$ ❸

답 -3

채점 기준	배점
❶ 주어진 부등식 풀기	30 %
❷ a의 값의 범위 구하기	50 %
❸ 가장 작은 정수 a의 값 구하기	20 %

0341 $\dfrac{x-1}{3}+\dfrac{1}{2}<a-x$의 양변에 6을 곱하면

$2(x-1)+3<6a-6x$

$2x-2+3<6a-6x$

$8x<6a-1$

$\therefore x<\dfrac{6a-1}{8}$

이 부등식을 만족시키는 자연수 x가 3개
이상 존재하려면

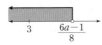

$$\frac{6a-1}{8} > 3$$

$6a-1>24,\ 6a>25$

$\therefore a>\dfrac{25}{6}$

답 $a>\dfrac{25}{6}$

C step 실력 완성!

본문 76 ~ 79쪽

0342 ㄴ. $10x\leq10000$

ㄷ. $120-7a\leq15$

따라서 옳은 것은 ㄱ, ㄹ이다. 답 ④

0343 ① $2-7\leq-6$ (거짓)

② $3\times2-2\geq5$ (거짓)

③ $4-3\times2<2\times(2-2)$ (참)

④ $0.9\times2-1.5<0$ (거짓)

⑤ $\dfrac{2}{2}-1>0$ (거짓)

따라서 $x=2$일 때, 참인 것은 ③이다. 답 ③

0344 $2x+5=1$에서 $2x=-4$ $\quad\therefore x=-2$

① $2\times(-2)\leq-5$ (거짓)

② $3-2\times(-2)<3\times(-2)$ (거짓)

③ $4\times(-2+2)>3$ (거짓)

④ $0.3\times(-2)-5\geq-1$ (거짓)

⑤ $\dfrac{1-4\times(-2)}{3}\geq-2$ (참)

따라서 $x=-2$를 해로 갖는 것은 ⑤이다. 답 ⑤

0345 ㄱ. $a<b$이므로 $a-b<0$

ㄴ. $a^2>0,\ ab<0$이므로 $a^2>ab$ $\quad\therefore a^2-ab>0$

ㄷ. $ab<0,\ b^2>0$이므로 $ab<b^2$ $\quad\therefore ab-b^2<0$

ㄹ. $a<b$이므로 $-a>-b$

따라서 옳은 것은 ㄴ, ㄹ이다. 답 ⑤

0346 $-2(x-5)+1<9-x$에서

$-2x+10+1<9-x$

$-x<-2$ $\quad\therefore x>2$

이때 $A=-5x+3$이므로 $x>2$에서

$-5x<-10$ $\quad\therefore -5x+3<-7$

$\therefore A<-7$ 답 ④

0347 ① $-2>0$이므로 일차부등식이 아니다.

② $-4x+6=3x-2$는 등식이다.

③ $-2(x+3)\leq2x-1$에서 $-2x-6\leq2x-1$

즉, $-4x-5\leq0$이므로 일차부등식이다.

④ $5-x\geq\dfrac{1}{2}(3-2x)$의 양변에 2를 곱하면

$10-2x\geq3-2x$

즉, $7\geq0$이므로 일차부등식이 아니다.

⑤ $2x^2-4x+1<2x(x+2)-4$에서

$2x^2-4x+1<2x^2+4x-4$

즉, $-8x+5<0$이므로 일차부등식이다.

따라서 일차부등식인 것은 ③, ⑤이다. 답 ③, ⑤

0348 $2x\leq x+3$에서 $x\leq3$

따라서 부등식을 만족시키는 모든 자연수 x는 1, 2, 3의 3개이
다. 답 ③

0349 $5(x+2)>2(1-x)-x$에서

$5x+10>2-2x-x,\ 8x>-8$ $\quad\therefore x>-1$

이를 수직선 위에 나타내면 오른쪽 그림과
같다.

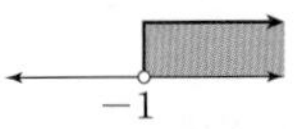

답 ④

0350 ① $4-3x<1$에서 $-3x<-3$ $\quad\therefore x>1$

② $5x-7>2(x-2)$에서 $5x-7>2x-4$

$3x>3$ $\quad\therefore x>1$

③ $0.2(x+5)<0.3(x+3)$의 양변에 10을 곱하면
  $2(x+5)<3(x+3)$, $2x+10<3x+9$
  $-x<-1$ $\therefore x>1$

④ $1.5x>\dfrac{5x+1}{4}$의 양변에 4를 곱하면
  $6x>5x+1$ $\therefore x>1$

⑤ $0.5x-\dfrac{5}{6}<0.\dot{3}(2-3x)$에서
  $\dfrac{1}{2}x-\dfrac{5}{6}<\dfrac{1}{3}(2-3x)$이므로 양변에 6을 곱하면
  $3x-5<4-6x$, $9x<9$ $\therefore x<1$
따라서 부등식의 해가 나머지 넷과 다른 하나는 ⑤이다. 🖋 ⑤

0351 $\dfrac{4(1-x)}{3}\le 5+\dfrac{1}{2}x$의 양변에 6을 곱하면
$8(1-x)\le 30+3x$, $8-8x\le 30+3x$
$-11x\le 22$ $\therefore x\ge -2$
따라서 x의 값 중 가장 작은 정수는 -2이다. 🖋 ②

0352 $3a-bx\ge 3b-ax$에서
$ax-bx\ge 3b-3a$
$\therefore (a-b)x\ge -3(a-b)$ …… ㉠
$a<b<0$에서 $a-b<0$이므로
㉠의 양변을 $a-b$로 나누면
$x\le -3$ 🖋 $x\le -3$

0353 $x-1\ge \dfrac{ax-2}{3}$의 양변에 3을 곱하면
$3x-3\ge ax-2$, $(3-a)x\ge 1$
이 부등식의 해가 $x\le -1$이므로 $3-a<0$
따라서 $x\le \dfrac{1}{3-a}$이므로 $\dfrac{1}{3-a}=-1$
$3-a=-1$, $-a=-4$ $\therefore a=4$ 🖋 4

0354 $2x-a\le x+4$에서 $x\le a+4$
이 부등식의 해가 $x\le 7$이므로
$a+4=7$ $\therefore a=3$
$\dfrac{1-x}{12}<b+\dfrac{5}{6}x$의 양변에 12를 곱하면
$1-x<12b+10x$
$-11x<12b-1$ $\therefore x>-\dfrac{12b-1}{11}$
이 부등식의 해가 $x>-1$이므로
$-\dfrac{12b-1}{11}=-1$
$12b-1=11$, $12b=12$ $\therefore b=1$
따라서 일차방정식 $ax-b=8$에서 $3x-1=8$
$3x=9$ $\therefore x=3$ 🖋 3

0355 $7(1-x)>2-5(x-3)$에서
$7-7x>2-5x+15$
$-2x>10$ $\therefore x<-5$
$2x-1>ax+4$에서 $(2-a)x>5$
이 부등식의 해가 $x<-5$이므로 $2-a<0$
따라서 $x<\dfrac{5}{2-a}$이므로 $\dfrac{5}{2-a}=-5$
$5=-10+5a$, $-5a=-15$
$\therefore a=3$ 🖋 3

0356 $7x-1\le a+6x$에서
$x\le a+1$
이 부등식을 만족시키는 자연수
x가 3개이려면
$3\le a+1<4$
$\therefore 2\le a<3$

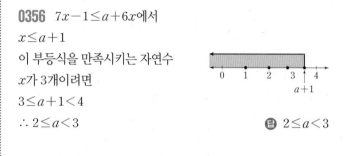

  🖋 $2\le a<3$

0357 $2(a-x)+\dfrac{x}{3}>3x+a-5$의 양변에 3을 곱하면
$6(a-x)+x>9x+3a-15$
$6a-6x+x>9x+3a-15$
$-14x>-3a-15$
$\therefore x<\dfrac{3a+15}{14}$
이 부등식을 만족시키는 자연수 x의 값이
존재하지 않으려면
$\dfrac{3a+15}{14}\le 1$
$3a+15\le 14$
$3a\le -1$ $\therefore a\le -\dfrac{1}{3}$

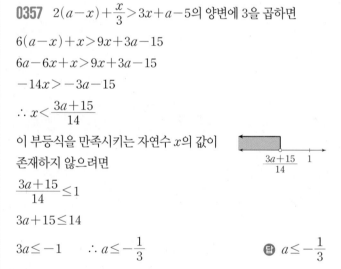

  🖋 $a\le -\dfrac{1}{3}$

0358 $a<b<0$에서 $a<0$, $b<0$
$a<0$이고 $ac<0$이므로 $c>0$
$b<0$이고 $bd>0$이므로 $d<0$
ㄱ. $a<0$, $b<0$이므로 $a+b<0$
ㄴ. $c>0$, $d<0$에서 $c>d$이므로 $c-d>0$
ㄷ. $b<0$, $c>0$에서 $b<c$
    $b<c$의 양변에 양수 c를 곱하면 $bc<c^2$
ㄹ. $a<0$, $c>0$에서 $a<c$
    $a<c$의 양변을 양수 bd로 나누면 $\dfrac{a}{bd}<\dfrac{c}{bd}$
따라서 옳은 것은 ㄴ, ㄷ, ㄹ이다. 🖋 ⑤

0359 $(a+b)x+a-2b>0$에서 $(a+b)x>2b-a$

이 부등식의 해가 $x<1$이므로 $a+b<0$ ...... ㉠

즉, $x<\dfrac{2b-a}{a+b}$이므로 $\dfrac{2b-a}{a+b}=1$

$2b-a=a+b$ ∴ $b=2a$

$b=2a$를 ㉠에 대입하면 $a+2a<0$

$3a<0$ ∴ $a<0$

$b=2a$를 $(a+2b)x+2a-6b<0$에 대입하면

$(a+4a)x+2a-12a<0,\ 5ax<10a,\ ax<2a$

이때 $a<0$이므로 부등식의 해는 $x>2$ 　**답** $x>2$

0360 $-3<2x-1<1$의 각 변에 1을 더하면

$-2<2x<2$

$-2<2x<2$의 각 변을 2로 나누면

$-1<x<1$ ... **❶**

이때 $3x+y=1$에서 $y=1-3x$ ... **❷**

$-1<x<1$의 각 변에 -3을 곱하면

$-3<-3x<3$

$-3<-3x<3$의 각 변에 1을 더하면

$-2<1-3x<4$ ∴ $-2<y<4$ ... **❸**

따라서 $a=-2$, $b=4$이므로

$a+b=-2+4=2$ ... **❹**

　답 2

채점 기준	배점
❶ x의 값의 범위 구하기	30 %
❷ 주어진 등식을 $y=(x$에 대한 식$)$으로 나타내기	20 %
❸ y의 값의 범위 구하기	30 %
❹ $a+b$의 값 구하기	20 %

0361 $x-2=\dfrac{x-a}{4}$의 양변에 4를 곱하면

$4x-8=x-a$

$3x=8-a$ ∴ $x=\dfrac{8-a}{3}$ ... **❶**

이 방정식의 해가 3보다 작지 않으므로

$\dfrac{8-a}{3}\geq3,\ 8-a\geq9$

$-a\geq1$ ∴ $a\leq-1$ ... **❷**

　답 $a\leq-1$

채점 기준	배점
❶ 주어진 방정식 풀기	50 %
❷ a의 값의 범위 구하기	50 %

05 일차부등식의 활용 　Ⅱ. 부등식과 방정식

0362 **답** $2000x+1000,\ 2000x+1000,$
　　　 $2000,\ 14000,\ 7,\ 7,\ 7$

0363 (3) $1000x+800(12-x)\leq11000$에서

$1000x+9600-800x\leq11000$

$200x\leq1400$ ∴ $x\leq7$

　답 (1) $(12-x)$개 　(2) $1000x+800(12-x)\leq11000$

　　 (3) $x\leq7$ 　　(4) 7개

0364 체육 실기 시험에서 x점을 받는다고 하면

$\dfrac{80+92+x}{3}\geq85$

$172+x\geq255$ ∴ $x\geq83$

따라서 체육 실기 시험에서 83점 이상을 받아야 한다. 　**답** 83점

0365 어떤 자연수를 x라 하면

$2(x+3)<30$

$2x+6<30,\ 2x<24$ ∴ $x<12$

따라서 어떤 자연수 중 가장 큰 수는 11이다. 　**답** 11

0366 (3) $\dfrac{x}{2}+\dfrac{x}{3}\leq2$에서 $3x+2x\leq12$

$5x\leq12$ ∴ $x\leq2.4$

　답 (1) $\dfrac{x}{2},\ \dfrac{x}{3}$ 　(2) $\dfrac{x}{2}+\dfrac{x}{3}\leq2$ 　(3) $x\leq2.4$ 　(4) 2.4 km

0367 (3) $\dfrac{10}{100}\times200\leq\dfrac{8}{100}\times(200+x)$에서

$2000\leq1600+8x$

$-8x\leq-400$ ∴ $x\geq50$

　답 (1) $200+x,\ \dfrac{8}{100}\times(200+x)$

　　 (2) $\dfrac{10}{100}\times200\leq\dfrac{8}{100}\times(200+x)$

　　 (3) $x\geq50$ 　(4) 50 g

0368 네 번째 과목의 시험에서 x점을 받는다고 하면

$$\frac{90+82+84+x}{4} \geq 85, \ 256+x \geq 340 \qquad \therefore x \geq 84$$

따라서 네 번째 과목의 시험에서 84점 이상을 받아야 한다.

탑 ③

0369 오늘 달려야 하는 거리를 x m라 하면 2 km=2000 m
이므로

$$\frac{1600+1800+1800+2200+x}{5} \geq 2000$$

$$7400+x \geq 10000 \qquad \therefore x \geq 2600$$

따라서 오늘은 2600 m 이상을 달려야 한다. **탑** 2600 m

0370 4회째 대회에서의 기록을 x초라 하면

$$\frac{16.2 \times 3 + x}{4} \leq 16.5, \ 48.6+x \leq 66 \qquad \therefore x \leq 17.4$$

따라서 4회째 대회에서 17.4초 이내로 들어와야 한다.

탑 17.4초

0371 여학생 수를 x라 하면

$$\frac{167 \times 20 + 158 \times x}{20+x} \geq 163, \ 3340+158x \geq 3260+163x$$

$$-5x \geq -80 \qquad \therefore x \leq 16$$

따라서 여학생은 최대 16명이다. **탑** ②

0372 장미를 x송이 넣는다고 하면

$$2500 \times 2 + 1500x + 3000 \leq 20000$$

$$1500x \leq 12000 \qquad \therefore x \leq 8$$

따라서 장미는 최대 8송이까지 넣을 수 있다. **탑** ③

0373 물건을 x개 싣는다고 하면

$$30x+50 \leq 450$$

$$30x \leq 400 \qquad \therefore x \leq \frac{40}{3} = 13.\times\times\times$$

따라서 물건은 최대 13개까지 실을 수 있다. **탑** 13개

0374 어른이 x명 입장한다고 하면 학생은 $(15-x)$명 입장할
수 있으므로

$$4000x + 2000(15-x) \leq 50000$$

$$4000x + 30000 - 2000x \leq 50000$$

$$2000x \leq 20000 \qquad \therefore x \leq 10$$

따라서 어른은 최대 10명까지 입장할 수 있다. **탑** 10명

0375 복숭아를 x개 산다고 하면 사과는 $(20-x)$개 살 수 있
으므로

$$1800x + 1500(20-x) + 2500 \leq 35000 \qquad \cdots \ ❶$$

$$1800x + 30000 - 1500x + 2500 \leq 35000$$

$$300x \leq 2500 \qquad \therefore x \leq \frac{25}{3} = 8.\times\times\times \qquad \cdots \ ❷$$

따라서 복숭아는 최대 8개까지 살 수 있다. $\qquad \cdots \ ❸$

탑 8개

채점 기준	배점
❶ 부등식 세우기	40 %
❷ 부등식 풀기	40 %
❸ 복숭아를 최대 몇 개까지 살 수 있는지 구하기	20 %

0376 유라가 지호에게 x개의 구슬을 준다고 하면

$$30-x > 2(8+x), \ 30-x > 16+2x$$

$$-3x > -14 \qquad \therefore x < \frac{14}{3} = 4.\times\times\times$$

따라서 유라는 지호에게 구슬을 최대 4개까지 줄 수 있다.

탑 4개

0377 지은이가 이긴 횟수를 x회라 하면 연호가 이긴 횟수는
$20-4-x=16-x$(회)이다.

지은이가 얻은 점수는

$$3x+4-(16-x)=4x-12(점)$$이고,

연호가 얻은 점수는

$$3(16-x)+4-x=52-4x(점)$$이므로

$$(4x-12)-(52-4x) \geq 10$$

$$8x \geq 74 \qquad \therefore x \geq \frac{37}{4} = 9.25$$

따라서 지은이는 최소 10회 이겼다. **탑** 10회

0378 사진을 x장 인화한다고 하면

$$5000+300(x-15) \leq 8000$$

$$5000+300x-4500 \leq 8000$$

$$300x \leq 7500 \qquad \therefore x \leq 25$$

따라서 사진은 최대 25장까지 인화할 수 있다. **탑** 25장

0379 양말을 x켤레 산다고 하면

$$1000 \times 10 + 800(x-10) \leq 900x$$

$$10000+800x-8000 \leq 900x$$

$$-100x \leq -2000 \qquad \therefore x \geq 20$$

따라서 양말을 20켤레 이상 사야 한다. **탑** 20켤레

0380 x개월 후부터라 하면

$$15000+2000x < 10000+3000x$$

$$-1000x < -5000 \qquad \therefore x > 5$$

따라서 6개월 후부터 지태의 저축액이 수지의 저축액보다 많아
진다. **탑** ②

0381 x개월 후부터라 하면

$70000+5000x<2(20000+4000x)$ … ❶

$70000+5000x<40000+8000x$

$-3000x<-30000$ $\therefore x>10$ … ❷

따라서 11개월 후부터 은비의 저축액이 태주의 저축액의 2배보다 적어진다.   … ❸

📘 11개월 후

채점 기준	배점
❶ 부등식 세우기	40 %
❷ 부등식 풀기	40 %
❸ 은비의 저축액이 태주의 저축액의 2배보다 적어지는 것은 몇 개월 후부터인지 구하기	20 %

0382 정가를 x원이라 하면

$x\times\dfrac{90}{100}-9000\geq9000\times\dfrac{20}{100}$

$9x\geq108000$ $\therefore x\geq12000$

따라서 정가는 12000원 이상으로 정해야 한다.   📘 ③

0383 정가를 x원이라 하면

$x\times\dfrac{80}{100}-1000\geq200$

$4x-5000\geq1000,\ 4x\geq6000$

$\therefore x\geq1500$

따라서 정가는 1500원 이상으로 정해야 한다.   📘 1500원

0384 원가를 x원이라 하면

$x\times\dfrac{125}{100}-3000-x\geq x\times\dfrac{10}{100}$

$125x-300000-100x\geq10x$

$15x\geq300000$ $\therefore x\geq20000$

따라서 원가는 20000원 이상이다.   📘 20000원

0385 원가를 x원이라 하면

$(x+3000)\times\dfrac{80}{100}-x\geq0,\ 4x+12000-5x\geq0$

$-x\geq-12000$ $\therefore x\leq12000$

따라서 원가는 12000원 이하이다.   📘 12000원

0386 가장 긴 변의 길이가 $x+6$이므로

$x+6<(x+1)+(x+3),\ -x<-2$ $\therefore x>2$

따라서 x의 값이 될 수 없는 것은 ①이다.   📘 ①

0387 도형의 변의 개수를 x라 하면

$6x\geq32$ $\therefore x\geq\dfrac{16}{3}=5.\times\times\times$

따라서 도형의 변은 최소 6개이다.   📘 6개

0388 사다리꼴의 아랫변의 길이를 x cm라 하면

$\dfrac{1}{2}\times(5+x)\times8\geq56$

$5+x\geq14$ $\therefore x\geq9$

따라서 사다리꼴의 아랫변의 길이는 9 cm 이상이어야 한다.

📘 9 cm

0389 세로의 길이를 x cm라 하면 가로의 길이는 $(x+5)$ cm이므로

$2\{(x+5)+x\}\geq150$ … ❶

$4x+10\geq150$ $\therefore x\geq35$ … ❷

따라서 세로의 길이는 35 cm 이상이어야 한다.   … ❸

📘 35 cm

채점 기준	배점
❶ 부등식 세우기	40 %
❷ 부등식 풀기	40 %
❸ 세로의 길이가 몇 cm 이상이어야 하는지 구하기	20 %

0390 사각기둥의 높이를 x cm라 하면

$2\times(8\times6+8\times x+6\times x)\leq404$

$2(48+14x)\leq404,\ 96+28x\leq404$

$28x\leq308$ $\therefore x\leq11$

따라서 사각기둥의 높이는 최대 11 cm이다.   📘 ③

0391 원뿔의 높이를 x cm라 하면

$\dfrac{1}{3}\times\pi\times9^2\times x\geq270\pi$

$27\pi x\geq270\pi$ $\therefore x\geq10$

따라서 원뿔의 높이는 10 cm 이상이어야 한다.   📘 10 cm

0392 $2x+6\geq20,\ 2x\geq14$ $\therefore x\geq7$ 📘 $x\geq7$

0393 어떤 수를 x라 하면

$3x-5>2(x+4)$ … ❶

$3x-5>2x+8$ $\therefore x>13$ … ❷

따라서 가장 작은 자연수는 14이다.   … ❸

📘 14

채점 기준	배점
❶ 부등식 세우기	40 %
❷ 부등식 풀기	40 %
❸ 가장 작은 자연수 구하기	20 %

0394 연속하는 세 자연수를 $x-1,\ x,\ x+1$이라 하면

$(x-1)+x+(x+1)\leq45$

$3x\leq45$ $\therefore x\leq15$

따라서 x의 값 중 가장 큰 자연수는 15이므로 구하는 세 자연수는 14, 15, 16이다. 🔢 14, 15, 16

0395 연속하는 두 정수를 x, $x+1$이라 하면
$5x+2 \leq 4(x+1)$
$5x+2 \leq 4x+4$ ∴ $x \leq 2$
즉, 가장 큰 정수 x는 2이므로 가장 큰 연속하는 두 정수는 2, 3이다.
따라서 그 곱은 $2 \times 3 = 6$ 🔢 6

0396 두 정수를 x, $x-4$라 하면
$x+(x-4) \leq 20$, $2x \leq 24$ ∴ $x \leq 12$
따라서 x의 값이 될 수 있는 가장 큰 수는 12이다. 🔢 12

0397 두 정수를 x, $x-3$이라 하면
$x+(x-3) \geq 25$, $2x \geq 28$ ∴ $x \geq 14$
따라서 x의 값이 될 수 있는 가장 작은 수는 14이다. 🔢 14

0398 튤립을 x송이 산다고 하면
$800x+2500 < 1000x$
$-200x < -2500$ ∴ $x > \dfrac{25}{2} = 12.5$
따라서 튤립을 13송이 이상 사야 꽃 도매시장에서 사는 것이 유리하다. 🔢 ④

0399 공책을 x권 산다고 하면
$1500 \times \dfrac{80}{100} \times x + 2500 < 1500x$
$1200x+2500 < 1500x$, $-300x < -2500$
∴ $x > \dfrac{25}{3} = 8.\times\times\times$
따라서 공책을 9권 이상 사야 인터넷 쇼핑몰을 이용하는 것이 유리하다. 🔢 9권

0400 식기세척기를 x개월 사용한다고 하면
$650000+10000x < 30000x$
$-20000x < -650000$ ∴ $x > \dfrac{65}{2} = 32.5$
따라서 식기세척기를 33개월 이상 사용해야 구입하는 것이 대여하는 것보다 유리하다. 🔢 33개월

0401 한 달 휴대전화 통화 시간을 x분이라 하면
알뜰형 요금제를 선택할 때의 한 달 요금은
$15000+5 \times 60 \times x = 15000+300x$(원)이고,
절약형 요금제를 선택할 때의 한 달 요금은
$24000+2 \times 60 \times x = 24000+120x$(원)이므로
$15000+300x < 24000+120x$
$180x < 9000$ ∴ $x < 50$

따라서 한 달 휴대전화 통화 시간이 50분 미만이어야 알뜰형 요금제를 선택하는 것이 유리하다. 🔢 50분

0402 수진이네 반 학생 수를 x라 하면 개인별로 지불할 경우의 관람료는 $4000x$원, 20명의 단체권을 살 경우의 관람료는
$4000 \times \dfrac{80}{100} \times 20 = 64000$(원)이므로
$4000x > 64000$ ∴ $x > 16$
따라서 수진이네 반 학생은 최소 17명이다. 🔢 17명

0403 관람하는 학생 수를 x라 하면
$5000+3000x > 2500 \times 20$ ⋯❶
$3000x > 45000$
∴ $x > 15$ ⋯❷
따라서 학생이 16명 이상이면 20명의 단체 요금을 내는 것이 더 유리하다. ⋯❸
🔢 16명

채점 기준	배점
❶ 부등식 세우기	40 %
❷ 부등식 풀기	40 %
❸ 단체 요금을 내는 것이 더 유리한 학생 수 구하기	20 %

0404 시속 4 km로 걸은 거리를 x km라 하면 시속 3 km로 걸은 거리는 $(10-x)$ km이므로
$\dfrac{x}{4} + \dfrac{10-x}{3} \leq 3$, $3x+4(10-x) \leq 36$
$-x \leq -4$ ∴ $x \geq 4$
따라서 시속 4 km로 걸은 거리는 4 km 이상이다. 🔢 ①

0405 은수가 걸어간 거리를 x m라 하면 뛰어간 거리는 $(2000-x)$ m이므로
$\dfrac{x}{40} + \dfrac{2000-x}{80} \leq 40$
$2x+2000-x \leq 3200$
∴ $x \leq 1200$
따라서 은수가 걸어간 거리는 최대 1200 m, 즉 1.2 km이다. 🔢 1.2 km

0406 집에서 자전거 보관소까지의 거리를 x km라 하면 자전거 보관소에서 한강까지의 거리는 $(14-x)$ km이므로
$\dfrac{x}{18} + \dfrac{14-x}{3} \leq \dfrac{3}{2}$, $x+6(14-x) \leq 27$
$-5x \leq -57$ ∴ $x \geq \dfrac{57}{5} = 11.4$
따라서 집에서 자전거 보관소까지의 거리는 11.4 km 이상이다. 🔢 11.4 km

0407 분속 50 m로 걸은 거리를 x m라 하면 분속 200 m로 달린 거리는 $(2000-x)$ m이므로

$\dfrac{x}{50}+\dfrac{2000-x}{200}\leq25$ ⋯ ❶

$4x+2000-x\leq5000,\ 3x\leq3000$

$\therefore x\leq1000$ ⋯ ❷

따라서 분속 50 m로 걸은 거리는 최대 1000 m이다. ⋯ ❸

답 1000 m

채점 기준	배점
❶ 부등식 세우기	40 %
❷ 부등식 풀기	40 %
❸ 분속 50 m로 걸은 거리는 최대 몇 m인지 구하기	20 %

0408 x km 지점까지 갔다 온다고 하면

$\dfrac{x}{5}+\dfrac{x+2}{6}\leq4,\ 6x+5(x+2)\leq120$

$11x\leq110$ $\therefore x\leq10$

따라서 최대 10 km 지점까지 갔다 올 수 있다. 답 10 km

0409 올라간 거리를 x km라 하면 내려온 거리는 $(x+1)$ km이므로

$\dfrac{x}{4}+\dfrac{x+1}{5}\leq2,\ 5x+4(x+1)\leq40$

$9x\leq36$ $\therefore x\leq4$

따라서 올라간 거리는 최대 4 km이다. 답 4 km

0410 기차역에서 상점까지의 거리를 x km라 하면

$\dfrac{x}{4}+\dfrac{30}{60}+\dfrac{x}{4}\leq\dfrac{3}{2},\ x+2+x\leq6$

$2x\leq4$ $\therefore x\leq2$

따라서 기차역에서 2 km 이내에 있는 상점을 이용할 수 있다.

답 ①

0411 민수는 오전 10시에 집에서 나가 오후 4시까지 총 6시간 안에 집에 돌아와야 한다.
민수네 집에서 놀이터까지의 거리를 x km라 하면 민수네 집에서 공원까지의 거리는 $3x$ km이므로

$\dfrac{x}{4}+2+\dfrac{x}{4}+1+\dfrac{3x}{4}+2+\dfrac{3x}{4}\leq6$

$2x+5\leq6,\ 2x\leq1$ $\therefore x\leq\dfrac{1}{2}$

따라서 $3x\leq\dfrac{3}{2}$이므로 민수네 집에서 공원까지의 최대 거리는 $\dfrac{3}{2}=1.5(km)$이다. 답 1.5 km

0412 미희와 진수가 x시간 동안 달린다고 하면

$5x+7x\geq6,\ 12x\geq6$ $\therefore x\geq\dfrac{1}{2}$

따라서 미희와 진수가 6 km 이상 떨어지려면 $\dfrac{1}{2}$시간, 즉 30분 이상 달려야 한다. 답 ③

0413 출발한 지 x분이 지났다고 하면

$250x+350x\geq3000$ ⋯ ❶

$600x\geq3000$ $\therefore x\geq5$ ⋯ ❷

따라서 형과 동생이 3 km 이상 떨어지는 것은 출발한 지 5분 후부터이다. ⋯ ❸

답 5분 후

채점 기준	배점
❶ 부등식 세우기	40 %
❷ 부등식 풀기	40 %
❸ 형과 동생이 3 km 이상 떨어지는 것은 출발한 지 몇 분 후부터인지 구하기	20 %

0414 성주가 출발한 지 x분이 지났다고 하면 연주는 출발한 지 $(x-15)$분이 지났으므로

$2\times\dfrac{x-15}{60}+4\times\dfrac{x}{60}\geq7,\ 2(x-15)+4x\geq420$

$6x\geq450$ $\therefore x\geq75$

따라서 연주와 성주가 7 km 이상 떨어지는 것은 성주가 출발한 지 75분 후부터이다. 답 ②

0415 미애가 출발한 지 x분이 지났다고 하면 연희는 출발한 지 $(x-10)$분이 지났으므로

$3\times\dfrac{x-10}{60}+5\times\dfrac{x}{60}\geq7.5,\ 3(x-10)+5x\geq450$

$8x\geq480$ $\therefore x\geq60$

따라서 연희와 미애가 7.5 km 이상 떨어지는 것은 미애가 출발한 지 60분 후부터이다. 답 ①

0416 물을 x g 증발시킨다고 하면

$\dfrac{10}{100}\times200\geq\dfrac{20}{100}(200-x),\ 2000\geq4000-20x$

$20x\geq2000$ $\therefore x\geq100$

따라서 최소 100 g의 물을 증발시켜야 한다. 답 ③

0417 물을 x g 넣는다고 하면

$\dfrac{20}{100}\times400\leq\dfrac{8}{100}(400+x),\ 8000\leq3200+8x$

$-8x\leq-4800$ $\therefore x\geq600$

따라서 최소 600 g의 물을 넣어야 한다. 답 ②

0418 물을 x g 넣는다고 하면

$48\leq\dfrac{12}{100}(320+48+x)$

$4800 \leq 4416 + 12x$, $-12x \leq -384$

$\therefore x \geq 32$

따라서 최소 32 g의 물을 넣어야 한다. 답 32 g

0419 소금을 x g 넣는다고 하면

$12 + x \geq \dfrac{20}{100}(188 + 12 + x)$

$1200 + 100x \geq 4000 + 20x$

$80x \geq 2800$ $\therefore x \geq 35$

따라서 최소 35 g의 소금을 넣어야 한다. 답 35 g

0420 8 %의 소금물을 x g 섞는다고 하면

$\dfrac{5}{100} \times 200 + \dfrac{8}{100}x \geq \dfrac{7}{100}(200 + x)$

$1000 + 8x \geq 1400 + 7x$ $\therefore x \geq 400$

따라서 8 %의 소금물은 400 g 이상 섞어야 한다. 답 ③

0421 7 %의 소금물을 x g 섞는다고 하면 12 %의 소금물은 $(500 - x)$ g 섞어야 하므로

$\dfrac{7}{100}x + \dfrac{12}{100}(500 - x) \geq \dfrac{10}{100} \times 500$ ⋯ ❶

$7x + 6000 - 12x \geq 5000$

$-5x \geq -1000$ $\therefore x \leq 200$ ⋯ ❷

따라서 7 %의 소금물은 200 g 이하로 섞어야 한다. ⋯ ❸

답 200 g

채점 기준	배점
❶ 부등식 세우기	40 %
❷ 부등식 풀기	40 %
❸ 7 %의 소금물은 몇 g 이하로 섞어야 하는지 구하기	20 %

0422 A에게 x원을 준다고 하면 B에게는 $(50000 - x)$원을 줄 수 있으므로

$3x \geq 2(50000 - x)$, $5x \geq 100000$ $\therefore x \geq 20000$

따라서 A에게 최소 20000원을 줄 수 있다. 답 ④

0423 x분 동안 물을 뺀다고 하면

$500 - 20x \geq 4(200 - 20x)$, $60x \geq 300$ $\therefore x \geq 5$

따라서 물을 뺀 지 5분 후부터 A 탱크의 물의 양이 B 탱크의 물의 양의 4배 이상이 된다. 답 5분 후

0424 하루에 섭취할 수 있는 탄수화물의 양을 x g이라 하면

$4x \leq 2200 \times \dfrac{65}{100}$, $4x \leq 1430$

$\therefore x \leq 357.5$

따라서 하루에 섭취할 수 있는 탄수화물의 양은 최대 357.5 g이다. 답 357.5 g

0425 식품 A를 x g 섭취한다고 하면 식품 B는 $(300 - x)$ g을 섭취할 수 있으므로

$\dfrac{8}{100} \times x + \dfrac{5}{100} \times (300 - x) \geq 21$

$8x + 1500 - 5x \geq 2100$

$3x \geq 600$ $\therefore x \geq 200$

따라서 식품 A는 최소 200 g을 섭취해야 한다. 답 200 g

0426 여학생의 수학 시험 성적의 평균을 x점이라 하면 전체 학생 수가 90명이므로

$\dfrac{40 \times x + 50 \times 78}{90} \geq 84$

$40x + 3900 \geq 7560$

$40x \geq 3660$ $\therefore x \geq 91.5$

따라서 여학생의 수학 시험 성적의 평균은 최소 91.5점이어야 한다. 답 ④

0427 물건을 x개 넣는다고 하면

$0.5 + 0.3x \leq 5$, $5 + 3x \leq 50$

$3x \leq 45$ $\therefore x \leq 15$

따라서 물건을 최대 15개까지 넣을 수 있다. 답 15개

0428 아이스크림을 x개 산다고 하면 과자는 $(8 - x)$개 살 수 있으므로

$1000x + 700(8 - x) \leq 6500$

$1000x + 5600 - 700x \leq 6500$

$300x \leq 900$ $\therefore x \leq 3$

따라서 아이스크림은 최대 3개까지 살 수 있다. 답 ①

0429 x일 대여한다고 하면 연체료는 $(x - 5)$일 내야 하므로

$1500 + 400(x - 5) < 12000$

$400x < 12500$ $\therefore x < \dfrac{125}{4} = 31.25$

따라서 최대 31일 동안 대여할 수 있다. 답 31일

0430 x개월 후부터라 하면

$50000 + 5000x < 24000 + 8000x$

$-3000x < -26000$ $\therefore x > \dfrac{26}{3} = 8.\times\times\times$

따라서 9개월 후부터 현주의 예금액이 연재의 예금액보다 적어진다. 답 9개월 후

0431 원가를 A원이라 하면

$$A \times \frac{150}{100} \times \left(1 - \frac{x}{100}\right) - A \geq A \times \frac{20}{100}$$

$$\frac{3}{2}A \times \left(1 - \frac{x}{100}\right) \geq \frac{6}{5}A$$

$A > 0$이므로 양변을 A로 나누고 정리하면

$$1 - \frac{x}{100} \geq \frac{4}{5} \qquad \therefore x \leq 20$$

따라서 x의 값 중 가장 큰 값은 20이다.   🖪 ⑤

0432 삼각형의 높이를 x cm라 하면

$$\frac{1}{2} \times 18 \times x \leq 90,\ 9x \leq 90 \qquad \therefore x \leq 10$$

따라서 삼각형의 높이는 10 cm 이하이어야 한다.   🖪 ③

0433 어떤 홀수를 x라 하면

$$3x - 8 < 2x \qquad \therefore x < 8$$

이때 x는 홀수이므로 가장 큰 수는 7이다.   🖪 ②

0434 연속하는 세 짝수를 x, $x+2$, $x+4$라 하면

$$x + (x+2) + (x+4) > 85$$

$$3x > 79 \qquad \therefore x > \frac{79}{3} = 26.\times\times\times$$

이때 x는 짝수이므로 x의 값이 될 수 있는 가장 작은 수는 28이다.   🖪 ④

0435 학생 수를 x라 하면

$$10000 \times \frac{90}{100} \times x > 10000 \times \frac{80}{100} \times 20$$

$$9x > 160 \qquad \therefore x > \frac{160}{9} = 17.\times\times\times$$

따라서 18명 이상이면 20명의 단체 입장권을 사는 것이 유리하다.   🖪 18명

0436 분속 50 m로 걸은 거리를 x m라 하면 분속 200 m로 뛴 거리는 $(1800-x)$ m이므로

$$\frac{x}{50} + \frac{1800-x}{200} \leq 30,\ 4x + 1800 - x \leq 6000$$

$$3x \leq 4200 \qquad \therefore x \leq 1400$$

따라서 분속 50 m로 걸은 거리는 1400 m 이하이다.

    🖪 1400 m

0437 지애네 집과 지애가 다녀올 수 있는 문구점 사이의 거리를 x m라 하면

$$\frac{x}{60} + 10 + \frac{x}{80} \leq 40$$

$$4x + 2400 + 3x \leq 9600$$

$$7x \leq 7200$$

$$\therefore x \leq \frac{7200}{7} = 1028.\times\times\times$$

따라서 지애가 40분 이내에 다녀올 수 있는 문구점은 A, D, E이다.   🖪 A, D, E

0438 지호와 은우가 x시간 동안 걷는다고 하면

$$4x + 5x \geq 4.5$$

$$9x \geq \frac{9}{2} \qquad \therefore x \geq \frac{1}{2}$$

따라서 지호와 은우가 4.5 km 이상 떨어지려면 $\frac{1}{2}$시간, 즉 30분 이상 걸어야 한다.   🖪 ③

0439 물을 x g 넣는다고 하면

$$40 \leq \frac{8}{100}(200 + 40 + x),\ 4000 \leq 1920 + 8x$$

$$-8x \leq -2080 \qquad \therefore x \geq 260$$

따라서 최소 260 g의 물을 넣어야 한다.   🖪 260 g

0440 식품 A를 x g을 섭취한다고 하면 식품 B는 $(200-x)$ g을 섭취할 수 있으므로

$$\frac{12}{100}x + \frac{8}{100}(200-x) \geq 18$$

$$12x + 1600 - 8x \geq 1800,\ 4x \geq 200 \qquad \therefore x \geq 50$$

따라서 식품 A는 최소 50 g을 섭취해야 한다.   🖪 50 g

0441 전체 일의 양을 1이라 하면 성인 한 명이 하루에 할 수 있는 일의 양은 $\frac{1}{6}$, 청소년 한 명이 하루에 할 수 있는 일의 양은 $\frac{1}{10}$이다.

성인이 x명 있다고 하면 청소년은 $(8-x)$명이 있으므로

$$\frac{1}{6}x + \frac{1}{10}(8-x) \geq 1$$

$$5x + 3(8-x) \geq 30$$

$$2x \geq 6 \qquad \therefore x \geq 3$$

따라서 성인은 3명 이상 필요하다.   🖪 3명

0442 강물의 속력이 시속 3 km이므로 강을 따라 내려갈 때 걸린 시간은 $\frac{108}{24+3} = 4$(시간)이다. 즉, 강을 거슬러 올라갈 때 걸리는 시간이 6시간 이하이어야 한다.

강을 거슬러 올라갈 때의 배 자체의 속력을 시속 x km라 하면 시속 x km의 속력으로 6시간 동안 강을 거슬러 올라간 거리가 강의 총 길이보다 길어야 하므로

$$6(x-3) \geq 108$$

$$6x - 18 \geq 108$$

$$6x \geq 126 \qquad \therefore x \geq 21$$

따라서 강을 거슬러 올라갈 때의 배 자체의 속력은 시속 21 km 이상이어야 한다. **답** 시속 21 km

0443 피자의 가격을 x원이라 하면 할인 카드를 사용할 때 지불해야 할 금액은 $(x+10000) \times 0.7 = 0.7x + 7000$(원)이고, 스파게티 무료 쿠폰을 사용할 때 지불해야 할 금액은 x원이므로

$0.7x + 7000 < x$

$7x + 70000 < 10x$

$-3x < -70000$

$\therefore x > \dfrac{70000}{3} = 23333.\times\times\times$

즉, 할인 카드를 사용하는 것이 돈이 덜 들게 하려면 가격이 23333.××× 원보다 비싼 피자를 주문해야 한다.

따라서 고를 수 있는 피자는 불고기피자, 야채피자의 2가지이다. **답** ②

0444 어른을 x명이라 하면 어린이는 $(13-x)$명이므로

$5000x + 3000(13-x) > 5000 \times \dfrac{80}{100} \times 15$ ··· ❶

$5000x + 39000 - 3000x > 60000$

$2000x > 21000$

$\therefore x > \dfrac{21}{2} = 10.5$ ··· ❷

따라서 어른이 11명 이상이면 15명의 단체 입장권을 사는 것이 유리하다. ··· ❸

답 11명

채점 기준	배점
❶ 부등식 세우기	40 %
❷ 부등식 풀기	40 %
❸ 어른이 몇 명 이상이면 단체 입장권이 유리한지 구하기	20 %

0445 한 컵의 양을 x g이라 하면 A 그릇에서 덜어 낸 소금물의 양은 $2x$ g, B 그릇에서 덜어 낸 소금물의 양은 $3x$ g이므로

$\dfrac{8}{100} \times 2x + \dfrac{10}{100} \times 3x \geq \dfrac{7}{100} \times (220 + 2x + 3x)$ ··· ❶

$16x + 30x \geq 1540 + 35x$

$11x \geq 1540$ $\therefore x \geq 140$ ··· ❷

따라서 A 그릇에서 최소 $2 \times 140 = 280$ (g)의 소금물을 덜어 내어 C 그릇에 섞어야 한다. ··· ❸

답 280 g

채점 기준	배점
❶ 부등식 세우기	40 %
❷ 부등식 풀기	40 %
❸ A 그릇에서 최소 몇 g의 소금물을 덜어내야 하는지 구하기	20 %

step 개념 익히고   본문 97, 99쪽

0446 (2) 분모에 미지수가 있으므로 일차방정식이 아니다.

(3) $2x+y = 2x - 4y - 3$에서 $5y + 3 = 0$이므로 미지수가 2개인 일차방정식이 아니다.

(4) $x + y^2 = y^2 + 3y - 5$에서 $x - 3y + 5 = 0$이므로 미지수가 2개인 일차방정식이다. **답** (1) ○ (2) × (3) × (4) ○

0447 (1) $x=2, y=-1$을 $x + 2y = 1$에 대입하면

$2 + 2 \times (-1) \neq 1$

(2) $x=2, y=-1$을 $2x - y = 5$에 대입하면

$2 \times 2 - (-1) = 5$

(3) $x=2, y=-1$을 $\dfrac{3}{2}x + y = 2$에 대입하면

$\dfrac{3}{2} \times 2 + (-1) = 2$

(4) $x=2, y=-1$을 $x - 3 = 3y + 4$에 대입하면

$2 - 3 \neq 3 \times (-1) + 4$ **답** (1) × (2) ○ (3) ○ (4) ×

0448 **답** (1) $6, \dfrac{9}{2}, 3, \dfrac{3}{2}, 0$ (2) $(1, 6), (3, 3)$

0449 **답** (1) 5, 4, 3, 2, 1 (2) 7, 4, 1, -2 (3) $(2, 4)$

0450 **답** $y+1, y+1, 1, 1, 2$

0451 (1) $\begin{cases} y = -2x & \cdots\cdots\; \text{㉠} \\ x + 2y = 3 & \cdots\cdots\; \text{㉡} \end{cases}$

㉠을 ㉡에 대입하면 $x - 4x = 3, -3x = 3$ $\therefore x = -1$

$x = -1$을 ㉠에 대입하면 $y = 2$

(2) $\begin{cases} x = y - 2 & \cdots\cdots\; \text{㉠} \\ 4x + y = 7 & \cdots\cdots\; \text{㉡} \end{cases}$

㉠을 ㉡에 대입하면 $4(y-2) + y = 7, 5y = 15$ $\therefore y = 3$

$y = 3$을 ㉠에 대입하면 $x = 1$

(3) $\begin{cases} 3x - 2y = 1 & \cdots\cdots\; \text{㉠} \\ 2y = x - 3 & \cdots\cdots\; \text{㉡} \end{cases}$

㉡을 ㉠에 대입하면 $3x - (x-3) = 1$

$2x = -2$ $\therefore x = -1$

$x = -1$을 ㉡에 대입하면 $2y = -4$ $\therefore y = -2$

(4) $\begin{cases} 2x - y = 1 & \cdots\cdots\; \text{㉠} \\ 3x + 2y = 5 & \cdots\cdots\; \text{㉡} \end{cases}$

$\bigcirc$에서 $y=2x-1$　　$\cdots\cdots$ $\boxdot$

$\boxdot$을 $\bigcirc$에 대입하면 $3x+2(2x-1)=5$

$7x=7$　　$\therefore x=1$

$x=1$을 $\boxdot$에 대입하면 $y=1$

📘 (1) $x=-1$, $y=2$　　(2) $x=1$, $y=3$

(3) $x=-1$, $y=-2$　　(4) $x=1$, $y=1$

0452 📘 2, 1, 1, 3

0453 (1) $\begin{cases} x+y=3 & \cdots\cdots\ \bigcirc \\ x-y=7 & \cdots\cdots\ \bigcirc \end{cases}$

$\bigcirc+\bigcirc$을 하면 $2x=10$　　$\therefore x=5$

$x=5$를 $\bigcirc$에 대입하면 $5+y=3$　　$\therefore y=-2$

(2) $\begin{cases} x-2y=5 & \cdots\cdots\ \bigcirc \\ x-6y=9 & \cdots\cdots\ \bigcirc \end{cases}$

$\bigcirc-\bigcirc$을 하면 $4y=-4$　　$\therefore y=-1$

$y=-1$을 $\bigcirc$에 대입하면 $x+2=5$　　$\therefore x=3$

(3) $\begin{cases} 3x+2y=8 & \cdots\cdots\ \bigcirc \\ x-3y=-1 & \cdots\cdots\ \bigcirc \end{cases}$

$\bigcirc-\bigcirc\times3$을 하면 $11y=11$　　$\therefore y=1$

$y=1$을 $\bigcirc$에 대입하면 $x-3=-1$　　$\therefore x=2$

📘 (1) $x=5$, $y=-2$　(2) $x=3$, $y=-1$　(3) $x=2$, $y=1$

0454 (1) 주어진 연립방정식을 정리하면

$\begin{cases} 4x+5y=6 & \cdots\cdots\ \bigcirc \\ x+2y=3 & \cdots\cdots\ \bigcirc \end{cases}$

$\bigcirc-\bigcirc\times4$를 하면 $-3y=-6$　　$\therefore y=2$

$y=2$를 $\bigcirc$에 대입하면 $x+4=3$　　$\therefore x=-1$

(2) 주어진 연립방정식을 정리하면

$\begin{cases} 3x-2y=2 & \cdots\cdots\ \bigcirc \\ x-y=-1 & \cdots\cdots\ \bigcirc \end{cases}$

$\bigcirc-\bigcirc\times3$을 하면 $y=5$

$y=5$를 $\bigcirc$에 대입하면 $x-5=-1$　　$\therefore x=4$

📘 (1) $x=-1$, $y=2$　(2) $x=4$, $y=5$

0455 (1) $\begin{cases} 0.2x+0.3y=0.5 & \cdots\cdots\ \bigcirc \\ 0.4x+0.5y=1.1 & \cdots\cdots\ \bigcirc \end{cases}$에서

$\bigcirc\times10$, $\bigcirc\times10$을 하면

$\begin{cases} 2x+3y=5 & \cdots\cdots\ \boxdot \\ 4x+5y=11 & \cdots\cdots\ \boxminus \end{cases}$

$\boxdot\times2-\boxminus$을 하면 $y=-1$

$y=-1$을 $\boxdot$에 대입하면 $2x-3=5$

$2x=8$　　$\therefore x=4$

(2) $\begin{cases} 0.3x+0.4y=-1 & \cdots\cdots\ \bigcirc \\ 0.02x-0.01y=0.08 & \cdots\cdots\ \bigcirc \end{cases}$에서

$\bigcirc\times10$, $\bigcirc\times100$을 하면

$\begin{cases} 3x+4y=-10 & \cdots\cdots\ \boxdot \\ 2x-y=8 & \cdots\cdots\ \boxminus \end{cases}$

$\boxdot+\boxminus\times4$를 하면 $11x=22$　　$\therefore x=2$

$x=2$를 $\boxminus$에 대입하면 $4-y=8$　　$\therefore y=-4$

📘 (1) $x=4$, $y=-1$　(2) $x=2$, $y=-4$

0456 (1) $\begin{cases} \dfrac{1}{2}x-\dfrac{1}{4}y=1 & \cdots\cdots\ \bigcirc \\ \dfrac{1}{3}x+\dfrac{1}{2}y=2 & \cdots\cdots\ \bigcirc \end{cases}$에서

$\bigcirc\times4$, $\bigcirc\times6$을 하면

$\begin{cases} 2x-y=4 & \cdots\cdots\ \boxdot \\ 2x+3y=12 & \cdots\cdots\ \boxminus \end{cases}$

$\boxdot-\boxminus$을 하면 $-4y=-8$　　$\therefore y=2$

$y=2$를 $\boxdot$에 대입하면 $2x-2=4$, $2x=6$　　$\therefore x=3$

(2) $\begin{cases} x-\dfrac{1}{5}y=\dfrac{3}{5} & \cdots\cdots\ \bigcirc \\ \dfrac{2}{3}x-\dfrac{1}{4}y=\dfrac{1}{6} & \cdots\cdots\ \bigcirc \end{cases}$에서

$\bigcirc\times5$, $\bigcirc\times12$를 하면

$\begin{cases} 5x-y=3 & \cdots\cdots\ \boxdot \\ 8x-3y=2 & \cdots\cdots\ \boxminus \end{cases}$

$\boxdot\times3-\boxminus$을 하면 $7x=7$　　$\therefore x=1$

$x=1$을 $\boxdot$에 대입하면 $5-y=3$　　$\therefore y=2$

📘 (1) $x=3$, $y=2$　(2) $x=1$, $y=2$

0457 (1) $\begin{cases} 3x+y=5 & \cdots\cdots\ \bigcirc \\ 2x-y=5 & \cdots\cdots\ \bigcirc \end{cases}$

$\bigcirc+\bigcirc$을 하면 $5x=10$　　$\therefore x=2$

$x=2$를 $\bigcirc$에 대입하면 $6+y=5$　　$\therefore y=-1$

(2) $\begin{cases} 2x-y-2=x+y \\ x+y=3x-4y-1 \end{cases}$, 즉 $\begin{cases} x-2y=2 & \cdots\cdots\ \bigcirc \\ 2x-5y=1 & \cdots\cdots\ \bigcirc \end{cases}$

$\bigcirc\times2-\bigcirc$을 하면 $y=3$

$y=3$을 $\bigcirc$에 대입하면 $x-6=2$　　$\therefore x=8$

📘 (1) $x=2$, $y=-1$　(2) $x=8$, $y=3$

0458 (1) $\begin{cases} x-2y=1 \\ 3x-6y=3 \end{cases}$, 즉 $\begin{cases} 3x-6y=3 \\ 3x-6y=3 \end{cases}$이므로 해가 무수히 많다.

(2) $\begin{cases} 3x+2y=-4 \\ 9x+6y=12 \end{cases}$, 즉 $\begin{cases} 9x+6y=-12 \\ 9x+6y=12 \end{cases}$이므로 해가 없다.

📘 (1) 해가 무수히 많다.　(2) 해가 없다.

본문 100 ~ 110쪽

B step 기출 & 변형하면···

0459 ③ $x^2+y=x^2-4$에서 $y+4=0$이므로 미지수가 1개인

일차방정식이다.

④ $\dfrac{1}{x}+\dfrac{1}{y}=6$에서 x, y가 분모에 있으므로 일차방정식이 아니다.

⑤ $2x+3y=3(x-y)$에서 $-x+6y=0$이므로 미지수가 2개인 일차방정식이다.

따라서 미지수가 2개인 일차방정식이 아닌 것은 ③, ④이다.
⊜ ③, ④

0460 $ax-3y+1=4x+by-6$에서
$(a-4)x-(3+b)y+7=0$
이 식이 미지수가 2개인 일차방정식이 되려면
$a-4\neq 0$, $3+b\neq 0$ ∴ $a\neq 4$, $b\neq -3$ ⊜ ④

0461 ① $-3+2\neq 5$ ② $2+2\times 2\neq 4$
③ $4\times 1-1=3$ ④ $2\times(-1)+3\times 1\neq 0$
⑤ $3\times(-3)-4\times(-4)\neq 9$
따라서 바르게 짝 지어진 것은 ③이다.
⊜ ③

0462 ① $-3+4\neq -1$ ② $3-3\times 4\neq 2$
③ $\dfrac{2}{3}\times 3-4+2=0$ ④ $2\times 3-\dfrac{4}{4}-3\neq 0$
⑤ $\dfrac{3}{3}+\dfrac{4}{4}\neq 1$
따라서 $x=3$, $y=4$를 해로 갖는 것은 ③이다.
⊜ ③

0463 x, y가 자연수이므로 일차방정식 $2x+3y=16$에서
$y=1$일 때, $2x=13$을 만족시키는 자연수 x는 없다.
$y=2$일 때, $2x=10$ ∴ $x=5$
$y=3$일 때, $2x=7$을 만족시키는 자연수 x는 없다.
$y=4$일 때, $2x=4$ ∴ $x=2$
$y=5$일 때, $2x=1$을 만족시키는 자연수 x는 없다.
$y\geq 6$일 때, $2x+3y=16$을 만족시키는 자연수 x는 없다.
따라서 구하는 해는 $(5, 2)$, $(2, 4)$의 2개이다. ⊜ ②

참고 미지수가 2개인 일차방정식의 해는 무수히 많지만 미지수의 범위를 자연수로 제한하면 해의 개수는 유한개가 될 수 있다.

0464 x, y가 자연수일 때, $3x+2y=21$의 해는
$(1, 9)$, $(3, 6)$, $(5, 3)$의 3개이다. ⊜ 3개

0465 $x=2$, $y=-1$을 $ax+y-1=0$에 대입하면
$2a-1-1=0$, $2a=2$ ∴ $a=1$ ⊜ ③

0466 $0.\dot{2}x-0.\dot{5}y=1.\dot{4}$에서 $\dfrac{2}{9}x-\dfrac{5}{9}y=\dfrac{13}{9}$
양변에 9를 곱하면 $2x-5y=13$

$x=a$, $y=1$을 이 식에 대입하면
$2a-5=13$, $2a=18$ ∴ $a=9$ ⊜ 9

0467 $x=-3$, $y=k$를 $4x+5y=3$에 대입하면
$-12+5k=3$, $5k=15$ ∴ $k=3$ ⊜ ⑤

0468 $x=4$, $y=2$를 $bx-5y=2$에 대입하면
$4b-10=2$, $4b=12$ ∴ $b=3$ … ❶
$x=a+1$, $y=-1$을 $3x-5y=2$에 대입하면
$3(a+1)+5=2$, $3a=-6$ ∴ $a=-2$ … ❷
∴ $a+2b=-2+2\times 3=4$ … ❸
⊜ 4

채점 기준	배점
❶ b의 값 구하기	40 %
❷ a의 값 구하기	40 %
❸ $a+2b$의 값 구하기	20 %

0469 총 12골을 성공하였으므로 $x+y=12$
총 28점을 득점하였으므로 $2x+3y=28$
∴ $\begin{cases} x+y=12 \\ 2x+3y=28 \end{cases}$ ⊜ ③

0470 앵무새 x마리와 토끼 y마리를 합하여 15마리이므로
$x+y=15$
앵무새의 다리는 2개, 토끼의 다리는 4개이므로 $2x+4y=46$
∴ $\begin{cases} x+y=15 \\ 2x+4y=46 \end{cases}$
따라서 $a=1$, $b=2$, $c=46$이므로
$a+b+c=1+2+46=49$ ⊜ 49

0471 ③ $x=1$, $y=-2$를 주어진 연립방정식에 대입하면
$\begin{cases} 1-(-2)=3 \\ 2\times 1-(-2)=4 \end{cases}$
따라서 순서쌍 $(1, -2)$를 해로 갖는 것은 ③이다. ⊜ ③

0472 $x=2$, $y=1$을 주어진 일차방정식에 각각 대입하면
ㄱ. $2+3\times 1\neq 7$
ㄴ. $2\times 2+1=5$
ㄷ. $3\times 2-2\times 1=4$
ㄹ. $4\times 2-1\neq -2$
따라서 A, B에 알맞은 일차방정식은 ㄴ, ㄷ이다. ⊜ ㄴ, ㄷ

0473 x, y가 자연수일 때,
$2x-y=7$의 해는 $(4, 1)$, $(5, 3)$, $(6, 5)$, …
$x-3y=1$의 해는 $(4, 1)$, $(7, 2)$, $(10, 3)$, …

따라서 연립방정식의 해는 $(4, 1)$, 즉 $x=4, y=1$이다.　　**目** ①

0474 x, y가 자연수일 때,
$2x+y=8$의 해는 $(1, 6), (2, 4), (3, 2)$
$3x-2y=5$의 해는 $(3, 2), (5, 5), (7, 8), (9, 11), \cdots$
따라서 주어진 연립방정식의 해는 $(3, 2)$이다.　　**目** $(3, 2)$

0475 $x=3, y=-4$를 $ax+y=2$에 대입하면
$3a-4=2, 3a=6$　　$\therefore a=2$
$x=3, y=-4$를 $3x-by=5$에 대입하면
$9+4b=5, 4b=-4$　　$\therefore b=-1$
$\therefore a+b=2+(-1)=1$　　**目** 1

0476 $x=b, y=-1$을 $3x+5y=7$에 대입하면
$3b-5=7, 3b=12$　　$\therefore b=4$　　… ❶
$x=4, y=-1$을 $x-4y=a$에 대입하면
$4+4=a$　　$\therefore a=8$　　… ❷
$\therefore a-b=8-4=4$　　… ❸
　　目 4

채점 기준	배점
❶ b의 값 구하기	40 %
❷ a의 값 구하기	40 %
❸ $a-b$의 값 구하기	20 %

0477 ㉠을 ㉡에 대입하면 $2x-3(-2x+2)=14$
$8x=20$　　$\therefore k=8$　　**目** ④

0478 $x=-2y-9$를 $4x+5y=3$에 대입하면
$4(-2y-9)+5y=3$
$-3y=39$　　$\therefore y=-13$
$y=-13$을 $x=-2y-9$에 대입하면 $x=26-9=17$
따라서 $a=17, b=-13$이므로
$a-b=17-(-13)=30$　　**目** ⑤

0479 ④ ㉠$\times 3+$㉡$\times 4$를 하면 $23x=23$
따라서 y가 없어진다.　　**目** ④
참고 ① ㉠$\times 2-$㉡$\times 5$를 하면 $23y=23$이므로 x가 없어진다.

0480 미지수 x를 없애는 경우 ➡ ㉠$\times 3-$㉡$\times 2$
미지수 y를 없애는 경우 ➡ ㉠$+$㉡$\times 3$　　**目** ①, ⑤

0481 $\begin{cases} 5x-2y=-1 & \cdots\cdots ㉠ \\ 8x+3y=17 & \cdots\cdots ㉡ \end{cases}$
㉠$\times 3+$㉡$\times 2$를 하면 $31x=31$　　$\therefore x=1$

$x=1$을 ㉠에 대입하면 $5-2y=-1, -2y=-6$　　$\therefore y=3$
따라서 $a=1, b=3$이므로 $b-a=3-1=2$　　**目** ④

0482 $\begin{cases} 2x+3y=-4 & \cdots\cdots ㉠ \\ 3x-4y=11 & \cdots\cdots ㉡ \end{cases}$
㉠$\times 3-$㉡$\times 2$를 하면 $17y=-34$　　$\therefore y=-2$
$y=-2$를 ㉠에 대입하면 $2x-6=-4, 2x=2$　　$\therefore x=1$
$x=1, y=-2$를 $5x+ay=7$에 대입하면
$5-2a=7, -2a=2$　　$\therefore a=-1$　　**目** -1

0483 $\begin{cases} x+4y=-9 \\ 5x-2(x+2y)=5 \end{cases}$, 즉 $\begin{cases} x+4y=-9 & \cdots\cdots ㉠ \\ 3x-4y=5 & \cdots\cdots ㉡ \end{cases}$
㉠$+$㉡을 하면 $4x=-4$　　$\therefore x=-1$
$x=-1$을 ㉠에 대입하면 $-1+4y=-9$
$4y=-8$　　$\therefore y=-2$　　**目** $x=-1, y=-2$

0484 $\begin{cases} 2(3x-1)+y=6 \\ 3x-2(y-2)=3 \end{cases}$, 즉 $\begin{cases} 6x+y=8 & \cdots\cdots ㉠ \\ 3x-2y=-1 & \cdots\cdots ㉡ \end{cases}$
㉠$\times 2+$㉡을 하면 $15x=15$　　$\therefore x=1$
$x=1$을 ㉠에 대입하면 $6+y=8$　　$\therefore y=2$
$\therefore x+y=1+2=3$　　**目** ⑤

0485 $\begin{cases} 2(3x-y)-3x=2-y \\ 5x-\{2x-(x-3y)-5\}=1 \end{cases}$, 즉
$\begin{cases} 3x-y=2 & \cdots\cdots ㉠ \\ 4x-3y=-4 & \cdots\cdots ㉡ \end{cases}$
㉠$\times 3-$㉡을 하면 $5x=10$　　$\therefore x=2$
$x=2$를 ㉠에 대입하면 $6-y=2$　　$\therefore y=4$
따라서 $a=2, b=4$이므로 $ab=2\times 4=8$　　**目** 8

0486 $\begin{cases} 3x-4(x-y)=2 \\ 2(x+y)-6=y-1 \end{cases}$, 즉 $\begin{cases} -x+4y=2 & \cdots\cdots ㉠ \\ 2x+y=5 & \cdots\cdots ㉡ \end{cases}$
㉠$\times 2+$㉡을 하면 $9y=9$　　$\therefore y=1$
$y=1$을 ㉠에 대입하면 $-x+4=2$　　$\therefore x=2$
$x=2, y=1$을 $3x-ay=5$에 대입하면
$6-a=5$　　$\therefore a=1$　　**目** ③

0487 $\begin{cases} 0.3x-0.7y=0.4 & \cdots\cdots ㉠ \\ 0.02x-0.05y=0.01 & \cdots\cdots ㉡ \end{cases}$에서
㉠$\times 10$, ㉡$\times 100$을 하면
$\begin{cases} 3x-7y=4 & \cdots\cdots ㉢ \\ 2x-5y=1 & \cdots\cdots ㉣ \end{cases}$
㉢$\times 2-$㉣$\times 3$을 하면 $y=5$
$y=5$를 ㉣에 대입하면 $2x-25=1, 2x=26$　　$\therefore x=13$

$$\therefore x+y=13+5=18 \qquad \text{답 } 18$$

0488 $\begin{cases} \dfrac{1}{3}x+\dfrac{1}{4}y=-\dfrac{5}{2} & \cdots\cdots \ ㉠ \\ \dfrac{x+2}{4}-\dfrac{y-2}{2}=1 & \cdots\cdots \ ㉡ \end{cases}$ 에서

㉠$\times12$, ㉡$\times4$를 하면

$\begin{cases} 4x+3y=-30 \\ x+2-2(y-2)=4 \end{cases}$, 즉 $\begin{cases} 4x+3y=-30 & \cdots\cdots \ ㉢ \\ x-2y=-2 & \cdots\cdots \ ㉣ \end{cases}$

㉢$-$㉣$\times4$를 하면 $11y=-22 \qquad \therefore y=-2$

$y=-2$를 ㉣에 대입하면 $x+4=-2 \qquad \therefore x=-6$

따라서 $a=-6$, $b=-2$이므로

$$b-a=-2-(-6)=4 \qquad \text{답 } ④$$

0489 $\begin{cases} 0.05x+0.01y=0.2 & \cdots\cdots \ ㉠ \\ \dfrac{x}{3}-\dfrac{y+1}{4}=\dfrac{8}{3} & \cdots\cdots \ ㉡ \end{cases}$ 에서

㉠$\times100$, ㉡$\times12$를 하면

$\begin{cases} 5x+y=20 \\ 4x-3(y+1)=32 \end{cases}$, 즉 $\begin{cases} 5x+y=20 & \cdots\cdots \ ㉢ \\ 4x-3y=35 & \cdots\cdots \ ㉣ \end{cases}$

㉢$\times3+$㉣을 하면 $19x=95 \qquad \therefore x=5$

$x=5$를 ㉢에 대입하면 $25+y=20 \qquad \therefore y=-5$

$x=5$, $y=-5$를 $2x-ay=5$에 대입하면

$10+5a=5$, $5a=-5 \qquad \therefore a=-1 \qquad \text{답 } ③$

0490 $\begin{cases} 0.\dot{3}x-0.\dot{5}y=0.\dot{4} \\ \dfrac{1}{3}x+\dfrac{1}{6}y=-1 \end{cases}$ 에서

$\begin{cases} \dfrac{3}{9}x-\dfrac{5}{9}y=\dfrac{4}{9} & \cdots\cdots \ ㉠ \\ \dfrac{1}{3}x+\dfrac{1}{6}y=-1 & \cdots\cdots \ ㉡ \end{cases}$ … ❶

㉠$\times9$, ㉡$\times6$을 하면

$\begin{cases} 3x-5y=4 & \cdots\cdots \ ㉢ \\ 2x+y=-6 & \cdots\cdots \ ㉣ \end{cases}$ … ❷

㉢$+$㉣$\times5$를 하면 $13x=-26 \qquad \therefore x=-2$

$x=-2$를 ㉣에 대입하면 $-4+y=-6 \qquad \therefore y=-2$ … ❸

$$\text{답 } x=-2, \ y=-2$$

채점 기준	배점
❶ 순환소수를 분수로 고치기	30 %
❷ 주어진 연립방정식의 x, y의 계수를 정수로 고치기	30 %
❸ 연립방정식 풀기	40 %

0491 $\begin{cases} (x+2y):(y+1)=8:3 & \cdots\cdots \ ㉠ \\ -\dfrac{x-3}{5}+\dfrac{y+1}{3}=2 & \cdots\cdots \ ㉡ \end{cases}$

㉠에서 $3(x+2y)=8(y+1)$

$$\therefore 3x-2y=8 \qquad \cdots\cdots \ ㉢$$

㉡$\times15$를 하면 $-3(x-3)+5(y+1)=30$

$$\therefore -3x+5y=16 \qquad \cdots\cdots \ ㉣$$

㉢$+$㉣을 하면 $3y=24 \qquad \therefore y=8$

$y=8$을 ㉢에 대입하면 $3x-16=8$, $3x=24 \qquad \therefore x=8$

따라서 $a=8$, $b=8$이므로 $ab=8\times8=64 \qquad \text{답 } 64$

0492 $x=-2$, $y=b$를 주어진 연립방정식에 대입하면

$\begin{cases} -10+7b=a & \cdots\cdots \ ㉠ \\ 2:(b+3)=3:(2+4b) & \cdots\cdots \ ㉡ \end{cases}$

㉡에서 $2(2+4b)=3(b+3)$, $5b=5 \qquad \therefore b=1$

$b=1$을 ㉠에 대입하면 $-10+7=a \qquad \therefore a=-3$

$$\therefore a+b=-3+1=-2 \qquad \text{답 } ①$$

0493 $\begin{cases} \dfrac{x}{2}-\dfrac{y}{3}=1 & \cdots\cdots \ ㉠ \\ y-\dfrac{x}{2}=1 & \cdots\cdots \ ㉡ \end{cases}$ 에서 ㉠$\times6$, ㉡$\times2$를 하면

$\begin{cases} 3x-2y=6 & \cdots\cdots \ ㉢ \\ -x+2y=2 & \cdots\cdots \ ㉣ \end{cases}$

㉢$+$㉣을 하면 $2x=8 \qquad \therefore x=4$

$x=4$를 ㉣에 대입하면

$$-4+2y=2, \ 2y=6 \qquad \therefore y=3 \qquad \text{답 } ④$$

0494 $\begin{cases} 2x+y-2=x \\ 3x-y+5=x \end{cases}$, 즉 $\begin{cases} x+y=2 & \cdots\cdots \ ㉠ \\ 2x-y=-5 & \cdots\cdots \ ㉡ \end{cases}$

㉠$+$㉡을 하면 $3x=-3 \qquad \therefore x=-1$

$x=-1$을 ㉠에 대입하면 $-1+y=2 \qquad \therefore y=3 \qquad \text{답 } ②$

0495 $\begin{cases} 5x-y=-2 & \cdots\cdots \ ㉠ \\ -x+y=-2 & \cdots\cdots \ ㉡ \end{cases}$

㉠$+$㉡을 하면 $4x=-4 \qquad \therefore x=-1$

$x=-1$을 ㉡에 대입하면 $1+y=-2 \qquad \therefore y=-3$

$x=-1$, $y=-3$을 $2x-y=k$에 대입하면

$$-2+3=k \qquad \therefore k=1 \qquad \text{답 } 1$$

0496 $\begin{cases} 2x+y=6 \\ 3(x+y)=6 \end{cases}$, 즉 $\begin{cases} 2x+y=6 & \cdots\cdots \ ㉠ \\ x+y=2 & \cdots\cdots \ ㉡ \end{cases}$

㉠$-$㉡을 하면 $x=4$

$x=4$를 ㉡에 대입하면 $4+y=2 \qquad \therefore y=-2$

$x=4$, $y=-2$를 $4x+3y=m$에 대입하면

$$16-6=m \qquad \therefore m=10 \qquad \text{답 } 10$$

0497 $\begin{cases} 3x+y=x+1 & \cdots\cdots \ ㉠ \\ ax+4y-2=x+1 & \cdots\cdots \ ㉡ \end{cases}$ … ❶

$x=1, y=b$를 ㉠에 대입하면 $3+b=2$ ∴ $b=-1$
$x=1, y=-1$을 ㉡에 대입하면 $a-4-2=2$ ∴ $a=8$
　　　　　　　　　　　　　　　　　　　　　　　　　… ❷
∴ $a+b=8+(-1)=7$ 　　　　　　　　　… ❸
　　　　　　　　　　　　　　　　　　　　　　🅐 7

채점 기준	배점
❶ $A=B$, $B=C$ 꼴로 나타내기	30 %
❷ a, b의 값 각각 구하기	50 %
❸ $a+b$의 값 구하기	20 %

0498 $x=3$, $y=-1$을 $ax+by=2ax+4by=x-y-2$에 대입하면

$3a-b=6a-4b=2$, 즉 $\begin{cases} 3a-b=2 & \cdots\cdots ㉠ \\ 3a-2b=1 & \cdots\cdots ㉡ \end{cases}$

㉠$-$㉡을 하면 $b=1$
$b=1$을 ㉠에 대입하면 $3a-1=2$, $3a=3$ ∴ $a=1$
∴ $a+b=1+1=2$ 　　　　　　　　　　🅐 2

0499 $x=5$, $y=-2$를 주어진 연립방정식에 대입하면
$\begin{cases} 5a-2b=26 & \cdots\cdots ㉠ \\ 2a+5b=-7 & \cdots\cdots ㉡ \end{cases}$
㉠$\times5+$㉡$\times2$를 하면 $29a=116$ ∴ $a=4$
$a=4$를 ㉠에 대입하면 $20-2b=26$, $-2b=6$ ∴ $b=-3$
∴ $a+b=4+(-3)=1$ 　　　　　　　🅐 1

0500 $x=2$, $y=3$을 주어진 연립방정식에 대입하면
$\begin{cases} 2a-3b=-8 & \cdots\cdots ㉠ \\ 2a+6b=10 & \cdots\cdots ㉡ \end{cases}$
㉠$-$㉡을 하면 $-9b=-18$ ∴ $b=2$
$b=2$를 ㉠에 대입하면 $2a-6=-8$, $2a=-2$ ∴ $a=-1$
∴ $b-a=2-(-1)=3$ 　　　　　　　🅐 3

0501 주어진 연립방정식의 해는 세 일차방정식을 모두 만족시키므로 연립방정식
$\begin{cases} 2x-y=1 & \cdots\cdots ㉠ \\ x+y=2 & \cdots\cdots ㉡ \end{cases}$
의 해와 같다.
㉠$+$㉡을 하면 $3x=3$ ∴ $x=1$
$x=1$을 ㉡에 대입하면 $1+y=2$ ∴ $y=1$
$x=1$, $y=1$을 $x+3y=a$에 대입하면
$1+3=a$ ∴ $a=4$ 　　　　　　🅐 4

0502 주어진 연립방정식의 해는 세 일차방정식을 모두 만족시키므로 연립방정식
$\begin{cases} 2x-y=-7 & \cdots\cdots ㉠ \\ 4x-5y=1 & \cdots\cdots ㉡ \end{cases}$
의 해와 같다.

㉠$\times2-$㉡을 하면 $3y=-15$ ∴ $y=-5$
$y=-5$를 ㉠에 대입하면 $2x+5=-7$
$2x=-12$ ∴ $x=-6$
$x=-6$, $y=-5$를 $4x+ay=6$에 대입하면
$-24-5a=6$, $-5a=30$ ∴ $a=-6$ 　🅐 -6

0503 주어진 연립방정식의 해는 세 일차방정식을 모두 만족시키므로 연립방정식
$\begin{cases} 0.3x-0.4y=0.5 \\ x+2y=5 \end{cases}$, 즉 $\begin{cases} 3x-4y=5 & \cdots\cdots ㉠ \\ x+2y=5 & \cdots\cdots ㉡ \end{cases}$
의 해와 같다.
㉠$+$㉡$\times2$를 하면 $5x=15$ ∴ $x=3$
$x=3$을 ㉡에 대입하면 $3+2y=5$ ∴ $y=1$
∴ $p=3$, $q=1$
$x=3$, $y=1$을 $2x-3y=a$에 대입하면
$6-3=a$ ∴ $a=3$
∴ $a+p+q=3+3+1=7$ 　　　　🅐 7

0504 주어진 연립방정식의 해는 세 일차방정식을 모두 만족시키므로 연립방정식
$\begin{cases} 1:(y+1)=2:(x+8) \\ \dfrac{7}{2}x+4y=1 \end{cases}$, 즉 $\begin{cases} x-2y=-6 & \cdots\cdots ㉠ \\ 7x+8y=2 & \cdots\cdots ㉡ \end{cases}$
의 해와 같다.
㉠$\times4+$㉡을 하면 $11x=-22$ ∴ $x=-2$
$x=-2$를 ㉠에 대입하면 $-2-2y=-6$
$-2y=-4$ ∴ $y=2$
$x=-2$, $y=2$를 $\dfrac{2x+1}{3}-\dfrac{x-ay}{5}=3$에 대입하면
$\dfrac{-4+1}{3}-\dfrac{-2-2a}{5}=3$, $\dfrac{2+2a}{5}=4$
$2a=18$ ∴ $a=9$ 　　　　　　🅐 9

0505 y의 값이 x의 값보다 3만큼 크므로 $y=x+3$
$\begin{cases} x+y=1 & \cdots\cdots ㉠ \\ y=x+3 & \cdots\cdots ㉡ \end{cases}$
㉡을 ㉠에 대입하면 $x+x+3=1$
$2x=-2$ ∴ $x=-1$
$x=-1$을 ㉡에 대입하면 $y=-1+3=2$
$x=-1$, $y=2$를 $2x-y=1-k$에 대입하면
$-2-2=1-k$ ∴ $k=5$ 　　　　🅐 5

0506 y의 값이 x의 값보다 1만큼 작으므로 $y=x-1$
$\begin{cases} x+5y=7 & \cdots\cdots ㉠ \\ y=x-1 & \cdots\cdots ㉡ \end{cases}$
㉡을 ㉠에 대입하면 $x+5(x-1)=7$
$6x=12$ ∴ $x=2$

$x=2$를 ㉡에 대입하면 $y=2-1=1$

$x=2$, $y=1$을 $3x+ky=2$에 대입하면

$6+k=2$ $\therefore k=-4$ 🅐 -4

0507 x, y의 값의 합이 4이므로 $x+y=4$

$\begin{cases} x+0.3y=-0.2 & \cdots\cdots ㉠ \\ x+y=4 & \cdots\cdots ㉡ \end{cases}$

㉠$\times10$을 하면 $10x+3y=-2$ $\cdots\cdots ㉢$

㉡$\times3-㉢$을 하면 $-7x=14$ $\therefore x=-2$

$x=-2$를 ㉡에 대입하면 $-2+y=4$ $\therefore y=6$

$x=-2$, $y=6$을 $5x+3y=4a$에 대입하면

$-10+18=4a$, $4a=8$ $\therefore a=2$ 🅐 ①

0508 $x<y$이고 x와 y의 값의 차가 5이므로

$y-x=5$ $\therefore y=x+5$

$\begin{cases} x+2y=31 & \cdots\cdots ㉠ \\ y=x+5 & \cdots\cdots ㉡ \end{cases}$

㉡을 ㉠에 대입하면 $x+2(x+5)=31$, $3x=21$ $\therefore x=7$

$x=7$을 ㉡에 대입하면 $y=12$

$x=7$, $y=12$를 $4x-ky=-8$에 대입하면

$28-12k=-8$, $-12k=-36$ $\therefore k=3$ 🅐 3

0509 x의 값이 y의 값의 2배이므로 $x=2y$

$\begin{cases} 3x-y=5 & \cdots\cdots ㉠ \\ x=2y & \cdots\cdots ㉡ \end{cases}$

㉡을 ㉠에 대입하면 $6y-y=5$, $5y=5$ $\therefore y=1$

$y=1$을 ㉡에 대입하면 $x=2$

$x=2$, $y=1$을 $x+ay=4$에 대입하면

$2+a=4$ $\therefore a=2$ 🅐 2

0510 x와 y의 값의 비가 3 : 1이므로 $x : y=3 : 1$

$\therefore x=3y$ ❶

$\begin{cases} x-4y=-1 & \cdots\cdots ㉠ \\ x=3y & \cdots\cdots ㉡ \end{cases}$

㉡을 ㉠에 대입하면 $3y-4y=-1$, $-y=-1$ $\therefore y=1$

$y=1$을 ㉡에 대입하면 $x=3$ ❷

$x=3$, $y=1$을 $2ax-3y=9$에 대입하면

$6a-3=9$, $6a=12$ $\therefore a=2$ ❸

🅐 2

채점 기준	배점
❶ x와 y의 값의 비가 3 : 1임을 식으로 나타내기	30 %
❷ 연립방정식 풀기	50 %
❸ a의 값 구하기	20 %

0511 $3x+2y=4$의 y의 계수를 k로 잘못 보았다고 하면

$\begin{cases} 2x+y=5 & \cdots\cdots ㉠ \\ 3x+ky=4 & \cdots\cdots ㉡ \end{cases}$

㉠에 $x=2$를 대입하면 $4+y=5$ $\therefore y=1$

$x=2$, $y=1$을 ㉡에 대입하면

$6+k=4$ $\therefore k=-2$

따라서 y의 계수를 -2로 잘못 보았다.   🅐 -2

0512 a를 $a-6$으로 잘못 보았으므로

$\begin{cases} 2x+3y=8 & \cdots\cdots ㉠ \\ 6x+7y=a-6 & \cdots\cdots ㉡ \end{cases}$

$y=5$를 ㉠에 대입하면 $2x+15=8$

$2x=-7$ $\therefore x=-\dfrac{7}{2}$

$x=-\dfrac{7}{2}$, $y=5$를 ㉡에 대입하면

$-21+35=a-6$ $\therefore a=20$

즉, 처음 연립방정식은 $\begin{cases} 2x+3y=8 & \cdots\cdots ㉠ \\ 6x+7y=20 & \cdots\cdots ㉡ \end{cases}$

㉠$\times3-㉡$을 하면 $2y=4$ $\therefore y=2$

$y=2$를 ㉠에 대입하면 $2x+6=8$, $2x=2$ $\therefore x=1$

따라서 처음 연립방정식의 해는

$x=1$, $y=2$ 🅐 $x=1$, $y=2$

0513 $x=1$, $y=-1$은 $\begin{cases} bx+ay=1 \\ ax-by=3 \end{cases}$의 해이므로

$\begin{cases} -a+b=1 & \cdots\cdots ㉠ \\ a+b=3 & \cdots\cdots ㉡ \end{cases}$

㉠$+㉡$을 하면 $2b=4$ $\therefore b=2$

$b=2$를 ㉡에 대입하면 $a+2=3$ $\therefore a=1$

따라서 처음 연립방정식 $\begin{cases} x+2y=1 & \cdots\cdots ㉢ \\ 2x-y=3 & \cdots\cdots ㉣ \end{cases}$

㉢$\times2-㉣$을 하면 $5y=-1$ $\therefore y=-\dfrac{1}{5}$

$y=-\dfrac{1}{5}$을 ㉢에 대입하면 $x-\dfrac{2}{5}=1$ $\therefore x=\dfrac{7}{5}$ 🅐 ③

0514 $x=-4$, $y=-2$를 $2x+by=2$에 대입하면

$-8-2b=2$, $-2b=10$ $\therefore b=-5$

$x=6$, $y=-2$를 $2x-y=a$에 대입하면

$12+2=a$ $\therefore a=14$

$\therefore a+b=14+(-5)=9$ 🅐 9

0515 네 일차방정식의 공통인 해는

$\begin{cases} y=2x-1 & \cdots\cdots ㉠ \\ x+3y=4 & \cdots\cdots ㉡ \end{cases}$

의 해와 같다.

㉠을 ㉡에 대입하면 $x+3(2x-1)=4$, $7x=7$ $\therefore x=1$
$x=1$을 ㉠에 대입하면 $y=2-1=1$
$x=1$, $y=1$을 $ax+y=5$에 대입하면
$a+1=5$ $\therefore a=4$
$x=1$, $y=1$을 $7x-5by=2$에 대입하면
$7-5b=2$, $-5b=-5$ $\therefore b=1$ **답** $a=4$, $b=1$

0516 두 연립방정식의 해는 연립방정식
$$\begin{cases} 2x+y=3 & \cdots\cdots ㉠ \\ 3x-2y=8 & \cdots\cdots ㉡ \end{cases}$$
의 해와 같다.
㉠$\times 2+$㉡을 하면 $7x=14$ $\therefore x=2$
$x=2$를 ㉠에 대입하면 $4+y=3$ $\therefore y=-1$
연립방정식의 해가 $x=2$, $y=-1$이므로 나머지 두 방정식에 각각 대입하면
$$\begin{cases} 2a-b=7 & \cdots\cdots ㉢ \\ 2a+b=5 & \cdots\cdots ㉣ \end{cases}$$
㉢$+$㉣을 하면 $4a=12$ $\therefore a=3$
$a=3$을 ㉢에 대입하면 $6-b=7$ $\therefore b=-1$
$\therefore ab=3\times(-1)=-3$ **답** -3

0517 연립방정식의 해가 무수히 많으므로 x, y의 계수와 상수항이 각각 같아야 한다.
따라서 $a=3$, $b=3$이므로
$a+b=3+3=6$ **답** ③

0518 $\begin{cases} 6x+15y=a \\ -2x+by=2 \end{cases}$, 즉 $\begin{cases} 6x+15y=a \\ 6x-3by=-6 \end{cases}$의 해가 무수히 많으므로
$15=-3b$, $a=-6$
$\therefore a=-6$, $b=-5$ $\cdots$ ❶
$-6x-5y=-17$, 즉 $6x+5y=17$의 자연수인 해는
$x=2$, $y=1$ $\cdots$ ❷ **답** $x=2$, $y=1$

채점 기준	배점
❶ a, b의 값 구하기	50 %
❷ 자연수인 해 구하기	50 %

0519 $\begin{cases} \dfrac{x}{4}-\dfrac{y}{3}=1 \\ ax+by=12 \end{cases}$, 즉 $\begin{cases} 3x-4y=12 \\ ax+by=12 \end{cases}$의 해가 무수히 많으므로
$a=3$, $b=-4$
$\therefore ab=3\times(-4)=-12$ **답** -12

0520 연립방정식 $\begin{cases} 3x-2ky=-y \\ 2x+y=-5ky \end{cases}$에서
$\begin{cases} 3x-(2k-1)y=0 \\ 2x+(5k+1)y=0 \end{cases}$, 즉 $\begin{cases} 6x-2(2k-1)y=0 \\ 6x+3(5k+1)y=0 \end{cases}$의 해가 무수히 많으므로
$-2(2k-1)=3(5k+1)$
$-4k+2=15k+3$
$-19k=1$ $\therefore k=-\dfrac{1}{19}$ **답** $-\dfrac{1}{19}$

0521 $\begin{cases} \dfrac{3}{4}x-\dfrac{3}{2}y=1 & \cdots\cdots ㉠ \\ x+ay=3 & \cdots\cdots ㉡ \end{cases}$에서 ㉠$\times 4$, ㉡$\times 3$을 하면
$\begin{cases} 3x-6y=4 \\ 3x+3ay=9 \end{cases}$
이때 연립방정식의 해가 없으므로
$-6=3a$ $\therefore a=-2$ **답** -2

0522 ① $\begin{cases} x-2y=3 \\ 2x-4y=1 \end{cases}$, 즉 $\begin{cases} 2x-4y=6 \\ 2x-4y=1 \end{cases}$이므로 해가 없다.
③ $\begin{cases} -x+2y=-2 \\ 4x-8y=-8 \end{cases}$, 즉 $\begin{cases} 4x-8y=8 \\ 4x-8y=-8 \end{cases}$이므로 해가 없다.
따라서 해가 없는 것은 ①, ③이다. **답** ①, ③

본문 111 ~ 113쪽

C step 실력 완성!

0523 ③ $xy+x^2=x^2-3$에서 $xy+3=0$
이때 xy는 x, y에 대하여 차수가 2이므로 일차방정식이 아니다.
④ $\dfrac{1}{x}+\dfrac{1}{y}=1$에서 x, y가 분모에 있으므로 일차방정식이 아니다.
⑤ $3x-2y=2(x-2y)$에서 $x+2y=0$이므로 미지수가 2개인 일차방정식이다.
따라서 일차방정식인 것은 ②, ⑤이다. **답** ②, ⑤

0524 ① $8-3\times 1=5$
② $4-3\times\left(-\dfrac{1}{3}\right)=5$
③ $2-3\times(-1)=5$
④ $-1-3\times 2\neq 5$
⑤ $-4-3\times(-3)=5$
따라서 주어진 방정식의 해가 아닌 것은 ④이다. **답** ④

0525 $x=3, y=1$을 $2x+ay-3=0$에 대입하면
$6+a-3=0$ $\therefore a=-3$
$y=-3$을 $2x-3y-3=0$에 대입하면
$2x+9-3=0, 2x=-6$ $\therefore x=-3$ 답 ①

0526 $x=-3$을 $2x-y=1$에 대입하면
$-6-y=1$ $\therefore y=-7$
$x=-3, y=-7$을 $3x+ay=5$에 대입하면
$-9-7a=5, -7a=14$ $\therefore a=-2$ 답 ②

0527 ① $\begin{cases} x+y=4 & \cdots\cdots ㉠ \\ x-4y=-1 & \cdots\cdots ㉡ \end{cases}$
㉠-㉡을 하면 $5y=5$ $\therefore y=1$
$y=1$을 ㉠에 대입하면 $x+1=4$ $\therefore x=3$
② $\begin{cases} x-y=2 & \cdots\cdots ㉠ \\ 2x+y=7 & \cdots\cdots ㉡ \end{cases}$
㉠+㉡을 하면 $3x=9$ $\therefore x=3$
$x=3$을 ㉠에 대입하면 $3-y=2$ $\therefore y=1$
③ $\begin{cases} x+2y=5 & \cdots\cdots ㉠ \\ x+3y=6 & \cdots\cdots ㉡ \end{cases}$
㉠-㉡을 하면 $-y=-1$ $\therefore y=1$
$y=1$을 ㉠에 대입하면 $x+2=5$ $\therefore x=3$
④ $\begin{cases} x-2y=1 & \cdots\cdots ㉠ \\ 2x-y=5 & \cdots\cdots ㉡ \end{cases}$
㉠$\times2$-㉡을 하면 $-3y=-3$ $\therefore y=1$
$y=1$을 ㉠에 대입하면 $x-2=1$ $\therefore x=3$
⑤ $\begin{cases} 4x-y=2 & \cdots\cdots ㉠ \\ y=3x & \cdots\cdots ㉡ \end{cases}$
㉡을 ㉠에 대입하면 $4x-3x=2$ $\therefore x=2$
$x=2$를 ㉡에 대입하면 $y=6$ 답 ⑤

0528 x의 값과 y의 값의 절댓값이 같고 부호가 서로 다르므로
$y=-x$
$\begin{cases} y=-2x+1 & \cdots\cdots ㉠ \\ y=-x & \cdots\cdots ㉡ \end{cases}$
㉡을 ㉠에 대입하면 $-x=-2x+1$ $\therefore x=1$
$x=1$을 ㉡에 대입하면 $y=-1$
$x=1, y=-1$을 $4(x-1)=ay+3$에 대입하면
$0=-a+3$ $\therefore a=3$ 답 ②

0529 $\begin{cases} \dfrac{2x+y}{3}=\dfrac{x-y+2}{2} \\ (-x+y):(x-y-3)=2:3 \end{cases}$ 을 정리하면
$\begin{cases} x+5y=6 & \cdots\cdots ㉠ \\ 5x-5y=6 & \cdots\cdots ㉡ \end{cases}$
㉠+㉡을 하면 $6x=12$ $\therefore x=2$

$x=2$를 ㉠에 대입하면 $2+5y=6$ $\therefore y=\dfrac{4}{5}$
$x=2, y=\dfrac{4}{5}$를 $2ax+5y=12$에 대입하면
$4a+4=12$ $\therefore a=2$ 답 ③

0530 $x=-2, y=1$을 $ax+by=-3$에 대입하면
$-2a+b=-3$ $\cdots\cdots ㉠$
$x=5, y=-1$을 $ax+by=-3$에 대입하면
$5a-b=-3$ $\cdots\cdots ㉡$
㉠+㉡을 하면 $3a=-6$ $\therefore a=-2$
$a=-2$를 ㉠에 대입하면 $4+b=-3$ $\therefore b=-7$
$\therefore a-b=-2-(-7)=5$ 답 ⑤

0531 연립방정식 $\begin{cases} x+3y=5 & \cdots\cdots ㉠ \\ 2x-ay=-4 & \cdots\cdots ㉡ \end{cases}$의 해가
$x=p, y=q$이므로 ㉠에서
$p+3q=5$ $\cdots\cdots ㉢$
연립방정식 $\begin{cases} 3x+2y=2 & \cdots\cdots ㉣ \\ bx+3y=-2 & \cdots\cdots ㉤ \end{cases}$의 해가
$x=2p, y=2q$이므로 ㉣에서 $6p+4q=2$
$\therefore 3p+2q=1$ $\cdots\cdots ㉥$
㉢$\times3$-㉥을 하면 $7q=14$ $\therefore q=2$
$q=2$를 ㉢에 대입하면 $p+6=5$ $\therefore p=-1$
$x=-1, y=2$를 ㉡에 대입하면 $-2-2a=-4$
$-2a=-2$ $\therefore a=1$
$x=-2, y=4$를 ㉤에 대입하면 $-2b+12=-2$
$-2b=-14$ $\therefore b=7$
$\therefore a+b=1+7=8$ 답 8

0532 갑은 a를 잘못 보고 풀었으므로
$x=1, y=1$은 $3x+by=2$의 해이다.
즉, $3+b=2$이므로 $b=-1$
을은 b를 잘못 보고 풀었으므로
$x=3, y=-1$은 $ax-y=7$의 해이다.
즉, $3a+1=7$이므로 $3a=6$ $\therefore a=2$
따라서 처음 연립방정식 $\begin{cases} 2x-y=7 & \cdots\cdots ㉠ \\ 3x-y=2 & \cdots\cdots ㉡ \end{cases}$
㉠-㉡을 하면 $-x=5$ $\therefore x=-5$
$x=-5$를 ㉠에 대입하면 $-10-y=7$ $\therefore y=-17$
답 $x=-5, y=-17$

0533 두 연립방정식의 해는
$\begin{cases} x-(2y-1)=-3 \\ 2x+3y=13 \end{cases}$, 즉 $\begin{cases} x-2y=-4 & \cdots\cdots ㉠ \\ 2x+3y=13 & \cdots\cdots ㉡ \end{cases}$
의 해와 같다.

㉠×2−㉡을 하면 $-7y=-21$ ∴ $y=3$

$y=3$을 ㉠에 대입하면 $x-6=-4$ ∴ $x=2$

$x=2$, $y=3$을 $a(x+2)+by=10$에 대입하면

$4a+3b=10$ …… ㉢

$x=2$, $y=3$을 $bx-ay=1$에 대입하면

$-3a+2b=1$ …… ㉣

㉢×2−㉣×3을 하면 $17a=17$ ∴ $a=1$

$a=1$을 ㉣에 대입하면 $-3+2b=1$

$2b=4$ ∴ $b=2$

∴ $ab=1\times2=2$ 답 2

0534 $\begin{cases} ax+y=1 \\ 6x+3y=b \end{cases}$, 즉 $\begin{cases} 3ax+3y=3 \\ 6x+3y=b \end{cases}$의 해가 없으려면

$a=2$, $b\neq3$

따라서 5 이하의 자연수 a, b의 순서쌍 (a, b)는

$(2, 1)$, $(2, 2)$, $(2, 4)$, $(2, 5)$의 4개이다.   답 4

0535 $\dfrac{1}{x}=A$, $\dfrac{1}{y}=B$로 놓으면

$\begin{cases} 3A-2B=-8 & \text{…… ㉠} \\ A+4B=2 & \text{…… ㉡} \end{cases}$

㉠−㉡×3을 하면 $-14B=-14$

∴ $B=1$

$B=1$을 ㉡에 대입하면 $A+4=2$

∴ $A=-2$

$A=\dfrac{1}{x}=-2$, $B=\dfrac{1}{y}=1$이므로

$x=-\dfrac{1}{2}$, $y=1$

∴ $2x+y=2\times\left(-\dfrac{1}{2}\right)+1=0$ 답 0

0536 연립방정식 $\begin{cases} x▲y=3x-2y+5 \\ x▼y=-2x+4y-3 \end{cases}$에서

(ⅰ) $x\geq y$일 때

$x▲y=x$, $x▼y=y$이므로

$\begin{cases} x=3x-2y+5 \\ y=-2x+4y-3 \end{cases}$, 즉 $\begin{cases} 2x-2y=-5 & \text{…… ㉠} \\ 2x-3y=-3 & \text{…… ㉡} \end{cases}$

㉠−㉡을 하면 $y=-2$

$y=-2$를 ㉠에 대입하면

$2x+4=-5$ ∴ $x=-\dfrac{9}{2}$

이것은 $x\geq y$를 만족시키지 않는다.

(ⅱ) $x<y$일 때

$x▲y=y$, $x▼y=x$이므로

$\begin{cases} y=3x-2y+5 \\ x=-2x+4y-3 \end{cases}$, 즉 $\begin{cases} 3x-3y=-5 & \text{…… ㉢} \\ 3x-4y=-3 & \text{…… ㉣} \end{cases}$

㉢−㉣을 하면 $y=-2$

$y=-2$를 ㉢에 대입하면

$3x+6=-5$ ∴ $x=-\dfrac{11}{3}$

이것은 $x<y$를 만족시킨다.

(ⅰ), (ⅱ)에서 연립방정식의 해는 $x=-\dfrac{11}{3}$, $y=-2$

답 $x=-\dfrac{11}{3}$, $y=-2$

0537 $2(x+3)-3x>x+1$에서 $-x+6>x+1$

$-2x>-5$ ∴ $x<\dfrac{5}{2}$ …❶

따라서 이를 만족시키는 가장 큰 정수는 2이므로

$k=2$ …❷

∴ $\begin{cases} 0.3x-0.2y=1.2 & \text{…… ㉠} \\ 4x+2y=2 & \text{…… ㉡} \end{cases}$

㉠×10+㉡을 하면 $7x=14$ ∴ $x=2$

$x=2$를 ㉡에 대입하면

$8+2y=2$, $2y=-6$

∴ $y=-3$ …❸

답 $x=2$, $y=-3$

채점 기준	배점
❶ 일차부등식 풀기	40 %
❷ k의 값 구하기	10 %
❸ 연립방정식 풀기	50 %

0538 $\begin{cases} \dfrac{x+y+3}{4}=\dfrac{x-2y+5}{2} & \text{…… ㉠} \\ \dfrac{x-2y+5}{2}=-\dfrac{x-4y-1}{3} & \text{…… ㉡} \end{cases}$

㉠×4, ㉡×6을 하여 정리하면

$\begin{cases} x-5y=-7 & \text{…… ㉢} \\ 5x-14y=-13 & \text{…… ㉣} \end{cases}$ …❶

㉢×5−㉣을 하면 $-11y=-22$ ∴ $y=2$

$y=2$를 ㉢에 대입하면 $x-10=-7$ ∴ $x=3$ …❷

$x=3$, $y=2$를 $3x-y+a=0$에 대입하면

$9-2+a=0$ ∴ $a=-7$ …❸

답 -7

채점 기준	배점
❶ 연립방정식 세우기	30 %
❷ 연립방정식 풀기	40 %
❸ a의 값 구하기	30 %

07 연립일차방정식의 활용

A step 개념 익히고, 본문 115쪽

0539 큰 수를 x, 작은 수를 y라 하면
$$\begin{cases} x+y=55 & \cdots\cdots \text{㉠} \\ x=2y-5 & \cdots\cdots \text{㉡} \end{cases}$$
㉡을 ㉠에 대입하면 $2y-5+y=55$, $3y=60$ ∴ $y=20$
$y=20$을 ㉡에 대입하면 $x=40-5=35$
따라서 큰 수는 35, 작은 수는 20이다.

답 $x+y$, $2y-5$, $x+y$, $2y-5$, 35, 20, 35, 20

0540 (2) $\begin{cases} x+y=10 \\ 400x+800y=6000 \end{cases}$

즉, $\begin{cases} x+y=10 & \cdots\cdots \text{㉠} \\ x+2y=15 & \cdots\cdots \text{㉡} \end{cases}$

㉠$-$㉡을 하면 $-y=-5$ ∴ $y=5$
$y=5$를 ㉠에 대입하면 $x+5=10$ ∴ $x=5$
따라서 볼펜은 5개, 수첩은 5개이다.

답 (1) $\begin{cases} x+y=10 \\ 400x+800y=6000 \end{cases}$

(2) 볼펜의 개수: 5, 수첩의 개수: 5

0541 (2) $\begin{cases} x+y=15 \\ 2x+4y=36 \end{cases}$, 즉 $\begin{cases} x+y=15 & \cdots\cdots \text{㉠} \\ x+2y=18 & \cdots\cdots \text{㉡} \end{cases}$

㉠$-$㉡을 하면 $-y=-3$ ∴ $y=3$
$y=3$을 ㉠에 대입하면 $x+3=15$ ∴ $x=12$
따라서 오리는 12마리, 토끼는 3마리이다.

답 (1) $\begin{cases} x+y=15 \\ 2x+4y=36 \end{cases}$

(2) 오리: 12마리, 토끼: 3마리

0542 (3) $\begin{cases} x+y=4 \\ \dfrac{x}{3}+\dfrac{y}{6}=1 \end{cases}$, 즉 $\begin{cases} x+y=4 & \cdots\cdots \text{㉠} \\ 2x+y=6 & \cdots\cdots \text{㉡} \end{cases}$

㉠$-$㉡을 하면 $-x=-2$ ∴ $x=2$
$x=2$를 ㉠에 대입하면 $2+y=4$ ∴ $y=2$
따라서 걸어간 거리는 2 km, 뛰어간 거리는 2 km이다.

답 (1) 4, $\dfrac{x}{3}$, $\dfrac{y}{6}$, 1 (2) $\begin{cases} x+y=4 \\ \dfrac{x}{3}+\dfrac{y}{6}=1 \end{cases}$

(3) 걸어간 거리: 2 km, 뛰어간 거리: 2 km

0543 (3) $\begin{cases} x+y=300 \\ \dfrac{8}{100}x+\dfrac{5}{100}y=21 \end{cases}$

즉, $\begin{cases} x+y=300 & \cdots\cdots \text{㉠} \\ 8x+5y=2100 & \cdots\cdots \text{㉡} \end{cases}$

㉠$\times 5-$㉡을 하면 $-3x=-600$ ∴ $x=200$
$x=200$을 ㉠에 대입하면 $200+y=300$ ∴ $y=100$
따라서 8 %의 소금물의 양은 200 g, 5 %의 소금물의 양은 100 g이다.

답 (1) 300, $\dfrac{5}{100}\times y$, $\dfrac{7}{100}\times 300$ (2) $\begin{cases} x+y=300 \\ \dfrac{8}{100}x+\dfrac{5}{100}y=21 \end{cases}$

(3) 8 %의 소금물의 양: 200 g, 5 %의 소금물의 양: 100 g

B step 기출 & 변형하면··· 본문 116 ~ 126쪽

0544 큰 수를 x, 작은 수를 y라 하면
$$\begin{cases} x+y=25 & \cdots\cdots \text{㉠} \\ x=2y+1 & \cdots\cdots \text{㉡} \end{cases}$$
㉡을 ㉠에 대입하면 $2y+1+y=25$, $3y=24$ ∴ $y=8$
$y=8$을 ㉡에 대입하면 $x=16+1=17$
따라서 두 수 중 큰 수는 17이다.
답 17

0545 작은 수를 x, 큰 수를 y라 하면
$$\begin{cases} y=3x+1 & \cdots\cdots \text{㉠} \\ 10x=3y+2 & \cdots\cdots \text{㉡} \end{cases}$$
㉠을 ㉡에 대입하면 $10x=3(3x+1)+2$ ∴ $x=5$
$x=5$를 ㉠에 대입하면 $y=15+1=16$
따라서 두 수의 합은 $5+16=21$
답 ⑤

0546 처음 수의 십의 자리의 숫자를 x, 일의 자리의 숫자를 y라 하면
$$\begin{cases} x+y=8 \\ 10y+x=(10x+y)+18 \end{cases}, 즉 \begin{cases} x+y=8 & \cdots\cdots \text{㉠} \\ x-y=-2 & \cdots\cdots \text{㉡} \end{cases}$$
㉠$+$㉡을 하면 $2x=6$ ∴ $x=3$
$x=3$을 ㉠에 대입하면 $3+y=8$ ∴ $y=5$
따라서 처음 수는 35이다.
답 35

0547 처음 수의 백의 자리의 숫자를 x, 일의 자리의 숫자를 y라 하면
$$\begin{cases} x+3+y=10 \\ 100y+30+x=100x+30+y+297 \end{cases}$$

즉, $\begin{cases} x+y=7 & \cdots\cdots ㉠ \\ x-y=-3 & \cdots\cdots ㉡ \end{cases}$

㉠+㉡을 하면 $2x=4$ $\therefore x=2$

$x=2$를 ㉠에 대입하면 $2+y=7$ $\therefore y=5$

따라서 처음 수의 백의 자리의 숫자는 2이다. **답** 2

0548 곡과 곡 사이의 쉬는 시간은 총 $(x+y-1)$분이므로

$\begin{cases} 3x+7y+(x+y-1)=75 \\ 7x+3y+(x+y-1)=67 \end{cases}$, 즉 $\begin{cases} x+2y=19 & \cdots\cdots ㉠ \\ 2x+y=17 & \cdots\cdots ㉡ \end{cases}$

㉠$\times 2$-㉡을 하면 $3y=21$ $\therefore y=7$

$y=7$을 ㉠에 대입하면 $x+14=19$ $\therefore x=5$

$\therefore xy=5\times 7=35$ **답** 35

0549 10초짜리 a개, 20초짜리 b개, 30초짜리 3개로 총 10개의 광고 방송을 3분, 즉 180초 동안 하므로

$\begin{cases} a+b+3=10 \\ 10a+20b+30\times 3=180 \end{cases}$, 즉 $\begin{cases} a+b=7 & \cdots\cdots ㉠ \\ a+2b=9 & \cdots\cdots ㉡ \end{cases}$

㉠-㉡을 하면 $-b=-2$ $\therefore b=2$

$b=2$를 ㉠에 대입하면 $a+2=7$ $\therefore a=5$

$\therefore a-b=5-2=3$ **답** ④

0550 승윤이의 키를 x cm, 민호의 키를 y cm라 하면

$\begin{cases} x=y+6 \\ \dfrac{x+y}{2}=175 \end{cases}$, 즉 $\begin{cases} x=y+6 & \cdots\cdots ㉠ \\ x+y=350 & \cdots\cdots ㉡ \end{cases}$

㉠을 ㉡에 대입하면 $y+6+y=350$, $2y=344$ $\therefore y=172$

$y=172$를 ㉠에 대입하면 $x=172+6=178$

따라서 승윤이의 키는 178 cm, 민호의 키는 172 cm이다.

답 승윤: 178 cm, 민호: 172 cm

0551 수학 점수를 x점, 과학 점수를 y점이라 하면

$\begin{cases} \dfrac{x+82+y}{3}=76 \\ x=y+4 \end{cases}$, 즉 $\begin{cases} x+y=146 & \cdots\cdots ㉠ \\ x=y+4 & \cdots\cdots ㉡ \end{cases}$

㉡을 ㉠에 대입하면 $y+4+y=146$, $2y=142$ $\therefore y=71$

$y=71$을 ㉡에 대입하면 $x=71+4=75$

따라서 수학 점수는 75점이다. **답** ④

0552 1200원짜리 초콜릿을 x개, 500원짜리 사탕을 y개 샀다고 하면

$\begin{cases} x+y=9 \\ 1200x+500y=6600 \end{cases}$, 즉 $\begin{cases} x+y=9 & \cdots\cdots ㉠ \\ 12x+5y=66 & \cdots\cdots ㉡ \end{cases}$

㉠$\times 5$-㉡을 하면 $-7x=-21$ $\therefore x=3$

$x=3$을 ㉠에 대입하면 $3+y=9$ $\therefore y=6$

따라서 사탕은 6개 샀다. **답** ④

0553 어른 한 명의 입장료를 x원, 어린이 한 명의 입장료를 y원이라 하면

$\begin{cases} 3x+2y=61000 \\ 2x+4y=62000 \end{cases}$, 즉 $\begin{cases} 3x+2y=61000 & \cdots\cdots ㉠ \\ x+2y=31000 & \cdots\cdots ㉡ \end{cases}$

㉠-㉡을 하면 $2x=30000$ $\therefore x=15000$

$x=15000$을 ㉡에 대입하면 $15000+2y=31000$

$2y=16000$ $\therefore y=8000$

따라서 어른 한 명의 입장료는 15000원, 어린이 한 명의 입장료는 8000원이므로 어른 1명과 어린이 3명의 입장료의 합은

$15000+3\times 8000=39000$(원) **답** 39000원

0554 닭이 x마리, 고양이가 y마리 있다고 하면 닭의 다리는 2개, 고양이의 다리는 4개이므로

$\begin{cases} x+y=25 \\ 2x+4y=76 \end{cases}$, 즉 $\begin{cases} x+y=25 & \cdots\cdots ㉠ \\ x+2y=38 & \cdots\cdots ㉡ \end{cases}$

㉠-㉡을 하면 $-y=-13$ $\therefore y=13$

$y=13$을 ㉠에 대입하면 $x+13=25$ $\therefore x=12$

따라서 고양이는 13마리이다. **답** ⑤

0555 사과를 x개, 자두를 y개 샀다고 하면

$\begin{cases} 1200x+800y=10000 \\ y=3x-1 \end{cases}$, 즉 $\begin{cases} 3x+2y=25 & \cdots\cdots ❶ \\ y=3x-1 & \cdots\cdots ㉡ \end{cases}$

㉡을 ㉠에 대입하면 $3x+2(3x-1)=25$

$9x=27$ $\therefore x=3$

$x=3$을 ㉡에 대입하면 $y=9-1=8$ $\cdots$ ❷

따라서 자두는 8개 샀다. $\cdots$ ❸

답 8개

채점 기준	배점
❶ 연립방정식 세우기	40 %
❷ 연립방정식 풀기	40 %
❸ 자두를 몇 개 샀는지 구하기	20 %

0556 민주가 맞힌 문제 수를 x, 틀린 문제 수를 y라 하면

$\begin{cases} x+y=20 \\ 4x-2y=56 \end{cases}$, 즉 $\begin{cases} x+y=20 & \cdots\cdots ㉠ \\ 2x-y=28 & \cdots\cdots ㉡ \end{cases}$

㉠+㉡을 하면 $3x=48$ $\therefore x=16$

$x=16$을 ㉠에 대입하면 $16+y=20$ $\therefore y=4$

따라서 민주가 틀린 문제 수는 4이다. **답** 4

0557 정아가 맞힌 문제 수를 x, 틀린 문제 수를 y라 하면

$\begin{cases} 10x-5y=125 \\ x=3y \end{cases}$, 즉 $\begin{cases} 2x-y=25 & \cdots\cdots ㉠ \\ x=3y & \cdots\cdots ㉡ \end{cases}$ $\cdots$ ❶

㉡을 ㉠에 대입하면 $6y-y=25$, $5y=25$ $\therefore y=5$

$y=5$를 ㉡에 대입하면 $x=15$ $\cdots$ ❷

따라서 정아가 맞힌 문제 수는 15이다. $\cdots$ ❸

답 15

채점 기준	배점
❶ 연립방정식 세우기	40 %
❷ 연립방정식 풀기	40 %
❸ 정아가 맞힌 문제 수 구하기	20 %

0558 합격품의 개수를 x, 불량품의 개수를 y라 하면
$\begin{cases} 500x - 800y = 43500 \\ x + y = 100 \end{cases}$, 즉 $\begin{cases} 5x - 8y = 435 & \cdots\cdots \ ㉠ \\ x + y = 100 & \cdots\cdots \ ㉡ \end{cases}$
㉠ $-$ ㉡ $\times 5$를 하면 $-13y = -65$ $\qquad \therefore \ y = 5$
$y = 5$를 ㉡에 대입하면 $x + 5 = 100$ $\qquad \therefore \ x = 95$
따라서 합격품의 개수는 95이다. 　　　　　　　　　　　　**답** ④

0559 민수가 맞힌 문제 수를 x, 틀린 문제 수를 y라 하면
$\begin{cases} x + y = 20 \\ 100 + 100x - 50y = 1350 \end{cases}$, 즉 $\begin{cases} x + y = 20 & \cdots\cdots \ ㉠ \\ 2x - y = 25 & \cdots\cdots \ ㉡ \end{cases}$
㉠ $+$ ㉡을 하면 $3x = 45$ $\qquad \therefore \ x = 15$
$x = 15$를 ㉠에 대입하면 $15 + y = 20$ $\qquad \therefore \ y = 5$
따라서 민수가 틀린 문제 수는 5이다. 　　　　　　　　　　**답** 5

0560 진영이가 이긴 횟수를 x, 진 횟수를 y라 하면 민서가 이긴 횟수는 y, 진 횟수는 x이므로
$\begin{cases} 5x - 3y = 16 & \cdots\cdots \ ㉠ \\ -3x + 5y = 0 & \cdots\cdots \ ㉡ \end{cases}$
㉠ $\times 3 +$ ㉡ $\times 5$를 하면 $16y = 48$ $\qquad \therefore \ y = 3$
$y = 3$을 ㉡에 대입하면 $-3x + 15 = 0$ $\qquad \therefore \ x = 5$
따라서 민서가 이긴 횟수는 3이다. 　　　　　　　　　　**답** ①

0561 미소가 이긴 횟수를 x, 진 횟수를 y라 하면 성주가 이긴 횟수는 y, 진 횟수는 x이므로
$\begin{cases} 3x - 2y = 14 & \cdots\cdots \ ㉠ \\ -2x + 3y = 4 & \cdots\cdots \ ㉡ \end{cases}$
㉠ $\times 2 +$ ㉡ $\times 3$을 하면 $5y = 40$ $\qquad \therefore \ y = 8$
$y = 8$을 ㉠에 대입하면 $3x - 16 = 14$, $3x = 30$ $\quad \therefore \ x = 10$
따라서 가위바위보를 한 횟수는 $10 + 8 = 18$ 　　　　　**답** 18

0562 긴 줄의 길이를 x cm, 짧은 줄의 길이를 y cm라 하면
$\begin{cases} x + y = 35 & \cdots\cdots \ ㉠ \\ x = 3y - 1 & \cdots\cdots \ ㉡ \end{cases}$
㉡을 ㉠에 대입하면 $3y - 1 + y = 35$, $4y = 36$ $\quad \therefore \ y = 9$
$y = 9$를 ㉡에 대입하면 $x = 27 - 1 = 26$
따라서 긴 줄의 길이는 26 cm이다. 　　　　　　　　　　**답** ⑤

0563 정삼각형의 한 변의 길이를 x cm, 정사각형의 한 변의

길이를 y cm라 하면 $\begin{cases} 3x + 4y = 100 & \cdots\cdots \ ㉠ \\ x = y - 4 & \cdots\cdots \ ㉡ \end{cases}$
㉡을 ㉠에 대입하면 $3(y - 4) + 4y = 100$
$7y = 112$ $\qquad \therefore \ y = 16$
$y = 16$을 ㉡에 대입하면 $x = 12$
따라서 정사각형의 한 변의 길이는 16 cm이므로 넓이는
$16 \times 16 = 256 (\mathrm{cm}^2)$ 　　　　　　　　　　　　**답** ⑤

0564 직사각형의 가로의 길이를 x cm, 세로의 길이를 y cm
라 하면 $\begin{cases} 2(x + y) = 42 \\ x = y + 5 \end{cases}$, 즉 $\begin{cases} x + y = 21 & \cdots\cdots \ ㉠ \\ x = y + 5 & \cdots\cdots \ ㉡ \end{cases}$
㉡을 ㉠에 대입하면 $y + 5 + y = 21$, $2y = 16$ $\quad \therefore \ y = 8$
$y = 8$을 ㉡에 대입하면 $x = 13$
따라서 직사각형의 가로의 길이는 13 cm, 세로의 길이는
8 cm이므로 구하는 넓이는 $13 \times 8 = 104 (\mathrm{cm}^2)$ 　**답** $104 \ \mathrm{cm}^2$

0565 처음 직사각형의 가로의 길이를 x cm, 세로의 길이를
y cm라 하면
$\begin{cases} 2(x + y) = 20 \\ 2\{(x + 2) + 3y\} = 40 \end{cases}$, 즉 $\begin{cases} x + y = 10 & \cdots\cdots \ ㉠ \\ x + 3y = 18 & \cdots\cdots \ ㉡ \end{cases}$
㉠ $-$ ㉡을 하면 $-2y = -8$ $\qquad \therefore \ y = 4$
$y = 4$를 ㉠에 대입하면 $x + 4 = 10$ $\qquad \therefore \ x = 6$
따라서 처음 직사각형의 가로의 길이는 6 cm, 세로의 길이는
4 cm이므로 구하는 넓이는 $6 \times 4 = 24 (\mathrm{cm}^2)$ 　　　**답** ②

0566 사다리꼴의 윗변의 길이를 x cm, 아랫변의 길이를
y cm라 하면
$\begin{cases} y = x + 5 \\ \frac{1}{2} \times (x + y) \times 6 = 57 \end{cases}$, 즉 $\begin{cases} y = x + 5 & \cdots\cdots \ ㉠ \\ x + y = 19 & \cdots\cdots \ ㉡ \end{cases}$ ··· ❶
㉠을 ㉡에 대입하면 $x + x + 5 = 19$, $2x = 14$ $\quad \therefore \ x = 7$
$x = 7$을 ㉠에 대입하면 $y = 12$ ··· ❷
따라서 사다리꼴의 아랫변의 길이는 12 cm이다. ··· ❸
　　　　　　　　　　　　　　　　　　　　　답 12 cm

채점 기준	배점
❶ 연립방정식 세우기	40 %
❷ 연립방정식 풀기	40 %
❸ 사다리꼴의 아랫변의 길이 구하기	20 %

0567 직사각형 ABCD에서 한 변의
길이가 a인 정사각형 2개를 연결하여
만든 변 AD의 길이와 한 변의 길이가
b인 정사각형 3개를 연결하여 만든 변
BC의 길이가 같으므로

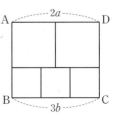

$2a=3b$

또, 직사각형 ABCD의 둘레의 길이가 88이므로

$4a+5b=88$

즉, 연립방정식 $\begin{cases} 2a=3b & \cdots\cdots \text{㉠} \\ 4a+5b=88 & \cdots\cdots \text{㉡} \end{cases}$ 에서

㉠을 ㉡에 대입하면 $11b=88$ ∴ $b=8$

$b=8$을 ㉠에 대입하면 $2a=24$ ∴ $a=12$

∴ $a+b=20$　　　　　　　　　　　　　　　답 20

0568 남학생 수를 x, 여학생 수를 y라 하면

$\begin{cases} x+y=30 \\ \dfrac{25}{100}x+\dfrac{50}{100}y=12 \end{cases}$, 즉 $\begin{cases} x+y=30 & \cdots\cdots \text{㉠} \\ x+2y=48 & \cdots\cdots \text{㉡} \end{cases}$

㉠－㉡을 하면 $-y=-18$ ∴ $y=18$

$y=18$을 ㉠에 대입하면 $x+18=30$ ∴ $x=12$

따라서 이 학급의 남학생 수는 12이다.　　　　　답 12

0569 남자 회원 수를 x, 여자 회원 수를 y라 하면

$\begin{cases} x+y=25 \\ \dfrac{1}{3}x+\dfrac{3}{4}y=25\times\dfrac{3}{5} \end{cases}$, 즉 $\begin{cases} x+y=25 & \cdots\cdots \text{㉠} \\ 4x+9y=180 & \cdots\cdots \text{㉡} \end{cases}$

㉠×4－㉡을 하면 $-5y=-80$ ∴ $y=16$

$y=16$을 ㉠에 대입하면 $x+16=25$ ∴ $x=9$

따라서 이 동아리의 남자 회원 수는 9이다.　　　　답 9

0570 성민이가 가지고 있던 돈을 x원, 진희가 가지고 있던 돈을 y원이라 하면

$\begin{cases} \dfrac{1}{5}x+\dfrac{1}{2}y=8800 \\ x=3y \end{cases}$, 즉 $\begin{cases} 2x+5y=88000 & \cdots\cdots \text{㉠} \\ x=3y & \cdots\cdots \text{㉡} \end{cases}$

㉡을 ㉠에 대입하면 $6y+5y=88000$

$11y=88000$ ∴ $y=8000$

$y=8000$을 ㉡에 대입하면 $x=24000$

따라서 성민이가 처음에 가지고 있던 돈은 24000원이다.

답 ④

0571 왕관 속에 포함된 금의 무게를 x g, 은의 무게를 y g이라 하면

$\begin{cases} x+y=500 \\ \left(1-\dfrac{1}{20}\right)x+\left(1-\dfrac{1}{10}\right)y=470 \end{cases}$

즉, $\begin{cases} x+y=500 & \cdots\cdots \text{㉠} \\ 19x+18y=9400 & \cdots\cdots \text{㉡} \end{cases}$

㉠×19－㉡을 하면 $y=100$

$y=100$을 ㉠에 대입하면 $x+100=500$ ∴ $x=400$

따라서 왕관 속에 포함된 금의 무게는 400 g이다.　답 400 g

0572 A 상품의 원가를 x원, B 상품의 원가를 y원이라 하면

$\begin{cases} x+y=42000 \\ \dfrac{15}{100}x-\dfrac{5}{100}y=3500 \end{cases}$, 즉 $\begin{cases} x+y=42000 & \cdots\cdots \text{㉠} \\ 3x-y=70000 & \cdots\cdots \text{㉡} \end{cases}$

㉠＋㉡을 하면 $4x=112000$ ∴ $x=28000$

$x=28000$을 ㉠에 대입하면 $28000+y=42000$

∴ $y=14000$

따라서 B 상품의 원가는 14000원이다.　　　답 14000원

0573 A 제품의 개수를 x, B 제품의 개수를 y라 하면

$\begin{cases} x+y=200 \\ \dfrac{25}{100}\times2000x+\dfrac{30}{100}\times3000y=132000 \end{cases}$

즉, $\begin{cases} x+y=200 & \cdots\cdots \text{㉠} \\ 5x+9y=1320 & \cdots\cdots \text{㉡} \end{cases}$

㉠×5－㉡을 하면 $-4y=-320$ ∴ $y=80$

$y=80$을 ㉠에 대입하면 $x+80=200$ ∴ $x=120$

따라서 A 제품의 개수는 120이다.　　　　　답 ③

0574 책가방의 원가를 x원, 신발주머니의 원가를 y원이라 하면 책가방과 신발주머니의 정가는 각각 $1.25x$원, $1.25y$원이므로

$\begin{cases} x-y=18000 \\ 1.25x+1.25y=42000 \end{cases}$, 즉 $\begin{cases} x-y=18000 & \cdots\cdots \text{㉠} \\ x+y=33600 & \cdots\cdots \text{㉡} \end{cases}$

㉠＋㉡을 하면 $2x=51600$ ∴ $x=25800$

$x=25800$을 ㉡에 대입하면

$25800+y=33600$ ∴ $y=7800$

따라서 책가방의 정가는 $1.25\times25800=32250$(원)　답 ④

0575 A 과자의 판매가를 x원, B 과자의 판매가를 y원이라 하면

$\begin{cases} 3x+4y=5940 & \cdots\cdots \text{㉠} \\ 4x+5y=7600 & \cdots\cdots \text{㉡} \end{cases}$ ‥‥❶

㉠×4－㉡×3을 하면 $y=960$

$y=960$을 ㉡에 대입하면 $4x+4800=7600$

$4x=2800$ ∴ $x=700$ ‥‥❷

즉, B 과자의 판매가는 960원이므로 B 과자의 정가를 k원이라 하면

$\left(1-\dfrac{20}{100}\right)\times k=960$ ∴ $k=1200$

따라서 B 과자의 정가는 1200원이다. ‥‥❸

답 1200원

채점 기준	배점
❶ 연립방정식 세우기	30 %
❷ 연립방정식 풀기	40 %
❸ B 과자의 정가 구하기	30 %

0576 지난달 남자 회원 수를 x, 여자 회원 수를 y라 하면

$\begin{cases} x+y=250 \\ -\dfrac{5}{100}x+\dfrac{10}{100}y=10 \end{cases}$, 즉 $\begin{cases} x+y=250 & \cdots\cdots\ \text{㉠} \\ -x+2y=200 & \cdots\cdots\ \text{㉡} \end{cases}$

㉠+㉡을 하면 $3y=450$ $\therefore y=150$

$y=150$을 ㉠에 대입하면 $x+150=250$ $\therefore x=100$

따라서 지난달 남자 회원 수는 100이다. <mark>답</mark> 100

0577 어제 햄버거를 x개, 음료수를 y개 판매하였다고 하면

$\begin{cases} x+y=260 \\ \dfrac{10}{100}x+\dfrac{20}{100}y=36 \end{cases}$, 즉 $\begin{cases} x+y=260 & \cdots\cdots\ \text{㉠} \\ x+2y=360 & \cdots\cdots\ \text{㉡} \end{cases}$

㉠−㉡을 하면 $-y=-100$ $\therefore y=100$

$y=100$을 ㉠에 대입하면 $x+100=260$ $\therefore x=160$

따라서 오늘 판매한 햄버거는

$\left(1-\dfrac{10}{100}\right)\times160=144$(개) <mark>답</mark> 144개

0578 작년에 A 기숙사에 있던 학생 수를 x, B 기숙사에 있던 학생 수를 y라 하면

$\begin{cases} \dfrac{80}{100}x+\dfrac{40}{100}y=480 \\ \dfrac{20}{100}x+\dfrac{60}{100}y=360 \end{cases}$, 즉 $\begin{cases} 2x+y=1200 & \cdots\cdots\ \text{㉠} \\ x+3y=1800 & \cdots\cdots\ \text{㉡} \end{cases}$

㉠×3−㉡을 하면 $5x=1800$ $\therefore x=360$

$x=360$을 ㉠에 대입하면 $720+y=1200$ $\therefore y=480$

따라서 작년에 A 기숙사에 있던 학생 수는 360이다. <mark>답</mark> ③

0579 지난달 휴대 전화 사용 요금을 x원, 인터넷 사용 요금을 y원이라 하면

$\begin{cases} 1.16x+1.12y=31970 \\ 1.15(x+y)=31970 \end{cases}$

즉, $\begin{cases} 29x+28y=799250 & \cdots\cdots\ \text{㉠} \\ x+y=27800 & \cdots\cdots\ \text{㉡} \end{cases}$

㉠−㉡×28을 하면 $x=20850$

$x=20850$을 ㉡에 대입하면

$20850+y=27800$ $\therefore y=6950$

따라서 지난달 휴대 전화 사용 요금이 20850원이므로 이번 달 휴대 전화 사용 요금은

$1.16\times20850=24186$(원) <mark>답</mark> 24186원

0580 전체 일의 양을 1로 놓고, 연주와 지민이가 하루에 할 수 있는 일의 양을 각각 x, y라 하면

$\begin{cases} 8x+8y=1 & \cdots\cdots\ \text{㉠} \\ 10x+4y=1 & \cdots\cdots\ \text{㉡} \end{cases}$

㉠−㉡×2를 하면 $-12x=-1$ $\therefore x=\dfrac{1}{12}$

$x=\dfrac{1}{12}$을 ㉠에 대입하면 $\dfrac{2}{3}+8y=1$, $8y=\dfrac{1}{3}$ $\therefore y=\dfrac{1}{24}$

따라서 이 일을 지민이가 혼자 하면 24일이 걸린다. <mark>답</mark> ⑤

0581 수조에 물이 가득 차 있을 때의 물의 양을 1로 놓고, A, B 호스로 1시간 동안 넣을 수 있는 물의 양을 각각 x, y라 하면

$\begin{cases} 4x+4y=1 & \cdots\cdots\ \text{㉠} \\ 5x+2y=1 & \cdots\cdots\ \text{㉡} \end{cases}$

㉠−㉡×2를 하면 $-6x=-1$ $\therefore x=\dfrac{1}{6}$

$x=\dfrac{1}{6}$을 ㉠에 대입하면 $\dfrac{2}{3}+4y=1$, $4y=\dfrac{1}{3}$ $\therefore y=\dfrac{1}{12}$

따라서 A 호스로만 수조를 가득 채우는 데 6시간이 걸린다. <mark>답</mark> ①

0582 전체 일의 양을 1로 놓고, A, B 두 사람이 하루에 칠할 수 있는 일의 양을 각각 x, y라 하면

$\begin{cases} 9x+3y=1 & \cdots\cdots\ \text{㉠} \\ 6x+4y=1 & \cdots\cdots\ \text{㉡} \end{cases}$ ⋯❶

㉠×2−㉡×3을 하면 $-6y=-1$ $\therefore y=\dfrac{1}{6}$

$y=\dfrac{1}{6}$을 ㉠에 대입하면 $9x+\dfrac{1}{2}=1$

$9x=\dfrac{1}{2}$ $\therefore x=\dfrac{1}{18}$ ⋯❷

따라서 이 일을 B가 혼자 하면 6일이 걸린다. ⋯❸

<mark>답</mark> 6일

채점 기준	배점
❶ 연립방정식 세우기	40 %
❷ 연립방정식 풀기	40 %
❸ B가 혼자 하면 며칠이 걸리는지 구하기	20 %

0583 전체 벽화의 양을 1로 놓고, A, B 두 사람이 하루에 그릴 수 있는 벽화의 양을 각각 x, y라 하면

$\begin{cases} 12x+4y=1 & \cdots\cdots\ \text{㉠} \\ 3x+7y=1 & \cdots\cdots\ \text{㉡} \end{cases}$

㉠−㉡×4을 하면 $-24y=-3$ $\therefore y=\dfrac{1}{8}$

$y=\dfrac{1}{8}$을 ㉠에 대입하면 $12x+\dfrac{1}{2}=1$

$12x=\dfrac{1}{2}$ $\therefore x=\dfrac{1}{24}$

따라서 A, B 두 사람이 함께 하루에 그릴 수 있는 벽화의 양은

$\dfrac{1}{24}+\dfrac{1}{8}=\dfrac{1}{6}$

이므로 A, B 두 사람이 함께 그리면 6일이 걸린다. <mark>답</mark> 6일

0584 목욕탕을 가득 채우는 물의 양을 1로 놓고, 수도꼭지 A, B로 1분 동안 채울 수 있는 물의 양을 각각 x, y라 하면

$$\begin{cases} 4(x+y)+2x=1 \\ 3x=y \end{cases}, \text{ 즉 } \begin{cases} 6x+4y=1 & \cdots\cdots \text{㉠} \\ y=3x & \cdots\cdots \text{㉡} \end{cases}$$

㉡을 ㉠에 대입하면 $6x+12x=1$, $18x=1$ $\therefore x=\dfrac{1}{18}$

$x=\dfrac{1}{18}$을 ㉡에 대입하면 $y=\dfrac{1}{6}$

따라서 수도꼭지 A만으로 이 목욕탕에 물을 가득 채우는 데 18분이 걸린다.　　　　　　　　　　　　　　　　　**답** 18분

0585 전체 일의 양을 1로 놓고 성훈이와 지희가 하루에 할 수 있는 일의 양을 각각 x, y라 하면

$$\begin{cases} 2x+3(x+y)=1 \\ 2y+4(x+y)=1 \end{cases}, \text{ 즉 } \begin{cases} 5x+3y=1 & \cdots\cdots \text{㉠} \\ 4x+6y=1 & \cdots\cdots \text{㉡} \end{cases}$$

㉠×2−㉡을 하면 $6x=1$ $\therefore x=\dfrac{1}{6}$

$x=\dfrac{1}{6}$을 ㉠에 대입하면 $\dfrac{5}{6}+3y=1$ $\therefore y=\dfrac{1}{18}$

따라서 이 일을 지희가 혼자 하면 18일이 걸린다.　　**답** 18일

0586 걸은 거리를 x km, 달린 거리를 y km라 하면

$$\begin{cases} x+y=4 \\ \dfrac{x}{3}+\dfrac{y}{8}=\dfrac{11}{12} \end{cases}, \text{ 즉 } \begin{cases} x+y=4 & \cdots\cdots \text{㉠} \\ 8x+3y=22 & \cdots\cdots \text{㉡} \end{cases}$$

㉠×3−㉡을 하면 $-5x=-10$ $\therefore x=2$

$x=2$를 ㉠에 대입하면 $2+y=4$ $\therefore y=2$

따라서 달린 거리는 2 km이다.　　　　　　　　　　**답** 2 km

0587 갈 때의 거리를 x km, 올 때의 거리를 y km라 하면

$10(분)=\dfrac{1}{6}(시간)$이므로

$$\begin{cases} y=x+0.5 \\ \dfrac{x}{4}+\dfrac{1}{6}+\dfrac{y}{3}=\dfrac{3}{2} \end{cases}, \text{ 즉 } \begin{cases} 2y=2x+1 & \cdots\cdots \text{㉠} \\ 3x+4y=16 & \cdots\cdots \text{㉡} \end{cases}$$

㉠을 ㉡에 대입하면 $3x+2(2x+1)=16$, $7x=14$ $\therefore x=2$

$x=2$를 ㉠에 대입하면 $2y=4+1=5$ $\therefore y=2.5$

따라서 선주가 걸은 거리는 $2+2.5=4.5(\text{km})$　**답** 4.5 km

0588 언니가 출발한 지 x분, 동생이 출발한 지 y분 후에 정문에 도착했다고 하면

$$\begin{cases} x=y+12 \\ 60x=240y \end{cases}, \text{ 즉 } \begin{cases} x=y+12 & \cdots\cdots \text{㉠} \\ x=4y & \cdots\cdots \text{㉡} \end{cases}$$

㉠을 ㉡에 대입하면 $y+12=4y$, $-3y=-12$ $\therefore y=4$

$y=4$를 ㉠에 대입하면 $x=16$

따라서 언니가 학교 정문까지 가는 데 16분이 걸렸다.

　　　　　　　　　　　　　　　　　　　　　　답 16분

0589 은호와 정미의 속력이 각각 초속 x m, 초속 y m라 하면 은호가 정미보다 빠르므로 $x>y$

두 사람이 같은 위치에서 동시에 출발하여 같은 방향으로 돌면 1분 40초, 즉 100초 후에 처음으로 만나므로 두 사람이 100초 동안 이동한 거리의 차는 호수의 둘레의 길이와 같다. 즉,

$100x-100y=200\ (\because x>y)$ $\therefore x-y=2$

또, 두 사람이 반대 방향으로 돌면 20초 후에 처음으로 만나므로 두 사람이 20초 동안 이동한 거리의 합은 호수의 둘레의 길이와 같다. 즉, $20x+20y=200$ $\therefore x+y=10$

따라서 구하는 연립방정식은

$$\begin{cases} x-y=2 & \cdots\cdots \text{㉠} \\ x+y=10 & \cdots\cdots \text{㉡} \end{cases} \quad \cdots\text{❶}$$

㉠+㉡을 하면 $2x=12$ $\therefore x=6$

$x=6$을 ㉠에 대입하면 $6-y=2$ $\therefore y=4$ $\cdots$❷

따라서 은호의 속력은 초속 6 m, 정미의 속력은 초속 4 m이다.

　　　　　　　　　　　　　　　　　　　　　　$\cdots$❸

　　　　　　　답 은호: 초속 6 m, 정미: 초속 4 m

채점 기준	배점
❶ 연립방정식 세우기	40 %
❷ 연립방정식 풀기	40 %
❸ 은호와 정미의 속력을 각각 구하기	20 %

0590 정지한 물에서의 배의 속력을 시속 x km, 강물의 속력을 시속 y km라 하면

$$\begin{cases} 3(x-y)=24 \\ 2(x+y)=24 \end{cases}, \text{ 즉 } \begin{cases} x-y=8 & \cdots\cdots \text{㉠} \\ x+y=12 & \cdots\cdots \text{㉡} \end{cases}$$

㉠+㉡을 하면 $2x=20$ $\therefore x=10$

$x=10$을 ㉡에 대입하면 $10+y=12$ $\therefore y=2$

따라서 정지한 물에서의 배의 속력은 시속 10 km이다.　**답** ④

0591 정지한 물에서의 종영이의 속력을 분속 x m, 강물의 속력을 분속 y m라 하면

$$\begin{cases} 12(x-y)=240 \\ 8(x+y)=240 \end{cases}, \text{ 즉 } \begin{cases} x-y=20 & \cdots\cdots \text{㉠} \\ x+y=30 & \cdots\cdots \text{㉡} \end{cases}$$

㉠+㉡을 하면 $2x=50$ $\therefore x=25$

$x=25$를 ㉡에 대입하면 $25+y=30$ $\therefore y=5$

따라서 강물의 속력은 분속 5 m이므로 종이배가 100 m를 떠내려가는 데 걸리는 시간은 $\dfrac{100}{5}=20(분)$이다.　**답** 20분

0592 터널의 길이를 x m, A 기차의 속력을 초속 y m라 하면 B 기차의 속력은 초속 $2y$ m이므로

$$\begin{cases} 240+x=20y & \cdots\cdots \text{㉠} \\ 120+x=14y & \cdots\cdots \text{㉡} \end{cases}$$

㉠−㉡을 하면 $120=6y$ $\therefore y=20$

$y=20$을 ㉠에 대입하면 $240+x=400$ $\therefore x=160$

따라서 이 터널의 길이는 160 m이다.   답 160 m

0593 기차의 길이를 x m, 기차의 속력을 초속 y m라 하면

$$\begin{cases} 400+x=12y & \cdots\cdots ㉠ \\ 800-x=18y & \cdots ① \end{cases}$$

㉠+㉡을 하면 $1200=30y$ $\therefore y=40$

$y=40$을 ㉠에 대입하면 $400+x=480$ $\therefore x=80$ $\cdots$ ②

따라서 기차의 길이는 80 m이고 기차의 속력은 초속 40 m이다. $\cdots$ ③

답 80 m, 초속 40 m

채점 기준	배점
❶ 연립방정식 세우기	40 %
❷ 연립방정식 풀기	40 %
❸ 기차의 길이와 속력 구하기	20 %

참고 기차가 다리를 완전히 건너기 위해 이동하는 거리는 다음 그림과 같이 (다리의 길이)+(기차의 길이)이다.

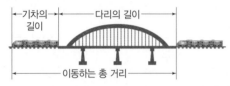

또, 기차가 터널을 통과할 때 터널에 완전히 가려져 보이지 않는 동안 이동하는 거리는 다음 그림과 같이 (터널의 길이)-(기차의 길이)이다.

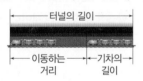

0594 6 %의 소금물의 양을 x g, 9 %의 소금물의 양을 y g이라 하면

$$\begin{cases} x+y=300 \\ \dfrac{6}{100}x+\dfrac{9}{100}y=\dfrac{7}{100}\times 300 \end{cases}$$

즉, $\begin{cases} x+y=300 & \cdots\cdots ㉠ \\ 2x+3y=700 & \cdots\cdots ㉡ \end{cases}$

㉠$\times 2-$㉡을 하면 $-y=-100$ $\therefore y=100$

$y=100$을 ㉠에 대입하면 $x+100=300$ $\therefore x=200$

따라서 6 %의 소금물의 양은 200 g이다.   답 ⑤

0595 10 %의 소금물의 양을 x g, 더 넣은 소금의 양을 y g이라 하면

$$\begin{cases} x+y=500 \\ \dfrac{10}{100}x+y=\dfrac{28}{100}\times 500 \end{cases}, \text{즉} \begin{cases} x+y=500 & \cdots\cdots ㉠ \\ x+10y=1400 & \cdots\cdots ㉡ \end{cases}$$

㉠$-$㉡을 하면 $-9y=-900$ $\therefore y=100$

$y=100$을 ㉠에 대입하면 $x+100=500$ $\therefore x=400$

따라서 더 넣은 소금의 양은 100 g이다.   답 ②

0596 소금물 A의 농도를 x %, 소금물 B의 농도를 y %라 하면

$$\begin{cases} \dfrac{x}{100}\times 200+\dfrac{y}{100}\times 100=\dfrac{4}{100}\times 300 \\ \dfrac{x}{100}\times 100+\dfrac{y}{100}\times 200=\dfrac{5}{100}\times 300 \end{cases}$$

즉, $\begin{cases} 2x+y=12 & \cdots\cdots ㉠ \\ x+2y=15 & \cdots\cdots ㉡ \end{cases}$

㉠$\times 2-$㉡을 하면 $3x=9$ $\therefore x=3$

$x=3$을 ㉠에 대입하면 $6+y=12$ $\therefore y=6$

따라서 소금물 B의 농도는 6 %이다.   답 ④

0597 처음 소금물 A의 농도를 x %, 처음 소금물 B의 농도를 y %라 하면 두 소금물을 섞었을 때, 8 %의 소금물에는 x %의 소금물 300 g과 y %의 소금물 200 g이 들어 있고, 6 %이 소금물에는 x %의 소금물 200 g과 y %의 소금물 300 g이 들어 있으므로

$$\begin{cases} \dfrac{x}{100}\times 300+\dfrac{y}{100}\times 200=\dfrac{8}{100}\times 500 \\ \dfrac{x}{100}\times 200+\dfrac{y}{100}\times 300=\dfrac{6}{100}\times 500 \end{cases}$$

즉, $\begin{cases} 3x+2y=40 & \cdots\cdots ㉠ \\ 2x+3y=30 & \cdots\cdots ㉡ \end{cases}$

㉠$\times 2-$㉡$\times 3$을 하면 $-5y=-10$ $\therefore y=2$

$y=2$를 ㉡에 대입하면 $2x+6=30$, $2x=24$ $\therefore x=12$

따라서 처음 소금물 A의 농도는 12 %이다.   답 ④

0598 구리 78 %의 합금의 무게를 x g, 구리 70 %의 합금의 무게를 y g이라 하면

$$\begin{cases} x+y=500 \\ \dfrac{78}{100}x+\dfrac{70}{100}y=\dfrac{76}{100}\times 500 \end{cases}$$

즉, $\begin{cases} x+y=500 & \cdots\cdots ㉠ \\ 39x+35y=19000 & \cdots\cdots ㉡ \end{cases}$

㉠$\times 35-$㉡을 하면 $-4x=-1500$ $\therefore x=375$

$x=375$를 ㉠에 대입하면 $375+y=500$ $\therefore y=125$

따라서 두 합금의 무게의 차는 $375-125=250$(g)이다.

답 ⑤

0599 합금 A의 양을 x g, 합금 B의 양을 y g이라 하면

$$\begin{cases} \dfrac{30}{100}x+\dfrac{20}{100}y=150 \\ \dfrac{10}{100}x+\dfrac{40}{100}y=100 \end{cases}, \text{즉} \begin{cases} 3x+2y=1500 & \cdots\cdots ㉠ \\ x+4y=1000 & \cdots\cdots ㉡ \end{cases}$$

㉠$\times 2-$㉡을 하면 $5x=2000$ $\therefore x=400$

$x=400$을 ㉡에 대입하면 $400+4y=1000$

$4y=600$ $\therefore y=150$

따라서 필요한 합금 B의 양은 150 g이다.   답 ①

0600 두 식품 A, B를 각각 1 g 섭취했을 때, 얻을 수 있는 열량과 단백질의 양은 오른쪽 표와 같다.

식품	열량(kcal)	단백질(g)
A	1	$\dfrac{1}{20}$
B	$\dfrac{6}{5}$	$\dfrac{1}{25}$

섭취해야 하는 식품 A의 양을 x g, 식품 B의 양을 y g이라 하면

$$\begin{cases} x+\dfrac{6}{5}y=420 \\ \dfrac{1}{20}x+\dfrac{1}{25}y=19 \end{cases}, \ \text{즉} \ \begin{cases} 5x+6y=2100 & \cdots\cdots\ \bigcirc \\ 5x+4y=1900 & \cdots\cdots\ \bigcirc \end{cases}$$

$\bigcirc-\bigcirc$을 하면 $2y=200$ ∴ $y=100$

$y=100$을 $\bigcirc$에 대입하면 $5x+400=1900$

$5x=1500$ ∴ $x=300$

따라서 식품 A는 300 g, 식품 B는 100 g을 섭취해야 하므로 섭취해야 할 전체 양은

$300+100=400(\text{g})$ 　　　　　　　　　　　　**답** 400 g

0601 식품 A를 x g, 식품 B를 y g 섭취한다고 하면 탄수화물은 60 g, 단백질은 30 g 얻어야 하므로

$$\begin{cases} \dfrac{24}{100}x+\dfrac{18}{100}y=60 \\ \dfrac{6}{100}x+\dfrac{12}{100}y=30 \end{cases}, \ \text{즉} \ \begin{cases} 4x+3y=1000 & \cdots\cdots\ \bigcirc \\ x+2y=500 & \cdots\cdots\ \bigcirc \end{cases}$$ **❶**

$\bigcirc-\bigcirc\times4$를 하면 $-5y=-1000$ ∴ $y=200$

$y=200$을 $\bigcirc$에 대입하면 $x+400=500$ ∴ $x=100$ ⋯ **❷**

따라서 식품 A는 100 g 섭취해야 한다. ⋯ **❸**

답 100 g

채점 기준	배점
❶ 연립방정식 세우기	40 %
❷ 연립방정식 풀기	40 %
❸ 식품 A는 몇 g 섭취해야 하는지 구하기	20 %

C step **실력 완성!** 　　　　　　　　　 **본문 127 ~ 129쪽**

0602 처음 수의 십의 자리의 숫자를 x, 일의 자리의 숫자를 y라 하면

$$\begin{cases} 10x+y=4(x+y) \\ 10y+x=2(10x+y)-12 \end{cases}$$

즉, $\begin{cases} 2x-y=0 & \cdots\cdots\ \bigcirc \\ -19x+8y=-12 & \cdots\cdots\ \bigcirc \end{cases}$

$\bigcirc\times8+\bigcirc$을 하면 $-3x=-12$ ∴ $x=4$

$x=4$를 $\bigcirc$에 대입하면 $8-y=0$ ∴ $y=8$

따라서 처음 수는 48이다. 　　　　　　　　　　　**답** 48

0603 합격자의 평균 점수를 x점, 불합격자의 평균 점수를 y점이라 하면

$$\begin{cases} \dfrac{20x+50y}{70}+2=x-3 \\ 6y=5x+9 \end{cases}, \ \text{즉} \ \begin{cases} x-y=7 & \cdots\cdots\ \bigcirc \\ 5x-6y=-9 & \cdots\cdots\ \bigcirc \end{cases}$$

$\bigcirc\times5-\bigcirc$을 하면 $y=44$

$y=44$를 $\bigcirc$에 대입하면 $x-44=7$ ∴ $x=51$

따라서 합격자의 평균 점수는 51점, 불합격자의 평균 점수는 44점이므로 전체 지원자의 평균 점수는

$\dfrac{20\times51+50\times44}{70}=46(\text{점})$ 　　　　　　**답** ②

0604 맞힌 2점 문항을 x개, 맞힌 3점 문항을 y개라 하고 배점별로 받은 총 점수를 표로 나타내면 다음과 같으므로

배점(점)	맞힌 문항 수(개)	받은 점수(점)
2	x	$2x$
3	y	$3y$
4	$y-3$	$4(y-3)$
합계	22	71

$$\begin{cases} x+y+(y-3)=22 \\ 2x+3y+4(y-3)=71 \end{cases}, \ \text{즉} \ \begin{cases} x+2y=25 & \cdots\cdots\ \bigcirc \\ 2x+7y=83 & \cdots\cdots\ \bigcirc \end{cases}$$

$\bigcirc\times2-\bigcirc$을 하면 $-3y=-33$ ∴ $y=11$

$y=11$을 $\bigcirc$에 대입하면 $x+22=25$ ∴ $x=3$

따라서 이 학생이 맞힌 3점 문항은 11개이다. 　　**답** 11개

0605 재연이가 맞힌 문제 수를 x, 틀린 문제 수를 y라 하면

$$\begin{cases} x+y=25 & \cdots\cdots\ \bigcirc \\ 5x-3y=85 & \cdots\cdots\ \bigcirc \end{cases}$$

$\bigcirc\times3+\bigcirc$을 하면 $8x=160$ ∴ $x=20$

$x=20$을 $\bigcirc$에 대입하면 $20+y=25$ ∴ $y=5$

따라서 재연이가 틀린 문제 수는 5이다. 　　　　　**답** 5

0606 진성이가 이긴 횟수를 x, 진 횟수를 y라 하면 민주가 이긴 횟수는 y, 진 횟수는 x이므로

$$\begin{cases} 4x-2y=16 \\ -2x+4y=-2 \end{cases}, \ \text{즉} \ \begin{cases} 2x-y=8 & \cdots\cdots\ \bigcirc \\ -x+2y=-1 & \cdots\cdots\ \bigcirc \end{cases}$$

$\bigcirc+\bigcirc\times2$를 하면 $3y=6$ ∴ $y=2$

$y=2$를 $\bigcirc$에 대입하면 $-x+4=-1$ ∴ $x=5$

따라서 가위바위보를 한 횟수는 $5+2=7$ 　　　　　**답** 7

0607 처음 직사각형의 가로의 길이를 x cm, 세로의 길이를 y cm라 하면

$$\begin{cases} 2(x+y)=18 \\ 2\{2x+(y+2)\}=32 \end{cases}, \ \text{즉} \ \begin{cases} x+y=9 & \cdots\cdots\ \bigcirc \\ 2x+y=14 & \cdots\cdots\ \bigcirc \end{cases}$$

$\bigcirc-\bigcirc$을 하면 $-x=-5$ $\quad\therefore x=5$

$x=5$를 $\bigcirc$에 대입하면 $5+y=9$ $\quad\therefore y=4$

따라서 처음 직사각형의 가로의 길이는 5 cm, 세로의 길이는 4 cm이므로 구하는 넓이는

$5\times4=20(\text{cm}^2)$ **目** 20 cm²

0608 할인하기 전 청바지의 판매 가격을 x원, 티셔츠의 판매 가격을 y원이라 하면

$\begin{cases} x+y=41000 \\ \dfrac{20}{100}x+\dfrac{15}{100}y=7400 \end{cases}$, 즉 $\begin{cases} x+y=41000 & \cdots\cdots\bigcirc \\ 4x+3y=148000 & \cdots\cdots\bigcirc \end{cases}$

$\bigcirc\times4-\bigcirc$을 하면 $y=16000$

$y=16000$을 $\bigcirc$에 대입하면 $x+16000=41000$

$\therefore x=25000$

따라서 할인된 청바지의 판매 가격은

$25000\times\left(1-\dfrac{20}{100}\right)=20000(\text{원})$ **目** 20000원

0609 작년 남학생 수를 x, 여학생 수를 y라 하면

$\begin{cases} x+y=750 \\ -\dfrac{8}{100}x+\dfrac{2}{100}y=-25 \end{cases}$

즉, $\begin{cases} x+y=750 & \cdots\cdots\bigcirc \\ -4x+y=-1250 & \cdots\cdots\bigcirc \end{cases}$

$\bigcirc-\bigcirc$을 하면 $5x=2000$ $\quad\therefore x=400$

$x=400$을 $\bigcirc$에 대입하면 $400+y=750$ $\quad\therefore y=350$

따라서 작년 여학생 수는 350이므로 올해 여학생 수는

$\left(1+\dfrac{2}{100}\right)\times350=357$ **目** ③

0610 전체 일의 양을 1로 놓고, A, B 두 사람이 하루에 할 수 있는 일의 양을 각각 x, y라 하면

$\begin{cases} 6x+6y=1 & \cdots\cdots\bigcirc \\ 2x+12y=1 & \cdots\cdots\bigcirc \end{cases}$

$\bigcirc\times2-\bigcirc$을 하면 $10x=1$ $\quad\therefore x=\dfrac{1}{10}$

$x=\dfrac{1}{10}$을 $\bigcirc$에 대입하면 $\dfrac{3}{5}+6y=1$, $6y=\dfrac{2}{5}$ $\quad\therefore y=\dfrac{1}{15}$

따라서 이 일을 A가 혼자 하면 10일, B가 혼자 하면 15일이 걸린다. **目** A: 10일, B: 15일

0611 흐르지 않는 물에서의 배의 속력을 시속 x km, 강물의 속력을 시속 y km라 하면

$\begin{cases} x-y=10 \\ \dfrac{1}{2}(x+y)=10 \end{cases}$, 즉 $\begin{cases} x-y=10 & \cdots\cdots\bigcirc \\ x+y=20 & \cdots\cdots\bigcirc \end{cases}$

$\bigcirc+\bigcirc$을 하면 $2x=30$ $\quad\therefore x=15$

$x=15$를 $\bigcirc$에 대입하면 $15+y=20$ $\quad\therefore y=5$

따라서 흐르지 않는 물에서의 배의 속력은 시속 15 km이므로 구하는 시간은 $\dfrac{10}{15}=\dfrac{40}{60}$(시간), 즉 40분이다. **目** 40분

0612 소금물 A의 농도를 x %, 소금물 B의 농도를 y %라 하면

$\begin{cases} \dfrac{x}{100}\times300+\dfrac{y}{100}\times300=\dfrac{11}{100}\times600 \\ \dfrac{x}{100}\times400+\dfrac{y}{100}\times500=\dfrac{12}{100}\times900 \end{cases}$

즉, $\begin{cases} x+y=22 & \cdots\cdots\bigcirc \\ 4x+5y=108 & \cdots\cdots\bigcirc \end{cases}$

$\bigcirc\times4-\bigcirc$을 하면 $-y=-20$ $\quad\therefore y=20$

$y=20$을 $\bigcirc$에 대입하면 $x+20=22$ $\quad\therefore x=2$

따라서 소금물 A의 농도는 2 %, 소금물 B의 농도는 20 %이다. **目** 소금물 A: 2 %, 소금물 B: 20 %

0613 필요한 합금 A의 양을 x g, 합금 B의 양을 y g이라 하면

$\begin{cases} x+y=480 \\ \left(\dfrac{1}{2}x+\dfrac{3}{4}y\right):\left(\dfrac{1}{2}x+\dfrac{1}{4}y\right)=2:1 \end{cases}$

즉, $\begin{cases} x+y=480 & \cdots\cdots\bigcirc \\ 2x-y=0 & \cdots\cdots\bigcirc \end{cases}$

$\bigcirc+\bigcirc$을 하면 $3x=480$ $\quad\therefore x=160$

$x=160$을 $\bigcirc$에 대입하면 $160+y=480$ $\quad\therefore y=320$

따라서 필요한 합금 A의 양은 160 g, 합금 B의 양은 320 g이다. **目** ③

0614 다연이와 상현이의 용돈을 각각 $8a$원, $5a$원, 지출한 금액을 각각 $6b$원, $5b$원이라 하면

$\begin{cases} 8a-6b=2400 \\ 5a-5b=-500 \end{cases}$, 즉 $\begin{cases} 4a-3b=1200 & \cdots\cdots\bigcirc \\ a-b=-100 & \cdots\cdots\bigcirc \end{cases}$

$\bigcirc-\bigcirc\times3$을 하면 $a=1500$

$a=1500$을 $\bigcirc$에 대입하면 $1500-b=-100$ $\quad\therefore b=1600$

따라서 다연이가 지출한 금액은 $6\times1600=9600(\text{원})$,

상현이의 용돈은 $5\times1500=7500(\text{원})$이다. **目** 9600원, 7500원

0615 기차 A의 속력과 기차 B의 속력의 비는 3 : 4이므로 두 기차 A, B의 속력을 각각 초속 $3x$ m, 초속 $4x$ m라 하자.

또, 터널과 다리의 길이의 비는 5 : 3이므로 터널의 길이를 $5y$ m, 다리의 길이를 $3y$ m라 하면

$$\begin{cases} 150+5y=12\times3x \\ 102+3y=6\times4x \end{cases} \text{, 즉 } \begin{cases} 36x-5y=150 & \cdots\cdots \text{㉠} \\ 8x-y=34 & \cdots\cdots \text{㉡} \end{cases}$$

㉠$-$㉡$\times5$를 하면 $-4x=-20$　$\therefore x=5$

$x=5$를 ㉡에 대입하면 $40-y=34$　$\therefore y=6$

따라서 다리의 길이는 $3\times6=18(\mathrm{m})$　　　🅐 18 m

0616　A의 속력을 시속 x km, B의 속력을 시속 y km라 하면

$$\begin{cases} x-y=3 \\ \dfrac{1}{5}x+\dfrac{1}{5}y=3 \end{cases} \text{, 즉 } \begin{cases} x-y=3 & \cdots\cdots \text{㉠} \\ x+y=15 & \cdots\cdots \text{㉡} \end{cases} \cdots ❶$$

㉠$+$㉡을 하면 $2x=18$　$\therefore x=9$

$x=9$를 ㉡에 대입하면 $9+y=15$　$\therefore y=6$ $\cdots$ ❷

따라서 A의 속력은 시속 9 km이다. $\cdots$ ❸

🅐 시속 9 km

채점 기준	배점
❶ 연립방정식 세우기	40 %
❷ 연립방정식 풀기	40 %
❸ A의 속력 구하기	20 %

0617　8 %의 소금물의 양을 x g, 증발시킨 물의 양을 y g이라 하면 6 %의 소금물의 양은 $2y$ g이므로

$$\begin{cases} x+2y-y=200 \\ \dfrac{8}{100}x+\dfrac{6}{100}\times2y=\dfrac{10}{100}\times200 \end{cases} \cdots ❶$$

즉, $\begin{cases} x+y=200 & \cdots\cdots \text{㉠} \\ 2x+3y=500 & \cdots\cdots \text{㉡} \end{cases}$

㉠$\times3-$㉡을 하면 $x=100$

$x=100$을 ㉠에 대입하면 $100+y=200$　$\therefore y=100$ $\cdots$ ❷

따라서 증발시킨 물의 양은 100 g이다. $\cdots$ ❸

🅐 100 g

채점 기준	배점
❶ 연립방정식 세우기	40 %
❷ 연립방정식 풀기	40 %
❸ 증발시킨 물의 양 구하기	20 %

08 일차함수와 그래프 (1)

step1 개념 익히고, 🌱

본문 133, 135쪽

0618 (1)

x	1	2	3	4	$\cdots$
y	5	6	7	8	$\cdots$

(2)

x	1	2	3	4	$\cdots$
y	1, 2, $\cdots$	2, 4, $\cdots$	3, 6, $\cdots$	4, 8, $\cdots$	$\cdots$

🅐 (1) 표는 풀이 참조, ○　(2) 표는 풀이 참조, ×

0619 (1) $f(-2)=3\times(-2)-2=-8$

(2) $f\left(\dfrac{1}{3}\right)=3\times\dfrac{1}{3}-2=-1$　　🅐 (1) -8　(2) -1

0620 (1) $f(4)=\dfrac{12}{4}=3$

(2) $f\left(-\dfrac{1}{6}\right)=12\div\left(-\dfrac{1}{6}\right)=12\times(-6)=-72$

🅐 (1) 3　(2) -72

0621　(직사각형의 넓이)$=$(가로의 길이)$\times$(세로의 길이)이므로

$24=xy$　$\therefore y=\dfrac{24}{x}$

따라서 $f(x)=\dfrac{24}{x}$이므로 $f(8)=\dfrac{24}{8}=3$

🅐 $f(x)=\dfrac{24}{x}$, $f(8)=3$

0622　🅐 (1) ×　(2) ○　(3) ○　(4) ×

0623　(2) (시간)$=\dfrac{(거리)}{(속력)}$이므로 $y=\dfrac{50}{x}$

(3) (정사각형의 넓이)$=$(한 변의 길이)^{2}이므로

$y=x^2$

🅐 (1) $y=10000+5000x$, 일차함수이다.

(2) $y=\dfrac{50}{x}$, 일차함수가 아니다.

(3) $y=x^2$, 일차함수가 아니다.

0624　🅐 (1) 4　(2) -3

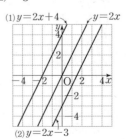

0625 답 (1) $y=5x-2$　(2) $y=-3x+\dfrac{2}{5}$

　　(3) $y=\dfrac{4}{3}x+1$　(4) $y=-\dfrac{1}{5}x-\dfrac{3}{2}$

0626 답 (1) x절편: -3, y절편: 4　(2) x절편: 2, y절편: 2

　　(3) x절편: -1, y절편: -3

0627 (1) $y=2x-4$에서

　　$y=0$일 때 $0=2x-4$, $2x=4$　∴ $x=2$

　　$x=0$일 때 $y=2\times0-4=-4$

(2) $y=-3x+9$에서

　　$y=0$일 때 $0=-3x+9$, $3x=9$　∴ $x=3$

　　$x=0$일 때 $y=-3\times0+9=9$

(3) $y=\dfrac{1}{4}x+\dfrac{1}{8}$에서

　　$y=0$일 때 $0=\dfrac{1}{4}x+\dfrac{1}{8}$, $\dfrac{1}{4}x=-\dfrac{1}{8}$　∴ $x=-\dfrac{1}{2}$

　　$x=0$일 때 $y=\dfrac{1}{4}\times0+\dfrac{1}{8}=\dfrac{1}{8}$

(4) $y=-\dfrac{4}{3}x-6$에서

　　$y=0$일 때 $0=-\dfrac{4}{3}x-6$, $\dfrac{4}{3}x=-6$　∴ $x=-\dfrac{9}{2}$

　　$x=0$일 때 $y=-\dfrac{4}{3}\times0-6=-6$

답 (1) x절편: 2, y절편: -4　(2) x절편: 3, y절편: 9

　　(3) x절편: $-\dfrac{1}{2}$, y절편: $\dfrac{1}{8}$　(4) x절편: $-\dfrac{9}{2}$, y절편: -6

0628 (1) $y=\dfrac{1}{2}x+1$에서

　　$y=0$일 때 $0=\dfrac{1}{2}x+1$, $-\dfrac{1}{2}x=1$

　　∴ $x=-2$

　　$x=0$일 때 $y=\dfrac{1}{2}\times0+1=1$

따라서 x절편은 -2, y절편은 1이고,
그래프는 오른쪽 그림과 같다.

(2) $y=-\dfrac{3}{4}x-3$에서

　　$y=0$일 때 $0=-\dfrac{3}{4}x-3$, $\dfrac{3}{4}x=-3$

　　∴ $x=-4$

　　$x=0$일 때 $y=-\dfrac{3}{4}\times0-3=-3$

따라서 x절편은 -4, y절편은 -3
이고, 그래프는 오른쪽 그림과 같다.

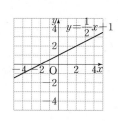

답 (1) 풀이 참조　(2) 풀이 참조

0629 (1) (기울기)$=\dfrac{+3}{+3}=1$

(2) (기울기)$=\dfrac{-2}{+4}=-\dfrac{1}{2}$

답 (1) $+3$, 1　(2) -2, $-\dfrac{1}{2}$

0630 (1) 기울기가 1이므로 $\dfrac{(y의\ 값의\ 증가량)}{3}=1$

　　∴ $(y의\ 값의\ 증가량)=3$

(2) 기울기가 $-\dfrac{5}{2}$이므로 $\dfrac{(y의\ 값의\ 증가량)}{4}=-\dfrac{5}{2}$

　　∴ $(y의\ 값의\ 증가량)=-10$　　답 (1) 3　(2) -10

0631 (1) $\dfrac{6-0}{0-(-3)}=2$

(2) $\dfrac{9-1}{-4-2}=-\dfrac{4}{3}$　　답 (1) 2　(2) $-\dfrac{4}{3}$

0632 (1) 기울기는 3, y절편은 -4이
고, 그래프는 오른쪽 그림과 같다.

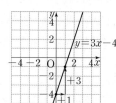

(2) 기울기는 $-\dfrac{3}{2}$, y절편은 2이고, 그
래프는 오른쪽 그림과 같다.

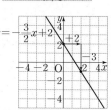

답 (1) 풀이 참조　(2) 풀이 참조

B step 기출 & 변형하면··· 본문 136 ~ 144쪽

0633 ② $x=2$일 때, 절댓값이 2인 수는 -2 또는 2로 y의 값
이 오직 하나로 정해지지 않는다. 따라서 y는 x의 함수가 아
니다.　　답 ②

0634 ① $x=2$일 때, 2와 서로소인 수는 1, 3, 5, 7, ⋯로 y의
값이 오직 하나로 정해지지 않는다. 따라서 y는 x의 함수가
아니다.

② $x=6$일 때, 6보다 작은 소수는 2, 3, 5로 y의 값이 오직 하나
로 정해지지 않는다. 따라서 y는 x의 함수가 아니다.

③ $x=2$일 때, 2와 4의 공배수는 4, 8, 12, ⋯로 y의 값이 오직
하나로 정해지지 않는다. 따라서 y는 x의 함수가 아니다.

답 ④, ⑤

0635 ㄱ. $f(-2)=\dfrac{2}{3}\times(-2)=-\dfrac{4}{3}$

ㄴ. $f(-2)=-\dfrac{3}{2}\times(-2)=3$

ㄷ. $f(-2)=-\dfrac{6}{-2}=3$

ㄹ. $f(-2)=\dfrac{3}{2\times(-2)}=-\dfrac{3}{4}$

따라서 $f(-2)=3$을 만족시키는 것은 ㄴ, ㄷ이다. 📖 ㄴ, ㄷ

0636 ① 4의 약수는 1, 2, 4의 3개이므로 $f(4)=3$

② 6의 약수는 1, 2, 3, 6의 4개이므로 $f(6)=4$

③ 2의 약수는 1, 2의 2개이고, 5의 약수는 1, 5의 2개이므로
$f(2)+f(5)=2+2=4$

④ 12의 약수는 1, 2, 3, 4, 6, 12의 6개이므로 $f(12)=6$
3의 약수는 1, 3의 2개이므로 $f(3)=2$
∴ $f(12)-f(3)=6-2=4$

⑤ 10의 약수는 1, 2, 5, 10의 4개이므로 $f(10)=4$
21의 약수는 1, 3, 7, 21의 4개이므로 $f(21)=4$
∴ $f(10)=f(21)$ 📖 ④

0637 $f(a)=5$에서 $-\dfrac{10}{a}=5$

∴ $a=-2$ 📖 -2

0638 $f(-4)=2$에서 $-4a=2$ ∴ $a=-\dfrac{1}{2}$ …❶

따라서 $f(x)=-\dfrac{1}{2}x$이고, $f(b)=\dfrac{5}{2}$이므로

$-\dfrac{1}{2}b=\dfrac{5}{2}$ ∴ $b=-5$ …❷

∴ $2a+b=2\times\left(-\dfrac{1}{2}\right)+(-5)=-1-5=-6$ …❸

📖 -6

채점 기준	배점
❶ a의 값 구하기	40 %
❷ b의 값 구하기	40 %
❸ $2a+b$의 값 구하기	20 %

0639 ㄴ. $y=-4x-1$이므로 y는 x의 일차함수이다.

ㄷ. $y=-x+2$이므로 y는 x의 일차함수이다.

ㄹ. $y=x^2-3$이므로 y는 x의 일차함수가 아니다.

ㅁ. $2y=\dfrac{x}{3}$, 즉 $y=\dfrac{x}{6}$이므로 y는 x의 일차함수이다.

ㅂ. $y=-\dfrac{1}{x}+5$는 y는 x의 일차함수가 아니다.

따라서 y가 x의 일차함수인 것은 ㄴ, ㄷ, ㅁ이다. 📖 ㄴ, ㄷ, ㅁ

0640 ① $y=120-x$이므로 y는 x의 일차함수이다.

② $y=\pi x^2$이므로 y는 x의 일차함수가 아니다.

③ $y=5000-700x$이므로 y는 x의 일차함수이다.

④ $y=\dfrac{x(x-3)}{2}$, 즉 $y=\dfrac{1}{2}x^2-\dfrac{3}{2}x$이므로 y는 x의 일차함수
가 아니다.

⑤ $y=\dfrac{1.8}{x}$이므로 y는 x의 일차함수가 아니다. 📖 ①, ③

0641 $f(2)=6$에서 $-2+a=6$ ∴ $a=8$

따라서 $f(x)=-x+8$이므로
$f(-3)=-(-3)+8=11$ 📖 ④

0642 $f(1)=2\times1-3=a$ ∴ $a=-1$

$f(b)=2b-3=5$ ∴ $b=4$

∴ $a+b=-1+4=3$ 📖 3

0643 $f(-1)=2$에서 $-a+b=2$ ……㉠

$f(3)=10$에서 $3a+b=10$ ……㉡

㉠$-$㉡을 하면 $-4a=-8$ ∴ $a=2$ …❶

$a=2$를 ㉠에 대입하면
$-2+b=2$ ∴ $b=4$ …❷

∴ $a+b=2+4=6$ …❸

📖 6

채점 기준	배점
❶ a의 값 구하기	50 %
❷ b의 값 구하기	40 %
❸ $a+b$의 값 구하기	10 %

0644 함수 $f(x)=ax+b$에 대하여

$f(1)=3$에서 $a+b=3$ ……㉠

$f(2)=1$에서 $2a+b=1$ ……㉡

㉡$-$㉠을 하면 $a=-2$

$a=-2$를 ㉠에 대입하면
$-2+b=3$ ∴ $b=5$

따라서 $f(x)=-2x+5$이므로
$f(3)=-2\times3+5=-1$ 📖 ②

0645 ① $-3\times(-4)+1=13\neq11$

② $-3\times(-1)+1=4\neq2$

③ $-3\times0+1=1\neq3$

④ $-3\times2+1=-5$

⑤ $-3\times5+1=-14\neq-16$

따라서 $y=-3x+1$의 그래프 위에 있는 점은 ④이다. 📖 ④

0646 $y=\dfrac{1}{3}x-2$의 그래프가 점 $(-3, m)$을 지나므로

$m=\dfrac{1}{3}\times(-3)-2=-3$

$y=\dfrac{1}{3}x-2$의 그래프가 점 $(n, 1)$을 지나므로

$1=\dfrac{1}{3}\times n-2$ $\therefore n=9$

$\therefore m+n=-3+9=6$ 🖉 ⑤

0647 $y=4x-1$의 그래프를 y축의 방향으로 7만큼 평행이동한 그래프의 식은

$y=4x-1+7$ $\therefore y=4x+6$

위의 식이 $y=ax+b$와 같으므로

$a=4, b=6$

$\therefore a-b=4-6=-2$ 🖉 -2

0648 $y=-5x+a$의 그래프를 y축의 방향으로 -3만큼 평행이동한 그래프의 식은

$y=-5x+a-3$

위의 식이 $y=bx-4$와 같으므로

$-5=b, a-3=-4$ $\therefore a=-1, b=-5$

$\therefore a+b=-1+(-5)=-6$ 🖉 -6

0649 $y=\dfrac{3}{4}x-2$의 그래프를 y축의 방향으로 k만큼 평행이동한 그래프의 식은

$y=\dfrac{3}{4}x-2+k$ $\cdots\cdots$ ㉠

$y=3ax$의 그래프를 y축의 방향으로 -4만큼 평행이동한 그래프의 식은

$y=3ax-4$ $\cdots\cdots$ ㉡   … ❶

㉠, ㉡이 같으므로

$\dfrac{3}{4}=3a, -2+k=-4$ $\therefore a=\dfrac{1}{4}, k=-2$ … ❷

$\therefore ak=\dfrac{1}{4}\times(-2)=-\dfrac{1}{2}$ … ❸

🖉 $-\dfrac{1}{2}$

채점 기준	배점
❶ 평행이동한 그래프의 식 구하기	50 %
❷ a, k의 값 각각 구하기	30 %
❸ ak의 값 구하기	20 %

0650 $y=2x+k$의 그래프를 y축의 방향으로 -3만큼 평행이동한 그래프의 식은 $y=2x+k-3$이므로

$k-3=2$ $\therefore k=5$

따라서 $y=2x+5$의 그래프를 y축의 방향으로 4만큼 평행이동한 그래프의 식은

$y=2x+5+4$ $\therefore y=2x+9$ 🖉 ⑤

0651 $y=-3x+1$의 그래프를 y축의 방향으로 -3만큼 평행이동한 그래프의 식은

$y=-3x+1-3$ $\therefore y=-3x-2$

이 그래프가 점 $(p, 1)$을 지나므로

$1=-3p-2, 3p=-3$ $\therefore p=-1$ 🖉 ②

0652 $y=a(x+1)$의 그래프를 y축의 방향으로 4만큼 평행이동한 그래프의 식은

$y=a(x+1)+4$ $\therefore y=ax+a+4$

이 그래프가 점 $(-5, 3)$을 지나므로

$3=-5a+a+4, 4a=1$ $\therefore a=\dfrac{1}{4}$ … ❶

$y=\dfrac{1}{4}x+\dfrac{17}{4}$의 그래프가 점 $(b, 5)$를 지나므로

$5=\dfrac{1}{4}b+\dfrac{17}{4}, \dfrac{1}{4}b=\dfrac{3}{4}$ $\therefore b=3$ … ❷

$\therefore ab=\dfrac{1}{4}\times3=\dfrac{3}{4}$ … ❸

🖉 $\dfrac{3}{4}$

채점 기준	배점
❶ a의 값 구하기	40 %
❷ b의 값 구하기	40 %
❸ ab의 값 구하기	20 %

0653 $y=4x-8$에서

$y=0$일 때 $0=4x-8, 4x=8$ $\therefore x=2$

$x=0$일 때 $y=4\times0-8=-8$

따라서 x절편은 2, y절편은 -8이므로 $a=2, b=-8$

$\therefore a+b=2+(-8)=-6$ 🖉 -6

0654 $y=kx-3$의 그래프가 점 $(-2, 1)$을 지나므로

$1=-2k-3, 2k=-4$ $\therefore k=-2$

$y=-2x-3$에서 $y=0$일 때

$0=-2x-3, 2x=-3$ $\therefore x=-\dfrac{3}{2}$

따라서 이 그래프의 x절편은 $-\dfrac{3}{2}$이다.   🖉 $-\dfrac{3}{2}$

0655 $y=4x$의 그래프를 y축의 방향으로 6만큼 평행이동한 그래프의 식은 $y=4x+6$

이 식에서 $y=0$일 때 $0=4x+6, 4x=-6$

$\therefore x=-\dfrac{3}{2}$

$x=0$일 때 $y=4\times0+6=6$

따라서 이 그래프의 x절편은 $-\dfrac{3}{2}$, y절편은 6이므로

$a=-\dfrac{3}{2}$, $b=6$ $\therefore ab=\left(-\dfrac{3}{2}\right)\times6=-9$ **탑** -9

0656 $y=-\dfrac{4}{5}x+3$의 그래프를 y축의 방향으로 -7만큼 평행이동한 그래프의 식은

$y=-\dfrac{4}{5}x+3-7$ $\therefore y=-\dfrac{4}{5}x-4$

이 식에서 $y=0$일 때 $0=-\dfrac{4}{5}x-4$, $\dfrac{4}{5}x=-4$

$\therefore x=-5$

$x=0$일 때 $y=-\dfrac{4}{5}\times0-4=-4$

따라서 이 그래프의 x절편은 -5, y절편은 -4이므로

$a=-5$, $b=-4$

$\therefore a+b=-5+(-4)=-9$ **탑** ②

0657 $y=ax+4$의 그래프의 x절편이 $\dfrac{4}{3}$이면 점 $\left(\dfrac{4}{3},\,0\right)$을 지나므로 $0=\dfrac{4}{3}a+4$ $\therefore a=-3$

따라서 $y=-3x+4$의 그래프가 점 $(k,\,-k)$를 지나므로

$-k=-3k+4$, $2k=4$ $\therefore k=2$

$\therefore a+k=-3+2=-1$ **탑** -1

0658 $y=ax-1$의 그래프를 y축의 방향으로 -3만큼 평행이동한 그래프의 식은 $y=ax-1-3$ $\therefore y=ax-4$

이때 $y=ax-4$의 그래프의 x절편이 -2이므로

$0=-2a-4$ $\therefore a=-2$

즉, $y=-2x-4$의 그래프의 y절편이 -4이므로

$b=-4$

$\therefore a+b=-2+(-4)=-6$ **탑** ①

0659 두 일차함수의 그래프가 x축에서 만나므로 두 그래프의 x절편이 같다. … **❶**

$y=\dfrac{1}{2}x+3$의 그래프의 x절편은

$0=\dfrac{1}{2}x+3$에서 $x=-6$

즉, 이 그래프의 x절편은 -6이다. … **❷**

$y=-\dfrac{2}{3}x+k$의 그래프의 x절편이 -6이므로

$0=-\dfrac{2}{3}\times(-6)+k$, $k+4=0$ $\therefore k=-4$ … **❸**

탑 -4

채점 기준	배점
❶ 두 그래프의 x절편이 같음을 알기	20 %
❷ $y=\dfrac{1}{2}x+3$의 그래프의 x절편 구하기	40 %
❸ k의 값 구하기	40 %

0660 $y=x-k$의 그래프의 x절편은

$0=x-k$에서 $x=k$, 즉 x절편은 k이다.

또, $y=-3x+2k+3$의 그래프의 y절편은 $2k+3$이므로

$k=2k+3$ $\therefore k=-3$ **탑** -3

0661 $y=-3x+4$의 그래프의 기울기가 -3이므로

$\dfrac{(k+6)-k}{(x\text{의 값의 증가량})}=-3$

즉, $\dfrac{6}{(x\text{의 값의 증가량})}=-3$

$\therefore (x\text{의 값의 증가량})=-2$ **탑** ④

0662 x의 값이 4만큼 감소할 때, y의 값이 2에서 5까지 증가하는 일차함수의 그래프의 기울기는

$\dfrac{5-2}{-4}=-\dfrac{3}{4}$

따라서 그래프의 기울기가 $-\dfrac{3}{4}$인 것은 ③이다. **탑** ③

0663 $\dfrac{-9}{4-1}=-3$이므로 $k=-3$

따라서 $\dfrac{(y\text{의 값의 증가량})}{-2}=-3$이므로

$(y\text{의 값의 증가량})=-3\times(-2)=6$ **탑** 6

0664 x의 값이 -2에서 6까지 증가할 때, y의 값의 증가량은

$f(6)-f(-2)=-24$이므로

$(\text{기울기})=\dfrac{(y\text{의 값의 증가량})}{(x\text{의 값의 증가량})}=\dfrac{f(6)-f(-2)}{6-(-2)}$

$=\dfrac{-24}{8}=-3$ **탑** ③

0665 $(\text{기울기})=\dfrac{6-1}{-3-3}=-\dfrac{5}{6}$이므로

$\dfrac{(y\text{의 값의 증가량})}{2-6}=-\dfrac{5}{6}$

$\therefore (y\text{의 값의 증가량})=-\dfrac{5}{6}\times(-4)=\dfrac{10}{3}$ **탑** ②

0666 $\dfrac{10-k}{-2-1}=-4$이므로

$10-k=12$ $\therefore k=-2$ **탑** ①

0667 $y=ax+b$의 그래프가 두 점 $(0, 4)$, $(3, 0)$을 지나므로

$a=\dfrac{0-4}{3-0}=-\dfrac{4}{3}$

따라서 $\dfrac{(y\text{의 값의 증가량})}{6}=-\dfrac{4}{3}$이므로

$(y\text{의 값의 증가량})=-\dfrac{4}{3}\times 6=-8$ **답** -8

0668 $y=f(x)$의 그래프가 두 점 $(3, 2)$, $(0, -4)$를 지나므로

$p=\dfrac{-4-2}{0-3}=2$

$y=g(x)$의 그래프가 두 점 $(3, 2)$, $(0, 5)$를 지나므로

$q=\dfrac{5-2}{0-3}=-1$

$\therefore p+q=2+(-1)=1$ **답** 1

0669 $\dfrac{4-(-2)}{-1-(-3)}=\dfrac{k-4}{4-(-1)}$이므로

$3=\dfrac{k-4}{5}$, $k-4=15$ $\therefore k=19$ **답** ④

0670 세 점이 한 직선 위에 있으므로 두 점 $(2, -5)$, $(4, k)$를 지나는 직선의 기울기와 두 점 $(2, -5)$, $(-4, -k+4)$를 지나는 직선의 기울기는 같다.

두 점 $(2, -5)$, $(4, k)$를 지나는 직선의 기울기는

$\dfrac{k-(-5)}{4-2}=\dfrac{k+5}{2}$

두 점 $(2, -5)$, $(-4, -k+4)$를 지나는 직선의 기울기는

$\dfrac{-k+4-(-5)}{-4-2}=\dfrac{k-9}{6}$

따라서 $\dfrac{k+5}{2}=\dfrac{k-9}{6}$이므로 $6(k+5)=2(k-9)$

$6k+30=2k-18$, $4k=-48$ $\therefore k=-12$ **답** ②

0671 $A(-4, -5)$, $B(1, k)$, $C(2, 4)$이고

(두 점 A, C를 지나는 직선의 기울기)

$=$(두 점 B, C를 지나는 직선의 기울기)이므로

$\dfrac{4-(-5)}{2-(-4)}=\dfrac{4-k}{2-1}$, $\dfrac{3}{2}=4-k$

$8-2k=3$, $-2k=-5$ $\therefore k=\dfrac{5}{2}$ **답** ③

0672 세 점 $(-6, 2)$, $(-4, 1)$, $(3, a)$가 한 직선 위에 있으므로

$\dfrac{1-2}{-4-(-6)}=\dfrac{a-1}{3-(-4)}$

$-\dfrac{1}{2}=\dfrac{a-1}{7}$, $2a-2=-7$ $\therefore a=-\dfrac{5}{2}$ **답** ④

0673 $y=-\dfrac{2}{5}x+6$의 그래프의 기울기는 $-\dfrac{2}{5}$, x절편은 15, y절편은 6이므로

$a=-\dfrac{2}{5}$, $b=15$, $c=6$

$\therefore abc=-\dfrac{2}{5}\times 15\times 6=-36$ **답** -36

0674 기울기는 $\dfrac{3}{4}$, x절편은 4, y절편은 -3이므로

$a=\dfrac{3}{4}$, $b=4$, $c=-3$

$\therefore ab+c=\dfrac{3}{4}\times 4+(-3)=0$ **답** ③

0675 $y=-\dfrac{2}{5}x+2$에 $y=0$을 대입하면

$0=-\dfrac{2}{5}x+2$ $\therefore x=5$

즉, x절편이 5이므로 $m=5$

$y=-\dfrac{2}{5}x+2$에 $x=0$을 대입하면

$y=-\dfrac{2}{5}\times 0+2=2$

즉, y절편이 2이므로 $n=2$

$y=-\dfrac{2}{5}x+2$의 그래프의 기울기는 $-\dfrac{2}{5}$이므로

$\dfrac{r}{5}=-\dfrac{2}{5}$ $\therefore r=-2$

$\therefore m+n-r=5+2-(-2)=9$ **답** 9

0676 $y=x-6$의 그래프의 x절편은 6, $y=-\dfrac{7}{2}x+3$의 그래프의 y절편은 3이므로 $y=ax+b$의 그래프의 x절편은 6, y절편은 3이다.   ⋯ ❶

따라서 $y=ax+b$의 그래프는 두 점 $(6, 0)$, $(0, 3)$을 지나므로

$(\text{기울기})=\dfrac{3-0}{0-6}=-\dfrac{1}{2}$ ⋯ ❷

    답 $-\dfrac{1}{2}$

채점 기준	배점
❶ $y=ax+b$의 그래프의 x절편, y절편 각각 구하기	50 %
❷ $y=ax+b$의 그래프의 기울기 구하기	50 %

0677 $y=\dfrac{5}{3}x+5$의 그래프의 x절편은 -3, y절편은 5이므로 그 그래프는 ②이다.   **답** ②

0678 $y=\dfrac{3}{2}x+3$에

$y=0$을 대입하면 $0=\dfrac{3}{2}x+3$ $\therefore x=-2$

$x=0$을 대입하면 $y=\dfrac{3}{2}\times0+3=3$

따라서 x절편은 -2, y절편은 3이므로 일

차함수 $y=\dfrac{3}{2}x+3$의 그래프는 두 점

$(-2,0)$, $(0,3)$을 지나는 직선이고 오른

쪽 그림과 같다.   **답** 풀이 참조

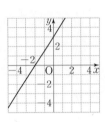

0679 ③ $y=-\dfrac{1}{3}x+2$의 그래프의 x절

편은 6, y절편은 2이므로 그 그래프는 오

른쪽 그림과 같다.

따라서 제3사분면을 지나지 않는다.   **답** ③

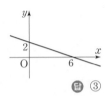

0680 ① 주어진 그래프와 평행한 그래프이므로 만나지 않는다.

② 제1, 2, 3사분면을 지나는 그래프이므로 제4사분면에서 만

　나지 않는다.

③ 주어진 그래프와 x절편이 같으므로 x축 위에서 만난다.

④ $y=-x+4$의 x절편은 4, y절

편은 4이므로 그 그래프는 오른쪽 그림과

같다.

따라서 그래프는 주어진 그래프와 제1사

분면에서 만난다.

⑤ $y=-3x+2$의 그래프의 x절편은 $\dfrac{2}{3}$, y

절편은 2이므로 그 그래프는 오른쪽 그림

과 같다.

따라서 그래프는 주어진 그래프와 제4사

분면에서 만난다.

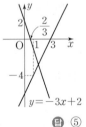

답 ⑤

0681 $y=\dfrac{1}{4}x-2$의 그래프의 x절편

은 8, y절편은 -2이므로 그 그래프는

오른쪽 그림과 같다.

따라서 구하는 넓이는

$\dfrac{1}{2}\times8\times2=8$ **답** ③

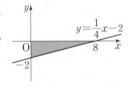

0682 $y=x-1$의 그래프를 y축의 방향으로 5만큼 평행이동

한 그래프의 식은

$y=x-1+5$ $\therefore y=x+4$

이 그래프의 x절편은 -4, y절편은 4이므로

그래프는 오른쪽 그림과 같다.

따라서 구하는 넓이는

$\dfrac{1}{2}\times4\times4=8$ **답** 8

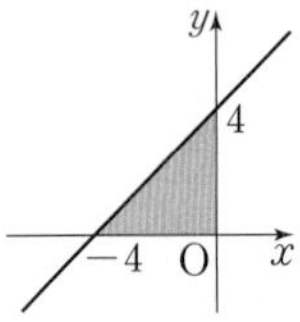

0683 $y=-x+3$의 그래프의 x절

편은 3, y절편은 3이고 $y=3x+3$

의 그래프의 x절편은 -1, y절편은

3이므로 두 그래프와 x축으로 둘러

싸인 도형은 오른쪽 그림의 색칠한

부분과 같다.

따라서 구하는 넓이는

$\dfrac{1}{2}\times\{3-(-1)\}\times3=6$ **답** ④

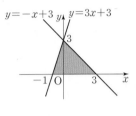

0684 $y=\dfrac{2}{3}x+2$의 그래프의 x절편은 -3, y절편은 2이고,

$y=-\dfrac{1}{2}x+2$의 그래프의 x절편은 4, y절편은 2이므로

$A(0,2)$, $B(-3,0)$, $C(4,0)$

$\therefore \triangle ABC=\dfrac{1}{2}\times\overline{BC}\times\overline{OA}$

$=\dfrac{1}{2}\times\{4-(-3)\}\times2=7$ **답** 7

0685 $a<0$일 때, $y=ax+2$의 그래프의 x

절편은 $-\dfrac{2}{a}>0$, y절편은 2이므로 그 그래프

는 오른쪽 그림과 같다.   … ❶

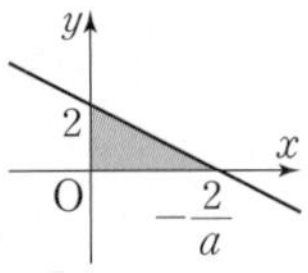

$y=ax+2$의 그래프와 x축 및 y축으로 둘러싸인 도형의 넓이

가 4이므로

$\dfrac{1}{2}\times\left(-\dfrac{2}{a}\right)\times2=4$ $\therefore a=-\dfrac{1}{2}$ … ❷

답 $-\dfrac{1}{2}$

채점 기준	배점
❶ x절편, y절편을 이용하여 그래프 그리기	50 %
❷ a의 값 구하기	50 %

0686 두 그래프가 x축에서 만나므로

두 그래프의 x절편이 같다.

$y=\dfrac{5}{6}x-\dfrac{5}{2}$의 그래프의 x절편은 3,

y절편은 $-\dfrac{5}{2}$이므로 $y=-\dfrac{1}{2}x+k$의

그래프의 x절편은 3, y절편은 k이다.

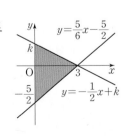

즉, $y=-\dfrac{1}{2}x+k$의 그래프가 점 $(3, 0)$을 지나므로

$0=-\dfrac{3}{2}+k$ $\therefore k=\dfrac{3}{2}$

따라서 색칠한 도형의 넓이는

$\dfrac{1}{2}\times\left\{\dfrac{3}{2}-\left(-\dfrac{5}{2}\right)\right\}\times3=6$ 답 6

C step **실력 완성!** 🌱 본문 145 ~ 147쪽

0687 ㄴ. $x=1.5$일 때, 가장 가까운 정수는 1, 2로 y의 값이 오직 하나로 정해지지 않는다. 따라서 y는 x의 함수가 아니다.

ㄹ. $x=2$일 때, 4보다 작은 자연수는 1, 2, 3으로 y의 값이 오직 하나로 정해지지 않는다. 따라서 y는 x의 함수가 아니다.

따라서 y가 x의 함수인 것은 ㄱ, ㄷ이다. 답 ㄱ, ㄷ

0688 x의 값에 따라 y의 값을 표로 나타내면 다음과 같다.

x(번째)	1	2	3	$\cdots$
y(개)	5	10	15	$\cdots$

따라서 $y=5x$, 즉 $f(x)=5x$이므로

$f(50)=5\times50=250$ 답 250

0689 $f(-2)=-5$에서

$-2a+b=-5$ $\cdots\cdots$ ㉠

$f(5)-f(1)=2$에서

$5a+b-(a+b)=2$, $4a=2$ $\therefore a=\dfrac{1}{2}$

$a=\dfrac{1}{2}$을 ㉠에 대입하면

$-1+b=-5$ $\therefore b=-4$

따라서 $f(x)=\dfrac{1}{2}x-4$이므로

$f(-4)=\dfrac{1}{2}\times(-4)-4=-6$ 답 -6

0690 ① $y=-x+1$이므로 y는 x의 일차함수이다.

② $y=\dfrac{1}{2}x+3$이므로 y는 x의 일차함수이다.

③ $y=-x^2+3$이므로 y는 x의 일차함수가 아니다.

④ $y=\dfrac{1}{2}x-2$이므로 y는 x의 일차함수이다.

⑤ $y=x$이므로 y는 x의 일차함수이다. 답 ③

0691 $f(-2)=3$에서 $-2a+9=3$

$-2a=-6$ $\therefore a=3$

따라서 $f(x)=3x+9$이므로

$f(a)=f(3)=3\times3+9=18$ 답 ④

0692 $y=-3x+a$의 그래프가 점 $(1, 5)$를 지나므로

$5=-3+a$ $\therefore a=8$

즉, $y=-3x+8$이므로 구하는 점의 좌표를 (k, k)라 하면

$k=-3k+8$, $4k=8$ $\therefore k=2$

따라서 구하는 점의 좌표는 $(2, 2)$이다. 답 $(2, 2)$

0693 $y=-ax-4$의 그래프를 y축의 방향으로 -2만큼 평행이동한 그래프의 식은

$y=-ax-4-2$ $\therefore y=-ax-6$

이 그래프가 점 $(-3, a)$를 지나므로

$a=3a-6$, $2a=6$ $\therefore a=3$ 답 3

0694 $y=-6x+k+1$의 그래프를 y축의 방향으로 $\dfrac{1}{2}$만큼 평행이동한 그래프의 식은

$y=-6x+k+1+\dfrac{1}{2}$ $\therefore y=-6x+k+\dfrac{3}{2}$

이 그래프의 x절편이 a이므로

$0=-6a+k+\dfrac{3}{2}$ $\therefore 6a-k=\dfrac{3}{2}$ $\cdots\cdots$ ㉠

이 그래프의 y절편이 $4a-3$이므로

$k+\dfrac{3}{2}=4a-3$ $\therefore 4a-k=\dfrac{9}{2}$ $\cdots\cdots$ ㉡

㉠－㉡을 하면 $2a=-3$ $\therefore a=-\dfrac{3}{2}$

$a=-\dfrac{3}{2}$을 ㉡에 대입하면 $-6-k=\dfrac{9}{2}$ $\therefore k=-\dfrac{21}{2}$

$\therefore a+k=-\dfrac{3}{2}+\left(-\dfrac{21}{2}\right)=-12$ 답 ①

0695 $y=\dfrac{x}{a}-\dfrac{b}{a}$의 그래프의 x절편이 -2이므로

$0=\dfrac{-2}{a}-\dfrac{b}{a}$, $\dfrac{2}{a}=-\dfrac{b}{a}$ $\therefore b=-2$

$y=\dfrac{x}{a}+\dfrac{2}{a}$의 그래프의 y절편이 3이므로

$3=\dfrac{2}{a}$ $\therefore a=\dfrac{2}{3}$

$\therefore a+b=\dfrac{2}{3}+(-2)=-\dfrac{4}{3}$ 답 $-\dfrac{4}{3}$

0696 $y=4x-9$의 그래프를 y축의 방향으로 -3만큼 평행이동한 그래프의 식은

$y=4x-9-3$ $\therefore y=4x-12$

이 그래프의 기울기는 4, x절편은 3, y절편은 -12이므로

$p=4$, $q=3$, $r=-12$

$\therefore p+q+r=4+3+(-12)=-5$ 답 -5

0697 $y=ax+b$의 그래프가 두 점 $(2,0)$, $(0,1)$을 지나므로

$a=\dfrac{1-0}{0-2}=-\dfrac{1}{2}$, $b=1$

따라서 $y=bx+a$, 즉 $y=x-\dfrac{1}{2}$의 그래프의 x절편은 $\dfrac{1}{2}$,

y절편은 $-\dfrac{1}{2}$이므로 그 그래프는 ②와 같다.   답 ②

0698 점 A의 x좌표를 $\dfrac{a}{2}$라 하면 $A\left(\dfrac{a}{2}, a\right)$

$\overline{AB}=a$이므로 정사각형 ABCD에서 $\overline{AD}=a$

즉, 점 D의 x좌표는 $\dfrac{a}{2}+a=\dfrac{3}{2}a$이므로 $D\left(\dfrac{3}{2}a, a\right)$

이때 점 D가 $y=-\dfrac{2}{3}x+4$의 그래프 위의 점이므로

$a=-\dfrac{2}{3}\times\dfrac{3}{2}a+4$, $2a=4$ $\therefore a=2$

따라서 정사각형 ABCD의 한 변의 길이는 2이므로 그 넓이는

$2\times2=4$ 답 4

0699 $\dfrac{f(103)-f(2)}{101}=\dfrac{f(103)-f(2)}{103-2}=-\dfrac{5}{2}$

$\dfrac{f(101)-f(4)}{97}=\dfrac{f(101)-f(4)}{101-4}=-\dfrac{5}{2}$

$\dfrac{f(99)-f(6)}{93}=\dfrac{f(99)-f(6)}{99-6}=-\dfrac{5}{2}$ 26개

$\vdots$

$\dfrac{f(53)-f(52)}{1}=\dfrac{f(53)-f(52)}{53-52}=-\dfrac{5}{2}$

$\therefore \dfrac{f(103)-f(2)}{101}+\dfrac{f(101)-f(4)}{97}+\dfrac{f(99)-f(6)}{93}$

                    $+\cdots+\dfrac{f(53)-f(52)}{1}$

$=26\times\left(-\dfrac{5}{2}\right)=-65$ 답 -65

0700 $y=ax+1$의 그래프가 삼각형 ABC와 만나려면 기울기 a의 값은 이 직선이 점 B를 지날 때의 직선의 기울기보다 크거나 같고, 점 C를 지날 때의 직선의 기울기보다 작거나 같아야 한다.

(i) $y=ax+1$의 그래프가 점 $B(4,2)$를 지날 때,

     $2=4a+1$ $\therefore a=\dfrac{1}{4}$

(ii) $y=ax+1$의 그래프가 점 $C(2,6)$을 지날 때,

     $6=2a+1$ $\therefore a=\dfrac{5}{2}$

(i), (ii)에 의하여 구하는 상수 a의 값의 범위는

$\dfrac{1}{4}\leq a\leq\dfrac{5}{2}$ 답 $\dfrac{1}{4}\leq a\leq\dfrac{5}{2}$

0701 $\dfrac{9-(4k-1)}{3-2}=\dfrac{(-k+4)-9}{4-3}$이므로

$-4k+10=-k-5$ ❶

$-3k=-15$ $\therefore k=5$ ❷

따라서 구하는 직선의 기울기는

$-4k+10=-4\times5+10=-10$ ❸

답 -10

채점 기준	배점
❶ k에 대한 식 세우기	40 %
❷ k의 값 구하기	30 %
❸ 직선의 기울기 구하기	30 %

0702 $y=-x+k$의 그래프가 점 $(-2,8)$을 지나므로

$8=2+k$ $\therefore k=6$ ❶

$y=-x+6$의 그래프의 x절편은 6,

y절편은 6이므로 그 그래프는 오른쪽 그림과 같다.

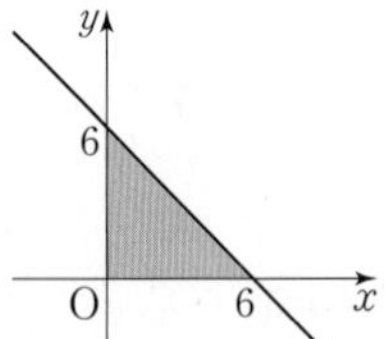

이때 색칠한 도형을 y축을 회전축으로 하여 1회전 시킬 때 생기는 입체도형은 밑면의 반지름의 길이가 6, 높이가 6인 원뿔이다.   ❷

따라서 구하는 부피는

$\dfrac{1}{3}\times(\pi\times6^2)\times6=72\pi$ ❸

답 72π

채점 기준	배점
❶ k의 값 구하기	30 %
❷ 1회전 시킬 때 생기는 입체도형 알기	40 %
❸ 입체도형의 부피 구하기	30 %

09 일차함수와 그래프 (2)

III. 일차함수

A step 개념 익히고,

0703 답 (1) ○ (2) × (3) ○

0704 (1) $y=ax+b$의 그래프에서 $a>0$인 경우이므로 ㄱ, ㄷ이다.

(2) $y=ax+b$의 그래프에서 $a<0$인 경우이므로 ㄴ, ㄹ이다.

(3) $y=ax+b$의 그래프에서 $b<0$인 경우이므로 ㄱ, ㄹ이다.

(4) ㄱ. $y=3x-7$의 그래프는 오른쪽 위로 향하고 y축과 음의 부분에서 만나므로 제2사분면을 지나지 않는다.

따라서 제2사분면을 지나는 것은 ㄴ, ㄷ, ㄹ이다.

답 (1) ㄱ, ㄷ (2) ㄴ, ㄹ (3) ㄱ, ㄹ (4) ㄴ, ㄷ, ㄹ

0705 (1) 그래프가 오른쪽 아래로 향하고, y축과 양의 부분에서 만나므로 $a<0$, $b>0$

(2) 그래프가 오른쪽 위로 향하고, y축과 양의 부분에서 만나므로 $a>0$, $b>0$

(3) 그래프가 오른쪽 위로 향하고, y축과 음의 부분에서 만나므로 $a>0$, $b<0$

(4) 그래프가 오른쪽 아래로 향하고, y축과 음의 부분에서 만나므로 $a<0$, $b<0$

답 (1) $a<0$, $b>0$ (2) $a>0$, $b>0$
(3) $a>0$, $b<0$ (4) $a<0$, $b<0$

0706 (1) 기울기가 같고 y절편이 다른 두 일차함수의 그래프는 평행하므로 ㄱ, ㄹ의 그래프는 평행하다.

(2) ㅂ. $y=\dfrac{3}{2}(x+4)=\dfrac{3}{2}x+6$

기울기가 같고 y절편도 같은 두 일차함수의 그래프는 일치하므로 ㄷ, ㅂ의 그래프는 일치한다. 답 (1) ㄱ, ㄹ (2) ㄷ, ㅂ

0707 답 -1

0708 답 -5

0709 (2) 기울기가 -1이고 y절편이 $\dfrac{2}{3}$인 직선이므로

$$y=-x+\dfrac{2}{3}$$

(3) 기울기가 5이고 y절편이 1인 직선이므로

$$y=5x+1$$

(4) 기울기가 $-\dfrac{5}{6}$이고 y절편이 2인 직선이므로

$$y=-\dfrac{5}{6}x+2$$

답 (1) $y=3x-4$ (2) $y=-x+\dfrac{2}{3}$
(3) $y=5x+1$ (4) $y=-\dfrac{5}{6}x+2$

0710 (1) 일차함수의 식을 $y=-4x+b$로 놓고 $x=2$, $y=-9$를 대입하면

$$-9=-4\times2+b \qquad \therefore b=-1$$
$$\therefore y=-4x-1$$

(2) 일차함수의 식을 $y=6x+b$로 놓고 $x=-\dfrac{1}{3}$, $y=0$을 대입하면

$$0=6\times\left(-\dfrac{1}{3}\right)+b \qquad \therefore b=2$$
$$\therefore y=6x+2$$

(3) 기울기가 $\dfrac{1}{2}$이므로 일차함수의 식을 $y=\dfrac{1}{2}x+b$로 놓고 $x=-4$, $y=4$를 대입하면

$$4=\dfrac{1}{2}\times(-4)+b \qquad \therefore b=6$$
$$\therefore y=\dfrac{1}{2}x+6$$

(4) 기울기가 $\dfrac{-9}{3}=-3$이므로 일차함수의 식을 $y=-3x+b$로 놓고 $x=-2$, $y=3$을 대입하면

$$3=-3\times(-2)+b \qquad \therefore b=-3$$
$$\therefore y=-3x-3$$

답 (1) $y=-4x-1$ (2) $y=6x+2$
(3) $y=\dfrac{1}{2}x+6$ (4) $y=-3x-3$

0711 주어진 그래프는 x의 값이 2만큼 증가할 때, y의 값은 3만큼 증가하고 x절편이 4인 직선이다.

기울기가 $\dfrac{3}{2}$이므로 일차함수의 식을 $y=\dfrac{3}{2}x+b$로 놓고 $x=4$, $y=0$을 대입하면

$$0=\dfrac{3}{2}\times4+b \qquad \therefore b=-6$$
$$\therefore y=\dfrac{3}{2}x-6 \qquad\qquad 답 \ y=\dfrac{3}{2}x-6$$

0712 (1) (기울기)$=\dfrac{1-0}{3-2}=1$이므로 일차함수의 식을 $y=x+b$로 놓고 $x=2$, $y=0$을 대입하면

$$0=2+b \qquad \therefore b=-2$$
$$\therefore y=x-2$$

(2) (기울기)$=\dfrac{-6-4}{4-(-1)}=-2$이므로 일차함수의 식을

$y=-2x+b$로 놓고 $x=-1$, $y=4$를 대입하면

$4=-2\times(-1)+b$ $\therefore b=2$

$\therefore y=-2x+2$

(3) (기울기)$=\dfrac{-2-(-6)}{-9-3}=-\dfrac{1}{3}$이므로 일차함수의 식을

$y=-\dfrac{1}{3}x+b$로 놓고 $x=3$, $y=-6$을 대입하면

$-6=-\dfrac{1}{3}\times3+b$ $\therefore b=-5$

$\therefore y=-\dfrac{1}{3}x-5$

📒 (1) $y=x-2$ (2) $y=-2x+2$ (3) $y=-\dfrac{1}{3}x-5$

0713 주어진 그래프는 두 점 $(-1,-4)$, $(1,2)$를 지나는 직선이다.

(기울기)$=\dfrac{2-(-4)}{1-(-1)}=3$이므로 일차함수의 식을

$y=3x+b$로 놓고 $x=-1$, $y=-4$를 대입하면

$-4=3\times(-1)+b$ $\therefore b=-1$

$\therefore y=3x-1$ 📒 $y=3x-1$

0714 (1) 두 점 $(2,0)$, $(0,10)$을 지나므로

(기울기)$=\dfrac{10-0}{0-2}=-5$

$\therefore y=-5x+10$

(2) 두 점 $(4,0)$, $(0,-3)$을 지나므로

(기울기)$=\dfrac{-3-0}{0-4}=\dfrac{3}{4}$

$\therefore y=\dfrac{3}{4}x-3$ 📒 (1) $y=-5x+10$ (2) $y=\dfrac{3}{4}x-3$

0715 주어진 그래프는 x절편이 -3, y절편이 -2인 직선이다.

즉, 두 점 $(-3,0)$, $(0,-2)$를 지나므로

(기울기)$=\dfrac{-2-0}{0-(-3)}=-\dfrac{2}{3}$

$\therefore y=-\dfrac{2}{3}x-2$ 📒 $y=-\dfrac{2}{3}x-2$

0716 📒 $800x$, $10000-800x$, 2800, 2800, 9, 9

0717 (3) $y=21-2x$에 $x=5$를 대입하면

$y=21-2\times5=11$

따라서 5분 후에 남아 있는 양초의 길이는 $11\,\text{cm}$이다.

📒 (1)

x(분)	0	1	2	3	…
y(cm)	21	19	17	15	…

(2) $y=21-2x$ (3) $11\,\text{cm}$

0718 주어진 일차함수의 기울기의 절댓값의 크기를 비교하면

$\left|\dfrac{1}{2}\right|<|-1|<\left|\dfrac{3}{2}\right|<|2|<\left|-\dfrac{7}{3}\right|$

기울기의 절댓값이 클수록 y축에 가까우므로 ①의 그래프가 y축에 가장 가깝다. 📒 ①

0719 $y=ax+1$의 그래프는 오른쪽 위로 향하는 직선이므로 a는 양수이다. 이때 a의 절댓값이 $y=\dfrac{1}{3}x+1$의 그래프의 기울기의 절댓값보다 크고, $y=2x+1$의 그래프의 기울기의 절댓값보다 작아야 하므로 $\dfrac{1}{3}<a<2$ 📒 $\dfrac{1}{3}<a<2$

0720 $\left|-\dfrac{3}{5}\right|<\left|-\dfrac{3}{2}\right|<|2|<|-3|<\left|-\dfrac{7}{2}\right|<|4|$

① 일차함수 $y=4x-5$의 그래프가 일차함수 $y=-\dfrac{7}{2}x+3$의 그래프보다 y축에 가깝다. 📒 ①

0721 조건 ㈎에서 기울기가 양수이고 조건 ㈏에서 기울기의 절댓값이 $|-2|$, 즉 2보다 작아야 한다.

따라서 조건을 모두 만족시키는 일차함수의 식은 ③이다.

📒 ③

0722 $a>0$, $b<0$일 때, 일차함수의 그래프는 각각 다음과 같다.

ㄱ. (기울기)$=-a<0$
   (y절편)$=b<0$

ㄴ. (기울기)$=a>0$
   (y절편)$=-b>0$

ㄷ. (기울기)$=-a<0$
   (y절편)$=-b>0$

ㄹ. (기울기)$=b<0$
   (y절편)$=a>0$

따라서 제3사분면을 지나지 않는 것은 ㄷ, ㄹ이다. 📒 ㄷ, ㄹ

0723 상수 a, b, c에 대하여 $ac>0$, $bc<0$이므로

(i) $a>0$일 때, $c>0$, $b<0$

$\therefore \dfrac{b}{a}<0$, $-\dfrac{c}{a}<0$ ···❶

(ii) $a<0$일 때, $c<0$, $b>0$

$\therefore \dfrac{b}{a}<0$, $-\dfrac{c}{a}<0$ ···❷

(i), (ii)에 의하여 $\dfrac{b}{a}<0$, $-\dfrac{c}{a}<0$이므로 $y=\dfrac{b}{a}x-\dfrac{c}{a}$의 그래프의 기울기가 음수, y절편이 음수이다.

따라서 그래프는 오른쪽 그림과 같으므로 제2, 3, 4사분면을 지난다.   … ❸

🔑 제2, 3, 4사분면

채점 기준	배점
❶ $a>0$일 때, $\dfrac{b}{a}$, $-\dfrac{c}{a}$의 부호 구하기	40 %
❷ $a<0$일 때, $\dfrac{b}{a}$, $-\dfrac{c}{a}$의 부호 구하기	40 %
❸ 그래프가 지나는 사분면 구하기	20 %

0724 $y=-ax+b$의 그래프가
오른쪽 아래로 향하는 직선이므로 $-a<0$, 즉 $a>0$
y축과 음의 부분에서 만나므로 $b<0$ 🔑 ②

0725 $y=-ax-b$의 그래프가
오른쪽 위로 향하는 직선이므로 $-a>0$, 즉 $a<0$
y축과 음의 부분에서 만나므로 $-b<0$, 즉 $b>0$
따라서 x절편이 a, y절편이 b인 일차함수의
그래프는 오른쪽 그림과 같으므로 제1, 2, 3
사분면을 지난다.

🔑 제1, 2, 3사분면

0726 $y=ax+b$의 그래프가
오른쪽 위로 향하는 직선이므로 $a>0$
y축과 양의 부분에서 만나므로 $b>0$ … ❶

$y=-bx+\dfrac{a}{b}$에서
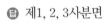
(기울기)$=-b<0$, (y절편)$=\dfrac{a}{b}>0$ … ❷

따라서 $y=-bx+\dfrac{a}{b}$의 그래프는 오른쪽
그림과 같으므로 제3사분면을 지나지 않
는다.   … ❸

🔑 제3사분면

채점 기준	배점
❶ a, b의 부호 구하기	40 %
❷ $y=-bx+\dfrac{a}{b}$의 그래프의 기울기와 y절편의 부호 구하기	40 %
❸ 그래프가 지나지 않는 사분면 구하기	20 %

0727 $y=\dfrac{b}{a}x-a$의 그래프가 오른쪽 위로 향하는 직선이므로 $\dfrac{b}{a}>0$
또, y축과 양의 부분에서 만나므로 $-a>0$
$\therefore a<0$, $b<0$
$y=bx-a-b$에서
(기울기)$=b<0$, (y절편)$=-a-b>0$
따라서 $y=bx-a-b$의 그래프는 오른쪽
그림과 같으므로 제3사분면을 지나지 않는
다.   🔑 제3사분면

0728 $y=ax+5$와 $y=-3x-7$의 그래프가 평행하므로
$a=-3$
$y=-3x+5$의 그래프가 점 $(k, -1)$을 지나므로
$-1=-3k+5$, $3k=6$ $\therefore k=2$
$\therefore a+k=-3+2=-1$ 🔑 -1

0729 $y=ax+b$와 $y=-x+1$의 그래프가 평행하므로
$a=-1$
또, $y=-x+b$와 $y=5x-3$의 그래프의 x절편이 같으므로
$b=\dfrac{3}{5}$
$\therefore a+b=-1+\dfrac{3}{5}=-\dfrac{2}{5}$ 🔑 ③

0730 $y=-ax+8$과 $y=4x-a+2b$의 그래프가 일치하므로
$-a=4$, $8=-a+2b$
따라서 $a=-4$, $b=2$이므로
$a+b=-4+2=-2$ 🔑 ③

0731 조건 ㈎에서 $2=a+3$, $8\ne2a$ $\therefore a=-1$
조건 ㈏에서 $y=2x-2$의 그래프를 y축의 방향으로 b만큼 평행이동한 그래프의 식은 $y=2x-2+b$이고, 이 일차함수의 그래프와 $y=2x+5$의 그래프가 일치하므로
$-2+b=5$ $\therefore b=7$
$\therefore b-a=7-(-1)=8$ 🔑 8

0732 ⑤ $y=-4x+5$의 그래프는 오른쪽
그림과 같으므로 제1, 2, 4사분면을 지난
다.

🔑 ⑤

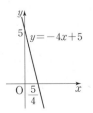

0733 주어진 그래프는 두 점 $(2, 0)$, $(0, -3)$을 지나므로

$(기울기)=\dfrac{-3-0}{0-2}=\dfrac{3}{2}$

또, y절편이 -3이므로 일차함수의 식은 $y=\dfrac{3}{2}x-3$

ㄴ. $y=\dfrac{3}{2}x-3$의 그래프와 일치한다.

ㄷ. $y=\dfrac{3}{2}(x-4)=\dfrac{3}{2}x-6$의 그래프와 평행하므로 한 점에서 만나지 않는다.

따라서 옳은 것은 ㄱ, ㄹ이다. 　　　　　　　　　　**답** ㄱ, ㄹ

0734 $y=-3x+1$의 그래프와 평행하므로 기울기는 -3이다.

$y=-\dfrac{1}{2}x+4$의 그래프와 y축 위에서 만나므로 y절편은 4이다.

따라서 구하는 일차함수의 식은

$y=-3x+4$ 　　　　　　　　　　**답** ②

0735 조건 ㈎에서 두 점 $(-2, -4)$, $(2, 8)$을 지나는 직선과 평행하므로

$(기울기)=\dfrac{8-(-4)}{2-(-2)}=3$

조건 ㈏에서 y절편이 -3이므로 조건을 모두 만족시키는 일차함수의 식은

$y=3x-3$

$y=3x-3$의 그래프가 점 $(-1, k)$를 지나므로

$k=3\times(-1)-3=-6$ 　　　　　　　　　　**답** -6

0736 두 점 $(3, 0)$, $(0, 1)$을 지나는 직선과 평행하므로

$(기울기)=\dfrac{1-0}{0-3}=-\dfrac{1}{3}$

또, 점 $(0, -3)$을 지나므로 y절편은 -3이다.

따라서 구하는 일차함수의 식은

$y=-\dfrac{1}{3}x-3$ 　　　　　　　　　　**답** $y=-\dfrac{1}{3}x-3$

0737 두 점 $(4, 0)$, $(0, 6)$을 지나는 직선과 평행하므로

$(기울기)=\dfrac{6-0}{0-4}=-\dfrac{3}{2}$

또, $y=x+1$의 그래프와 y축 위에서 만나므로 y절편은 1이다.

즉, 기울기가 $-\dfrac{3}{2}$이고 y절편이 1인 직선을 그래프로 하는 일차함수의 식은

$y=-\dfrac{3}{2}x+1$ 　　　　　　　　　　…❶

$y=-\dfrac{3}{2}x+1$의 그래프가 점 $(2a, a+5)$를 지나므로

$a+5=-\dfrac{3}{2}\times2a+1$, $a+5=-3a+1$

$4a=-4$　　∴ $a=-1$ 　　　　　　　　　　…❷

답 -1

채점 기준	배점
❶ 일차함수의 식 구하기	60 %
❷ a의 값 구하기	40 %

0738 $y=-7x+1$의 그래프와 평행하므로 기울기는 -7이다.

일차함수의 식을 $y=-7x+b$로 놓고 $x=1$, $y=-5$를 대입하면

$-5=-7+b$　　∴ $b=2$

∴ $y=-7x+2$ 　　　　　　　　　　**답** ②

0739 두 점 $(3, -4)$, $(1, 2)$를 지나는 직선과 평행하므로

$(기울기)=\dfrac{2-(-4)}{1-3}=-3$

일차함수의 식을 $y=-3x+b$로 놓고 $x=2$, $y=2$를 대입하면

$2=-3\times2+b$　　∴ $b=8$

따라서 $f(x)=-3x+8$이므로

$f(-1)=-3\times(-1)+8=11$ 　　　　　　　　**답** 11

0740 $y=ax+b$와 $y=-2x+3$의 그래프가 평행하므로

$a=-2$

즉, $y=-2x+b$의 그래프가 점 $(-3, 0)$을 지나므로

$0=6+b$　　∴ $b=-6$

∴ $a+b=-2+(-6)=-8$ 　　　　　　　　　　**답** -8

0741 $y=2x+9$의 그래프와 평행하므로 기울기는 2이다.

∴ $a=2$ 　　　　　　　　　　…❶

$y=-\dfrac{1}{4}x-1$의 그래프와 x축 위에서 만나므로 x절편은 -4이다.

즉, $y=2x+b$에 $x=-4$, $y=0$을 대입하면

$0=2\times(-4)+b$　　∴ $b=8$ 　　　　　　…❷

∴ $b-a=8-2=6$ 　　　　　　　　　　…❸

답 6

채점 기준	배점
❶ a의 값 구하기	40 %
❷ b의 값 구하기	40 %
❸ $b-a$의 값 구하기	20 %

0742 $y=ax+b$의 그래프가 두 점 $(-1, 3)$, $(3, -7)$을 지나므로

$(기울기)=\dfrac{-7-3}{3-(-1)}=-\dfrac{5}{2}$ $\therefore a=-\dfrac{5}{2}$

$y=-\dfrac{5}{2}x+b$에 $x=-1$, $y=3$을 대입하면

$3=-\dfrac{5}{2}\times(-1)+b$ $\therefore b=\dfrac{1}{2}$

$\therefore a+b=-\dfrac{5}{2}+\dfrac{1}{2}=-2$ 달 -2

다른 풀이 일차함수의 식 $y=ax+b$에 두 점 $(-1, 3)$, $(3, -7)$의 좌표를 각각 대입하면

$\begin{cases} 3=-a+b & \cdots\cdots ㉠ \\ -7=3a+b & \cdots\cdots ㉡ \end{cases}$

㉠, ㉡을 연립하여 풀면 $a=-\dfrac{5}{2}$, $b=\dfrac{1}{2}$

$\therefore a+b=-\dfrac{5}{2}+\dfrac{1}{2}=-2$

0743 두 점 $(-1, 5)$, $(4, 15)$를 지나므로

$(기울기)=\dfrac{15-5}{4-(-1)}=2$

일차함수의 식을 $y=2x+b$로 놓고 $x=-1$, $y=5$를 대입하면

$5=2\times(-1)+b$ $\therefore b=7$

따라서 $y=2x+7$의 그래프의 y절편은 7이므로 이 그래프와 y축 위에서 만나는 것은 ⑤이다.   달 ⑤

0744 $y=ax+b$의 그래프가 두 점 $(-1, 5)$, $(2, -4)$를 지나므로

$(기울기)=\dfrac{-4-5}{2-(-1)}=-3$ $\therefore a=-3$

$y=-3x+b$에 $x=-1$, $y=5$를 대입하면

$5=3+b$ $\therefore b=2$

즉, $y=-3x+2$의 그래프가 점 $(k, 8)$을 지나므로

$8=-3k+2$ $\therefore k=-2$

$\therefore a-b+k=-3-2+(-2)=-7$ 달 -7

0745 두 점 $(-1, -9)$, $(2, 9)$를 지나므로

$(기울기)=\dfrac{9-(-9)}{2-(-1)}=6$

일차함수의 식을 $y=6x+b$로 놓고 $x=-1$, $y=-9$를 대입하면 $-9=6\times(-1)+b$ $\therefore b=-3$

$y=6x-3$의 그래프를 y축의 방향으로 5만큼 평행이동한 그래프의 식은

$y=6x-3+5$ $\therefore y=6x+2$

$y=6x+2$의 그래프가 점 $(k, 4)$를 지나므로

$4=6k+2$, $6k=2$ $\therefore k=\dfrac{1}{3}$ 달 $\dfrac{1}{3}$

0746 $y=ax+b$의 그래프가 두 점 $(-2, 5)$, $(1, -4)$를 지나므로 $(기울기)=\dfrac{-4-5}{1-(-2)}=-3$ $\therefore a=-3$

$y=-3x+b$에 $x=-2$, $y=5$를 대입하면

$5=-3\times(-2)+b$ $\therefore b=-1$

따라서 $y=bx+a$, 즉 $y=-x-3$의 그래프 위에 있는 점은 ③이다.   달 ③

0747 $y=ax+b$의 그래프가 두 점 $(1, 3)$, $(-2, 9)$를 지나므로

$(기울기)=\dfrac{9-3}{-2-1}=-2$ $\therefore a=-2$ … ❶

$y=-2x+b$에 $x=1$, $y=3$을 대입하면

$3=-2+b$ $\therefore b=5$ … ❷

$y=abx+2b-a$에 $a=-2$, $b=5$를 대입하면

$y=-10x+12$ … ❸

$y=-10x+12$에 $y=0$을 대입하면

$0=-10x+12$ $\therefore x=\dfrac{6}{5}$

따라서 구하는 x절편은 $\dfrac{6}{5}$이다.   … ❹

달 $\dfrac{6}{5}$

채점 기준	배점
❶ a의 값 구하기	30 %
❷ b의 값 구하기	30 %
❸ 일차함수 $y=abx+2b-a$의 식 구하기	20 %
❹ x절편 구하기	20 %

0748 주어진 그래프는 두 점 $(-3, 0)$, $(0, 6)$을 지나므로

$(기울기)=\dfrac{6-0}{0-(-3)}=2$

또, y절편이 6이므로 일차함수의 식은 $y=2x+6$

$y=2x+6$의 그래프가 점 $(-5, k)$를 지나므로

$k=2\times(-5)+6=-4$ 달 -4

다른 풀이 주어진 그래프의 y절편이 6이므로 일차함수의 식을 $y=ax+6$으로 놓자.

x절편이 -3이므로 $y=ax+b$에 $x=-3$, $y=0$을 대입하면

$0=-3a+6$ $\therefore a=2$

$\therefore y=2x+6$

$y=2x+6$의 그래프가 점 $(-5, k)$를 지나므로

$k=2\times(-5)+6=-4$

0749 조건 ㈎에서 $y=-x+3$의 그래프와 x축 위에서 만나므로 구하는 일차함수의 x절편은 3이다.

조건 ㈏에서 $y=-\dfrac{5}{4}x-9$의 그래프와 y축 위에서 만나므로

구하는 일차함수의 y절편은 -9이다.

즉, 구하는 일차함수의 그래프는 두 점 $(3, 0)$, $(0, -9)$를 지나므로 $(기울기)=\dfrac{-9-0}{0-3}=3$

또, y절편은 -9이므로 구하는 일차함수의 식은

$y=3x-9$ 답 $y=3x-9$

0750 x절편이 2, y절편이 4인 $y=ax+b$의 그래프가 두 점 $(2, 0)$, $(0, 4)$를 지나므로

$(기울기)=\dfrac{4-0}{0-2}=-2$ $\therefore a=-2$

y절편이 4이므로 $b=4$

$y=abx+b-a$에 $a=-2$, $b=4$를 대입하면

$y=-8x+6$

$y=-8x+6$에 $y=0$을 대입하면

$0=-8x+6, 8x=6$ $\therefore x=\dfrac{3}{4}$

따라서 구하는 x절편은 $\dfrac{3}{4}$이다.   답 $\dfrac{3}{4}$

0751 주어진 일차함수의 그래프는 두 점 $(-2, 0)$, $(0, -3)$을 지나므로 $(기울기)=\dfrac{-3-0}{0-(-2)}=-\dfrac{3}{2}$

또, y절편이 -3이므로 주어진 일차함수의 식은

$y=-\dfrac{3}{2}x-3$ …… ㉠   … ❶

$y=ax-1$의 그래프를 y축의 방향으로 b만큼 평행이동한 그래프의 식은

$y=ax-1+b$ …… ㉡   … ❷

㉠, ㉡이 일치하므로 $-\dfrac{3}{2}=a$, $-3=-1+b$

따라서 $a=-\dfrac{3}{2}$, $b=-2$이므로   … ❸

$b-a=-2-\left(-\dfrac{3}{2}\right)=-\dfrac{1}{2}$ … ❹

답 $-\dfrac{1}{2}$

채점 기준	배점
❶ 주어진 일차함수의 그래프의 식 구하기	30 %
❷ 평행이동한 그래프의 식 구하기	30 %
❸ a, b의 값 각각 구하기	20 %
❹ $b-a$의 값 구하기	20 %

0752 100 m 높아질 때마다 기온이 0.6 ℃씩 내려가므로

1 m 높아질 때마다 기온이 $\dfrac{0.6}{100}=0.006(℃)$씩 내려간다.

지면으로부터 높이가 x m인 지점의 기온을 y ℃라 하면

$y=16-0.006x$

2 km=2000 m이므로 이 식에 $x=2000$을 대입하면

$y=16-0.006\times2000=16-12=4$

따라서 지면으로부터 높이가 2 km인 지점의 기온은 4 ℃이다.

답 4 ℃

0753 물을 데우기 시작한 지 x분 후의 물의 온도를 y ℃라 하면

$y=10+18x$

이 식에 $y=100$을 대입하면

$100=10+18x, 18x=90$ $\therefore x=5$

따라서 물을 데우기 시작한 지 5분 후에 물이 끓기 시작한다.

답 5분 후

0754 4 g인 물건을 달 때마다 용수철의 길이가 1 cm씩 늘어나므로 물건의 무게가 1 g씩 늘어날 때마다 용수철의 길이는 $\dfrac{1}{4}$ cm씩 늘어난다.

무게가 x g인 물건을 달았을 때, 용수철의 길이를 y cm라 하면

$y=20+\dfrac{1}{4}x$

이 식에 $x=20$을 대입하면 $y=20+\dfrac{1}{4}\times20=25$

따라서 무게가 20 g인 물건을 달았을 때, 용수철의 길이는 25 cm이다.   답 25 cm

0755 길이가 30 cm인 양초가 모두 타는 데 90분이 걸리므로 양초의 길이는 1분에 $\dfrac{30}{90}=\dfrac{1}{3}(cm)$씩 짧아진다.

양초에 불을 붙인 지 x분 후 남은 양초의 길이를 y cm라 하면

$y=30-\dfrac{1}{3}x$

이 식에 $y=12$를 대입하면

$12=30-\dfrac{1}{3}x, \dfrac{1}{3}x=18$ $\therefore x=54$

따라서 양초의 길이가 12 cm가 되는 것은 양초에 불을 붙인 지 54분 후이다.   답 54분 후

0756 물통의 뚜껑을 열면 5분에 8 L씩 물이 흘러나오므로 1분에 $\dfrac{8}{5}$ L씩 물이 흘러나온다.

뚜껑을 연 지 x분 후에 물통에 남아 있는 물의 양을 y L라 하면

$y=60-\dfrac{8}{5}x$

이 식에 $y=36$을 대입하면

$36=60-\dfrac{8}{5}x, \dfrac{8}{5}x=24$ $\therefore x=15$

따라서 뚜껑을 연 지 15분 후에 물통에 36 L의 물이 남아 있다.

답 15분 후

0757 6분에 30 L의 비율로 물을 넣으면 1분에 넣는 물의 양
은 $\dfrac{30}{6}=5\,(\text{L})$이다.

물이 30 L 들어 있는 물통에 물을 x분 동안 넣을 때의 물통의
물의 양을 y L라 하면 $y=30+5x$ ...... ㉠

들이가 100 L인 물통이므로 물통을 가득 채우는 데 걸리는 시
간은 $y=100$일 때의 x의 값과 같다.

즉, $y=100$을 ㉠에 대입하면

$100=30+5x,\ 5x=70$ $\quad \therefore x=14$

따라서 물통을 가득 채우는 데 걸리는 시간은 14분이다.

@ 14분

0758 자동차가 12 km를 달리는 데 휘발유 1 L가 소모되므
로 1 km를 달리는 데 $\dfrac{1}{12}$ L의 휘발유가 소모된다.

$\therefore y=50-\dfrac{1}{12}x$ ... ❶

이 식에 $x=60$을 대입하면 $y=50-\dfrac{1}{12}\times 60=45$

따라서 60 km를 달린 후에 남아 있는 휘발유의 양은 45 L이
다. ... ❷

@ $y=50-\dfrac{1}{12}x$, 45 L

채점 기준	배점
❶ x와 y 사이의 관계식 구하기	60 %
❷ 60 km를 달린 후에 남아 있는 휘발유의 양 구하기	40 %

참고 자동차의 연비는 연료 1 L로 달릴 수 있는 거리이므로
(사용한 휘발유의 양)=(이동한 거리)÷(연비)이다.

0759 링거 주사를 맞기 시작한 지 x분 후에 남아 있는 링거액
을 y mL라 하면 $y=600-4x$

이 식에 $y=0$을 대입하면

$0=600-4x,\ 4x=600$ $\quad \therefore x=150$

따라서 링거 주사를 다 맞는 데 150분, 즉 2시간 30분이 걸리므
로 오후 12시부터 맞기 시작하였을 때, 링거 주사를 다 맞았을
때의 시각은 오후 2시 30분이다.

@ ③

0760 서울에서 출발한 지 x시간 후에 부산까지 남은 거리를
y km라 하면 $y=440-85x$

이 식에 $y=100$을 대입하면

$100=440-85x,\ 85x=340$ $\quad \therefore x=4$

따라서 부산까지 남은 거리가 100 km가 되는 것은 출발한 지
4시간 후이다.

@ 4시간 후

0761 출발한 지 x분 후에 할머니 댁까지 남은 거리를 y km
라 하자.

성호가 x분 동안 달린 거리가 $500x$ m, 즉 $0.5x$ km이므로

$y=7-0.5x$

이 식에 $y=2$를 대입하면

$2=7-0.5x,\ 0.5x=5$ $\quad \therefore x=10$

따라서 성호가 집에서 출발한 지 10분 후에 제과점에 도착할 수
있다.

@ ③

0762 두 사람 사이의 거리를 y m라 하면 출발한 지 x초 후의
출발선에서부터 석영이의 위치까지의 거리는 $7x$ m이고, 우진
이의 위치까지의 거리는 $(50+5x)$ m이므로

$y=(50+5x)-7x$ $\quad \therefore y=50-2x$

이때 두 사람이 만나면 $y=0$이므로

$0=50-2x,\ 2x=50$ $\quad \therefore x=25$

따라서 석영이와 우진이가 만나는 데 걸리는 시간은 25초이다.

@ 25초

0763 출발 전 세나와 현우 사이의 거리는 1.2 km, 즉
1200 m이고 세나와 현우는 x분 동안 각각 $60x$ m, $180x$ m만
큼 움직이므로

$y=1200-(60x+180x)$ $\quad \therefore y=1200-240x$ ... ❶

이때 두 사람이 만나면 $y=0$이므로

$0=1200-240x,\ 240x=1200$ $\quad \therefore x=5$

따라서 두 사람이 만나는 것은 출발한 지 5분 후이다. ... ❷

@ 5분 후

채점 기준	배점
❶ x와 y 사이의 관계식 구하기	60 %
❷ 두 사람이 만나는 것은 출발한 지 몇 분 후인지 구하기	40 %

0764 점 P가 꼭짓점 A를 출발한 지 x초 후의 선분 PC의 길이
는 $(20-3x)$ cm이므로 삼각형 PBC의 넓이를 y cm^{2}라 하면

$y=\dfrac{1}{2}\times 16\times(20-3x)$ $\quad \therefore y=160-24x$

이 식에 $y=40$을 대입하면

$40=160-24x,\ 24x=120$ $\quad \therefore x=5$

따라서 삼각형 PBC의 넓이가 40 cm^{2}가 되는 것은 5초 후이다.

@ 5초 후

0765 매초 4 cm의 속력으로 움직이므로 출발한 지 x초 후에
$\overline{BP}=4x$ cm, $\overline{PC}=(16-4x)$ cm이다.

$y=\triangle ABP+\triangle DPC$

$\quad =\dfrac{1}{2}\times 4x\times 9+\dfrac{1}{2}\times(16-4x)\times 5$

$\quad =18x+40-10x$

$\quad =8x+40$

$y=8x+40$를 $y=64$에 대입하면

$64=8x+40,\ 8x=24$ $\quad \therefore x=3$

따라서 두 삼각형의 넓이의 합이 64 cm^{2}가 되는 것은 3초 후이
다.

@ 3초 후

0766 $\overline{\mathrm{PD}}=(8-x)\,$cm이므로

$$y=\frac{1}{2}\times(8-x+8)\times 6 \qquad \therefore y=48-3x \qquad \cdots \text{❶}$$

이 식에 $x=3$을 대입하면 $y=48-3\times 3=39$

따라서 $\overline{\mathrm{AP}}=3\,$cm일 때의 사다리꼴 PBCD의 넓이는

$39\,$cm^{2}이다. $\qquad \cdots \text{❷}$

目 $y=48-3x,\ 39\,$cm^2

채점 기준	배점
❶ x와 y 사이의 관계식 구하기	60 %
❷ 사다리꼴 PBCD의 넓이 구하기	40 %

0767 매초 $2\,$cm의 속력으로 움직이므로 x초 후에는 $2x\,$cm

만큼 움직인다.

점 P가 점 A를 출발하여 점 B, C를 거쳐 점 D까지 움직이므로

점 A를 출발하여 점 C까지 움직인 거리는 $12+20=32\,(\text{cm})$

이고, x초 후에 점 P가 변 CD 위에 있을 때

$\overline{\mathrm{PD}}=12-(2x-32)=44-2x\,(\text{cm})$

따라서 x와 y 사이의 관계식을 구하면

$$y=\frac{1}{2}\times(44-2x)\times 20=-20x+440$$

目 $y=-20x+440$

0768 주어진 그래프가 두 점 $(450,\,0),\ (0,\,30)$을 지나므로

$$(\text{기울기})=\frac{30-0}{0-450}=-\frac{1}{15}$$

y절편이 30이므로 주어진 그래프의 식은

$$y=-\frac{1}{15}x+30$$

이 식에 $y=20$을 대입하면

$20=-\dfrac{1}{15}x+30,\ \dfrac{1}{15}x=10 \qquad \therefore x=150$

따라서 남은 휘발유가 $20\,$L일 때, 이 자동차의 이동 거리는

$150\,$km이다. **目** $150\,$km

0769 주어진 그래프가 두 점 $(40,\,0),\ (0,\,2400)$을 지나므로

$$(\text{기울기})=\frac{2400-0}{0-40}=-60$$

y절편이 2400이므로 주어진 그래프의 식은

$y=-60x+2400$

④ $y=-60x+2400$에 $x=10$을 대입하면

$\quad y=-60\times 10+2400=1800$

따라서 출발한 지 10분 후 학교까지의 거리는 $1800\,$m이다.

目 ④

참고 ① $x=0$일 때, $y=2400$이므로 집에서 학교까지의 거리는

$\quad 2400\,$m이다.

② $y=0$일 때, $x=40$이므로 집에서 학교까지 가는 데 걸리는 시간은

$\quad 40$분이다.

③ $(\text{속력})=\dfrac{(\text{거리})}{(\text{시간})}=\dfrac{2400}{40}=60\,(\text{m/min})$이므로 우영이는 분속 $60\,$m

$\quad$로 이동하였다.

⑤ $y=600$일 때, $x=30$이므로 걸은 시간은 30분이다.

0770 주어진 그래프가 두 점 $(80,\,40),\ (120,\,45)$를 지나므로

$$(\text{기울기})=\frac{45-40}{120-80}=\frac{1}{8}$$

일차함수의 식을 $y=\dfrac{1}{8}x+b$로 놓고 $x=80,\ y=40$을 대입하

면 $40=\dfrac{1}{8}\times 80+b \qquad \therefore b=30$

$$\therefore y=\frac{1}{8}x+30 \qquad \cdots \text{❶}$$

이 식에 $x=0$을 대입하면 $y=30$

따라서 온도가 $0\,$℃일 때, 기체의 부피는 $30\,$L이다. $\qquad \cdots \text{❷}$

目 $30\,$L

채점 기준	배점
❶ x와 y 사이의 관계식 구하기	60 %
❷ 온도가 $0\,$℃일 때, 기체의 부피 구하기	40 %

0771 주어진 그래프가 두 점 $(5,\,25),\ (0,\,10)$을 지나므로

$$(\text{기울기})=\frac{10-25}{0-5}=3$$

또, y절편이 10이므로 주어진 그래프의 식은 $y=3x+10$

이 식에 $x=15$를 대입하면 $y=3\times 15+10=55$

따라서 물을 넣기 시작한 지 15초 후의 물의 높이는 $55\,$cm이

다. **目** $55\,$cm

C step 실력 완성! 🌱 본문 162 ~ 165쪽

0772 직선 l의 기울기는 음수이고, 기울기의 절댓값이

$|-2|=2$보다 작아야 하므로 알맞은 것은 ③이다. **目** ③

0773 ㈎ $a<0,\ b<0$ ㈏ $a<0,\ b>0$

㈐ $a>0,\ b>0$ ㈑ $a>0,\ b<0$

㈒ $a>0,\ b=0$

ㄱ. $a>0$인 그래프는 ㈐, ㈑, ㈒이다.

ㄴ. $b<0$인 그래프는 ㈎, ㈑이다.

ㄷ. $a>0,\ b>0$인 그래프는 ㈐이다.

ㄹ. $a<0,\ b>0$인 그래프는 ㈏이다.

따라서 옳은 것은 ㄱ, ㄴ, ㄹ이다. **目** ⑤

0774 $y=ax-b$의 그래프가 오른쪽 위로 향하는 직선이므로

$a>0$

y축과 양의 부분에서 만나므로 $-b>0$, 즉 $b<0$

① $a+b$의 부호는 알 수 없다.

② $a-b>0$

③ $ab<0$

④ $b^2>0$이므로 $a+b^2>0$

⑤ $a^2>0$이므로 $a^2b<0$

따라서 옳은 것은 ④이다. 🖪 ④

0775 두 점 $(-3, a)$, $(2, 10)$을 지나는 직선의 기울기는

$\dfrac{10-a}{2-(-3)}=\dfrac{10-a}{5}$

이 직선이 $y=-x+4$의 그래프와 평행하므로

$\dfrac{10-a}{5}=-1$, $10-a=-5$ $\therefore a=15$ 🖪 15

0776 $y=2ax+3$의 그래프를 y축의 방향으로 -4만큼 평행

이동하면 $y=2ax+3-4$ $\therefore y=2ax-1$

따라서 $y=2ax-1$의 그래프와 $y=-4x+b$의 그래프가 일치

하므로 $2a=-4$, $-1=b$ $\therefore a=-2$, $b=-1$

$\therefore ab=(-2)\times(-1)=2$ 🖪 2

0777 ① x축과 만나는 점의 좌표는 $\left(-\dfrac{b}{a}, 0\right)$이다.

② $a>0$일 때, x의 값이 증가하면 y의 값도 증가한다.

③ $b<0$일 때, y축과 음의 부분에서 만난다.

④ $a<0$, $b>0$일 때, 그 그래프는 오른쪽 그
림과 같으므로 제3사분면을 지나지 않는
다.

🖪 ⑤

0778 $(기울기)=\dfrac{-2}{4}=-\dfrac{1}{2}$이고, y절편이 6인 일차함수의

식은 $y=-\dfrac{1}{2}x+6$

이 식에 $y=0$을 대입하면

$0=-\dfrac{1}{2}x+6$, $\dfrac{1}{2}x=6$ $\therefore x=12$

따라서 구하는 x절편은 12이다. 🖪 12

0779 주어진 그래프가 두 점 $(0, 2)$, $(6, -2)$를 지나므로

$(기울기)=\dfrac{-2-2}{6-0}=-\dfrac{2}{3}$ $\therefore a=-\dfrac{2}{3}$

$y=-\dfrac{2}{3}x+b$의 그래프의 x절편이 9이면 점 $(9, 0)$을 지나므

로

$0=-\dfrac{2}{3}\times9+b$ $\therefore b=6$

$\therefore ab=\left(-\dfrac{2}{3}\right)\times6=-4$ 🖪 -4

0780 세 점 $(-1, -6)$, $(1, k)$, $(4, -2k)$를 지나므로

$(기울기)=\dfrac{k-(-6)}{1-(-1)}=\dfrac{-2k-k}{4-1}$에서 $\dfrac{k+6}{2}=-k$

$k+6=-2k$, $3k=-6$ $\therefore k=-2$

즉, 이 그래프의 기울기가 $-k=2$이므로 일차함수의 식을

$y=2x+b$로 놓고 $x=-1$, $y=-6$을 대입하면

$-6=2\times(-1)+b$ $\therefore b=-4$

따라서 $y=2x-4$의 그래프의 x절편은 2,

y절편은 -4이므로 구하는 도형의 넓이는

$\dfrac{1}{2}\times2\times4=4$ 🖪 4

0781 주어진 그래프는 두 점 $(-4, -1)$, $(2, 8)$을 지나므로

$(기울기)=\dfrac{8-(-1)}{2-(-4)}=\dfrac{3}{2}$

일차함수의 식을 $y=\dfrac{3}{2}x+b$로 놓고 $x=-4$, $y=-1$을 대입

하면 $-1=\dfrac{3}{2}\times(-4)+b$ $\therefore b=5$

따라서 $y=\dfrac{3}{2}x+5$의 그래프의 y절편은 5이다. 🖪 ③

0782 $y=ax+b$의 그래프가 두 점 $(-6, 0)$, $(0, -4)$를 지

나므로 $(기울기)=\dfrac{-4-0}{0-(-6)}=-\dfrac{2}{3}$ $\therefore a=-\dfrac{2}{3}$

y절편이 -4이므로 $b=-4$

따라서 $y=bx+a$에서 $(기울기)=b<0$, $(y절편)=a<0$

즉, $y=bx+a$의 그래프는 오른쪽 아래로 향
하고 y축과 음의 부분에서 만나므로 그 그래
프는 제1사분면을 지나지 않는다.

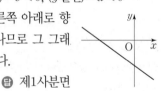

🖪 제1사분면

0783 용수철의 길이가 $1\,g$에 $\dfrac{40-35}{10}=\dfrac{1}{2}(cm)$씩 늘어나므

로 무게가 $x\,g$인 물건을 달았을 때, 용수철의 길이를 $y\,cm$라

하면 $y=35+\dfrac{1}{2}x$

이 식에 $x=20$을 대입하면 $y=35+\dfrac{1}{2}\times20=45$

따라서 무게가 $20\,g$인 물건을 달았을 때, 용수철의 길이는

$45\,cm$이다. 🖪 ②

0784 물탱크 A에는 3분에 $10\,L$씩 물을 채우므로 1분에

$\dfrac{10}{3}\,L$씩 물이 채워진다. 처음 물탱크 A에 물이 $60\,L$ 들어 있었

으므로 $y=60+\dfrac{10}{3}x$

또한, 물탱크 B에는 2분에 $9\,L$씩 물을 채우므로 1분에 $\dfrac{9}{2}\,L$씩

물이 채워진다. 처음 물탱크 B에 물이 45 L 들어 있었으므로

$y=45+\dfrac{9}{2}x$

a분 후에 물탱크 A, B에 채워진 물의 양이 b L로 같아진다고 하면 $60+\dfrac{10}{3}a=45+\dfrac{9}{2}a$이므로

$\dfrac{7}{6}a=15$ $\therefore a=\dfrac{90}{7}$

따라서 물탱크 A, B에 채워진 물의 양이 같아지는 것은 $\dfrac{90}{7}$분 후이다.

🔵 $\dfrac{90}{7}$분 후

0785 엘리베이터가 출발한 지 x초 후의 지면으로부터 엘리베이터 바닥까지의 높이를 y m라 하면 $y=60-2x$

이 식에 $y=36$을 대입하면

$36=60-2x,\ 2x=24$ $\therefore x=12$

따라서 높이가 36 m인 순간은 출발한 지 12초 후이다.

🔵 12초 후

0786 정삼각형을 1개 만들 때 필요한 성냥개비는 3개이고, 정삼각형이 1개 늘어날 때마다 성냥개비는 2개씩 늘어나므로 정삼각형 x개를 만들 때 필요한 성냥개비의 개수를 y라 하면

$y=3+2(x-1)$ $\therefore y=2x+1$

이 식에 $x=12$를 대입하면 $y=2\times12+1=25$

따라서 정삼각형 12개를 만들려면 25개의 성냥개비가 필요하다.

🔵 ③

0787 ③ 오후 1시부터 2시까지 내보낸 물의 양은 50 L, 오후 2시부터 4시까지 내보낸 물의 양은 200 L이므로 내보낸 물의 양의 비는 1 : 4이다.

🔵 ③

0788 $y=-4x+8$과 $y=ax+b$의 그래프가 평행하므로 $a=-4$

$y=-4x+8$의 그래프의 x절편은 2이므로 P$(2,\ 0)$

또, $\overline{PQ}=3$, $b<0$이므로

$y=-4x+b$의 그래프는 오른쪽 그림과 같다.

$\therefore$ Q$(-1,\ 0)$

즉, 점 Q$(-1,\ 0)$은 $y=-4x+b$의 그래프 위에 있으므로

$0=-4\times(-1)+b$ $\therefore b=-4$ 🔵 $a=-4,\ b=-4$

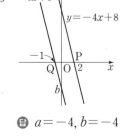

0789 8분 동안 향초의 길이가 10 cm 짧아졌으므로 1분마다 향초의 길이는 $\dfrac{10}{8}=\dfrac{5}{4}$(cm)씩 짧아진다.

처음의 향초의 길이를 a cm, 불을 붙인 지 x분 후의 향초의 길이를 y cm라 하면

$y=a-\dfrac{5}{4}x$

4분 후의 향초의 길이는 20 cm이므로 이 식에 $x=4,\ y=20$을 대입하면

$20=a-\dfrac{5}{4}\times4,\ 20=a-5$ $\therefore a=25$

즉, 불을 붙이기 전 처음의 향초의 길이는 25 cm이다.

$y=25-\dfrac{5}{4}x$에 $y=0$을 대입하면

$0=25-\dfrac{5}{4}x,\ \dfrac{5}{4}x=25$ $\therefore x=20$

따라서 향초를 다 태우는 데 걸리는 시간은 20분이다.

🔵 25 cm, 20분

0790 $y=\dfrac{a}{c}x-\dfrac{b}{c}$의 그래프가

오른쪽 아래로 향하는 직선이므로 $\dfrac{a}{c}<0$

y축과 음의 부분에서 만나므로 $-\dfrac{b}{c}<0$, 즉 $\dfrac{b}{c}>0$

이때 $a>0$이면 $b<0$, $c<0$이고 $a<0$이면 $b>0$, $c>0$이므로

$y=abx+bc$에서 (기울기)$=ab<0$, (y절편)$=bc>0$ … ❶

따라서 $y=abx+bc$의 그래프는 오른쪽 아래로 향하고 y축과 양의 부분에서 만나므로 그 그래프는 제3사분면을 지나지 않는다. … ❷

🔵 제3사분면

채점 기준	배점
❶ $y=abx+bc$의 그래프의 기울기와 y절편의 부호 구하기	60 %
❷ $y=abx+bc$의 그래프가 지나지 않는 사분면 구하기	40 %

0791 출발한 지 x초 후의 공원 입구에서부터 민찬이까지의 거리는 $5x$ m, 선미까지의 거리는 $(3x+500)$ m이므로

$y=3x+500-5x$ $\therefore y=-2x+500$ … ❶

이때 민찬이가 선미를 따라 잡으면 $y=0$이므로

$0=-2x+500$ $\therefore x=250$

따라서 민찬이가 선미를 따라 잡는 것은 250초 후이다. … ❷

🔵 $y=-2x+500$, 250초 후

채점 기준	배점
❶ x와 y 사이의 관계식 구하기	60 %
❷ 민찬이가 선미를 따라 잡는 데 걸리는 시간 구하기	40 %

10 일차함수와 일차방정식의 관계

step 1 개념 익히고, 🎵

본문 167, 169쪽

0792 🔑 (1) $y=x+2$, 1, -2, 2

(2) $y=-3x+9$, -3, 3, 9

(3) $y=\dfrac{1}{4}x-2$, $\dfrac{1}{4}$, 8, -2

(4) $y=-\dfrac{1}{3}x-\dfrac{1}{6}$, $-\dfrac{1}{3}$, $-\dfrac{1}{2}$, $-\dfrac{1}{6}$

(5) $y=\dfrac{2}{3}x-4$, $\dfrac{2}{3}$, 6, -4

0793 (1) ㄱ. $y=-6x+1$　　ㄴ. $y=\dfrac{1}{2}x-2$

ㄷ. $y=-\dfrac{1}{5}x-2$　　ㄹ. $y=2x+7$

이 중에서 기울기가 음수인 것은 ㄱ, ㄷ이다.

(2) 기울기가 양수인 것은 ㄴ, ㄹ이다.

(3) y절편이 양수인 것은 ㄱ, ㄹ이다.

(4) ㄱ. (기울기)<0, (y절편)>0이므로 그 그래프는 제1, 2, 4사
분면을 지난다.

ㄴ. (기울기)>0, (y절편)<0이므로 그 그래프는 제1, 3, 4사
분면을 지난다.

ㄷ. (기울기)<0, (y절편)<0이므로 그 그래프는 제2, 3, 4사
분면을 지난다.

ㄹ. (기울기)>0, (y절편)>0이므로 그 그래프는 제1, 2, 3사
분면을 지난다.

따라서 제1사분면을 지나는 그래프는 ㄱ, ㄴ, ㄹ이다.

(5) y절편이 같은 것은 ㄴ, ㄷ이다.

🔑 (1) ㄱ, ㄷ　　(2) ㄴ, ㄹ　　(3) ㄱ, ㄹ

(4) ㄱ, ㄴ, ㄹ　　(5) ㄴ, ㄷ

0794 🔑 (1) $2x+4y-8=0$

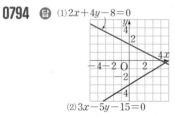

(2) $3x-5y-15=0$

0795 🔑

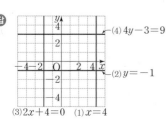

(4) $4y-3=9$

(2) $y=-1$

(3) $2x+4=0$　　(1) $x=4$

0796 🔑 (1) $x=5$　　(2) $y=-3$

0797 🔑 (1) $y=7$　　(2) $x=-3$　　(3) $x=5$

(4) $y=-6$　　(5) $y=-4$　　(6) $x=\dfrac{1}{5}$

0798 🔑 (1) $(2, 1)$　　(2) $x=2$, $y=1$

0799 (1)

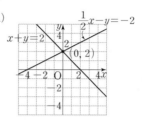

(2) $2x+y=1$

🔑 (1) $x=0$, $y=2$　　(2) $x=1$, $y=-1$

0800 (1) 연립방정식 $\begin{cases} y=-x-3 & \cdots\cdots ㉠ \\ y=x+1 & \cdots\cdots ㉡ \end{cases}$에서

㉠을 ㉡에 대입하면

$-x-3=x+1$, $-2x=4$　　∴ $x=-2$

$x=-2$를 ㉡에 대입하면 $y=-2+1=-1$

따라서 두 그래프의 교점의 좌표는 $(-2, -1)$이다.

(2) 연립방정식 $\begin{cases} y=2x-4 & \cdots\cdots ㉠ \\ y=-\dfrac{1}{5}x+7 & \cdots\cdots ㉡ \end{cases}$에서

㉠을 ㉡에 대입하면

$2x-4=-\dfrac{1}{5}x+7$, $\dfrac{11}{5}x=11$　　∴ $x=5$

$x=5$를 ㉠에 대입하면 $y=2\times5-4=6$

따라서 두 그래프의 교점의 좌표는 $(5, 6)$이다.

🔑 (1) $(-2, -1)$　　(2) $(5, 6)$

0801 (1)

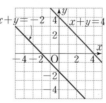

(2) $2x+y=-3$

🔑 (1) 해가 없다.　　(2) 해가 무수히 많다.

0802 (1) ㄷ. $2x-y=-3$에서 $y=2x+3$

$x+2y=1$에서 $y=-\dfrac{1}{2}x+\dfrac{1}{2}$

따라서 두 직선 $2x-y=-3$, $x+2y=1$은 기울기가 다르므로 한 점에서 만난다. 즉, 연립방정식 ㄷ의 해가 한 쌍이다.

(2) ㄱ. $x-y=1$에서 $y=x-1$

$2x-2y=-1$에서 $y=x+\dfrac{1}{2}$

따라서 두 직선 $x-y=1$, $2x-2y=-1$은 기울기는 같고 y절편은 다르므로 서로 평행하다. 즉, 연립방정식 ㄱ의 해가 없다.

(3) ㄴ. $3x+2y=5$에서 $y=-\dfrac{3}{2}x+\dfrac{5}{2}$

$6x+4y=10$에서 $y=-\dfrac{3}{2}x+\dfrac{5}{2}$

따라서 두 직선 $3x+2y=5$, $6x+4y=10$은 기울기와 y절편이 각각 같으므로 서로 일치한다. 즉, 연립방정식 ㄴ의 해가 무수히 많다. 📘 (1) ㄷ (2) ㄱ (3) ㄴ

0803 $\begin{cases} ax-y=-2 \\ 3x+y=b \end{cases}$에서 $\begin{cases} y=ax+2 \\ y=-3x+b \end{cases}$

(1) 연립방정식의 해가 한 쌍이려면 두 직선의 기울기가 달라야 하므로 $a\neq-3$

(2) 연립방정식의 해가 없으려면 두 직선의 기울기는 같고 y절편은 달라야 하므로
$a=-3$, $b\neq2$

(3) 연립방정식의 해가 무수히 많으려면 두 직선의 기울기와 y절편이 각각 같아야 하므로
$a=-3$, $b=2$

📘 (1) $a\neq-3$ (2) $a=-3$, $b\neq2$ (3) $a=-3$, $b=2$

B step 기출 & 변형하면… 본문 170 ~ 181쪽

0804 $3x-2y+6=0$에서 $y=\dfrac{3}{2}x+3$

① 오른쪽 위로 향하는 직선이다.

③ x절편은 -2이다.

④ 직선 $y=\dfrac{2}{3}x$와 기울기가 다르므로 서로 평행하지 않다.

따라서 옳은 것은 ②, ⑤이다. 📘 ②, ⑤

0805 $-x+3y-9=0$에서 $y=\dfrac{1}{3}x+3$

$\therefore a=\dfrac{1}{3}$, $c=3$ … ❶

$-x+3y-9=0$에 $y=0$을 대입하면 $x=-9$이므로
$b=-9$ … ❷

$\therefore abc=\dfrac{1}{3}\times(-9)\times3=-9$ … ❸

📘 -9

채점 기준	배점
❶ a, c의 값 각각 구하기	60 %
❷ b의 값 구하기	30 %
❸ abc의 값 구하기	10 %

0806 $4x+y-8=0$에서 $y=-4x+8$ 📘 ⑤

0807 $2x+3y=12$에서 $3y=-2x+12$

$\therefore y=-\dfrac{2}{3}x+4$

따라서 $a=-\dfrac{2}{3}$, $b=4$이므로

$ab=\left(-\dfrac{2}{3}\right)\times4=-\dfrac{8}{3}$ 📘 $-\dfrac{8}{3}$

0808 ① $3\times(-8)-4\times(-3)+12=0$

② $3\times(-4)-4\times0+12=0$

③ $3\times0-4\times3+12=0$

④ $3\times2-4\times4+12\neq0$

⑤ $3\times4-4\times6+12=0$

따라서 주어진 일차방정식의 그래프 위의 점이 아닌 것은 ④이다. 📘 ④

0809 ① $-1-1-2\neq0$

② $-1+2\times1+1\neq0$

③ $2\times(-1)-1+2\neq0$

④ $2\times(-1)+3\times1-1=0$

⑤ $3\times(-1)+1+3\neq0$

따라서 그래프가 점 $(-1, 1)$을 지나는 것은 ④이다. 📘 ④

0810 $2x-y+5=0$에 $x=2a$, $y=a-4$를 대입하면
$4a-(a-4)+5=0$, $3a=-9$

$\therefore a=-3$ 📘 -3

0811 $4x+5y-10=0$에 $x=a$, $y=6$을 대입하면
$4a+5\times6-10=0$, $4a=-20$

$\therefore a=-5$ … ❶

$4x+5y-10=0$에 $x=5, y=b$를 대입하면

$4 \times 5 + 5b - 10 = 0,\ 5b = -10$

$\therefore b = -2$　　　　　　　　　　　　… ❷

$\therefore a + b = -5 + (-2) = -7$　　　… ❸

　　　　　　　　　　　　　　　　🔘 -7

채점 기준	배점
❶ a의 값 구하기	40 %
❷ b의 값 구하기	40 %
❸ $a+b$의 값 구하기	20 %

0812 $x+ay-9=0$에 $x=-1, y=5$를 대입하면

$-1+5a-9=0,\ 5a=10$　　$\therefore a=2$

따라서 $x+2y-9=0$에서 $y=-\dfrac{1}{2}x+\dfrac{9}{2}$이므로 그래프의 y절편은 $\dfrac{9}{2}$이다.　　　　　　　　🔘 ④

0813 $2x+y=k$에 $x=6, y=-3$을 대입하면

$12-3=k$　　$\therefore k=9$

$2x+y=9$에 $x=3, y=m$을 대입하면

$6+m=9$　　$\therefore m=3$

$\therefore k+m=9+3=12$　　　　　　　🔘 12

0814 $ax+by-6=0$에서 $y=-\dfrac{a}{b}x+\dfrac{6}{b}$

주어진 그래프의 기울기가 $-\dfrac{3}{4}$, y절편이 $\dfrac{3}{2}$이므로

$-\dfrac{a}{b}=-\dfrac{3}{4},\ \dfrac{6}{b}=\dfrac{3}{2}$　　$\therefore a=3, b=4$

$\therefore ab=3 \times 4=12$　　　　　　　🔘 12

0815 $ax-by-6=0$에서 $y=\dfrac{a}{b}x-\dfrac{6}{b}$

주어진 그래프의 기울기가 1, y절편이 -2이므로

$\dfrac{a}{b}=1,\ -\dfrac{6}{b}=-2$　　$\therefore a=3, b=3$

$\therefore ab=3 \times 3=9$　　　　　　　🔘 9

0816 기울기가 $-\dfrac{4}{3}$이므로 직선의 방정식을

$y=-\dfrac{4}{3}x+b$로 놓고 $x=-6, y=3$을 대입하면

$3=-\dfrac{4}{3} \times (-6)+b$　　$\therefore b=-5$

따라서 구하는 직선의 방정식은 $y=-\dfrac{4}{3}x-5$,

즉 $4x+3y+15=0$이다.　　🔘 $4x+3y+15=0$

0817 $12x+6y-5=0$에서 $y=-2x+\dfrac{5}{6}$

이 그래프와 평행한 직선의 방정식을 $y=-2x+b$로 놓자.

일차방정식 $4x-5y+6=0$의 그래프의 x절편은 $-\dfrac{3}{2}$이므로 구하는 직선의 x절편은 $-\dfrac{3}{2}$이다.

$y=-2x+b$에 $x=-\dfrac{3}{2}, y=0$을 대입하면

$0=-2 \times \left(-\dfrac{3}{2}\right)+b$　　$\therefore b=-3$

따라서 구하는 직선의 방정식은 $y=-2x-3$,

즉 $2x+y+3=0$이다.　　　　　　　🔘 ④

0818 점 $(-2, 5)$를 지나고 y축에 수직인 직선의 방정식은 $y=5$, 즉 $y-5=0$　　　　　　🔘 ④

0819 y축에 평행한 직선이 지나는 두 점의 x좌표가 서로 같아야 하므로

$2k=-k-6,\ 3k=-6$　　$\therefore k=-2$　　🔘 ①

0820 $y=-x-7$에 $x=2k, y=k-1$을 대입하면

$k-1=-2k-7,\ 3k=-6$　　$\therefore k=-2$　… ❶

따라서 점 $(-4, -3)$을 지나고 x축에 수직인 직선의 방정식은 $x=-4$　　　　　　　　　… ❷

　　　　　　　　　　　　　　🔘 $x=-4$

채점 기준	배점
❶ k의 값 구하기	50 %
❷ 직선의 방정식 구하기	50 %

0821 $y=-\dfrac{1}{2}x+3$에 $x=0$을 대입하면

$y=-\dfrac{1}{2} \times 0+3=3$

따라서 점 $(0, 3)$을 지나고 x축에 평행한 직선의 방정식은 $y=3$　　　　　　　　　🔘 $y=3$

0822 네 직선 $x=0\,(y$축$)$, $y=0\,(x$축$)$, $x=4, y=-3$은 오른쪽 그림과 같으므로 구하는 넓이는 $4 \times 3=12$　🔘 12

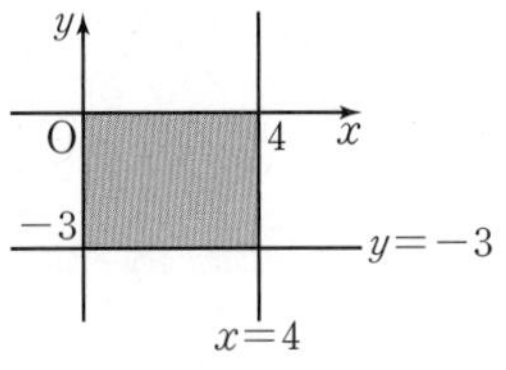

0823 네 직선 $x=-\dfrac{1}{2}$, $x=\dfrac{9}{2}$, $y=a$, $y=5a$ $(a>0)$는 오른쪽 그림과 같다. $\cdots$ ❶

네 직선으로 둘러싸인 도형의 넓이가 20이므로

$\left\{\dfrac{9}{2}-\left(-\dfrac{1}{2}\right)\right\}\times(5a-a)=20$

$5\times4a=20$ ∴ $a=1$ $\cdots$ ❷

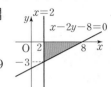

🅐 1

채점 기준	배점
❶ 네 직선을 좌표평면 위에 나타내기	60 %
❷ a의 값 구하기	40 %

0824 $ax+y+b=0$에서 $y=-ax-b$

주어진 그래프에서 (기울기)$=-a>0$, (y절편)$=-b<0$이므로 $a<0$, $b>0$ 🅐 ③

0825 $ax-by+c=0$에서 $y=\dfrac{a}{b}x+\dfrac{c}{b}$

주어진 그래프에서 (기울기)$=\dfrac{a}{b}<0$, (y절편)$=\dfrac{c}{b}<0$

이때 $cx+by-a=0$에서 $y=-\dfrac{c}{b}x+\dfrac{a}{b}$

따라서 $-\dfrac{c}{b}>0$, $\dfrac{a}{b}<0$이므로 $cx+by-a=0$의 그래프로 알맞은 것은 ④이다. 🅐 ④

0826 $ax+by+c=0$에서 $y=-\dfrac{a}{b}x-\dfrac{c}{b}$

$a\neq0$, $b\neq0$, $c\neq0$이므로 그래프가 제2사분면을 지나지 않으려면

(기울기)$=-\dfrac{a}{b}>0$, (y절편)$=-\dfrac{c}{b}<0$

이때 $\dfrac{a}{b}<0$이므로 a와 b의 부호는 다르고, $\dfrac{c}{b}>0$이므로 b와 c의 부호는 같다.

따라서 옳은 것은 ㄷ, ㄹ이다. 🅐 ㄷ, ㄹ

0827 $ax+by-1=0$의 그래프가 x축에 수직이려면 $x=p$ (p는 상수) 꼴이어야 하므로 $b=0$

$ax-1=0$, 즉 $x=\dfrac{1}{a}$의 그래프가 제2사분면과 제3사분면만을 지나려면 $\dfrac{1}{a}<0$ ∴ $a<0$ 🅐 ④

0828 $x-2y-8=0$에 $x=2$를 대입하면

$2-2y-8=0$, $-2y=6$ ∴ $y=-3$

즉, 두 직선 $x=2$, $x-2y-8=0$의 교점의 좌표는 $(2, -3)$이다.

$x-2y-8=0$에 $y=0$을 대입하면

$x-8=0$ ∴ $x=8$

즉, 직선 $x-2y-8=0$과 x축의 교점의 좌표는 $(8, 0)$이다.

따라서 오른쪽 그림에서 구하는 도형의 넓이는

$\dfrac{1}{2}\times(8-2)\times3=9$ 🅐 9

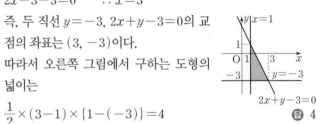

0829 $2x+y-3=0$에 $x=1$을 대입하면

$2+y-3=0$ ∴ $y=1$

즉, 두 직선 $x=1$, $2x+y-3=0$의 교점의 좌표는 $(1, 1)$이다.

$2x+y-3=0$에 $y=-3$을 대입하면

$2x-3-3=0$ ∴ $x=3$

즉, 두 직선 $y=-3$, $2x+y-3=0$의 교점의 좌표는 $(3, -3)$이다.

따라서 오른쪽 그림에서 구하는 도형의 넓이는

$\dfrac{1}{2}\times(3-1)\times\{1-(-3)\}=4$ 🅐 4

0830 $\overline{AB}=6$이므로 $B(k, 6)$

직선 $3x-4y=0$이 점 B를 지나므로

$3k-4\times6=0$, $3k=24$ ∴ $k=8$

∴ $\triangle BOA=\dfrac{1}{2}\times8\times6=24$ 🅐 8, 24

0831 $ax-2y+8=0$에서 $y=\dfrac{a}{2}x+4$

y절편이 4이므로 $\overline{OB}=4$

이때 $\triangle AOB=\dfrac{1}{2}\times\overline{OA}\times4=16$

∴ $\overline{OA}=8$

따라서 점 A의 좌표가 $(-8, 0)$이므로

$ax-2y+8=0$에 $x=-8$, $y=0$을 대입하면

$-8a+8=0$ ∴ $a=1$ 🅐 1

다른 풀이 $ax-2y+8=0$에서 $y=\dfrac{a}{2}x+4$

따라서 주어진 일차방정식의 그래프의 x절편은 $-\dfrac{8}{a}$, y절편은 4이므로

$\triangle AOB=\dfrac{1}{2}\times\dfrac{8}{a}\times4=16$ ∴ $a=1$

0832 $3x-y+k=0$에 $y=4$를 대입하면

$3x-4+k=0$ ∴ $x=\dfrac{4-k}{3}$

즉, 두 직선 $y=4$, $3x-y+k=0$의 교점의 좌표는
$\left(\dfrac{4-k}{3},\ 4\right)$이다.

$3x-y+k=0$에 $y=-2$를 대입하면

$3x+2+k=0$ $\therefore x=\dfrac{-2-k}{3}$

즉, 두 직선 $y=-2$, $3x-y+k=0$의

교점의 좌표는

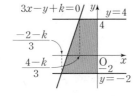

$\left(\dfrac{-2-k}{3},\ -2\right)$이다.

오른쪽 그림에서 색칠한 도형의 넓이

가 18이므로

$\dfrac{1}{2}\times\left\{\left(0-\dfrac{4-k}{3}\right)+\left(0-\dfrac{-2-k}{3}\right)\right\}\times\{4-(-2)\}=18$

$\dfrac{1}{2}\times\dfrac{2k-2}{3}\times6=18$, $2k-2=18$

$\therefore k=10$ 답 ④

0833 (1) 일차함수 $y=\dfrac{5}{4}x-2$의 그래프의 x절편은 $\dfrac{8}{5}$, y절편

은 -2이므로 그래프와 x축, y축으로 둘러싸인 도형의 넓이

A는

$A=\dfrac{1}{2}\times\left|\dfrac{8}{5}\right|\times|-2|=\dfrac{8}{5}$ ⋯ ❶

(2) 일차함수 $y=kx+4$의 그래프의 x절편은 $-\dfrac{4}{k}$, y절편은 4

이므로 그래프와 x축, y축으로 둘러싸인 도형의 넓이 B는

$B=\dfrac{1}{2}\times\left|-\dfrac{4}{k}\right|\times|4|$

$=\dfrac{8}{k}$ ($\because k>0$) ⋯ ❷

이때 $A=B$이므로

$\dfrac{8}{5}=\dfrac{8}{k}$ $\therefore k=5$ ⋯ ❸

답 (1) $\dfrac{8}{5}$ (2) 5

채점 기준	배점
❶ A의 값 구하기	30 %
❷ 일차함수 $y=kx+4$의 그래프와 x축, y축으로 둘러싸인 도형의 넓이 B 구하기	40 %
❸ $A=B$를 이용하여 상수 k의 값 구하기	30 %

0834 직선 $y=ax-1$의 y절편이 -1이므

로 선분 AB와 만나려면 기울기 a는 점

$A(1,\ 4)$를 지나는 직선 $y=ax-1$의 기울

기보다 작거나 같고, 점 $B(3,\ 2)$를 지나는 직

선 $y=ax-1$의 기울기보다 크거나 같아야

한다.

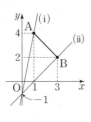

(i) 직선 $y=ax-1$이 점 $A(1,\ 4)$를 지날 때

$4=a-1$ $\therefore a=5$

(ii) 직선 $y=ax-1$이 점 $B(3,\ 2)$를 지날 때

$2=3a-1$ $\therefore a=1$

(i), (ii)에서 a의 값의 범위는 $1\leq a\leq5$ 답 ③

참고 직선 $y=ax-1$은 a의 값에 관계없이 항상 점 $(0,\ -1)$을 지난

다.

0835 직선 $y=ax+2$의 y절편이 2이므

로 선분 AB와 만나려면 기울기 a는 점

$A(-4,\ 3)$을 지나는 직선 $y=ax+2$의

기울기보다 작거나 같고, 점 $B(-1,\ 3)$을

지나는 직선 $y=ax+2$의 기울기보다 크거

나 같아야 한다.

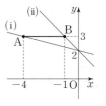

(i) 직선 $y=ax+2$가 점 $A(-4,\ 3)$을 지날 때

$3=-4a+2$ $\therefore a=-\dfrac{1}{4}$

(ii) 직선 $y=ax+2$가 점 $B(-1,\ 3)$을 지날 때

$3=-a+2$ $\therefore a=-1$

(i), (ii)에서 a의 값의 범위는 $-1\leq a\leq-\dfrac{1}{4}$

따라서 a의 값이 될 수 있는 것은 ④, ⑤이다. 답 ④, ⑤

0836 직선 $y=-3x+k$가 선분 AB와 만

나려면 y절편 k는 점 $A(-2,\ -1)$을 지나

는 직선 $y=-3x+k$의 y절편보다 크거나

같고, 점 $B(3,\ -8)$을 지나는 직선

$y=-3x+k$의 y절편보다 작거나 같아야 한

다.

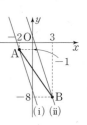

(i) 직선 $y=-3x+k$가 점 $A(-2,\ -1)$을 지날 때

$-1=-3\times(-2)+k$ $\therefore k=-7$ ⋯ ❶

(ii) 직선 $y=-3x+k$가 점 $B(3,\ -8)$을 지날 때

$-8=-3\times3+k$ $\therefore k=1$ ⋯ ❷

(i), (ii)에서 k의 값의 범위는 $-7\leq k\leq1$ ⋯ ❸

답 $-7\leq k\leq1$

채점 기준	배점
❶ 점 A를 지날 때의 k의 값 구하기	40 %
❷ 점 B를 지날 때의 k의 값 구하기	40 %
❸ k의 값의 범위 구하기	20 %

0837 직선 $y=\dfrac{1}{2}x+k$가 선분 AB와

만나려면 y절편 k는 점 $A(-2,\ 3)$을 지

나는 직선 $y=\dfrac{1}{2}x+k$의 y절편보다 작거

나 같고, 점 $B(2,\ -1)$을 지나는 직선

$y=\dfrac{1}{2}x+k$의 y절편보다 크거나 같아야 한다.

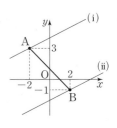

(ⅰ) 직선 $y=\dfrac{1}{2}x+k$가 점 A$(-2,\,3)$을 지날 때

$\quad 3=\dfrac{1}{2}\times(-2)+k \qquad \therefore k=4$

(ⅱ) 직선 $y=\dfrac{1}{2}x+k$가 점 B$(2,\,-1)$을 지날 때

$\quad -1=\dfrac{1}{2}\times2+k \qquad \therefore k=-2$

(ⅰ), (ⅱ)에서 k의 값의 범위는 $-2\le k\le4$

따라서 $a=-2$, $b=4$이므로

$a+b=-2+4=2$ 　　　　　　　　　　　　　　　**답** 2

0838 연립방정식 $\begin{cases} x+2y=10 & \cdots\cdots\ ㉠ \\ 2x+y=-1 & \cdots\cdots\ ㉡ \end{cases}$ 에서

㉠$\times2-$㉡을 하면 $3y=21 \qquad \therefore y=7$

$y=7$을 ㉠에 대입하면 $x+2\times7=10 \qquad \therefore x=-4$

따라서 두 그래프의 교점의 좌표는 $(-4,\,7)$이므로

$a=-4$, $b=7 \qquad \therefore a+b=-4+7=3$ 　　**답** 3

0839 기울기가 -2, y절편이 3인 직선의 방정식은

$y=-2x+3$

연립방정식 $\begin{cases} x+y=6 & \cdots\cdots\ ㉠ \\ 2x+y=3 & \cdots\cdots\ ㉡ \end{cases}$ 에서

㉠$-$㉡을 하면 $-x=3 \qquad \therefore x=-3$

$x=-3$을 ㉠에 대입하면 $-3+y=6 \qquad \therefore y=9$

따라서 두 그래프의 교점의 좌표는 $(-3,\,9)$이다.

　　　　　　　　　　　　　　　　　　　　　　답 $(-3,\,9)$

0840 연립방정식 $\begin{cases} x+y=7 & \cdots\cdots\ ㉠ \\ 2x-3y=-1 & \cdots\cdots\ ㉡ \end{cases}$ 에서

㉠$\times3+$㉡을 하면 $5x=20 \qquad \therefore x=4$

$x=4$를 ㉠에 대입하면 $4+y=7 \qquad \therefore y=3$

따라서 두 그래프의 교점의 좌표는 $(4,\,3)$이므로

$p=4$, $q=3$ 　　　　　　　　　　　　**답** $p=4$, $q=3$

0841 직선 l은 두 점 $(-2,\,0)$, $(0,\,-1)$을 지나므로

$(기울기)=\dfrac{-1-0}{0-(-2)}=-\dfrac{1}{2}$, $(y절편)=-1$

즉, 직선 l의 방정식은 $y=-\dfrac{1}{2}x-1$

직선 m은 두 점 $(3,\,0)$, $(4,\,2)$를 지나므로

$(기울기)=\dfrac{2-0}{4-3}=2$

직선 m의 방정식을 $y=2x+b$로 놓으면 점 $(3,\,0)$을 지나므로

$0=2\times3+b \qquad \therefore b=-6$

즉, 직선 m의 방정식은 $y=2x-6$

연립방정식 $\begin{cases} y=-\dfrac{1}{2}x-1 & \cdots\cdots\ ㉠ \\ y=2x-6 & \cdots\cdots\ ㉡ \end{cases}$ 에서

㉠을 ㉡에 대입하면 $-\dfrac{1}{2}x-1=2x-6$

$-x-2=4x-12 \qquad \therefore x=2$

$x=2$를 ㉡에 대입하면 $y=-2$

따라서 두 직선의 교점의 좌표는 $(2,\,-2)$이다. 　**답** $(2,\,-2)$

0842 두 일차방정식의 그래프의 교점의 x좌표가 1이므로

$x-y=3$에 $x=1$을 대입하면 $1-y=3 \qquad \therefore y=-2$

즉, 두 일차방정식의 그래프의 교점의 좌표는 $(1,\,-2)$이므로

$kx+y=2$에 $x=1$, $y=-2$를 대입하면

$k-2=2 \qquad \therefore k=4$ 　　　　　　　　　　　**답** 4

0843 두 일차방정식의 그래프의 교점의 좌표가 $(-1,\,-2)$

이므로 연립방정식 $\begin{cases} ax-y=1 \\ bx+y=-4 \end{cases}$ 의 해는 $x=-1$, $y=-2$이

다.

$ax-y=1$에 $x=-1$, $y=-2$를 대입하면

$-a-(-2)=1 \qquad \therefore a=1$

$bx+y=-4$에 $x=-1$, $y=-2$를 대입하면

$-b-2=-4 \qquad \therefore b=2$

$\therefore a-b=1-2=-1$ 　　　　　　　　　　　　**답** -1

0844 두 직선의 교점이 y축 위에 있으므로 두 직선의 y절편이

같다.

직선 $6x+y=2$의 y절편은 2이므로 두 직선의 교점의 좌표는

$(0,\,2)$이다. 　　　　　　　　　　　　　　　　　　…❶

즉, 직선 $x-2y=a$가 점 $(0,\,2)$를 지나므로

$x-2y=a$에 $x=0$, $y=2$를 대입하면 $a=-4$ 　…❷

두 직선 $6x+y=2$, $x-2y=-4$가 x축과 만나는 점의 좌표는

각각 $\left(\dfrac{1}{3},\,0\right)$, $(-4,\,0)$이므로 두 점 사이의 거리는

$\dfrac{1}{3}-(-4)=\dfrac{13}{3}$ 　　　　　　　　　　　　…❸

　　　　　　　　　　　　　　　　　　　　　　답 $\dfrac{13}{3}$

채점 기준	배점
❶ 두 직선의 교점의 좌표 구하기	30 %
❷ a의 값 구하기	30 %
❸ 두 직선이 x축과 만나는 두 점 사이의 거리 구하기	40 %

0845 두 점 $(-3,\,0)$, $(0,\,4)$를 지나는 직선 m의 기울기는

$\dfrac{4-0}{0-(-3)}=\dfrac{4}{3}$이고 y절편은 4이므로 직선 m의 방정식은

$y=\dfrac{4}{3}x+4$이다.

이때 직선 m과 일차방정식 $3x-y+a=0$의 그래프의 교점의

x좌표가 b이므로 연립방정식

$$\begin{cases} y=\dfrac{4}{3}x+4 & \cdots\cdots\ \text{㉠} \\ 3x-y+a=0 & \cdots\cdots\ \text{㉡} \end{cases}$$에서

㉠을 ㉡에 대입하면 $3x-\left(\dfrac{4}{3}x+4\right)+a=0$

$\dfrac{5}{3}x=-a+4$ $\therefore x=-\dfrac{3}{5}a+\dfrac{12}{5}$

$\therefore b=-\dfrac{3}{5}a+\dfrac{12}{5}$

그런데 $-2\le b\le 1$이므로

$-2\le -\dfrac{3}{5}a+\dfrac{12}{5}\le 1$

$-\dfrac{22}{5}\le -\dfrac{3}{5}a\le -\dfrac{7}{5}$ $\therefore \dfrac{7}{3}\le a\le \dfrac{22}{3}$

따라서 정수 a는 3, 4, 5, 6, 7의 5개이다.   🔘 5

0846 연립방정식 $\begin{cases} x-3y=-6 & \cdots\cdots\ \text{㉠} \\ 2x-y=-7 & \cdots\cdots\ \text{㉡} \end{cases}$에서

㉠$\times 2-$㉡을 하면 $-5y=-5$ $\therefore y=1$

$y=1$을 ㉠에 대입하면 $x-3=-6$ $\therefore x=-3$

즉, 두 직선의 교점의 좌표는 $(-3, 1)$이다.

또, $x-y+1=0$에서 $y=x+1$

따라서 구하는 직선은 기울기가 1이므로 직선의 방정식을

$y=x+b$로 놓고 $x=-3,\ y=1$을 대입하면

$1=-3+b$ $\therefore b=4$

$\therefore y=x+4$ 🔘 ③

0847 연립방정식 $\begin{cases} y=x+5 & \cdots\cdots\ \text{㉠} \\ y=-4x-5 & \cdots\cdots\ \text{㉡} \end{cases}$에서

㉠을 ㉡에 대입하면 $x+5=-4x-5$

$5x=-10$ $\therefore x=-2$

$x=-2$를 ㉠에 대입하면 $y=-2+5=3$

즉, 두 직선의 교점의 좌표는 $(-2, 3)$이다.   … ❶

직선 $y=ax+b$의 y절편은 1이므로 $b=1$

따라서 직선 $y=ax+1$이 점 $(-2, 3)$을 지나므로   … ❷

$3=-2a+1,\ 2a=-2$ $\therefore a=-1$

$\therefore ab=-1\times 1=-1$ … ❸

🔘 -1

채점 기준	배점
❶ 두 직선의 교점의 좌표 구하기	40 %
❷ $a,\ b$의 값 각각 구하기	40 %
❸ ab의 값 구하기	20 %

0848 연립방정식 $\begin{cases} x+y=-7 & \cdots\cdots\ \text{㉠} \\ 3x+y=-15 & \cdots\cdots\ \text{㉡} \end{cases}$에서

㉠$-$㉡을 하면 $-2x=8$ $\therefore x=-4$

$x=-4$를 ㉠에 대입하면 $-4+y=-7$ $\therefore y=-3$

즉, 두 그래프의 교점의 좌표는 $(-4, -3)$이다.

두 점 $(-4, -3),\ (-2, -2)$를 지나는 직선의 기울기는

$\dfrac{-2-(-3)}{-2-(-4)}=\dfrac{1}{2}$이므로 직선의 방정식을 $y=\dfrac{1}{2}x+b$로 놓고

$x=-4,\ y=-3$을 대입하면

$-3=\dfrac{1}{2}\times(-4)+b$ $\therefore b=-1$

따라서 직선 $y=\dfrac{1}{2}x-1$의 y절편은 -1이다.   🔘 ②

0849 연립방정식 $\begin{cases} x+y-7=0 & \cdots\cdots\ \text{㉠} \\ 2x-y+1=0 & \cdots\cdots\ \text{㉡} \end{cases}$에서

㉠$+$㉡을 하면 $3x-6=0$ $\therefore x=2$

$x=2$를 ㉠에 대입하면 $2+y-7=0$ $\therefore y=5$

즉, 두 그래프의 교점의 좌표는 $(2, 5)$이다.

따라서 두 점 $(2, 5),\ (1, 0)$을 지나는 직선의 기울기는

$\dfrac{0-5}{1-2}=5$이므로 구하는 직선의 방정식을 $y=5x+b$로 놓고

$x=1,\ y=0$을 대입하면

$0=5+b$ $\therefore b=-5$

따라서 직선 $y=5x-5$의 y절편은 -5이다.   🔘 -5

0850 연립방정식 $\begin{cases} 3x-2y=-3 & \cdots\cdots\ \text{㉠} \\ 5x-y=2 & \cdots\cdots\ \text{㉡} \end{cases}$에서

㉠$-$㉡$\times 2$를 하면 $-7x=-7$ $\therefore x=1$

$x=1$을 ㉠에 대입하면 $3-2y=-3$ $\therefore y=3$

즉, 두 직선 $3x-2y+3=0,\ 5x-y-2=0$의 교점의 좌표는

$(1, 3)$이다.

따라서 직선 $x+ay+5=0$이 점 $(1, 3)$을 지나므로

$1+3a+5=0,\ 3a=-6$ $\therefore a=-2$ 🔘 ②

0851 연립방정식 $\begin{cases} x+y=1 & \cdots\cdots\ \text{㉠} \\ 3x-2y=8 & \cdots\cdots\ \text{㉡} \end{cases}$에서

㉠$\times 2+$㉡을 하면 $5x=10$ $\therefore x=2$

$x=2$를 ㉠에 대입하면 $2+y=1$ $\therefore y=-1$

즉, 두 직선 $x+y=1,\ 3x-2y=8$의 교점의 좌표는 $(2, -1)$

이다.   … ❶

따라서 직선 $(a+1)x-ay=3$이 점 $(2, -1)$을 지나므로

$2(a+1)+a=3,\ 3a+2=3$ $\therefore a=\dfrac{1}{3}$ … ❷

🔘 $\dfrac{1}{3}$

채점 기준	배점
❶ 연립방정식을 이용하여 교점의 좌표 구하기	60 %
❷ a의 값 구하기	40 %

0852 연립방정식 $\begin{cases} 2x+y=-6 & \cdots\cdots\ \text{㉠} \\ x+3y=2 & \cdots\cdots\ \text{㉡} \end{cases}$ 에서

㉠$-$㉡$\times 2$를 하면 $-5y=-10$ $\therefore y=2$

$y=2$를 ㉠에 대입하면 $2x+2=-6$ $\therefore x=-4$

즉, 두 직선 $2x+y=-6$, $x+3y=2$의 교점의 좌표는

$(-4, 2)$이다.

직선 $ax+5y=2$가 점 $(-4, 2)$를 지나므로

$-4a+5\times 2=2$, $-4a=-8$ $\therefore a=2$

또, 직선 $3x+by=-4$가 점 $(-4, 2)$를 지나므로

$3\times(-4)+2b=-4$, $2b=8$ $\therefore b=4$

$\therefore a-b=2-4=-2$ -2

0853 두 점 $(-1, -2)$, $(5, 1)$을 지나는 직선의 기울기는

$\dfrac{1-(-2)}{5-(-1)}=\dfrac{1}{2}$이므로 이 직선의 방정식을 $y=\dfrac{1}{2}x+b$로 놓고

$x=-1$, $y=-2$를 대입하면

$-2=\dfrac{1}{2}\times(-1)+b$ $\therefore b=-\dfrac{3}{2}$

$\therefore y=\dfrac{1}{2}x-\dfrac{3}{2}$

연립방정식 $\begin{cases} y=\dfrac{1}{2}x-\dfrac{3}{2} & \cdots\cdots\ \text{㉠} \\ 3x-4y-7=0 & \cdots\cdots\ \text{㉡} \end{cases}$ 에서

㉠을 ㉡에 대입하면 $3x-4\left(\dfrac{1}{2}x-\dfrac{3}{2}\right)-7=0$

$3x-2x+6-7=0$ $\therefore x=1$

$x=1$을 ㉠에 대입하면 $y=\dfrac{1}{2}-\dfrac{3}{2}=-1$

즉, 두 직선 $y=\dfrac{1}{2}x-\dfrac{3}{2}$, $3x-4y-7=0$의 교점의 좌표는

$(1, -1)$이다.

따라서 직선 $kx+y-5=0$이 점 $(1, -1)$을 지나므로

$k-1-5=0$ $\therefore k=6$ 6

0854 $2x+3y+6=0$에서 $y=-\dfrac{2}{3}x-2$

$-2x+y+4=0$에서 $y=2x-4$

$3x+4y+k=0$에서 $y=-\dfrac{3}{4}x-\dfrac{k}{4}$

세 직선의 기울기가 모두 다르므로 이들 세 직선으로 삼각형을
만들 수 없으려면 세 직선이 한 점에서 만나야 한다.

연립방정식 $\begin{cases} 2x+3y+6=0 & \cdots\cdots\ \text{㉠} \\ -2x+y+4=0 & \cdots\cdots\ \text{㉡} \end{cases}$ 에서

㉠$+$㉡을 하면 $4y+10=0$ $\therefore y=-\dfrac{5}{2}$

$y=-\dfrac{5}{2}$를 ㉠에 대입하면 $2x+3\times\left(-\dfrac{5}{2}\right)+6=0$

$\therefore x=\dfrac{3}{4}$

즉, 두 직선 $2x+3y+6=0$, $-2x+y+4=0$의 교점의 좌표
는 $\left(\dfrac{3}{4}, -\dfrac{5}{2}\right)$이다.

따라서 직선 $3x+4y+k=0$이 점 $\left(\dfrac{3}{4}, -\dfrac{5}{2}\right)$를 지나므로

$3\times\dfrac{3}{4}+4\times\left(-\dfrac{5}{2}\right)+k=0$ $\therefore k=\dfrac{31}{4}$ $\dfrac{31}{4}$

0855 $2x+3y-5=0$에서 $y=-\dfrac{2}{3}x+\dfrac{5}{3}$ $\cdots\cdots\ \text{㉠}$

$3x+y-4=0$에서 $y=-3x+4$ $\cdots\cdots\ \text{㉡}$

$ax+y+a+2=0$에서 $y=-ax-a-2$ $\cdots\cdots\ \text{㉢}$

즉, 세 직선 ㉠, ㉡, ㉢ 중 두 직선 ㉠, ㉡이 서로 평행하지 않으
므로 삼각형이 만들어지지 않는 경우는 다음과 같다.

(i) 세 직선 ㉠, ㉡, ㉢이 한 점에서 만날 때

㉠을 ㉡에 대입하면 $-\dfrac{2}{3}x+\dfrac{5}{3}=-3x+4$

$2x-5=9x-12$ $\therefore x=1$

$x=1$을 ㉡에 대입하면 $y=1$

즉, 두 직선 ㉠, ㉡의 교점의 좌표는 $(1, 1)$이고, 직선 ㉢이

점 $(1, 1)$을 지나므로 $1=-a-a-2$ $\therefore a=-\dfrac{3}{2}$

(ii) 두 직선 ㉠, ㉢이 평행할 때

$-\dfrac{2}{3}=-a$, $\dfrac{5}{3}\ne -a-2$ $\therefore a=\dfrac{2}{3}$

(iii) 두 직선 ㉡, ㉢이 평행할 때

$-3=-a$, $4\ne -a-2$ $\therefore a=3$

(i), (ii), (iii)에서 구하는 상수 a의 값은

$-\dfrac{3}{2}, \dfrac{2}{3}, 3$ $-\dfrac{3}{2}, \dfrac{2}{3}, 3$

다른 풀이 (ii) 두 직선 ㉠, ㉢이 평행하면

연립방정식 $\begin{cases} 2x+3y-5=0 \\ ax+y+a+2=0 \end{cases}$ 에서

$\dfrac{2}{a}=\dfrac{3}{1}\ne\dfrac{-5}{a+2}$ $\therefore a=\dfrac{2}{3}$

(iii) 두 직선 ㉡, ㉢이 평행하면

연립방정식 $\begin{cases} 3x+y-4=0 \\ ax+y+a+2=0 \end{cases}$ 에서

$\dfrac{3}{a}=\dfrac{1}{1}\ne\dfrac{-4}{a+2}$ $\therefore a=3$

0856 연립방정식 $\begin{cases} x+y=5 & \cdots\cdots\ \text{㉠} \\ 2x-y=-8 & \cdots\cdots\ \text{㉡} \end{cases}$ 에서

㉠$+$㉡을 하면 $3x=-3$ $\therefore x=-1$

$x=-1$을 ㉠에 대입하면 $-1+y=5$ $\therefore y=6$

즉, 두 직선의 교점의 좌표는 $(-1, 6)$이다.

두 직선 $x+y-5=0$,

$2x-y+8=0$의 x절편은 각각 5, -4

이므로 오른쪽 그림에서 구하는 도형의

넓이는 $\dfrac{1}{2} \times \{5-(-4)\} \times 6 = 27$

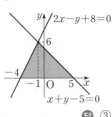

🅐 ③

0857 직선 l이 두 점 $(2, 0)$, $(0, -1)$을 지나므로

(기울기)$=\dfrac{-1-0}{0-2}=\dfrac{1}{2}$ $\therefore y=\dfrac{1}{2}x-1$ ······ ㉠

직선 m이 두 점 $(6, 0)$, $(0, 4)$를 지나므로

(기울기)$=\dfrac{4-0}{0-6}=-\dfrac{2}{3}$ $\therefore y=-\dfrac{2}{3}x+4$ ······ ㉡

㉠을 ㉡에 대입하면

$\dfrac{1}{2}x-1=-\dfrac{2}{3}x+4$ $\therefore x=\dfrac{30}{7}$

$x=\dfrac{30}{7}$을 ㉠에 대입하면 $y=\dfrac{8}{7}$

따라서 두 직선 l, m의 교점의 좌표는 $\left(\dfrac{30}{7}, \dfrac{8}{7}\right)$이므로 구하는

도형의 넓이는 $\dfrac{1}{2} \times \{4-(-1)\} \times \dfrac{30}{7} = \dfrac{75}{7}$ 🅐 $\dfrac{75}{7}$

0858 연립방정식 $\begin{cases} 2x+y=-5 & \cdots\cdots ㉠ \\ 2x-3y=-9 & \cdots\cdots ㉡ \end{cases}$에서

㉠$-$㉡을 하면 $4y=4$ $\therefore y=1$

$y=1$을 ㉠에 대입하면 $2x+1=-5$ $\therefore x=-3$

즉, 두 직선 $2x+y+5=0$, $2x-3y+9=0$의 교점의 좌표는

$(-3, 1)$이다. ··· ❶

$2x+y+5=0$에 $y=3$을 대입하면

$2x+3+5=0, 2x=-8$ $\therefore x=-4$

즉, 두 직선 $y=3$, $2x+y+5=0$의 교점의 좌표는 $(-4, 3)$이다. ··· ❷

$2x-3y+9=0$에 $y=3$을 대입하면

$2x-3\times3+9=0$ $\therefore x=0$

즉, 두 직선 $y=3$, $2x-3y+9=0$의 교점의 좌표는 $(0, 3)$이다. ··· ❸

따라서 오른쪽 그림에서 구하는 도형의

넓이는

$\dfrac{1}{2} \times 4 \times (3-1) = 4$ ··· ❹

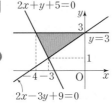

🅐 4

채점 기준	배점
❶ 두 직선 $2x+y+5=0$, $2x-3y+9=0$의 교점의 좌표 구하기	30 %
❷ 두 직선 $y=3$, $2x+y+5=0$의 교점의 좌표 구하기	20 %
❸ 두 직선 $y=3$, $2x-3y+9=0$의 교점의 좌표 구하기	20 %
❹ 도형의 넓이 구하기	30 %

0859 연립방정식 $\begin{cases} y=\dfrac{1}{2}x & \cdots\cdots ㉠ \\ y=-\dfrac{1}{2}x+4 & \cdots\cdots ㉡ \end{cases}$에서

㉠을 ㉡에 대입하면 $\dfrac{1}{2}x=-\dfrac{1}{2}x+4$ $\therefore x=4$

$x=4$를 ㉠에 대입하면 $y=\dfrac{1}{2} \times 4=2$

즉, 두 직선 $y=\dfrac{1}{2}x$, $y=-\dfrac{1}{2}x+4$의 교점의 좌표는 $(4, 2)$이다.

연립방정식 $\begin{cases} y=\dfrac{1}{2}x-4 & \cdots\cdots ㉢ \\ y=-\dfrac{1}{2}x+4 & \cdots\cdots ㉣ \end{cases}$에서

㉢을 ㉣에 대입하면 $\dfrac{1}{2}x-4=-\dfrac{1}{2}x+4$ $\therefore x=8$

$x=8$을 ㉢에 대입하면 $y=\dfrac{1}{2} \times 8-4=0$

즉, 두 직선 $y=\dfrac{1}{2}x-4$, $y=-\dfrac{1}{2}x+4$의 교점의 좌표는

$(8, 0)$이다.

같은 방법으로 하면 직선 $y=-\dfrac{1}{2}x$와 두 직선 $y=\dfrac{1}{2}x$,

$y=\dfrac{1}{2}x-4$의 교점의 좌표는 각각 $(0, 0)$, $(4, -2)$이다.

따라서 오른쪽 그림에서 구하는

도형의 넓이는

$\left(\dfrac{1}{2} \times 8 \times 2\right) \times 2 = 16$

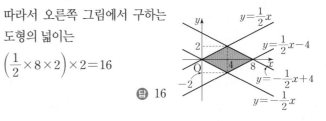

🅐 16

0860 연립방정식 $\begin{cases} x-y+6=0 & \cdots\cdots ㉠ \\ 2x+y-3=0 & \cdots\cdots ㉡ \end{cases}$에서

㉠$+$㉡을 하면 $3x+3=0$ $\therefore x=-1$

$x=-1$을 ㉠에 대입하면 $-1-y+6=0$ $\therefore y=5$

$\therefore A(-1, 5)$

점 D는 직선 $2x+y-3=0$, 즉 $y=-2x+3$과 y축의 교점이

므로 $D(0, 3)$

이때 사각형 ABCD는 넓이가 5인

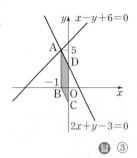

평행사변형이므로

$5 = \overline{CD} \times |-1|$

$\therefore \overline{CD} = 5$

따라서 점 C의 y좌표는

$3 - 5 = -2$이므로

$C(0, -2)$

답 ③

0861 $6x + 5y = 30$에

$x = 0$을 대입하면 $5y = 30$ $\therefore y = 6$ $\therefore A(0, 6)$

$y = 0$을 대입하면 $6x = 30$ $\therefore x = 5$ $\therefore C(5, 0)$

점 B의 좌표를 $(k, 0)$이라 하면

$\triangle ABC = \dfrac{1}{2} \times (5-k) \times 6 = 9$이므로

$5 - k = 3$, $k = 2$ $\therefore B(2, 0)$

두 점 $A(0, 6)$, $B(2, 0)$을 지나는 직선의 기울기는

$\dfrac{0-6}{2-0} = -3$

y절편이 6이므로 직선의 방정식은 $y = -3x + 6$

따라서 $a = -3$, $b = 6$이므로

$a + b = -3 + 6 = 3$

답 3

0862 $2x + 3y = 6$의 그래프와 y축, x축

의 교점을 각각 A, B라 하면 이 그래프의

y절편은 2, x절편은 3이므로

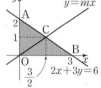

$A(0, 2)$, $B(3, 0)$

$\therefore \triangle AOB = \dfrac{1}{2} \times 3 \times 2 = 3$

$\triangle AOB$의 넓이를 이등분하는 직선 $y = mx$와 직선

$2x + 3y = 6$의 그래프의 교점을 C라 하면

$\triangle COB = \dfrac{1}{2} \triangle AOB = \dfrac{3}{2}$

이때 점 C의 y좌표를 k라 하면 $\triangle COB = \dfrac{3}{2}$에서

$\dfrac{1}{2} \times 3 \times k = \dfrac{3}{2}$ $\therefore k = 1$

$2x + 3y = 6$에 $y = 1$을 대입하면

$2x + 3 = 6$ $\therefore x = \dfrac{3}{2}$

따라서 점 C의 좌표는 $\left(\dfrac{3}{2}, 1\right)$이고 직선 $y = mx$가 점 C를 지나므로

$1 = \dfrac{3}{2} m$ $\therefore m = \dfrac{2}{3}$

답 $\dfrac{2}{3}$

0863 $5x - 3y - 15 = 0$의 그래프의

y절편은 -5, x절편은 3이므로

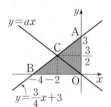

$A(0, -5)$, $B(3, 0)$

$\therefore \triangle OAB = \dfrac{1}{2} \times 3 \times 5 = \dfrac{15}{2}$ ··· ❶

$\triangle OAB$의 넓이를 이등분하는 직선

$y = mx$와 직선

$5x - 3y - 15 = 0$의 그래프의 교점을 C라 하면

$\triangle OCB = \dfrac{1}{2} \triangle OAB = \dfrac{15}{4}$

이때 점 C의 y좌표를 k라 하면 $\triangle OCB = \dfrac{15}{4}$에서

$\dfrac{1}{2} \times 3 \times (-k) = \dfrac{15}{4}$ $\therefore k = -\dfrac{5}{2}$

$5x - 3y - 15 = 0$에 $y = -\dfrac{5}{2}$를 대입하면

$5x - 3 \times \left(-\dfrac{5}{2}\right) - 15 = 0$, $5x = \dfrac{15}{2}$ $\therefore x = \dfrac{3}{2}$

따라서 점 C의 좌표는 $\left(\dfrac{3}{2}, -\dfrac{5}{2}\right)$이고 ··· ❷

직선 $y = mx$가 점 C를 지나므로

$-\dfrac{5}{2} = \dfrac{3}{2} m$ $\therefore m = -\dfrac{5}{3}$ ··· ❸

답 $-\dfrac{5}{3}$

채점 기준	배점
❶ $\triangle OAB$의 넓이 구하기	30 %
❷ 점 C의 좌표 구하기	40 %
❸ m의 값 구하기	30 %

0864 직선 $y = \dfrac{3}{4}x + 3$과 y축, x축의 교

점을 각각 A, B라 하면 이 직선의 y절편

은 3, x절편은 -4이므로

$A(0, 3)$, $B(-4, 0)$

$\therefore \triangle ABO = \dfrac{1}{2} \times 4 \times 3 = 6$

$\triangle ABO$의 넓이를 이등분하는 직선 $y = ax$와 직선 $y = \dfrac{3}{4}x + 3$

의 교점을 C라 하면

$\triangle CBO = \dfrac{1}{2} \triangle ABO = 3$

이때 점 C의 y좌표를 k라 하면 $\triangle CBO = 3$에서

$\dfrac{1}{2} \times 4 \times k = 3$ $\therefore k = \dfrac{3}{2}$

$y = \dfrac{3}{4}x + 3$에 $y = \dfrac{3}{2}$을 대입하면

$\dfrac{3}{2} = \dfrac{3}{4}x + 3$, $-\dfrac{3}{4}x = \dfrac{3}{2}$ $\therefore x = -2$

따라서 점 C의 좌표는 $\left(-2, \dfrac{3}{2}\right)$이고 직선 $y=ax$가 점 C를 지나므로

$\dfrac{3}{2}=-2a$ $\therefore a=-\dfrac{3}{4}$ 답 $-\dfrac{3}{4}$

0865 $y=0$을 직선 $y=\dfrac{4}{3}x+2$에 대입하면

$0=\dfrac{4}{3}x+2$ $\therefore x=-\dfrac{3}{2}$ $\therefore$ A$\left(-\dfrac{3}{2}, 0\right)$

$y=0$을 직선 $y=-2x+5$에 대입하면

$0=-2x+5$ $\therefore x=\dfrac{5}{2}$ $\therefore$ B$\left(\dfrac{5}{2}, 0\right)$

또한, 두 직선 $y=\dfrac{4}{3}x+2$, $y=-2x+5$의 교점의 좌표는

연립방정식 $\begin{cases} y=\dfrac{4}{3}x+2 & \cdots\cdots \, \bigcirc \\ y=-2x+5 & \cdots\cdots \, \bigcirc \end{cases}$ 의 해와 같다.

$\bigcirc$을 $\bigcirc$에 대입하면

$\dfrac{4}{3}x+2=-2x+5$ $\therefore x=\dfrac{9}{10}$

$x=\dfrac{9}{10}$를 $\bigcirc$에 대입하면 $y=-\dfrac{9}{5}+5=\dfrac{16}{5}$

$\therefore$ C$\left(\dfrac{9}{10}, \dfrac{16}{5}\right)$

$\therefore \triangle ABC=\dfrac{1}{2}\times\left\{\dfrac{5}{2}-\left(-\dfrac{3}{2}\right)\right\}\times\dfrac{16}{5}=\dfrac{32}{5}$

$\triangle ABC$의 넓이를 이등분하는 직선을 l
이라 하자. 직선 l이 x축과 만나는 점을
D$(k, 0)$이라 하면

$\triangle ADC=\dfrac{1}{2}\triangle ABC$

$\qquad =\dfrac{1}{2}\times\dfrac{32}{5}=\dfrac{16}{5}$

따라서 $\dfrac{1}{2}\times\left\{k-\left(-\dfrac{3}{2}\right)\right\}\times\dfrac{16}{5}=\dfrac{16}{5}$

$k+\dfrac{3}{2}=2$ $\therefore k=\dfrac{1}{2}$

$\therefore$ D$\left(\dfrac{1}{2}, 0\right)$

직선 l의 방정식을 $y=ax+b$로 놓으면

직선 l은 두 점 C$\left(\dfrac{9}{10}, \dfrac{16}{5}\right)$, D$\left(\dfrac{1}{2}, 0\right)$을 지나므로

$\begin{cases} \dfrac{16}{5}=\dfrac{9}{10}a+b \\ 0=\dfrac{1}{2}a+b \end{cases}$, 즉 $\begin{cases} 9a+10b=32 & \cdots\cdots \, \bigcirc \\ a=-2b & \cdots\cdots \, \bigcirc \end{cases}$

$\bigcirc$을 $\bigcirc$에 대입하면 $-18b+10b=32$ $\therefore b=-4$

$b=-4$를 $\bigcirc$에 대입하면 $a=8$

따라서 직선 l의 방정식은 $y=8x-4$이므로 구하는 y절편은
-4이다. 답 -4

0866 ① 물탱크 A에 대한 직선은 두 점 $(0, 1000)$, $(2, 800)$
을 지나므로

$(기울기)=\dfrac{800-1000}{2-0}=-100$, $(y절편)=1000$

따라서 물탱크 A에 대한 직선의 방정식은

$y=-100x+1000$ $\cdots\cdots \, \bigcirc$

② 물탱크 B에 대한 직선은 두 점 $(0, 300)$, $(2, 450)$을 지나
므로

$(기울기)=\dfrac{450-300}{2-0}=75$, $(y절편)=300$

따라서 물탱크 B에 대한 직선의 방정식은

$y=75x+300$ $\cdots\cdots \, \bigcirc$

③, ④, ⑤ $\bigcirc$을 $\bigcirc$에 대입하면

$-100x+1000=75x+300$, $-175x=-700$

$\therefore x=4$

$x=4$를 $\bigcirc$에 대입하면 $y=-100\times4+1000=600$

즉, 두 직선의 교점의 좌표는 $(4, 600)$이므로 4분 후에 두
물탱크의 양이 600 L로 같아진다.

따라서 옳지 않은 것은 ③이다. 답 ③

0867 대리점 A에 대한 직선은 두 점 $(0, 200)$, $(4, 600)$을
지나므로

$(기울기)=\dfrac{600-200}{4-0}=100$, $(y절편)=200$

따라서 대리점 A에 대한 직선의 방정식은

$y=100x+200$ $\cdots\cdots \, \bigcirc$

대리점 B에 대한 직선은 두 점 $(0, 0)$, $(4, 1200)$을 지나므로
그 직선의 방정식은

$y=300x$ $\cdots\cdots \, \bigcirc$

$\bigcirc$을 $\bigcirc$에 대입하면 $100x+200=300x$

$-200x=-200$ $\therefore x=1$

$x=1$을 $\bigcirc$에 대입하면 $y=300$

즉, 두 직선의 교점의 좌표는 $(1, 300)$이므로 두 대리점에서 총
판매량이 같아지는 것은 대리점 B에서 판매를 시작한 지 1개월
후이다. 답 1개월 후

0868 $2x+y+a=0$에서 $y=-2x-a$ $\cdots\cdots \, \bigcirc$

$bx+3y-9=0$에서 $y=-\dfrac{b}{3}x+3$ $\cdots\cdots \, \bigcirc$

두 그래프의 교점이 무수히 많으려면 $\bigcirc$, $\bigcirc$의 그래프가 서로
일치해야 하므로

$-2=-\dfrac{b}{3}$, $-a=3$

따라서 $a=-3$, $b=6$이므로

$a+b=-3+6=3$ 답 ④

0869 $2x-2ay+a-3=0$에서 $y=\dfrac{1}{a}x+\dfrac{a-3}{2a}$

$bx+y-2=0$에서 $y=-bx+2$

두 일차방정식의 그래프가 서로 일치하므로

$\dfrac{1}{a}=-b,\ \dfrac{a-3}{2a}=2$

따라서 $a=-1,\ b=1$이므로 $a+b=0$ **답** 0

다른 풀이 주어진 두 일차방정식의 그래프가 서로 일치하므로

연립방정식 $\begin{cases} 2x-2ay+a-3=0 \\ bx+y-2=0 \end{cases}$ 에서

$\dfrac{2}{b}=\dfrac{-2a}{1}=\dfrac{a-3}{-2}$ $\therefore a=-1,\ b=1$

0870 연립방정식이 오직 한 쌍의 해를 가지려면 두 일차방정식의 그래프가 한 점에서 만나야 한다.

$x+3y=5$에서 $y=-\dfrac{1}{3}x+\dfrac{5}{3}$ ...... ㉠

$kx-3y=-9$에서 $y=\dfrac{k}{3}x+3$ ...... ㉡

두 그래프가 한 점에서 만나려면 ㉠, ㉡의 그래프의 기울기가 달라야 하므로

$-\dfrac{1}{3}\neq\dfrac{k}{3}$ $\therefore k\neq-1$ **답** $k\neq-1$

0871 $ax-2y=6$에서 $y=\dfrac{a}{2}x-3$

$6x+4y=b$에서 $y=-\dfrac{3}{2}x+\dfrac{b}{4}$

두 그래프가 서로 일치해야 하므로

$\dfrac{a}{2}=-\dfrac{3}{2},\ -3=\dfrac{b}{4}$

$\therefore a=-3,\ b=-12$

따라서 $y=ax+b$, 즉 $y=-3x-12$의 그래프는 오른쪽 그림과 같으므로 제1사분면을 지나지 않는다.

답 제1사분면

0872 $x-2y=-1$에서 $y=\dfrac{1}{2}x+\dfrac{1}{2}$ ...... ㉠

$kx+6y=4$에서 $y=-\dfrac{k}{6}x+\dfrac{2}{3}$ ...... ㉡

두 직선의 교점이 존재하지 않으려면 두 직선 ㉠, ㉡이 서로 평행해야 하므로

$\dfrac{1}{2}=-\dfrac{k}{6}$ $\therefore k=-3$ **답** ②

0873 $ax+y+2=0$에서 $y=-ax-2$

$6x-2y-b=0$에서 $y=3x-\dfrac{b}{2}$

두 직선이 서로 일치하므로 $-a=3,\ -2=-\dfrac{b}{2}$

$\therefore a=-3,\ b=4$

$-3x+y+4=0$에서 $y=3x-4$

$kx+3y-24=0$에서 $y=-\dfrac{k}{3}x+8$

연립방정식의 해가 존재하지 않으려면 두 직선이 서로 평행해야 하므로

$3=-\dfrac{k}{3}$ $\therefore k=-9$ **답** -9

C step **실력 완성!** 🌱 **본문 182~184쪽**

0874 $3x-6y+9=0$에서 $y=\dfrac{1}{2}x+\dfrac{3}{2}$

따라서 $3x-6y+9=0$의 그래프의 x절편은 -3, y절편은 $\dfrac{3}{2}$

이므로 그 그래프는 ③이다. **답** ③

0875 ① $-1+6\times\left(-\dfrac{1}{2}\right)\neq-2$

② $0+6\times3\neq-2$

③ $1+6\times\dfrac{1}{2}\neq-2$

④ $2+6\times(-1)\neq-2$

⑤ $4+6\times(-1)=-2$

따라서 주어진 일차방정식의 그래프 위에 있는 점은 ⑤이다.

답 ⑤

0876 두 점 $(-4,1),\ (1,5)$를 지나는 직선의 기울기는

$\dfrac{5-1}{1-(-4)}=\dfrac{4}{5}$

$kx-10y+3=0$에서 $y=\dfrac{k}{10}x+\dfrac{3}{10}$

따라서 두 그래프가 서로 평행하려면 $\dfrac{k}{10}=\dfrac{4}{5}$이어야 하므로

$k=8$ **답** 8

0877 ① y축에 평행한 그래프이다.

② x축에 평행한 그래프이다.

③ $x=-\dfrac{13}{3}$이므로 y축에 평행한 그래프이다.

④ $y=-x$에서 기울기가 -1이므로 그 그래프는 좌표축에 평행하지 않는다.

⑤ $y=-5$이므로 x축에 평행한 그래프이다.

따라서 좌표축에 평행하지 않는 것은 ④이다. 　　　　　圓 ④

0878 $3x+15=0$에서 $x=-5$

$x-k=0$에서 $x=k$

$2y-6=0$에서 $y=3$

$y+1=0$에서 $y=-1$

즉, 네 직선으로 둘러싸인 도형은 오른쪽 그림과 같다.

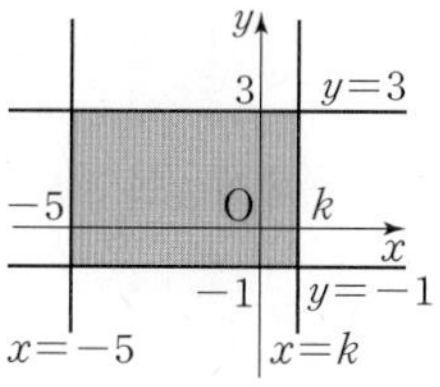

이 직사각형의 넓이가 24이므로

$24=|k-(-5)|\times|3-(-1)|$

$|k+5|=6$이므로

$k+5=6$ 또는 $k+5=-6$

$\therefore k=1$ 또는 $k=-11$ 　　　　圓 $-11,\ 1$

0879 $ax-by+3=0$의 그래프가 y축에 평행하므로

$b=0$

따라서 $ax+3=0$, 즉 $x=-\dfrac{3}{a}$의 그래프가 제2사분면과 제3사분면만을 지나므로

$-\dfrac{3}{a}<0$ 　　　$\therefore a>0$ 　　　圓 ②

0880 △AOB를 y축을 회전축으로 하여 1회전 시킬 때 생기는 회전체는 밑면의 반지름의 길이는 $\overline{\text{OA}}$, 높이는 $\overline{\text{OB}}$인 원뿔이다.

이때 점 A는 일차방정식 $ax-y=2a$의 그래프와 x축의 교점이므로 $ax-0=2a$ 　　　$\therefore x=2$ 　　　$\therefore$ A$(2,\ 0)$

또한, 점 B는 일차방정식 $ax-y=2a$의 그래프와 y축의 교점이므로 $a\times 0-y=2a$ 　　　$\therefore y=-2a$ 　　　$\therefore$ B$(0,\ -2a)$

따라서 (회전체의 부피)$=\dfrac{1}{3}\times\pi\times 2^2\times 2a$이므로

$\dfrac{8}{3}\pi a=40\pi$ 　　　$\therefore a=15$ 　　　圓 15

0881 두 그래프의 교점의 좌표가 $(3,\ 1)$이므로 연립방정식 $\begin{cases} ax-by=3 \\ bx-ay=7 \end{cases}$의 해는 $x=3,\ y=1$이다.

각 일차방정식에 $x=3,\ y=1$을 대입하면

$\begin{cases} 3a-b=3 \\ 3b-a=7 \end{cases}$, 즉 $\begin{cases} 3a-b=3 &\cdots\cdots\ \text{㉠} \\ -a+3b=7 &\cdots\cdots\ \text{㉡} \end{cases}$

㉠$+$㉡$\times 3$을 하면 $8b=24$ 　　　$\therefore b=3$

$b=3$을 ㉡에 대입하면 $-a+9=7$

$-a=-2$ 　　　$\therefore a=2$

$\therefore a-b=2-3=-1$ 　　　　　圓 -1

0882 연립방정식 $\begin{cases} x-2y=-12 &\cdots\cdots\ \text{㉠} \\ 3x+y=-1 &\cdots\cdots\ \text{㉡} \end{cases}$에서

㉠$+$㉡$\times 2$를 하면 $7x=-14$ 　　　$\therefore x=-2$

$x=-2$를 ㉠에 대입하면 $-2-2y=-12$ 　　　$\therefore y=5$

즉, 두 그래프의 교점의 좌표는 $(-2,\ 5)$이다.

이때 점 $(-2,\ 5)$를 지나고 y절편이 4인 직선은 두 점 $(-2,\ 5)$, $(0,\ 4)$를 지나므로

$(\text{기울기})=\dfrac{4-5}{0-(-2)}=-\dfrac{1}{2}$ 　　　$\therefore a=-\dfrac{1}{2}$

직선의 방정식이 $y=-\dfrac{1}{2}x+4$이므로 $y=0$을 대입하면

$0=-\dfrac{1}{2}x+4$, $x=8$ 　　　$\therefore b=8$

$\therefore ab=-\dfrac{1}{2}\times 8=-4$ 　　　　　圓 -4

0883 세 직선이 삼각형을 이루지 않도록 하는 경우는 다음과 같다.

(ⅰ) 세 직선 중 두 직선이 서로 평행할 때

두 직선 $y=-2x+4$, $y=ax+1$이 서로 평행하거나 두 직선 $y=3x-1$, $y=ax+1$이 서로 평행해야 하므로

$a=-2$ 또는 $a=3$

(ⅱ) 세 직선이 한 점에서 만날 때

연립방정식 $\begin{cases} y=-2x+4 \\ y=3x-1 \end{cases}$의 해는 $x=1,\ y=2$이므로 직선

$y=ax+1$이 점 $(1,\ 2)$를 지나야 한다.

$2=a+1$ 　　　$\therefore a=1$

(ⅰ), (ⅱ)에서 상수 a의 값은 $-2,\ 1,\ 3$이므로 그 합은

$-2+1+3=2$ 　　　　　圓 2

0884 직선 l은 두 점 $(0,\ 0)$, $(40,\ 48000)$을 지나므로 그 직선의 방정식은

$y=1200x$ 　　　　$\cdots\cdots\ \text{㉠}$

직선 m은 두 점 $(0,\ 36000)$, $(40,\ 60000)$을 지나므로

$(\text{기울기})=\dfrac{60000-36000}{40-0}=600,\ (y\text{절편})=36000$

즉, 직선 m의 방정식은

$y=600x+36000$ 　　　　$\cdots\cdots\ \text{㉡}$

㉠을 ㉡에 대입하면 $1200x=600x+36000$

$600x=36000$ ∴ $x=60$

$x=60$을 ㉠에 대입하면 $y=72000$

따라서 두 직선의 교점의 좌표는 $(60, 72000)$이므로 손해를 보지 않으려면 신제품을 적어도 60개 팔아야 한다. 圍 60개

0885 $ax+y=4$에서 $y=-ax+4$ …… ㉠

$x-2y=b$에서 $y=\dfrac{1}{2}x-\dfrac{b}{2}$ …… ㉡

두 직선이 만나지 않으려면 두 직선 ㉠, ㉡이 서로 평행해야 하므로

$-a=\dfrac{1}{2},\ 4\neq-\dfrac{b}{2}$

∴ $a=-\dfrac{1}{2},\ b\neq-8$ 圍 ②

0886 일차방정식 $ax-y-b=0$에서 $y=ax-b$

일차방정식 $3x-2y+6=0$에서 $y=\dfrac{3}{2}x+3$

두 일차방정식의 그래프가 서로 평행하므로 $a=\dfrac{3}{2}$

또한, $y=ax-b$의 그래프의 y절편은 $-b$, $y=\dfrac{3}{2}x+3$의 그래프의 y절편은 3이고, 두 점 사이의 거리는 6이므로

$|3-(-b)|=6$

즉, $|3+b|=6$에서 $3+b=6$ 또는 $3+b=-6$

∴ $b=3$ 또는 $b=-9$

∴ $a+b=\dfrac{9}{2}$ 또는 $a+b=-\dfrac{15}{2}$ 圍 $-\dfrac{15}{2},\ \dfrac{9}{2}$

[다른 풀이] 주어진 두 일차방정식의 그래프가 서로 평행하므로

연립방정식 $\begin{cases}ax-y-b=0\\3x-2y+6=0\end{cases}$ 에서

$\dfrac{a}{3}=\dfrac{-1}{-2}\neq\dfrac{-b}{6}$ ∴ $a=\dfrac{3}{2},\ b\neq-3$

0887 네 직선으로 둘러싸인 도형은 오른쪽 그림의 직사각형 ABCD이므로 구하는 넓이는

$\{4-(-1)\}\times(3-1)=10$

이때 일차함수 $y=ax$의 그래프는 원점을 지나는 직선이고, 이 직선이 직선 AB, 직선 CD와 만나는 점을 각각 E, F라 하면

$E(1, a),\ F(3, 3a)$

∴ $\overline{AE}=4-a,\ \overline{DF}=4-3a$

따라서 사다리꼴 AEFD의 넓이는 $10\times\dfrac{1}{2}=5$이므로

$\dfrac{1}{2}\times\{(4-a)+(4-3a)\}\times2=5$ ∴ $a=\dfrac{3}{4}$ 圍 ③

0888 좌표평면 위의 네 점 A$(3, 6)$, B$(3, 2)$, C$(-5, -1)$, D$(-5, -5)$에 대하여 기울기가 a인 일차함수 $y=ax+b$의 그래프가 $\overline{AB}$, $\overline{CD}$를 동시에 지나려면 오른쪽 그림과 같아야 한다.

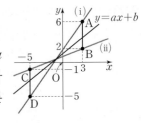

즉, 기울기 a는 그래프가 (i)일 때 최대이고 (ii)일 때 최소이다. … ❶

(i) 일차함수 $y=ax+b$의 그래프가 두 점 A$(3, 6)$, D$(-5, -5)$를 지날 때

$a=\dfrac{-5-6}{-5-3}=\dfrac{11}{8}$

(ii) 일차함수 $y=ax+b$의 그래프가 두 점 B$(3, 2)$, C$(-5, -1)$을 지날 때

$a=\dfrac{-1-2}{-5-3}=\dfrac{3}{8}$ … ❷

(i), (ii)에서 a의 값의 범위는

$\dfrac{3}{8}\leq a\leq\dfrac{11}{8}$ … ❸

圍 $\dfrac{3}{8}\leq a\leq\dfrac{11}{8}$

채점 기준	배점
❶ 두 선분 AB, CD를 좌표평면 위에 나타내고 문제 상황 파악하기	30 %
❷ 기울기가 최대, 최소인 경우 a의 값 구하기	60 %
❸ a의 값의 범위 구하기	10 %

0889 사각형 ABCD는 평행사변형이므로 두 직선 $y=2x+10$, $y=ax+b$는 서로 평행하다.

∴ $a=2$ … ❶

두 직선 $y=4$, $y=-3$ 사이의 거리가 7이고 평행사변형 ABCD의 넓이가 42이므로

$\overline{AD}\times7=42$ ∴ $\overline{AD}=6$

$y=4$를 $y=2x+10$에 대입하면

$4=2x+10$ ∴ $x=-3$

즉, 두 직선 $y=2x+10$, $y=4$의 교점 A의 좌표는 A$(-3, 4)$이므로 D$(3, 4)$

직선 $y=ax+b$, 즉 $y=2x+b$는 점 D$(3, 4)$를 지나므로

$y=2x+b$에 $x=3,\ y=4$를 대입하면

$4=2\times3+b$ ∴ $b=-2$ … ❷

∴ $ab=2\times(-2)=-4$ … ❸

圍 -4

채점 기준	배점
❶ a의 값 구하기	20 %
❷ b의 값 구하기	60 %
❸ ab의 값 구하기	20 %

NE능률 수학교육연구소

NE능률 수학교육연구소는 전문성과 탁월성을 기반으로
수학교육 트렌드를 선도합니다.

필요충분한 수학유형서

펴 낸 날	2024년 7월 5일(초판 1쇄)
펴 낸 이	주민홍
펴 낸 곳	(주)NE능률
지 은 이	NE능률 수학교육연구소
	류용수, 이충안, 이민호, 정다운, 류재권, 홍성현, 오민호, 김정훈, 이혜수
개 발 책 임	차은실
개 발	최진경, 김미연, 최신욱
디자인책임	오영숙
디 자 인	김효민
제 작 책 임	한성일
등 록 번 호	제1-68호
I S B N	979-11-253-4745-3

대 표 전 화	02 2014 7114
홈 페 이 지	www.neungyule.com
주 소	서울시 마포구 월드컵북로 396(상암동) 누리꿈스퀘어 비즈니스타워 10층